Ædificare

Revue publiée avec le soutien du Bureau de la recherche architecturale,
urbaine et paysagère du ministère de la Culture et de la Communication
(via le laboratoire Architecture, Territoire et Environnement
de l'École nationale supérieure d'architecture de Normandie)
et de l'Association francophone d'histoire de la construction

2021 – 2, n° 10

Ædificare

Revue internationale d'histoire de la construction

Sous la direction de Philippe Bernardi,
Robert Carvais et Valérie Nègre

PARIS
CLASSIQUES GARNIER
2022

ISBN 978-2-406-13543-2
ISSN 2557-3659

SOMMAIRE

VARIA

COMPTES RENDUS / *REVIEWS*

COMPENDIA

EDITORIALE

Una storia applicata per l'architettura civile

La fondazione di un gruppo di ricerca di storia della costruzione[1] in una delle tre università politecniche italiane ha portato alla luce questioni affini a quelle discusse in passato nelle pagine introduttive di *Aedificare*. Dato che alcune di queste questioni si sono declinate in modi peculiari, che riflettono le specificità del sistema accademico italiano e più particolarmente degli studi in architettura, non pare una ripetizione trattarne in questo editoriale. A poche settimane dalla seconda giornata di studi organizzata dal gruppo (la prima è servita per un giro di orizzonte, la seconda si è data un tema monografico)[2] ci permettiamo alcune considerazioni a partire dall'esperienza fatta, che crediamo sia di interesse non soltanto locale.

---

1 Construction History Group (CHG), Politecnico di Torino, Dipartimento di architettura e design. Sono in debito con tutti i colleghi che hanno partecipato alla fase costituente del gruppo; nell'impossibilità di nominare tutti, rimando all'elenco dei soci in Edoardo Piccoli, Mauro Volpiano, Valentina Burgassi (a c. di), *Storia della costruzione: percorsi politecnici*, Torino, Politecnico di Torino, 2021, p. 19.

2 Per gli atti della prima giornata: Edoardo Piccoli, Mauro Volpiano, Valentina Burgassi, *op. cit.* Il secondo incontro (18-19 febbraio 2022), dedicato a *Scale e risalite nella storia della costruzione in età moderna e contemporanea* ha visto un'ampia partecipazione, che disegna una possibile geografia di studiosi e di scuole interessate alla *construction history* in Italia. Il panorama, pur parziale, è scarsamente sovrapponibile a quello delineato da Riccardo Gulli, «Construction History in Italy», in Antonio Becchi, Robert Carvais, Joel Sakarovitch, *L'Histoire de la Construction. Relevé d'un chantier européen*, Parigi, Classiques Garnier, 2018, vol. 1, p. 247-290. Questo scostamento è segno di dinamismo o frammentazione? Si tratta forse di entrambe le cose. Per altri sguardi sulla scena italiana: Alberto Grimoldi, «Storia della costruzione, storia materiale del costruito, tutela e conservazione del patrimonio architettonico», in Id. (a c. di), *Ricerca/Restauro: conoscenza dell'edificio, metodo e contenuti*, Roma, Quasar, 2017, p. 481-493; Antonio Becchi, "Histoire de la construction, un regard italien" (2010) oggi in: Antonio Becchi, Robert Carvais, Joel Sakarovitch, *op. cit.*, vol. 2, p. 1013-1020.

COME UN ASCENSORE IN SAN PIETRO

Tra i problemi rimasti all'ordine del giorno del *Construction History Group* del Politecnico di Torino a ormai due anni dalla fondazione vi sono la relazione tra il convergere di più discipline intorno a un unico campo di studi, e la difficile definizione di uno statuto, se non per la storia della costruzione *tout court*, almeno per chi se ne vuole occupare. In un contesto interdisciplinare come quello di un politecnico, infatti, lo spettro che si aggira in ogni collettivo che si proponga sconfinamenti non occasionali dagli ambiti disciplinari consolidati è ancora oggi il timore del mancato riconoscimento da parte della propria corporazione (e dei suoi *avatars* anonimi e virtuali, protagonisti dei processi di valutazione). Per la storia della costruzione in Italia, il problema riguarda sia chi si avvicina alle discipline storiche dalle scienze matematiche o dalle pratiche del progetto, sia gli storici dell'architettura che scelgono di lasciare i porti rassicuranti delle ricerche autoriali o di filologia del disegno. Il rischio di essere relegati *in partibus infidelium* è ancora reale, anche se distribuito in modo diseguale. Ironizzando si potrebbe osservare che in Italia la storia della costruzione è ormai legittima, purché rimanga entro certi limiti: interrogarsi sulla cupola di San Pietro e i suoi "infortuni" costituisce ormai un sofisticato genere letterario. Più rischioso - sarà vera storia? - è salire sullo sferragliante, impertinente ascensore che attraversa il pozzo centrale di una delle scale a chiocciola della gigantesca basilica.[3] E così, se lo studio di palazzi e scaloni maltesi o palermitani si può riscattare con i contributi apportati alla storia cronologica del cantiere e la pubblicazione di disegni originali,[4] è ancora difficile, per gli ingegneri minerari, accettare che un proprio *confrère* dedichi le sue energie allo studio dei marmi storici antichi e moderni.

3 Pascal Dubourg Glatigny, *L'architecture morte ou vive. Les infortunes de la coupole de Saint-Pierre de Rome au* XVIII*e siècle*, Roma, École Française de Rome, 2017. Il contrasto tra la cupola e l'ascensore è sollevato da una relazione di Valentina Florio alla giornata di studi CHG del 2022: *La risalita all'Ottagono di Simon Mago nella Basilica di San Pietro in Vaticano: dalla chiocciola michelangiolesca all'ascensore degli anni Duemila*.

4 Il riferimento è agli innovativi studi, che intrecciano storia dell'architettura e storia della costruzione sul filo delle tecniche di lavorazione della pietra, condotti dal gruppo di lavoro diretto da Marco Rosario Nobile, riunitosi nel 2013-2016 a Palermo intorno al progetto COSMED (http://www.cosmedweb.org/, consultato il 28 marzo 2022).

Né è scontato che filologie del ventilatore e del termosifone[5] possano porsi, agli occhi degli studiosi dell'arte vitruviana, sullo stesso piano della foglia d'acanto e degli *scamilli impares*. Rischioso, in poche parole, non è l'approfondimento in senso costruttivo di ciò che già è stato consegnato alla storia, ma la definizione di nuovi oggetti, che mettono in discussione quelle gerarchie; ed è su questo punto, che la partita, anche in Italia, dev'essere giocata.

Per i periodi eroici del moderno, in cui la storiografia si è costruita fin dalle origini sul confronto con la tecnica, si può parlare di una maggiore integrazione tra storia dell'architettura e storia della costruzione. Eppure è straordinario quanto sia esteso, persino negli studi sul XX secolo, lo spazio ancora a disposizione di nuove ricerche: lo testimonia il lavoro eccezionale fatto dalla squadra guidata da Tullia Iori e Sergio Poretti (di cui all'editoriale del n. 2 di *Aedificare*) le cui ricerche, intrecciandosi con altre,[6] hanno dato continuità e coerenza a un patrimonio collettivo che era conosciuto solo per parti e frammenti. Per il loro valore quasi ontologico, i cinque ricchissimi volumi del SIXXI[7] stabiliscono un nuovo punto di riferimento, proprio in quanto impostati su premesse piuttosto distanti da quelle ormai classiche della *History* di Edoardo Benvenuto.

5 La 'scuola' milanese sembra essere oggi la sola in Italia in grado di esprimere e radunare una serie di contributi originali su impianti e dotazioni tecnologiche degli edifici civili sul finire dell'età moderna: Alberto Grimoldi e Angelo Giuseppe Landi (a c. di), *Luce artificiale e vita collettiva. Pratiche di illuminazione nell'Italia del Nord tra Settecento e Ottocento*, Milano, Mimesis, 2022; Carlo Manfredi (a c. di), *Architettura e impianti termici. Soluzioni per il clima interno in Europa fra XVIII e XIX secolo*, Allemandi, Torino, 2017. Per una lettura originale di questi argomenti nel XX secolo, si vedano i ben documentati lavori di Manfredo Nicolis di Robilant, tra cui l'atipico *Ceiling*, in Rem Koolhaas (a c. di), *Elements of architecture*, Köln, Taschen, 2014, p. 206-385.

6 Per citare alcuni lavori che hanno anche coinvolto l'ateneo torinese: Paolo Desideri, Alessandro De Magistris, Carlo Olmo, Marco Pogacnik, Stefano Sorace (a c. di), *La concezione strutturale. Ingegneria e architettura negli anni cinquanta e sessanta*, Torino, Allemandi, 2013; Carlo Olmo, Cristiana Chiorino (a c. di), *Pier Luigi Nervi Architettura come sfida*, Milano, Silvana Editoriale, 2010; Michela Comba (a c. di), *Maire Tecnimont, I progetti Fiat Engineering* (vol. 1: *1931-1979*; vol. 2: *1980-2008)*, Milano, Silvana editoriale, 2018. E infine la ricerca, quasi una microstoria, sulla "Casa dell'Obelisco" e il suo impresario: Maria Luisa Barelli, Davide Rolfo, *Il palazzo dell'Obelisco di Jaretti e Luzi, Progetto e costruzione*, Roma, Gangemi, 2018.

7 Tullia Iori, Sergio Poretti (a c. di), *SIXXI, Storia dell'ingegneria strutturale in Italia*, Roma, Gangemi, 2014-2020, 5 vol.

FABBRICARE LA STORIA DELLA COSTRUZIONE NELLE AULE

Nella storia della costruzione, il problema della legittimazione è stato spesso affrontato invocando la costituzione di uno statuto disciplinare specifico. Noi non siamo d'accordo che la storia della costruzione debba a tutti i costi configurarsi come una disciplina. "Le discipline soffrono talvolta del fatto di dimenticare di essere il frutto di una costruzione storica e di pensare di essere una cosa in sé":[8] sono parole di Vittorio Gregotti e in effetti, se le discipline come categorie organizzative della conoscenza e della pedagogia universitaria talora giustificano la loro esistenza nella pratica, le pratiche delle corporazioni a cui sono legate non possono essere viste come un obiettivo a cui tendere. Per questo, non ci è parso interessante iniziare una battaglia che avrebbe portato a date di nascita, istituzionalizzazioni, cattedre, ma anche, molto rapidamente, a meccanismi di esclusione, muri e trincee. Il carattere federativo delle società internazionali e le diverse professionalità rappresentate nei congressi di Construction History ci confortano per ora nel mantenere questa linea.

Un ulteriore elemento, specifico del panorama italiano, gioca a favore di un approccio federativo. In Italia, la didattica a corsi ed atelier pluri-disciplinari è parte integrante di molti programmi universitari di architettura e di ingegneria edile (e sono questi, i luoghi dove la storia della costruzione è più praticata, anche se in forme talvolta embrionali o dissimulate sotto altre titolazioni). Anche se non di rado questi raggruppamenti devono tenere conto di complicati equilibri di potere accademico, l'*ars combinatoria* di materie e crediti formativi consente ad alcuni di questi corsi di funzionare bene, e di affrontare problemi originali. Al Politecnico di Torino, dove la partecipazione della storia negli atelier di progetto è un fatto ormai consolidato,[9] alcuni corsi integrati e laboratori multidisciplinari si sono costituiti come *fabriques* di una

8 Vittorio Gregotti, *Contro la fine dell'architettura*, Torino, Einaudi, 2008, p. 50.

9 Il tentativo di costituire atelier pluridisciplinari basati sul dialogo e non sulla pura e semplice subordinazione delle discipline tecniche e storiche a quelle progettuali è tratteggiato da Pierre-Alain Croset, «From Torino to Suzhou», *Domus 987*, 2015, p. 34-37.

construction history destinata agli architetti di domani: la loro storia è, in effetti, parallela a quella del neonato centro di ricerca.[10] La presenza di finalità pratiche e di esercitazioni sul campo porta gli studenti a recepire in modo piuttosto positivo questi esperimenti, anche se la prevalenza del carattere applicativo sulla speculazione teorica è insieme una forza e una debolezza.

Certo, l'interdisciplinarità non deve risolversi in un *imitation game.* Il patto tra i partecipanti al progetto torinese si basa su sconfinamenti reciproci, dai confini negoziabili in itinere. Per gli storici dell'architettura, la partecipazione a questi corsi porta innanzitutto a mettere in discussione i terreni rassicuranti della tipologia, cronologia, autorialità. In compenso, è dato di stabilire nuove gerarchie tra fonti e argomenti, restituendo alla storia una funzione critica ritagliata sull'oggetto di indagine, non solo affabulatoria o narrativa. Per gli studiosi di altre discipline, invece, lo sconfinamento sta nell'assumersi gli obiettivi, prima ancora dei metodi, del progetto storico. Scienziati delle costruzioni, restauratori, tecnologi abituati a recepire dalla storia informazioni puntuali o interpretazioni consolidate - il che è già un passo avanti, rispetto ai "cenni storici" acquisiti soltanto per legittimare operazioni tecniche o esercizi progettuali - devono scendere a patti con una ricerca storica ricorsiva, che non precede il progetto o il calcolo ma li accompagna, con un carico di incertezze e domande normalmente non contemplate dai loro scenari disciplinari. Ma è soprattutto il confronto con regimi di temporalità e statuti della prova mutevoli a rivelarsi spaesante, dentro una scuola politecnica.

Non si può tacere, del resto, che da questa storia recente emerge una contraddizione di fondo: se la storia della costruzione in un politecnico come quello di Torino appartiene genealogicamente alle ingegnerie, oggi il suo sviluppo si svolge quasi tutto all'interno dei corsi di architettura. In un contesto dove domina l'informatica e il digitale diventa linguaggio universale, una scuola che è nata sulla materialità sembra essere sul punto di dimenticarla.

10 Nell'anno in corso, la Storia dell'architettura è a fianco della Scienza delle costruzioni in un insegnamento opzionale; si affianca al Consolidamento e alla Tecnologia dell'architettura in altri due corsi, obbligatori per il *Master* in Architettura per il patrimonio. Circa 120 gli allievi coinvolti. Ma il numero di docenti è ancora troppo esiguo per dare all'esperienza un valore strutturale.

OLTRE LE MAGNIFICHE SORTI, E PROGRESSIVE[11]

"Riconoscere una storia, al di là dello studio che implica, impone di riconoscere che la lunga stagione della stabilità dei sistemi tecnici e produttivi, istituzionali e sociali, su cui riposava la sicurezza di delegare ad altri lo studio e la decisione sugli effetti di scelte che non potevano che fondarsi sul primato dell'autoregolamentazione scientifica, si è conclusa".[12]

Da tempo, lo storico della costruzione non è più il "fully qualified Whig historian" ironicamente ritratto da Heyman nel 2005.[13] Negli studi italiani, del resto, la tentazione di avvicinarsi alla storia della costruzione guidati da forme più o meno esplicite di positivismo scientista non è mai stata una caratteristica dominante: già Edoardo Benvenuto osservava che la storia della meccanica «will not fit tidily into a narrative model based on the growth of empirical knowledge».[14] Negli stessi anni, Anna Maria Zorgno - docente di tecnologia al Politecnico torinese, animatrice di una stagione di ricerche già fortemente interdisciplinari, a cui si vuole ispirare il nuovo gruppo di ricerca - affrontava il tema dell'innovazione costruttiva nel XIX secolo spogliandolo di ogni retorica, sottolineando i fenomeni di lunga durata, le resistenze delle culture tecniche, il «carattere di relatività proprio dell'architettura»[15].

---

11 «(...) sur ces rives sont gravées les destinées progressives et magnifiques de l'humanité», Giacomo Leopardi, *La Genêt ou la Fleur du Désert*, in Id., *Poésies et Œuvres morales*, Paris, Alphonse Lemerre, 1880, vol. 2, p. 72.

12 Carlo Olmo, Francesco Profumo, «Una storia, non una tradizione? Un dibattito aperto dal centenario del Politecnico di Torino», in Antoine Picon, *Tra utopia e ruggine. Paesaggi dell'ingegneria dal Settecento a oggi*, Torino, Allemandi, 2006, p. 9-15, p. 14.

13 Jacques Heyman, «The History of the Theory of Structures», in Santiago Huerta (a c. di), *Essays in the history of the theory of structures. In honour of Jacques Heyman*, Madrid, Instituto Juan de Herrera, CEHOPU, 2005, p. 1-8, p. 3.

14 Edoardo Benvenuto, *An Introduction to the History of Structural Mechanics*, New York-Berlin, Springer-Verlag, 1991, vol. 1, p. 3 (ed. originale *La scienza delle costruzioni e il suo sviluppo storico*, Firenze, Sansoni, 1981). Non meno rilevante in quegli anni è l'opera di Pietro Redondi, fondatore di «History and Technology» (vedi ad es. «Foreword», *History and Technology*, vol. 4, 1987, p. 1-6) e autore di *Galileo eretico*, Torino, Einaudi, 1983, per la collana "microstorie".

15 Anna Maria Zorgno, *La materia e il costruito*, Roma, Alinea, 1988, p. 247; Maria Luisa Barelli, Michela Comba, «Percorsi di storia della costruzione al Politecnico di Torino», in Edoardo Piccoli, Mauro Volpiano, Valentina Burgassi, *op. cit.*, p. 35-48.

Quello che si sta verificando oggi, e ciò che le iniziative del gruppo torinese intercettano, va al di là di quelle premesse. Dissesti, conflitti, incidenti di percorso sembrano polarizzare l'attenzione, rubando la scena a una storia ordinata, tassonomica e positiva.[16] Uno storico non può che rallegrarsene, ma le ragioni non stanno soltanto in una migliore comprensione della scienza moderna e della sua progressiva affermazione nel mondo del cantiere. L'impressione è che, in una società ossessionata dalla sicurezza, preoccupata dal futuro, scettica rispetto alla capacità delle istituzioni di controllare le trasformazioni del territorio, lo studio storico del dissesto e dell'errore stia diventando una forma di legittimazione delle pratiche erudite; e forse, la radice di una nuova *historia magistra.*

Sta alla qualità delle ricerche non diventare un eco passivo di queste istanze, facili da strumentalizzare. Ma la ricerca è necessaria. In Italia l'invecchiamento del patrimonio moderno e contemporaneo, il rischio sismico, il dissesto idrogeologico sono fenomeni che si mostrano in tutta la loro complessità e urgenza, ponendo problemi specifici di merito e di metodo.[17] Innanzitutto, le catastrofi: fenomeni dotati di temporalità dissonanti, che mettono in crisi le geografie e cronologie delle storiografie consolidate, artistiche o politiche. È emblematica in questo senso - ma non certo isolata, basta ricordare la Greenfell Tower e Nôtre-Dame, già discusse su *Aedificare* in queste stesse pagine introduttive - la vicenda del ponte Morandi sul Polcevera, incomprensibile se giudicata alla luce delle sole responsabilità giuridiche e del breve tempo compreso tra gli ultimi cicli di manutenzione e il crollo. Ma quella del ponte è una storia opaca anche se è osservata con il filtro prevalente di una storia autoriale: come ci spiega Tullia Iori, il "progetto" è esso stesso un processo, una nuvola di documenti dai confini incerti, e non si lascia veramente afferrare nella realtà.[18]

16 Tra i volumi e saggi recenti che si rifanno al valore euristico del dissesto e dell'incidente, cfr. Federica Ottoni, *Delle cupole e del loro tranello: la lunga vicenda delle fabbriche cupolate tra dibattito e sperimentazione*, Roma, Aracne, 2012. *Ponti in pietra nel Mediterraneo in età moderna*, numero monografico di «Lexicon», n. 20, 2015; e il recente convegno, *«Sulla ruina di sì nobile edificio», crolli strutturali in architettura*, Roma, 5-6 marzo 2020, a cura di Claudia Conforti, Maria Grazia D'Amelio, Marica Forni, Nicoletta Marconi, Francesco Moschini (atti in corso di edizione). Mi permetto infine di rimandare a Edoardo Piccoli, «Liti, incidenti e improvvisazioni. Le crisi del cantiere barocco», in Edoardo Piccoli, Mauro Volpiano, Valentina Burgassi, *op. cit.*, p. 103-115.

17 Emanuela Guidoboni, «Terremoti e storia trenta anni dopo», *Quaderni storici*, N. 3, 2015, *Storia applicata*, p. 753-784.

18 Fondamentale è il contributo di Tullia Iori, «Questioni di ponti e di fonti», SIXXI, *op. cit.*, vol. 5, 2020, p. 7-12.

Sono però i terremoti, in un territorio ormai interamente soggetto a normativa antisismica, a costituirsi come il vero rumore di sottofondo di questi ultimi decenni, e il più diffuso e straordinario banco di prova per le nostre inquietudini. Lasciando ad altri discutere della lezione morale di queste catastrofi (*Pour le bonheur du monde on détruit vos asiles / D'autres mains vont bâtir vos palais embrasés?*)[19] alcune scuole, soprattutto di ingegneria, hanno promosso, fin dagli anni '90, un'osservazione storica da cui sono emerse, oltre che miriadi di fatti puntuali e di evoluzioni teoriche, le strategie di mitigazione del rischio messe in atto dalle culture costruttive del passato, tutt'altro che fatalisticamente rassegnate all'imprevedibilità dell'evento naturale. La resilienza, se non fosse un termine reso impronunciabile dal suo abuso mediatico, sarebbe un termine adatto a definire questo campo di studi. Queste interrogazioni, sullo sfondo di catastrofi recenti come quelle dell'Aquila o del centro Italia, hanno prodotto nuove curiosità per le trasformazioni graduali e incrementali del costruito, e sul peso che hanno, nella vita delle fabbriche, le azioni quotidiane (la manutenzione) o cicliche (tra cui quelle del il "moderno" restauro, la cui vicenda secolare ormai s'intreccia costantemente alle storie dei siti patrimoniali italiani, da Palermo all'arco alpino). È questa la ricerca storica operativa, di cui parlava con cognizione di causa e vero rispetto Antonino Giuffré.[20] Questa forma di storia applicata[21] non costituisce una diminuzione di valore ma un'opportunità: ha ricadute sulla conoscenza

---

19 Voltaire, *Poème sur le Désastre de Lisbonne. Ou examen de cet axiome, tout est bien*, in Id., *Poèmes sur le désastre de Lisbonne, et sur la loi naturelle, avec des préfaces, des notes, etc.*,, Genève, [Cramer], 1756, p. 10.

20 Antonino Giuffré, «L'intervento strutturale quale atto conclusivo di un approccio multidisciplinare», *Quaderni ARCo*, n.1, 1995, p. 5-16, oggi in Caterina Carocci, Cesare Tocci (a c. di), *Antonino Giuffré. Leggendo il libro delle antiche architetture. Aspetti statici del restauro. Saggi 1985 - 1997* Roma, Gangemi, 2010, p. 18. Sulla scia del metodo definito da Giuffré si collocano saggi esemplari di storia operativa quali: Roberto Masiani, Cesare Tocci, «Ancient and Modern Restorations for the Column of Marcus Aurelius in Rome», *International Journal of Architectural Heritage: Conservation, Analysis, and Restoration*, 6/5, 2012, p. 542-561; Caterina Carocci, «Giuseppe Damiani Almeyda's Architecture: Constructing the Modern Restoring the Ancient. The Cathedral of Marsala», in Karl-Eugen Kurrer, Werner Lorenz, Volker Wetzk (a c. di), *Proceedings of the Third International Congress on Construction History*, Cottbus, Brandenburg University of Technology, 2009, vol. 1, p. 305-312.

21 "È questo dunque il vero fine della storia applicata. La comunicazione della storia non si risolve nella divulgazione della storia tradizionale, ma nella costruzione di oggetti complessi che implichino il dialogo tra diversi universi scientifici disciplinari. Occorre in altri termini creare nuove forme di storia che mettano le competenze del nostro mestiere al servizio delle domande sociali che ci pongono oggi lo sviluppo scientifico

storica tradizionale e genera nuove possibilità di sintesi. Ce lo ricordano gli studi di Cairoli Fulvio Giuliani sul Pantheon o quelli di Vittorio Nascé sulla Mole Antonelliana,[22] dove il mito dell'unità dell'opera è superato dalla considerazione dei suoi diversi stati. Ma altrettanto rilevanti sono gli esempi di costruzione ex novo dell'oggetto della ricerca, come per i già citati saggi della scuola milanese sugli impianti storici, o per gli studi di Nicoletta Marconi su dispositivi di cantiere e impalcature.[23]

Non riteniamo, perciò, illegittimo o anacronistico che chi fa storia della costruzione possa intrufolarsi nei processi di trasformazione o possa considerare, se ne ha le competenze, la "performatività" delle strutture, eventualmente misurandola rispetto ai sistemi di calcolo del passato.[24] Del resto, quelle fatte sul terreno della pratica sono spesso considerazioni scomode, che comportano prese di posizione dure verso gli interventi, pubblici o privati, dove della storia si fa mercato, e dove si vorrebbe che il ciclo di vita degli edifici venisse ridotto a uno sfondo rassicurante, da cui non s'impara nulla. L'alternativa a questa forma di impegno è brutale: a chi non è capitato, in Italia, di assistere allo smantellamento di coperture, di impianti storici, di serramenti di irripetibile qualità, o snelle scale, in nome di diktat normativi neppure letti con attenzione? Per non parlare dello sconforto nell'entrare in edifici maltrattati dai ruggenti anni '80 e '90, quando la disponibilità di denaro e la corsa al "riuso per il riuso" hanno talvolta fatto danni irreparabili e, soprattutto, non necessari.[25] Altre cancellazioni di materia storica si compiono in

e le condizioni sociali" (Angelo Torre, «Premessa», *Quaderni storici*, N. 3, 2015, *Storia applicata*, p. 621-628, p. 627).

22 Cairoli Fulvio Giuliani, «Problemi costruttivi del Pantheon e della Basilica Neptuni» (2015), oggi in Id., *Metti che un muro… Scritti scelti*, Roma, Quasar, 2020, p. 237-272. Vittorio Nascè *et alii*, «La mole antonelliana. Indagine numerica sulla struttura originaria», in Franco Rosso (a c. di), *Alessandro Antonelli 1798-1888*, Milano, Electa, 1989, p. 125-143.

23 Nicoletta Marconi, *Edificando Roma barocca: macchine, apparati, maestranze e cantieri tra XVI e XVIII secolo*, Città di Castello, Edimond, 2004 (per altri riferimenti più recenti allo stesso autore e su questo tema, Stefan Holzer, *Gerüste und Hilfskonstruktionen im historischen Baubetrieb: Geheimnisse der Bautechnikgeschichte*, Berlin, Ernst W. & Sohn Verlag, 2021).

24 Di diverso parere è Pascal Dubourg-Glatigny, *op. cit.*, p. 16-17: nella sua contrapposizione tra le storie degli specialisti e la storia del *savant*, la sola in grado di cogliere tutte le «innombrables interdépendances du phénomène architectural» (p. 17) si perde il valore dialogico e costruttivo della migliore storia "applicata" (vedi sopra, note 20-22).

25 Una storia di questa stagione di cantieri di restauro, trainata da alcune grandi operazioni in cui società di ingegneria e *general contractors* negoziavano le proprie commesse ai piani alti della politica nazionale, è ancora da scrivere.

Italia mentre scriviamo, questa volta in nome di un risparmio energetico reso tossico da incentivi economici capaci di superare, almeno sulla carta, il costo stesso dell'intervento.[26] Nell'attribuire la sostenibilità a un parametro e non a un processo, il tempo del cantiere – che dovrebbe comprendere anche il tempo necessario alla comprensione della costruzione su cui intervenire – è assimilato a una perdita secca. Ma quali ragioni, se non le ragioni radicate nel tempo, possono consentire all'architettura di incorporare più significati e funzioni, oltre che di conservare energia? In questo senso la storia della costruzione, all'interno di un Politecnico dove le curiosità per la materia dovrebbero ritornare al centro dell'attenzione, può schierarsi a favore di un progetto nuovo di architettura civile.

Edoardo PICCOLI
Politecnico di Torino

26 Agenzia delle Entrate (a c. di), «L'Agenzia informa», settembre 2021, *Superbonus 110%* (https://www.agenziaentrate.gov.it/; consultato il 28 marzo 2022).

EDITORIAL

An operational history of civil architecture

The foundation of a new Construction history research centre[1] in one of the three Italian polytechnic universities has brought to light issues similar to those discussed in past editorials of *Aedificare*. Given the way these issues have interacted with the specific characteristics of the Italian academic system, particularly architectural education, it may be appropriate to deal with them here. A few weeks after the second conference held by the group (the first was a *tour d'horizon* for group members only), when a wider community of scholars gathered to discuss a monographic theme[2] we venture a few considerations, as we believe this experience to be not only of local significance.

1 Construction History Group (CHG), Politecnico di Torino, Dipartimento di Architettura e Design. I am indebted to all colleagues who generously participated in the constituent phase of the group; unable to name them all, I refer to the membership list as published in Edoardo Piccoli, Mauro Volpiano, Valentina Burgassi (eds.), *Storia della costruzione: percorsi politecnici*, Turin, Politecnico di Torino, 2021, p. 19.

2 For the first conference proceedings: Edoardo Piccoli, Mauro Volpiano, Valentina Burgassi, *op. cit.* The second meeting (18-19 February 2022) was dedicated to *Scale e risalite nella storia della costruzione in età moderna e contemporanea*; the origin of its participants points to a possible geography of Italian schools and individual scholars interested in construction history. The map, however, barely overlaps with that outlined in 2018 by Riccardo Gulli (Id., "Construction History in Italy", in Antonio Becchi, Robert Carvais, Joël Sakarovitch, *L'Histoire de la Construction. Relevé d'un chantier européen*, Paris, Classiques Garnier, 2018, vol. 1, p. 247-290). Is this discrepancy a sign of vitality or fragmentation? It is perhaps both. For other recent insights on this topic: Alberto Grimoldi, "Storia della costruzione, storia materiale del costruito, tutela e conservazione del patrimonio architettonico", in Id. (ed.), *Ricerca/Restauro: conoscenza dell'edificio, metodo e contenuti*, Rome, Quasar, 2017, p. 481-493; Antonio Becchi, "Histoire de la construction, un regard italien"(2010) now in: Antonio Becchi, Robert Carvais, Joël Sakarovitch, *op. cit.*, vol. 2, p. 1013-1020.

TAKING THE LIFT IN ST. PETER'S BASILICA

Among the problems still high on the agenda of the Politecnico di Torino Construction History Group two years after its foundation are how to deal with the convergence of several disciplines around a single field of study, and the difficult definition of a status if not for construction history itself, at least for those who seek to deal with it. In an interdisciplinary environment such as that of a polytechnic university, a spectre haunts any group that proposes more than occasional incursions from associated disciplinary fields: the fear of non-recognition by one's own corporation and its anonymous avatars in charge of research evaluation procedures. For the field of construction history in Italy, this concerns those who approach the historical disciplines from mathematical sciences or design practices, as well as those architectural historians who wish to leave the safe havens of authorial research and of the uncontested primacy of architectural drawing. The risk of being exiled *in partibus infidelium* is still real, albeit unevenly distributed. Ironically, it could be said that in Italy the history of construction is now legitimate, as long as it remains within certain limits. Asking questions about the dome of St. Peter and its "incidents" involves taking part in a sophisticated literary genre. A less obvious, and perhaps risky activity (is this really history?) is to hop on the rattling, incongruous elevator zooming up the shaft of one of the spiral staircases of the gigantic basilica.[3] Similarly, just as research on the construction of palaces in Malta or Palermo can be justified by the contributions made to the chronological history of the building, and the publication of a few suggestive original drawings,[4] it is hard for mining engineers to accept that one of their own might devote his energies to the study of the stones used in ancient altarpieces

3 Pascal Dubourg Glatigny, *L'architecture morte ou vive. Les infortunes de la coupole de Saint-Pierre de Rome au XVIIIe siècle*, Rome, École Française de Rome, 2017. The contrast between the dome and the elevator was raised by Valentina Florio's paper at the CHG conference in 2022: *La risalita all'Ottagono di Simon Mago nella Basilica di San Pietro in Vaticano: dalla chiocciola michelangiolesca all'ascensore degli anni Duemila.*

4 The reference is to the studies, intersecting architectural and construction history through the lens of Mediterranean stonecutting traditions, conducted by the group directed by Marco Rosario Nobile in Palermo for the 2013-2016 COSMED research. (http://www.cosmedweb.org/, accessed 28 March 2022).

or colonnades. And it is not to be taken for granted that the detailed history of the air-conditioner and the radiator[5] can be considered, in the eyes of Vitruvian scholars, on the same level as that of the acanthus leaf and the *scamilli impares*. The risk, in short, lies not in providing new insight on what has already been delivered to history, but in the definition of new objects, which would raise doubts about those existing hierarchies. And yet, it is precisely on this point that, even in Italy, research should be more intense.

Only where architectural historiography was originally built on the relationship with technological innovation can we speak of a greater integration between architectural history and the history of construction. However, even in studies focusing on 20th-century modernity it is extraordinary to note how much space is available for new research. Let us consider the exceptional work done by the team led by Tullia Iori and Sergio Poretti: interacting with other parallel experiences,[6] their research has given continuity and coherence to a collective heritage that was known only in parts and fragments. The SIXXI report's five volumes,[7] intended to give an entirely new definition of their research object, have established vital reference points, precisely because they are grounded on premises and research methodologies, rather distant from those of their predecessors, such as Edoardo Benvenuto and his by now classic treatise.

---

5 The Milan 'school' seems to be the only one in Italy today capable of assembling a series of original contributions on the subject of technical installations in early modern and 19th-century buildings: Alberto Grimoldi, Angelo Giuseppe Landi (eds.), *Luce artificiale e vita collettiva. Pratiche di illuminazione nell'Italia del Nord tra Settecento e Ottocento*, Milan, Mimesis, 2022; Carlo Manfredi (ed.), *Architettura e impianti termici. Soluzioni per il clima interno in Europa fra XVIII e XIX secolo*, Allemandi, Turin, 2017. For an original view on this topic in the 20th century, see the well-documented essays by Manfredo Nicolis di Robilant, such as "Ceiling", in Rem Koolhaas (ed.), *Elements of architecture*, Cologne, Taschen, 2014, p. 206-385.

6 Such as Paolo Desideri, Alessandro De Magistris, Carlo Olmo, Marco Pogacnik, Stefano Sorace (eds.), *La concezione strutturale. Ingegneria e architettura negli anni cinquanta e sessanta*, Turin, Allemandi, 2013; Carlo Olmo, Cristiana Chiorino (eds.), *Pier Luigi Nervi Architettura come sfida*, Milan, Silvana Editoriale, 2010; Michela Comba (ed.), *Maire Tecnimont, I progetti Fiat Engineering* (vol. 1: *1931-1979*; vol. 2: *1980-2008)*, Milan, Silvana editoriale, 2018. Finally, the quasi-microhistorical monograph on the "house of the Obelisk" and its builder: Maria Luisa Barelli, Davide Rolfo, *Il palazzo dell'Obelisco di Jaretti e Luzi, Progetto e costruzione*, Rome, Gangemi, 2018.

7 Tullia Iori, Sergio Poretti (eds.), *SIXXI, Storia dell'ingegneria strutturale in Italia*, Rome, Gangemi, 2014-2020, 5 vol.

FABRICATING CONSTRUCTION HISTORY IN THE LECTURE HALL

In construction history, the issue of legitimacy has often been addressed by invoking the constitution of a specific disciplinary status. Yet we do not think that the history of construction must at all costs be configured as a discipline. In the words of Vittorio Gregotti, "disciplines sometimes suffer from the fact of forgetting that they are the result of a historical construction, and of thinking they are a thing in themselves".[8] Indeed, while disciplines, as organisational categories of knowledge and pedagogy, may justify their existence in practice, the habits of the corporate groups to which they are linked cannot be seen as a goal to aim for. For this reason, it did not seem productive to engage a battle that would have led to birth dates, executive decisions, professorships and also, very quickly, to exclusion mechanisms, walls and trenches. The federative nature of the international associations in construction history and the many disciplines and professions represented in their meetings encourage us, for now, in maintaining this line.

Another factor, specific to Italian higher education in architecture, plays in favour of a federative approach. In Italy, multidisciplinary courses and design studios are an integral part of many university programmes in architecture and "building engineering-architecture" (*ingegneria edile-architettura:* hybrid programmes, usually provided by engineering schools, and potentially leading to master's degrees in either profession). These are also the programmes where construction history is mostly practised: at times in embryonic forms, or disguised under various course titles. Although the matching of multiple disciplines is also influenced by the complicated requirements of academic authority, the *ars combinatoria* does allow some courses to function properly and address original problems. At the Politecnico di Torino, where the participation of architectural history in a number of design studios is an established (if controversial) practice,[9] integrated courses and multidisciplinary studios

8 Vittorio Gregotti, *Contro la fine dell'architettura*, Turin, Einaudi, 2008, p. 50.

9 The attempt to set up design studios based on dialogue between disciplines, as opposed to the subordination of technical and historical disciplines to design practices, is outlined

have been formed to work as laboratories of construction history, targeting tomorrow's architects. The history of their development, in fact, parallels that of the new research centre.[10] The emphasis on practical activities and field exercises leads students to appreciate these experiments, even if the prevalence of operational character over theoretical speculation should be considered both a strength and a weakness.

Of course, interdisciplinarity should not resolve itself into an imitation game. The pact between the participants in the Turin project is based on mutual incursions, whose boundaries are constantly renegotiable. For the architectural historians, participation in these courses leads to questioning the reassuring grounds of typology, chronology, authorship. This makes it possible, on the other hand, to establish new hierarchies, investigating new sources and topics, and restoring a critical function to history, tailored to the object of investigation. For scholars of other disciplines, the incursion primarily lies in accepting the objectives of a historical project. Construction scientists, restoration and preservation experts, technologists, are sometimes accustomed to receiving from history precise information or consolidated interpretations (which are good news, if compared to the "historical notes" sought by other professionals merely to legitimise technical operations or design exercises); they must now come to terms with a kind of historical research which does not only serve the project or the structural analysis, but accompanies them: a research full of uncertainties and questions usually not contemplated by the scenarios of their own disciplines. Shifting regimes of temporality and changing statutes of proof can also be disorienting at a polytechnic school. In fact, an underlying challenge seems to characterise our whole experiment: the roots of challenge history can be genealogically traced back to the engineering schools, and yet, today, its development takes place almost entirely within architecture courses. In a context dominated by information technology and the universality of digital languages, a school that was born in materiality seems to be on the verge of forgetting it.

---

by Pierre-Alain Croset, "From Torino to Suzhou", *Domus 987*, 2015, p. 34-37.

10 In the current year (2021-2022), Architectural History meets Construction Science in an optional 6-credit course; it also joins Building Strengthening in Restoration and Architectural technology in two other 10-credit courses, mandatory for the Master's in Architecture for heritage. There are 120 students involved. But the number of teachers is still too small to give this experience a structural value.

BEYOND THE "MAGNIFICENT AND PROGRESSIVE FATES"[11]

"To recognise a [polytechnic] history, beyond the study it requires, implies recognising that a season has ended: the long season of stability of technical and productive, institutional and social systems, on which rested the certainty of delegating the tasks of studying the effects of choices based on the primacy of scientific self-regulation".[12]

For some time now, construction historians have no longer identified with the "fully qualified Whig historian" as Jacques Heyman ironically put it in 2005.[13] In Italy, in fact, an approach to construction history guided by explicit forms of scientism and positivism has never been a dominant feature. Since the 1980s, Edoardo Benvenuto observed that even the history of mechanics "will not fit tidily into a narrative model based on the growth of empirical knowledge".[14] At that time, Anna Maria Zorgno (professor of architectural technology, and a major figure in an intense season of research on construction at the Turin Politecnico) tackled the theme of 19th-century innovation by stripping it of rhetoric, and clarifying how much it was conditioned and shaped by long-lasting phenomena, resistance from technical cultures, and the "relativity, characterising all architectural production".[15]

What seems to be underway today, however, goes beyond those premises. Disruptions, conflicts, accidents polarise the attention of scholars,

11 Giacomo Leopardi, "La Ginestra, o il fiore del deserto", from Id., *Canti*, Florence, Raineri, 1845, p. 120 (transl. author).

12 Carlo Olmo, Francesco Profumo, "Una storia, non una tradizione? Un dibattito aperto dal centenario del Politecnico di Torino", in Antoine Picon, *Tra utopia e ruggine. Paesaggi dell'ingegneria dal Settecento a oggi*, Turin, Allemandi, 2006, p. 9-15, p. 14.

13 Jacques Heyman, "The History of the Theory of Structures", in Santiago Huerta (ed.), *Essays in the history of the theory of structures. In honour of Jacques Heyman*, Madrid, Instituto Juan de Herrera, CEHOPU, 2005, p. 1-8, p. 3.

14 Edoardo Benvenuto, *An Introduction to the History of Structural Mechanics*, New York-Berlin, Springer-Verlag, 1991, vol. 1, p. 3 (Italian ed., *La scienza delle costruzioni e il suo sviluppo storico*, Florence, Sansoni, 1981). No less relevant are the publications in the 1980s by Pietro Redondi, founder of "History and Technology" (see "Foreword", *History and Technology*, vol. 4, 1987, p. 1-6) and author of the influential *Galileo eretico*, Turin, Einaudi, 1983.

15 Anna Maria Zorgno, *La materia e il costruito*, Rome, Alinea, 1988, p. 247; Maria Luisa Barelli, Michela Comba, "Percorsi di storia della costruzione al Politecnico di Torino", in Edoardo Piccoli, Mauro Volpiano, Valentina Burgassi, *op. cit.*, p. 35-48.

stealing the show from an orderly, taxonomic and positive history.[16] A historian can only rejoice. And yet the reasons lie not merely in a better understanding of the slow and imperfect penetration of modern science into construction practices. In a society obsessed with safety, worried about the future, and sceptical of the ability of institutions to control the built environment, the historical study of failure and error might be seen as a legitimate scholarly practice; providing, perhaps, the basis for a new kind of *historia magistra*. It is up to the quality of the research not to become a passive echo of these demands. But research is necessary. The aging of the vast heritage of early and recent modernity, seismic risk, and hydrogeological instability are ubiquitous, urgent issues in Italy, posing specific problems of historical definition and methodology.[17]

Catastrophes, phenomena endowed with dissonant temporalities, seem to come first, in casting doubt on the consolidated geographies and chronologies of historiography. These issues are all bundled together in the Morandi – Polcevera bridge failure: a paradigmatic case, though not a *unicum*, as the Grenfell Tower and Notre-Dame fires remind us, both discussed in *Aedificare*. The 2018 event remains incomprehensible if examined in the light of the sole legal responsibilities and the short time elapsed between the most recent maintenance cycles and the collapse. And yet the history of the bridge is opaque even if observed through the prevailing filter of authorial narratives. As Tullia Iori clarifies in her case for a better understanding of this case, Morandi's "project" is in itself a process: a cloud of documents, with uncertain boundaries, that does not allow itself to be fully grasped in reality.[18]

---

16 Among the many recent volumes and essays that refer to the heuristic value of failures and accidents: Federica Ottoni, *Delle cupole e del loro tranello: la lunga vicenda delle fabbriche cupolate tra dibattito e sperimentazione*, Rome, Aracne, 2012. *Ponti in pietra nel Mediterraneo in età moderna*, special collection in "Lexicon", n. 20, 2015; the recent conference, *"Sulla ruina di sì nobile edificio", crolli strutturali in architettura*, Rome, 5-6 March 2020, by Claudia Conforti, Maria Grazia D'Amelio, Marica Forni, Nicoletta Marconi, Francesco Moschini (forthcoming). Finally, Edoardo Piccoli, "Liti, incidenti e improvvisazioni. Le crisi del cantiere barocco", in Edoardo Piccoli, Mauro Volpiano, Valentina Burgassi, *op. cit.*, p. 103-115.

17 Emanuela Guidoboni, "Terremoti e storia trenta anni dopo", *Quaderni storici*, N. 3, 2015, *Storia applicata*, p. 753-784.

18 See Tullia Iori's essential contribution to this subject, "Questioni di ponti e di fonti", SIXXI, *op. cit.*, vol. 5, 2020, p. 7-12.

Beyond these catastrophic events, the murmur of countless earthquakes (the entire Italian territory is now subject to anti-seismic legislation) has become the real background noise in recent decades, and the most widespread and extraordinary test bed for our concerns. Leaving others to discuss the moral lessons of these disasters (*Pour le bonheur du monde on détruit vos asiles / D'autres mains vont bâtir vos palais embrasés*),[19] Italian engineering schools have since the 1990s promoted the historical observation of these phenomena. In addition to uncovering myriads of precise facts, this season of research has shed light on the risk-mitigation strategies implemented by traditional construction cultures, which were far from resigned to the unpredictability of these natural events. If it were not an overused term in today's media, resilience would be a suitable word to define this field of study. Against the background of the recent disasters at L'Aquila and in Central Italy, a combination of archival and field research has led to new insight into the transformations of both ordinary and exceptional structures, and to a heightened consideration of the impact of every-day actions, such as maintenance, and cyclical interventions (including, since the 19th century at least, restoration practices, which are by now inextricably connected to the material history of Italian heritage sites, from Sicily to the Alps).

This is precisely the operational history advocated by Antonino Giuffré,[20] with full knowledge of the facts and respectful attention to methodological requirements. This form of "applied history"[21] does not

19 Voltaire, *Poème sur le Désastre de Lisbonne. Ou examen de cet axiome, tout est bien*, in Id., *Poèmes sur le désastre de Lisbonne, et sur la loi naturelle, avec des préfaces, des notes, etc.*, Geneva, [Cramer], 1756, p. 10.

20 Antonino Giuffré, "L'intervento strutturale quale atto conclusivo di un approccio multidisciplinare", *Quaderni ARCo*, n.1, 1995, p. 5-16, now republished in: Caterina Carocci, Cesare Tocci (eds.), *Antonino Giuffré. Leggendo il libro delle antiche architetture. Aspetti statici del restauro. Saggi 1985-1997* Rome, Gangemi, 2010, p. 18. In the wake of the method defined by Giuffré, come such exemplary essays as: Roberto Masiani, Cesare Tocci, "Ancient and Modern Restorations for the Column of Marcus Aurelius in Rome", *International Journal of Architectural Heritage: Conservation, Analysis, and Restoration*, 6/5, 2012, p. 542-561; Caterina Carocci, "Giuseppe Damiani Almeyda's Architecture: Constructing the Modern Restoring the Ancient. The Cathedral of Marsala", in Karl-Eugen Kurrer, Werner Lorenz, Volker Wetzk (eds.), *Proceedings of the Third International Congress on Construction History*, Cottbus, Brandenburg University of Technology, 2009, vol. 1, p. 305-312.

21 "È questo dunque il vero fine della storia applicata. La comunicazione della storia non si risolve nella divulgazione della storia tradizionale, ma nella costruzione di oggetti complessi che implichino il dialogo tra diversi universi scientifici disciplinari. Occorre

imply a decrease in value but rather an opportunity: the close examination of a building's inner fabric and construction processes has repercussions for traditional historical knowledge and provides new categories for interpretation. In Cairoli Fulvio Giuliani's essay on the Pantheon and Vittorio Nascé's analysis of the Turin Mole Antonelliana,[22] for instance, the largely mythical unity of the two world-famous "monuments" is surpassed, if not reversed, by consideration of their various states of equilibrium. Equally relevant are the studies applied to new and original subjects, such as the early technical installations investigated by the Milan research group led by Alberto Grimoldi, and the scaffolding and centring techniques scrutinised in Rome by Nicoletta Marconi.[23]

From our specific point of view, therefore, we do not believe it illegitimate or anachronistic for a construction historian to sneak into transformation processes, or to wish to consider the "performativity" of historical structures, measuring it against the calculation systems of the past.[24] Of course, the involvement with practice is rarely well received by other actors, and frequently leads historians to uncomfortable positions: in the view of many, history should be a neutral, marketable commodity, and the life cycle of buildings should be reduced to a reassuring background from which nothing is learned. But the alternatives to any form of commitment are brutal: who in Italy has not witnessed the dismantling of roofs, historic technical installations, staircases or windows of inimitable quality in the name of regulatory

in altri termini creare nuove forme di storia che mettano le competenze del nostro mestiere al servizio delle domande sociali che ci pongono oggi lo sviluppo scientifico e le condizioni sociali" (Angelo Torre, "Premessa", *Quaderni storici*, N. 3, 2015, *Storia applicata*, p. 621-628, p. 627).

22 Cairoli Fulvio Giuliani, "Problemi costruttivi del Pantheon e della Basilica Neptuni" (2015), now in Id., *Metti che un muro… Scritti scelti*, Rome, Quasar, 2020, p. 237-272. Vittorio Nascè *et alii*, "La mole antonelliana. Indagine numerica sulla struttura originaria", in Franco Rosso (ed.), *Alessandro Antonelli 1798-1888*, Milan, Electa, 1989, p. 125-143.

23 Nicoletta Marconi, *Edificando Roma barocca: macchine, apparati, maestranze e cantieri tra XVI e XVIII secolo*, Città di Castello, Edimond, 2004; for other more recent references to the same author and on this topic, Stefan Holzer, *Gerüste und Hilfskonstruktionen im historischen Baubetrieb: Geheimnisse der Bautechnikgeschichte*, Berlin, Ernst & Sohn Verlag, 2021.

24 Pascal Dubourg-Glatigny, *op. cit.*, p. 16-17, is of a different opinion. And yet, in the contrast between the more focused histories told by the specialists and the intellectual history of the *savant*, capable of capturing all the "innombrables interdépendances du phénomène architectural" (Ibid., p. 17), the dialogical and constructive value of "applied" history is lost (see above, notes 20-22).

diktats, or unsophisticated conservation projects? Not to mention the discomfort one feels in entering buildings battered by the tumultuous 1980s and 1990s, when the availability of money and the rush to large scale "reconversions"[25] of historical buildings sometimes perpetrated vast and unnecessary damage.

Other lesser-known catastrophes are taking place in Italy as we write, in the name of "energy saving" practices: a concept made toxic by State economic incentives, heralded as capable of reaching a mythical ceiling of 110%, thus exceeding the cost of the intervention itself.[26] In attributing sustainability to a parameter and not to a process, the temporalities of construction – which also must include the time necessary to understand the construction on which to intervene – are assimilated to a deadweight loss. But what reasons, if not those rooted in time, can allow the conservation of a building's complex meanings and functions, as well as its embodied energies? In this sense, construction history within a Polytechnic school, where curiosity about materiality should return to the centre of attention, can take up its stance in favour of a new ideal of *architettura civile*.

Edoardo PICCOLI
Politecnico di Torino

25 A history of that brief span of time in the late 1980s and early 1990s, when Italian engineering firms and general contractors were able to negotiate unusually large contracts in the building preservation sector, often by lobbying at the highest levels of national politics, remains be written.

26 Agenzia delle Entrate, *L'Agenzia informa*, official newsletter, September 2021, *Superbonus 110%* (https://www.agenziaentrate.gov.it/, accessed 28 March 2022).

PRÉSENTATION DU NUMÉRO

Présenter un numéro « varia » relève toujours de la gageure car, par définition, il contient des contributions composites. Cependant, l'histoire de la construction retrouve ici trois points de vue clés qui la façonnent : celui qui associe les outils et les matériaux, à partir d'une matérialité des objets, celui qui place en son centre les hommes et leur travail et celui qui envisage une réflexion politique, sociale, économique et juridique du phénomène constructif, une sorte de pensée d'une tout autre échelle. Ces trois axes ne sont bien entendu pas exclusifs les uns des autres et s'interpénètrent souvent, d'autant que l'effet des sources communes, des orientations disciplinaires des auteurs contribuent à brouiller les pistes. Néanmoins, cette distinction apparaît ici utile pour présenter les contributions.

UNE HISTOIRE DE LA CONSTRUCTION MATÉRIELLE

Nicolas Gasseau au cours d'une enquête quasi policière démonte les croyances populaires voire de certains milieux de spécialistes à l'égard de l'authenticité de deux instruments mythiques de la construction médiévale : la corde à treize nœuds et la quine des bâtisseurs. Au cours d'une démonstration scientifique rigoriste, l'auteur établit que ces outils ne sont en réalité que des inventions du XXe siècle. Son analyse critique finement menée, dotée de bon sens, passe en revue tous les clichés irrationnels de l'imaginaire de la construction médiévale : le secret des métiers, le nombre d'or, l'ésotérisme des compagnons du devoir, la symbolique maçonnique, l'usage de formules géométriques inconnus à l'époque. Pour comprendre comment se sont propagées ses fausses attributions dans l'esprit des amateurs du Moyen Age voire de certains médiévistes, l'auteur nous fait voyager de l'Egypte ancienne aux écrits indiens du 1er siècle en passant par les travaux du mathématicien pisan Léonardo Fibonacci et la Gaule des druides.

Les maquettes ont toujours fasciné les esprits des enfants et des adultes comme parvenant à leur faire saisir des œuvres architecturales monumentales d'un seul coup d'œil. La réduction d'échelle donne accès au bâtiment et le met à portée de main pour apprécier les volumes, l'espace, les encombrements dans l'espace. Ce que nous proposent ici les trois auteurs Bill Addis, Dirk Bühler et Christiane Weber, traite d'un usage peu étudié des maquettes comme aide à la conception en génie civil. Après une synthèse historique de cet outil depuis l'Antiquité, le texte dresse un parallèle étonnant montrant l'aussi grande importance de l'usage de la théorie que de celui de la pratique de ce type de maquettes dans la conception constructive. Cet argument contribuerait à lui seul à inclure, dans le cadre de l'enseignement des ingénieurs à côté de l'indispensable théorie, un cours sur l'histoire de ces maquettes et de leur usage. De son côté la recherche historique mériterait de se pencher sur l'analyse de ces outils qu'il conviendrait de mettre au jour, de documenter et bien sûr de conserver, comme il se doit, dans les meilleures conditions possibles. Les auteurs plaident ardemment pour une reconnaissance de cette pratique si utile à la conception en développant des recherches historiques pour retrouver les modèles égarés dans des fonds d'archives divers, dans des lieux d'expérimentation oubliés ou encore dans des musées dédiés.

Bill Addis dresse une histoire des ossatures métalliques pour les fenêtres et vitrages en Grande-Bretagne entre les XVIIIe et XXe siècles tant sous l'angle technique que sous celui pratique de leurs usages. Le développement de deux secteurs spécifiques a contribué à l'évolution de ces structures permettant au verre de clore les pièces sur l'extérieur ainsi que les façades plus tardivement : d'une part l'usage des bâtiments domestiques, industriels et commerciaux ; d'autre part, la mode à partir des années 1820 des serres, gares, musées, passages couverts et cours intérieures qui réclamaient l'emploi de grandes surfaces de verre dans des structures métalliques. L'auteur en profite pour rappeler le contexte technique de la fabrication de ces pièces : le minerai de fer, le fer forgé, la fonte et l'acier en soulignant leurs caractéristiques de fabrication (forgé, laminé à chaud…), d'assemblage (soudure au plomb, brasure au cuivre et étain, à la main ou au marteau hydraulique, rivetage), de solidité et de corrosion (peinture ou galvanisation au zinc). Dans un séquençage non linéaire Bill Addis explore les différentes techniques qui se sont chevauchées dans le temps.

Le fer forgé avec alliage de cuivre dure du XIIIe jusqu'en 1820 grâce à sa grande stabilité ; développé surtout en France par le sieur Chopitel, maréchal-ferrant de la manufacture royale près de Paris, les procédés sont patentés en la faveur de James Keir en 1779 avec un alliage utilisé avec succès dans l'industrie des transports maritimes, puis William Playfaire en 1783 dans ce qui fut nommé le métal Eldorado dont se sont servi les plus éminent britanniques au XIXe siècle. La fonte se développe à la fin du XVIIIe siècle dans le cadre de la campagne en faveur des matériaux capables de réduire la vulnérabilité au feu des constructions et s'emploie avec des alliages à des constructions de prestige pour une clientèle fortunée. Une rupture importante intervient avec la production des serres et de bâtiments avec de grandes surfaces vitrées élaborées dans des structures métalliques comme l'emblématique Crystal Palace de Londres en 1850-1851. La parution du premier manuel dédié aux serres en 1817 par John Claudius Loudon répond à de nombreux problèmes de l'évacuation de la condensation d'eau, du bris des glaces, de la conductivité électrique du métal, de sa corrosion ainsi que de sa propension à attirer la foudre. Il préfère le fer forgé à la fonte trop cassante. Trois transformations vont suivre : l'usage des moulins pour produire des sections importantes de métal, l'utilisation de panneaux de verre plus grands qu'habituellement et même incurvés et surtout l'industrialisation et la standardisation de la production de métal. Au début du XXe siècle, plus d'une centaines d'usines se partageaient le marché qui se concentra très rapidement dans deux sociétés importantes qui finirent par fusionner en 1965 : Henry Hope & Sons et Critall Windows, la première qui se spécialisera dans l'isolation thermique et sonore, la seconde internationalement reconnue qui améliora l'assemblage des coins par une brasure en queue d'aronde, facilita le nettoyage des fenêtres et proposa des solutions anti corrosion efficaces. Ces modalités favorisèrent l'usage des murs rideaux dans l'architecture contemporaine.

Même si cette histoire influença peu la théorie constructive, elle servit beaucoup au développement des techniques métallurgiques. De nombreuses questions peuvent encore être abordées sur le plan historique comme la réception de telles structures auprès des usagers, l'influence des propriétés du métal sur la conception des structures, l'évolution de la règlementation constructive à l'égard des fenêtres et des vitrages, l'aspect commercial de ces produits et la conservation de ces structures métalliques.

UNE HISTOIRE HUMAINE DE LA CONSTRUCTION

L'analyse des rémunérations des hommes du fer sur les grands chantiers de construction de la fin du Moyen Age permet à Maxime L'Héritier de s'interroger sur le statut économique de ces artisans dans les rapports qu'ils entretiennent avec leurs commanditaires. À partir des archives comptables sérielles de grands travaux à Troyes, Rouen et Metz, l'auteur se demande si les salaires perçus par ces forgerons, maréchaux et serruriers – pour ne choisir que les plus fréquemment cités – sont dictés et imposés par les maîtres d'ouvrages (constituent-ils une pression économique sur les artisans ?) ou si les travailleurs peuvent influer sur leur rémunération et leur régularité pour former un quasi-monopole et ainsi constituer un privilège à leur égard ? Après une partie introductive posant les jalons de la question dans le contexte géographique du travail distinguant les serruriers urbains des grosses forges rurales et leurs forgerons, quant au type de travaux envisagés entre ceux d'envergure nécessitant la collaboration de plusieurs forgerons à l'ouvrage et ceux plus modestes réalisés par une maréchal ou un serrurier en atelier, soulignant les caractéristiques fondamentales du travail du fer comme étant un « artisanat de transformation », l'auteur expose l'état de ses découvertes : d'une part, l'affirmation d'une grande stabilité des hommes du fer sur les chantiers à travers les mêmes familles ou les mêmes ateliers sur de longues périodes, parfois même après le décès du chef de famille, sur plusieurs générations. D'autre part, à propos des prix du travail, Maxime L'Héritier expose à force d'exemples l'oscillation entre tantôt des rabais choisis par les artisans et tantôt des diminutions de salaires imposés pour débusquer les causes de ces situations de fait et leurs finalités : compenser la hausse du coût de la matière première, garantir une permanence du travail, susciter des associations entre artisans, s'accaparer un marché sur le long terme, mettre en concurrence des entreprises…, chaque partie pouvant selon les cas y trouver son compte. L'auteur prudent dans sa démarche comme dans ses conclusions, souligne l'intérêt de poursuivre son étude à partir des sources fiscales ou notariales, et n'hésite pas à mettre en contexte ses résultats : estimation difficile des revenus réels des forgerons qui tiendrait de la gageure, les effets de tempérance de l'usage du remploi, l'évaluation du prix du travail comparé à celui du matériau ou encore la mise en perspective du travail du métal qui ne représente que quelque pour cent des dépenses générales d'un grand chantier par rapport à celui des autres corps de métiers comme ceux de la pierre.

Valérie Nègre propose l'édition d'une archive exceptionnelle, car rare mais aussi précieuse qu'émouvante. Il s'agit du journal de chantier de l'élaboration de la coupole en bois de la Halle au blé de Paris, conservé à la bibliothèque historique de cette ville, dans lequel l'architecte Jacques Molinos relate de sa plume les 6 mois de la fabrique dans ses moindres détails (entre mi-juillet 1782 et janvier 1783). Il consigne essentiellement l'assemblage complexe des échafaudages nécessaires à l'élaboration de la couverture d'une singulière dimension de la cour circulaire du bâtiment. Il révèle combien il est important de souligner une fois encore, et de manière exemplaire ici, la nécessité de comprendre d'une part que le chantier est un perpétuel questionnement inventif face aux blocages ou incidents techniques – le chantier n'est pas uniquement une phase d'exécution, mais aussi et souvent une phase d'émulation créative permanente (les épures sont à corriger au fur et à mesure du travail) ; d'autre part qu'il est véritablement une œuvre collective et non individuelle, mettant même en avant l'ingéniosité des artisans et la hardiesse des ouvriers qui collaborent entre eux (menuisiers et serruriers) et dont le zèle se trouve récompensé (par exemple ici à l'égard de celui qui invente un processus simple de fabrication des mortaises).

Ce chantier politique et technique de premier plan pour la royauté et le bien public est rapporté dans un document manuscrit sans doute préalable à publication. Il relate de nombreuses actions, gestes, opérations menées par les différents et multiples acteurs visés appartenant aux nombreux corps de métiers du bâtiment. Cependant, le texte demeure écrit de manière impersonnelle. Valérie Nègre, met en contexte ce témoignage vivant et prend bien soin de préciser qu'il ne dit pas tout.

Ce texte se révèle passionnant à plus d'un titre car on le sent proche d'une certaine brutalité de la réalité humaine (description des imprudences et des accidents). Il mériterait une analyse approfondie de la langue usitée et du discours soutenu tellement il est riche en vocabulaire technique en termes de matériaux (jusque dans la précision des essences du bois utilisées : peuplier pour les voliges, chêne des plateformes, coins en chêne et mâts de sapin ou de leur remploi : pierre de démolition, bois de bateau), d'outils (de conception : maquette ; d'accroche et de portage : diable, cordes, broches, hotte, pinces, poulie ou de travail de la matière ligneuse ou métallique : ciseau, hache, bisaiguë [notée bieguë], rabot, scie…), d'actions (de mesure, de maniement, de fabrication, d'ajustement, de contrôle …) et des figures de style (analogie : métaphore de la bergerie ; personnification dans l'expression : pièce de bois affamée ; substitution : périphrase dans l'usage de la « poulie de Newton »[1]) ou de rites (la pose du bouquet pour signifier la fin d'une étape importante de construction).

L'architecte précise bien les différents lieux du chantier : le bâtiment (cour) et ses échafaudages (en l'air), mais aussi les ateliers couverts et fermés ou baraques. Il organise la gestion de la circulation des matériaux, outils et ouvriers artisans. Une reconstitution visuelle du chantier pourrait même être tentée tellement les actions sont décrites avec précision.

Le document met en avant trois thèmes récurrents :

– La promptitude *versus* la lenteur du travail, la notion de temps demeurant connexe de l'économie financière du coût du travail, mais aussi de celle des gestes (jet à bras de pierres ; usage de la moufle plutôt que de la chèvre ; du bourriquet plutôt que de la hotte). La régularité est préférée à l'incident. La fourniture du goudron par les mariniers est obtenue à meilleur coût. Les cordages sont empruntés aux Menus Plaisirs. L'élaboration des madriers prend « un tems assez considérable ». Des ajustements peuvent s'avérer difficiles et demander du temps. La réaction face à l'incertitude

1 Si l'on trouve facilement, en optique, l'expression télescope du « Grand » Newton (1643-1727), père de la mécanique moderne, la poulie ne porte jamais le nom de ce savant sauf qu'elle est utilisée dans l'établissement des trois lois universelle du mouvement (principes d'inertie, fondamental de la dynamique et d'action réciproque). Ce raccourci utilisé par l'architecte Molinos demeure étonnant.

est immédiate : on démolit pour reconstruire au fur et à mesure un nouvel échafaud. La structure est fixée suite à une série de redressements progressifs. Les forces sont réparties équitablement et l'équilibre final est ainsi obtenu.

– La solidité (la racine du mot est citée dix fois), la sûreté, la stabilité et la légèreté (soulagement des structures) *versus* la fragilité du travail qui déclenche des accidents de parcours et qui peut même apparaître « à l'œil » ; d'où l'attention, les précautions (le mot y est mentionné à huit reprises) prises pour les éviter : utilisation de plâtre mêlé de suie pour consolider la maçonnerie (dureté et résistance à l'eau) ; pose de goudron pour empêcher l'humidité de pénétrer l'échafaudage ni pendant sa construction, ni à l'occasion d'intempéries, aide à l'écoulement des eaux… L'expertise préventive est de mise à l'encontre de malfaçons constatées en cours du chantier (crevasses, disjonctions, ruptures…). Respect des « usages » à l'occasion de la construction de deux tuyaux de cheminée. Toutes les mesures sont prises pour protéger les ouvriers, « pour que les menuisiers puissent marcher et travailler sur cette corniche avec plus de hardiesse ». La chute d'un ouvrier imprudent est relatée comme dans un reportage. Le renversement d'une ferme est maitrisé sans dégât avec une grande maitrise de réemploi de matériau. On réagit au surpoids et aux intempéries (les cordages peuvent casser par l'effet de la gelée). On surveille le fléchissement des jambes des fermes.

– La mesure est prise en permanence avec ajustement (entoiser avec règles, avec plombs, avec cordeaux) ou le calibrage précis maintes fois vérifiés, voire « revérifiés » et corrigés au fur et à mesure des découvertes des erreurs de calcul et en fonction des difficultés rencontrées à l'occasion de la mise en place des pièces pour le montage des échafaudages. Il est passionnant de lire les propositions faites face aux défauts de niveau des plateformes : « soit en calant […], soit en rabotant […] ». il faut que les pièces de bois conservent leur « direction » malgré le soleil ou la pluie. La surveillance est constante pour rassurer les ouvriers.

UNE HISTOIRE POLITIQUE DE LA CONSTRUCTION

Alejandro González Milea s'intéresse à la courte période entre les années 1763 et 1803 pendant laquelle l'Espagne s'est occupée de gérer le gouvernement de la Louisiane, qui devient au même moment un des Etats du sud-est des Etats-Unis au bord du Golfe du Mexique. Ce territoire aux influences culturelles multiples (française, africaine, américaine et franco-canadienne) qui se reflètent dans les cultures créole et cajun, a connu – on l'oublie souvent – une occupation espagnole. À l'occasion de travaux d'entretien, de réparation et d'agrandissement des ouvrages militaires de la Nouvelle-Orléans, une riche correspondance entre le commandant des ingénieurs, Joachín de la Torre et l'intendant de Louisiane, Ramón López y Angulo, au tournant du siècle renseigne sur les modalités juridiques, techniques et économique les mieux adaptées pour conduire de tels travaux sur un ton polémique. L'auteur y relève les arguments (avantages et inconvénients) discutés par les protagonistes, renvoyant tant à la littérature qu'aux expériences du passé ainsi qu'aux détails constructifs, au milieu de luttes de pouvoir entre les institutions en place (entre l'intendant et le gouverneur, les ingénieurs et le roi, etc.). Le point d'achoppement porte essentiellement sur la nature des contrat de construction mis en place. Ces « asientos » sont des conventions conférant à des acteurs privés le monopole d'exercer une compétence de l'Etat, qu'elle soit d'ordre fiscal, concernant les services publics, dont la construction d'ouvrages militaires, comme d'intérêt public œuvrant pour la défense du territoire. Ce sont en quelque sorte ce que nous nommons aujourd'hui les concessions de service public. Dans un premier temps, l'auteur présente le contexte des divers travaux militaires exécutés en Louisiane coloniale et dans les rapports que cet Etat entretient avec ses voisins afin d'illustrer les défis du contrôle centralisé et les mécanismes de passation des marchés de ces travaux publics (sous-traitance, choix des unités de mesures, cahiers des charges, adjudication aux enchères, cautions, modalités techniques, plans). Dans un deuxième temps, l'auteur se concentre sur la controverse mobilisée autour des *asientos* dans les archives retrouvées. L'intendant, se basant sur les usages locaux estimait que le contrat de concession était assez pernicieux à l'égard du roi, que les travaux – pourtant communs – ne présentaient au final qu'une apparence de qualité mais qu'en réalité ils menaçaient ruine, qu'ils étaient d'une valeur excessive, malgré l'écriture de cahiers des charges précis. Les entrepreneurs contractants se révélaient spéculateurs, décourageant l'innovation et surtout de mauvais exécutant dans l'exercice de leur profession. L'ingénieur rétorquait quant à lui qu'il valait mieux faire des réparations durables plutôt que de faire des économies sur leur durée en les payant moins chères, que les entrepreneurs ont été constamment surveillés pour ces réparations d'une réalisation complexe au final, que la gestion des *asientos* étaient tout à fait bénéfiques comme si les travaux avaient été réalisés par l'administration. Selon l'auteur, il est important pour notre champ de monopoliser toutes les considérations en jeu sur un chantier sans se focaliser uniquement sur la nature du contrat suivi par les partenaires.

Nathan Brenu montre les imbrications du politique dans la programmation des chantiers portuaires italiens à l'aube de l'Unité italienne. Au XIXe siècle, malgré le poids financier de l'économie de guerre civile et en raison de la longueur de ses côtes sur la mer, l'Italie se lance dans une campagne sans précédent de travaux publics portuaires. Dans un premier temps, l'auteur explique en quoi cette ambition constructive s'insère comme symbole politique dans le cadre d'une ambition économique d'inspiration « libre-échangiste ». Il poursuit en soulignant le rôle de l'organisation administrative centralisée de ce nouvel Etat sur le modèle piémontais. Ce sont des lois de 1852 et 1859 originaires de Sardaigne qui classifient les ports en fonction de leur degré d'utilité commerciale et qui répartissent les compétences administratives, techniques et comptables sur les travaux publics entre les différents ministères (Marine, Finances et Travaux publics). De fait, le financement des travaux s'opère entre l'État, la province et la commune concernées avec des tentatives de négociations entre organes bureaucratiques périphériques. La vigilance technique est inspirée du modèle français avec la prééminence des ingénieurs. Cependant, le programme de construction des ports est pensé dans la précipitation et des difficultés de mise en œuvre se ressentent (bricolage administratif, manque d'études préalables, modifications successives des délibérations, accroissement des dépenses, retard dans l'exécution…). De plus, l'administration devait s'adapter au nouveau régime centralisé. Enfin, certains travaux mis en adjudication ne trouvent pas d'adjudicataires et pour d'autres, les entrepreneurs choisis en renégocient les conditions. Dans un second temps, l'auteur se concentre sur le projet du port de Naples qui apparaît comme démesuré, d'autant qu'il s'agit de promettre à une capitale déchue un avenir de prospérité économique. Il convient de rééquilibrer le Sud par rapport au Nord. La gestion du dossier n'est pas sans provoquer quelques conflits opposant des notables locaux au gouvernement central. Une commission provinciale s'inquiète d'être ignorée des *arcana imperii* et de la non-transparence du projet. Le marché public intéresse nombre d'entrepreneurs. Celui qui le remporte, le sieur Gabrielli, reproche aux autorités le manque d'accès aux chantiers, leur incompétence dans le domaine de l'exploitation des pierres afin de justifier son retard. La commission locale nommée pour suivre les travaux critique sa corruption et l'emploi de forçats comme main d 'œuvre, favorisant le brigandage. L'Etat ne renouvellera pas cette expérience avec cet entrepreneur peu scrupuleux, même si ce dernier réussira à bien profiter de la situation. Pour expliquer la contradiction entre les promesses portuaires non tenues et les premiers résultats réalisés avec précipitation et incohérence, l'auteur invoque d'une part la centralisation à la Française *versus* un localisme sous exploitée, mais aussi une logique entrepreneuriale contredisant la politique économique d'inspiration libre-échangiste choisie par le nouvel Etat italien.

Robert CARVAIS

ISSUE CONTENT

Presenting a "varia" issue is always a challenge because, by definition, it contains diverse contributions. However, in this one can be found three key points of view that shape the history of construction: one that associates tools and materials, starting from the materiality of objects, another that places at its centre human beings and their work, and yet another that envisages a political, social, economic and legal consideration of the phenomenon of construction, a kind of thought on a completely different scale. These three views are of course not mutually exclusive and often interpenetrate, especially since the effect of common sources and the disciplinary orientations of the authors contribute to blurring the lines of inquiry. Nevertheless, this distinction appears useful here for presenting the contributions.

A MATERIAL HISTORY OF CONSTRUCTION

In the course of a detective-like investigation, Nicolas Gasseau dismantles the popular beliefs, and even those of certain specialists, concerning the authenticity of two mythical instruments of medieval construction: the 13-knot rope and the builders' *quine*. In the course of a rigorous scholarly demonstration, the author establishes that these tools are in fact only 20th-century inventions. His finely conducted critical analysis, endowed with common sense, reviews all the irrational clichés of the imaginary of medieval construction: the secret of the trades, the golden number, the esotericism of the journeymen, Masonic symbolism, the use of geometric formulas unknown at the time. To understand how these false attributions were propagated in the minds of medieval amateurs and even certain medievalists, the author takes us on a journey from ancient Egypt to the Indian writings of the 1st century, *via* the work of the Pisan mathematician Leonardo Fibonacci and the Gaul of the Druids.

Models have always fascinated the minds of children and adults alike, as they let make them grasp monumental architectural works at a glance. The reduction in scale gives access to the building and puts it within reach to appreciate the volumes, the space, and the clutter in the space. What Bill Addis, Dirk Bühler and Christiane Weber propose here is a little-studied use of models as an aid to design in civil engineering. After a historical overview of this tool since antiquity, the text draws an astonishing parallel showing the equal importance of the theoretical and practical use of this type of model in construction design. This argument alone would contribute to the inclusion of a course on the history of these models and their use in engineering education, alongside indispensable theory. For its part, historical research should focus on the analysis of these tools, which need to be uncovered, documented and, of course, preserved in the best possible conditions. The authors strongly advocate recognition of this practice, which is so useful for design, by developing historical research to find models lost in various archives, forgotten places of experimentation and dedicated museums.

Bill Addis provides a history of metal framing for windows and glazing in Britain between the 18th and 20th centuries from both a technical and practical perspective. The development of two specific sectors contributed to the evolution of these structures allowing glass to enclose rooms on the outside as well as facades later on: the use of domestic, industrial and commercial buildings; and, the fashion from the 1820s onwards for greenhouses, railway stations, museums, covered passages and inner courtyards that called for the use of large surfaces of glass in metal structures. The author takes the opportunity to recall the technical context of the manufacture of these pieces: iron ore, wrought iron, cast iron and steel, highlighting their manufacturing characteristics (forged, hot rolled, etc.), assembly (lead soldering, copper and tin soldering, by hand or with a hydraulic hammer, riveting), solidity and corrosion (painting or zinc galvanisation). In a non-linear sequencing Bill Addis explores the different techniques that have overlapped over time.

Wrought iron with copper alloys lasted from the 13th century until 1820 thanks to its great stability; the processes were developed mainly in France by Sieur Chopitel, a blacksmith at the Royal Manufactory near Paris, and patented by James Keir in 1779 with an alloy used successfully in the shipping industry, then by William Playfaire in 1783 in what was called Eldorado metal, which was used by the most renowned Britons in the 19th century. Cast iron was developed in the late 18th century as part of the quest for materials capable of reducing the vulnerability of buildings to fire, and was used with alloys in prestige constructions for wealthy clients. A major breakthrough came with the production of greenhouses and buildings with large glazed surfaces built in metal structures, such as the emblematic Crystal Palace in London in 1850-1851. The publication of the first manual dedicated to greenhouses in 1817 by John Claudius Loudon addressed many of the problems of water condensation drainage, glass breakage, electrical conductivity of metal, its corrosion and its propensity to attract lightning. He preferred wrought iron to cast iron, which was too brittle. Three transformations followed: mills to produce large sections of metal, larger than usual and even curved glass panels, and above all the industrialisation and standardisation of metal production. At the beginning of the 20th century, more than a hundred factories shared the market, which quickly became concentrated in two major companies that eventually merged in 1965: Henry Hope & Sons and Critall Windows, the former focusing on thermal and sound insulation, the latter internationally renowned for improving the assembly of corners with dovetail brazing, facilitating the cleaning of windows and proposing effective anti-corrosion solutions. These methods encouraged the use of curtain walls in contemporary architecture.

Although this history had little influence on construction theory, it was of great use to the development of metallurgical techniques. Many questions can still be addressed historically, such as the reception of such structures by users, the influence of the properties of metal on the design of structures, the evolution of building regulations for windows and glazing, the commercial aspect of these products and the conservation of these metal structures.

A HUMAN HISTORY OF CONSTRUCTION

By analysing the wages paid to ironworkers on the major construction sites of the late Middle Ages, Maxime L'Héritier examines the economic status of these craftsmen in their relationship with their clients. Using the serial accounting archives of these major works in Troyes, Rouen and Metz, the author examines whether the salaries received by these blacksmiths, farriers and locksmiths – to name only the most frequently cited – were dictated and imposed by the owners (did they constitute an economic pressure on the craftsmen?) or whether the workers could influence their remuneration and their regularity of employment to form a quasi-monopoly and thus constitute a privilege for them. The author first sets the question in the geographical context of the work, distinguishing between urban smiths and large rural forges and their blacksmiths, and the type of work envisaged, between large-scale work requiring the collaboration of several blacksmiths and more modest work carried out by a farrier or a locksmith in a workshop, and underlining the fundamental characteristics of ironwork as a "transformation craft". He then describes his findings: first, the affirmation of a great stability over long periods of ironworkers on the building sites through the same families or the same workshops, sometimes even after the death of the head of the family, over several generations. Also, with regard to labour prices, Maxime L'Héritier uses numerous examples to show the oscillation between discounts chosen by the craftsmen and imposed wage reductions, in order to uncover the causes of these situations and their purposes: to compensate for the rising cost of raw materials, to guarantee the permanence of the work, to encourage associations between craftsmen, to monopolise a market in the long term, to put companies in competition with one another. The author is cautious in his approach as well as in his conclusions, and emphasises the value of pursuing his study from fiscal or notarial sources, putting his results into their context: the challenge of estimating the real incomes of blacksmiths, the economic impact of recycling, the evaluation of the price of labour compared to that of the material, and the relative position of work with metal, which represented only a few per cent of the general expenses of a large building site, compared to other trades such as those working with stone.

Valérie Nègre proposes the publication of an exceptional archive, which is rare, precious and touching. It is the diary of the construction of the wooden dome of the Halle au blé in Paris, kept in the city's historical library, in which the architect Jacques Molinos relates the six months of construction in its smallest details (between mid-July 1782 and January 1783). He mainly describes the complex assembly of scaffolding necessary for the construction of the singularly large roof of the building's circular courtyard. This reveals how important it is to emphasise once again, and in an exemplary manner here, the need to understand both that the building site involves perpetual inventive questioning in the face of blockages and technical incidents – the building site is not only a place of execution, but also often a place of permanent creative emulation (the outlines have to be corrected as the work progresses); and that it is also truly a collective and not an individual work, highlighting the ingenuity of the craftsmen and the daring of the workers who labour together (carpenters and locksmiths) and whose zeal is rewarded (for example, in this case, the man who invented a simple process for making the mortices)

This project of political and technical importance for the royal authorities and the public good is reported in a handwritten document, probably prior to publication. It relates numerous actions, techniques and operations carried out by the many and varied actors involved, belonging to the many building trades. However, Molinos's text is written in an impersonal manner. Valérie Nègre puts this living testimony into context and is careful to point out that it does not say everything.

This text is fascinating in more than one way because it is close to a certain brutality of human reality (descriptions of carelessness and accidents). It deserves an in-depth analysis of the language used and the sustained discourse, so rich is it in technical vocabulary in terms of materials (even in the exact species of wood used: poplar for the rods, oak for the platforms, oak corners and pine masts, or their reuse: demolition stone, ship's wood), tools (for design: model; for hanging and carrying: trolley, ropes, spindles, baskets, clamps, pulley, or for working with wood or metal: chisel, axe, *bisaiguë* [noted *bieguë*], planer, saw…), actions (of measuring, handling, making, adjusting, checking…) and figures of speech (analogy: metaphor of the sheepfold; personification in expression: hungry piece of wood; substitution: periphrasis in the use of "Newton's pulley"[1]) and rituals (topping out with a *bouquet* to mark the end of an important stage of construction).

The architect clearly specifies the various locations on the site: the building (courtyard) and its scaffolding (in the air), and also the covered and closed workshops or barracks. He organises the circulation of materials, tools and craftsmen. A visual reconstruction of the building site might even be attempted, as the actions are described with such accuracy.

The document highlights three recurring themes:

- Promptness *versus* slowness of work, the notion of time being related to the financial economy of the cost of labour, but also to that of techniques (throwing stones; use of the block instead of the hoist; the winch instead of the basket). Regularity is preferred to incident. The supply of tar by the bargemen is obtained at a lower cost. The ropes are borrowed from the *Menus Plaisirs* ceremonial office. The production of the planks takes "a considerable amount of time". Adjustments can be difficult and time consuming. The reaction to uncertainty is immediate: a new scaffold is demolished and rebuilt as it goes along. The structure is fixed by a series of progressive adjustments. The forces are distributed evenly and the final balance is thus obtained.
- Solidity (the root of the word is mentioned ten times), safety, stability and lightness (relief of the structures) *versus* the fragility of the work, which triggers accidents along the way and which can even appear "to the eye"; hence the care and precautions (the word is mentioned eight times) taken to avoid them: use of plaster mixed with soot to consolidate the masonry (hardness and resistance to water); installation of tar to prevent moisture from penetrating the scaffolding either during its construction or during bad weather, help

1 Although optics records the reflecting telescope invented by Isaac Newton (1643-1727), father of modern mechanics, the pulley involved never bears his name except when it is used in the establishment of the three universal laws of motion (inertia, motion and action/reaction). This early attribution used by the architect Molinos remains exceptional.

with water drainage, etc. Preventive assessment is required against defects noted during the construction work (cracks, disjunctions, breaks, etc.). Respect for "customs" during the construction of two chimney pipes. All measures were taken to protect the workers, "so that the carpenters could walk and work on this ledge with greater confidence". The fall of a careless worker is reported as a news story. The overturning of a truss is handled without damage with great mastery of material reuse. Overweight and bad weather are dealt with (ropes can break due to frost). The bending of the truss legs is monitored.

– Measurements are constantly taken and adjusted (with rulers, weights, and ropes) and the precise calibration is repeatedly checked, or even "re-checked" and corrected as calculation errors are discovered and according to the difficulties encountered in setting up the scaffolding parts. It is fascinating to read the proposals made to deal with the levelling defects of the platforms: "either by wedging [...], or by planing [...]". The pieces of wood must keep their "direction" despite the sun and rain. There is constant supervision to reassure the workers.

A POLITICAL HISTORY OF CONSTRUCTION

Alejandro González Milea focuses on the short period between 1763 and 1803 during which Spain ran the government of Louisiana, which at the same time became one of the south eastern states of the United States on the Gulf of Mexico. This territory, with its multiple cultural influences (French, African, American and Franco-Canadian) reflected in the Creole and Cajun cultures, was – as is often forgotten – under Spanish occupation. On the occasion of the maintenance, repair and enlargement of the military works in New Orleans, a rich correspondence between the commander of the engineers, Joachín de la Torre, and the intendant of Louisiana, Ramón López y Angulo, at the turn of the century provides information in a polemical tone on the best legal, technical and economic ways of carrying out the works. The author notes the arguments (advantages and disadvantages) discussed by the protagonists, referring both to literature and past experiences, as well as details of constructions, amid power struggles between the institutions in place (the intendant and the governor, the engineers and the king, etc.). The main point of contention is the nature of the construction contracts used. These *asientos* were agreements that gave private actors a monopoly on exercising a state competence, whether it was fiscal, concerning public services, including the construction of military works, or of public interest working for the defence of the territory. These are, in a way, what we now call public service concessions. First, the author presents the context of the various military works carried out in colonial Louisiana and in its relations with its neighbours in order to illustrate the challenges of centralised control and the mechanisms for awarding contracts for these public works (subcontracting, choice of units of measurement, specifications, auctioning, guarantees, technical terms and conditions, plans). The author then focuses on the controversy surrounding the *asientos* in the recovered archives. The intendant, basing himself on local customs, considered that the concession contract was rather pernicious with regard to the king, that the works – although common – only presented an appearance of quality but that in reality they threatened ruin, that they were of excessive cost, despite the writing of precise specifications. The contractors were found to be speculative, discouraging innovation and above all poor performers in the exercise of their profession. The engineer retorted that it was better to make lasting repairs than to save money by paying less for them, that the contractors were constantly supervised for these complex repairs, and that the management of the *asientos* was as beneficial as if the work had been done by the administration. According to the author, it is important for our field to monopolise all the considerations at stake on a construction site without focusing only on the nature of the contract followed by the partners.

Nathan Brenu shows how politics was involved in the planning of Italian port construction at the dawn of Italian unity. In the 19th century, despite the financial burden of the civil war economy and because of the length of its coastline on the sea, Italy embarked on an unprecedented campaign of public port works. The author begins by explaining how this infrastructure ambition fitted as a political symbol within the framework of an economic ambition inspired by 'free trade'. He emphasises the role of the centralised administrative organisation of this new state based on the Piedmont-Sardinian model. The laws of 1852 and 1859 originating in Piedmont-Sardinia classified ports according to their degree of commercial utility and divided the administrative, technical and accounting powers over public works between the various ministries (Navy, Finance and Public Works). The financing of the works was divided between the state, the province and the municipality concerned, with attempts at negotiations between peripheral bureaucratic bodies. Technical supervision was inspired by the French model with the predominance of engineers. However, the port construction programme was conceived in haste and difficulties in implementation were met with (administrative tinkering, lack of preliminary studies, successive modifications of the deliberations, increase in expenditure, delay in execution, etc.). In addition, the administration had to adapt to the new centralised regime. Finally, some of the works put out to tender did not find successful bidders and for others, the contractors chosen renegotiated the conditions. In a second part, the author focuses on the project of the port of Naples, which appeared to be disproportionate, especially as it promised a future of economic prosperity to a former capital city. The South had to be rebalanced in relation to the North. The management of the affair was not without its conflicts between local notables and the central government. A local commission was concerned that it was being ignored by the *arcana imperii* and that the project was not transparent. The public call for tender interested many contractors. The one who won the contract, Signor Gabrielli, blamed the authorities for the lack of access to the building site and their incompetence in the field of stone exploitation in order to justify his delay. The local commission appointed to monitor the work criticised its corruption and the use of convicts as labour, encouraging robbery. The state did not repeat the experience with this unscrupulous contractor, even though he managed to profit from the situation. To explain the contradiction between the unfulfilled port promises and the first results achieved with haste and incoherence, the author invokes on the one hand the French-style centralisation *versus* an under-exploited localism, but also entrepreneurial thinking that contradicted the free-trade economic policy chosen by the new Italian state.

Robert Carvais

LA CORDE À TREIZE NŒUDS ET LA QUINE DES BÂTISSEURS

Aux origines de deux instruments mythiques

Lors de la visite d'un monument médiéval, au détour d'un ouvrage destiné au grand public, ou encore dans certaines publications scientifiques, il n'est pas rare de trouver une énumération des instruments utilisés sur les chantiers du Moyen Âge. Elle ressemblera généralement à ceci : fil à plomb, règle, compas, équerre, pige, et corde à treize nœuds. Pour beaucoup, cette liste est tellement habituelle qu'elle ne mérite plus d'être remise en question. Si l'on s'interroge pourtant au sujet de ces outils, on trouvera que les premiers sont bien attestés, grâce à d'abondantes pièces archéologiques, sources iconographiques ou mentions écrites, et ont fait l'objet de recherches approfondies. Mais les deux derniers, dissimulés parmi les autres, sont étonnamment peu étudiés : la pige ou quine des bâtisseurs, et la corde à treize nœuds.

En général, les textes les mentionnant[1] ne comportent aucune source précise et se contentent de décrire leur usage : pour le premier, regrouper de nombreuses unités sur une seule règle ; pour le second, tracer facilement des angles droits. Parfois même, un lien avec le nombre d'or est suggéré. Ces affirmations séduisantes mériteraient une étude approfondie illustrée d'exemples historiques, pourtant aucune ne semble exister. La quine des bâtisseurs ainsi que la corde à treize nœuds n'ont, à notre connaissance, fait l'objet d'aucune recherche historique sur leurs origines, ce qui ne les empêche pas d'être régulièrement citées comme réelles par certains auteurs.

1 Le lecteur curieux ayant échappé au phénomène pourra facilement trouver des exemples sur Internet. Ils sont souvent cités sur des sites de vulgarisation historique (https://les-cathedrales.wordpress.com/lesprit-des-batisseurs-et-leurs-moyens-techniques/, consulté le 07/02/2021) ou de mathématiques scolaires (https://publimath.univ-irem.fr/glossaire/PI013.htm et https://publimath.univ-irem.fr/biblio/APL06016.htm, consultés le 07/02/2021).

Alors, ces outils ne seraient-ils pas authentiques ? Sont-ils une invention moderne ? Dans ce cas, comment expliquer leur succès non seulement auprès du grand public, mais aussi dans certains milieux scientifiques ? Nous chercherons ici à répondre à ces questions en étudiant successivement les deux instruments. En remontant aux premiers textes les mentionnant, puis en démêlant les fils de leurs propagations dans divers milieux de spécialistes, nous essayerons de comprendre comment ils ont pu en peu de temps devenir indissociables de l'imaginaire de la construction au Moyen Âge.

LA QUINE DES BÂTISSEURS, UNE RÈGLE AU NOMBRE D'OR ?

Depuis quelques années, la quine des bâtisseurs est un objet incontournable des ouvrages de vulgarisation traitant de la construction médiévale[2]. Cet instrument que les « bâtisseurs de cathédrales » auraient utilisé secrètement, présenterait un système de mesures basé sur la suite de Fibonacci : cinq unités (d'où l'appellation « quine »), chacune étant la somme des deux précédentes. Cette suite numérique est liée au nombre d'or φ, ce qui constituerait la preuve que les monuments médiévaux sont basés sur la proportion dorée. La quine est citée sous des noms variés (pige, canne de bâtisseur, canne royale…) dans de nombreux documents, mais les sources référencées ne remontent jamais à de plus de trente ans. Le silence total à son sujet des publications plus anciennes s'explique aisément : la date de son invention est bien plus récente qu'on pourrait le croire. C'est en effet une proposition du moine Jean Bétous (1908-1991), dont la théorie paraît pour la première fois en 1985 dans *les Cahiers de Boscodon*[3].

2 À titre d'exemple, Xavier Bezançon, Daniel Devillebichot, *Histoire de la construction*, Paris, Eyrolles, 2014, p. 121 ; Claude Wenzler, Hervé Champollion, *Églises et cathédrales de la France médiévale*, Paris, EDL, 2006, p. 39 ; ou encore dans des fascicules tels que *Le cloître de l'abbaye du Thoronet, outil d'exploitation*, édité par le Centre des monuments nationaux (http://www.le-thoronet.fr/var/cmn_inter/storage/original/application/d04546363948bb-f77f7fe99886a81737.pdf, consulté le 07/02/2021). Voir aussi les interventions du compagnon maçon Pascal Waringo, notamment https://www.youtube.com/watch?v=dDutQaWv9hc (consulté le 07/02/2021).

3 *Les Cahiers de Boscodon n° 4 – L'Art des bâtisseurs romans*, Gap, 1985. L'ouvrage n'étant pas paginé, les références figurant dans cet article mentionnent le chapitre concerné.

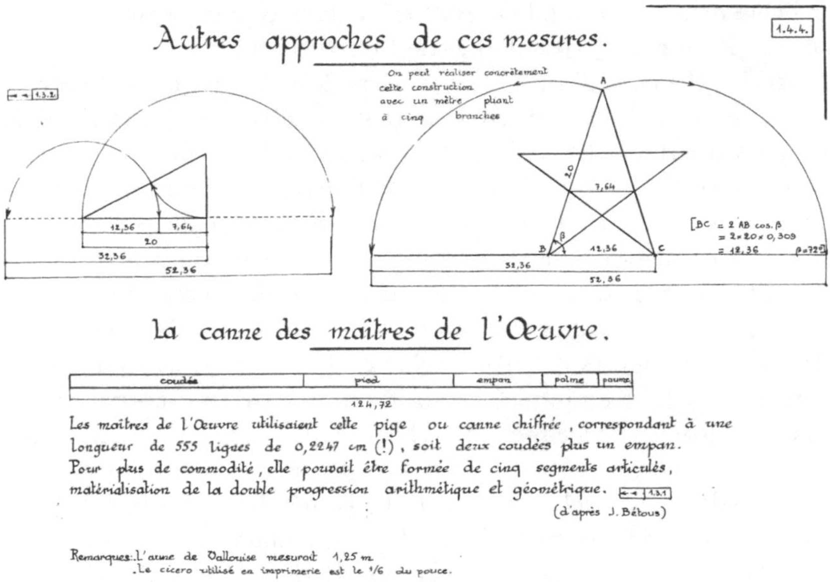

Autres approches de ces mesures.
1.4.4.
On peut réaliser concrètement cette construction avec un mètre pliant à cinq branches
A
12,36
7,64
20
32,36
52,36
B
C
[BC = 2 AB cos. β
= 2×20×0,309
= 12,36
β=72°
La canne des maîtres de l'Œuvre.
coudée
pied
empan
palme
paume
124,72
Les maîtres de l'Œuvre utilisaient cette pige ou canne chiffrée, correspondant à une longueur de 555 lignes de 0,2247 cm (!), soit deux coudées plus un empan.
Pour plus de commodité, elle pouvait être formée de cinq segments articulés, matérialisation de la double progression arithmétique et géométrique.
(d'après J. Bétous)
Remarques: L'aune de Vallouise mesurait 1,25 m.
Le cicero utilisé en imprimerie est le 1/6 du pouce.

FIG. 1 – *Les Cahiers de Boscodon nº 4 - L'Art des bâtisseurs romans*, chap. 1.4.4 (avec l'aimable autorisation de l'Association des Amis de l'Abbaye de Boscodon).

Il s'agit d'un modeste périodique sur le thème de l'abbaye de Boscodon, dans les Hautes-Alpes. Le numéro 4, paru en 1985, est sous-titré *L'Art des bâtisseurs romans*[4] et regroupe de nombreuses propositions typiques de l'ésotérisme architectural : nombre d'or, proportions sacrées, tracés régulateurs basés sur des pentagrammes ou des spirales de Fibonacci, etc. Ce numéro rencontra un succès inattendu, il se serait écoulé à 60 000 exemplaires[5] et est aujourd'hui encore très recherché. Cette réussite éditoriale provoquera l'ancrage dans l'imaginaire grand public de nombreuses croyances erronées concernant la construction médiévale. Parmi les théories présentées dans les *Cahiers de Boscodon*, l'une d'elles, alors inédite, est promise à un brillant avenir : la « Canne des Maîtres

4 Principalement réalisé par Henri Bilheust, il est le fruit d'une collaboration avec Jean Bétous dont le nom apparaît souvent, et présenté comme celui « qui sut nous mettre sur la voie de cette recherche et nous permettre de déchiffrer le message livré » (*Les Cahiers de Boscodon…*, Préface).

5 D'après le site de l'abbaye de Boscodon, https://web.archive.org/web/20090711152816/http://pagesperso-orange.fr/abbaye.boscodon/architecture.html (consulté le 07/02/2021)

de l'Œuvre [...] d'après J. Bétous »[6]. C'est ici que, pour la première fois, on voit détailler les particularités de l'instrument.

Ancien chanoine d'Auch, dans le Gers, Jean Bétous[7] avait développé cette idée en travaillant avec un confrère sur la cathédrale de sa ville ; cinq ans après la parution des *Cahiers de Boscodon*, ils publient leurs résultats dans *La proportion divine à la cathédrale d'Auch*[8]. Ouvrage de la même saveur que les *Cahiers de Boscodon*, il présente aussi des tracés régulateurs mystiques, dont la particularité est qu'ils seraient basés sur cinq unités de base dérivées du nombre d'or. Ce principe est très proche du concept du Modulor (système de mesure basé sur les proportions humaines et le nombre d'or élaboré dans les années 1940 par l'architecte Le Corbusier[9]), ce qui suggère fortement qu'il s'en est inspiré. Les unités ne sont pas trouvées par Bétous lors de campagnes de mesures, mais théorisées avant de chercher à les faire correspondre au plan, quitte à jouer avec les marges d'erreur lorsque la correspondance est faible. On notera que la méthode est habituelle chez les chercheurs de proportions dorées dans les monuments anciens.

Allant au bout de son raisonnement, Bétous développe l'idée déjà présentée dans les *Cahiers de Boscodon* que ces cinq unités étaient regroupées sur un même outil. Inutile de chercher de mention de l'instrument par un auteur plus ancien, Bétous admet ici noir sur blanc que cette « quine métrique » n'est qu'une théorie de sa part basée sur l'intuition :

> HYPOTHÈSE DE M. L'ABBÉ BÉTOUS, concernant les mesures utilisées pour la cathédrale. Le maître d'œuvre avait une « pige », une canne personnelle composée de 5 étalons, une quine métrique...

— une paume de	34 lignes :	0,002256 x 34	= 0,0767 m
— une *[sic]* palme de	55 lignes :	0,002256 x 55	= 0,1240 m
— un empan de	89 lignes :	0,002256 x 89	= 0,2007 m
— un pied de	144 lignes :	0,002256 x 144	= 0,3248 m
— une coudée de	233 lignes :	0,002256 x 233	= 0,5256 m

(proche de $\sqrt{5} + 3$).

---

6 *Les Cahiers de Boscodon...*, chap. 1.4.4, voir aussi chap. 1.4.2.

7 Pour une brève biographie de Jean Bétous, voir Maurice Bordès, « L'évolution religieuse du diocèse d'Auch au XXe siècle : déchristianisation et sursauts religieux (1914-1955) », *Annales du Midi, Tome 110*, Privat, 1998, p. 232.

8 Jean Bétous, Paul Cantaloup, « La proportion divine à la cathédrale d'Auch », *Bulletin de la Société Archéologique du Gers*, 1990, p. 253-330.

9 Le Corbusier, *Le Modulor : essai sur une mesure harmonique à l'échelle humaine applicable universellement à l'architecture et à la mécanique*, Boulogne-sur-Seine, l'Architecture d'aujourd'hui, 1950.

— la pige : somme des 5 étalons = 1,251 8 m
(proche de la pige idéale = 1,247 2 m).

REMARQUES :
1. La quine des Compagnons est une progression géométrique dans le cadre de la suite de Fibonaci *[sic]*.
2. C'est une progression de raison φ.[10]

Il y a beaucoup à redire sur cette théorie. Pour commencer, les noms des unités proposées par Bétous sont très problématiques. Déjà, la paume et le palme sont deux traductions du même terme latin *palmus*, de même l'empan est généralement synonyme de palme[11]. Quant au mot « pige », absent des sources médiévales, il semble n'apparaître qu'au XIXe siècle[12] ; « quine » dans ce contexte est une pure invention de Bétous. Ensuite, l'analyse des tracés d'édifices montre que le constructeur médiéval utilisait peu d'unités différentes sur un même chantier, et favorisait les rapports simples (1/2, 2/3, 4/5…)[13]. De plus, les mesures médiévales variaient tant d'un lieu à l'autre que ce principe d'unités universelles paraît pour le moins douteux. L'idée d'une règle graduée comportant diverses mesures n'est par ailleurs étayée par aucune source ; il est vrai qu'elle est souvent rapprochée de la *virga*, objet bien attesté[14] que l'on peut voir dans les peintures ou sur les tombes d'architectes, mais à notre connaissance elle ne porte jamais de graduations d'unités différentes, de plus sa longueur varie beaucoup. Par exemple la règle représentée sur la tombe de l'architecte Hugues Libergier, à Reims, est parfois citée comme preuve, pourtant elle n'est graduée que d'une seule unité répétée et divisée en nombres entiers, donc bien loin du rapport φ ; de plus l'objet mesure 1,57 m, soit 31 cm de plus que la pige de Bétous. Enfin, rappelons que le lien entre la suite de Fibonacci et le nombre d'or, central pour l'hypothèse de Bétous, ne sera découvert qu'au XVIe siècle et était inconnu au Moyen Âge[15].

10 Jean Bétous, Paul Cantaloup, *op. cit.*, p. 321.

11 Horace Doursther, *Dictionnaire universel des poids et mesures anciens et modernes*, Bruxelles, 1840, p. 141, 374 et 380.

12 *Trésor de la langue Française informatisé*, ATILF – CNRS & Université de Lorraine, 1994.

13 Alain Guerreau, « L'analyse des dimensions des édifices médiévaux. Notes de méthode provisoires », in *Paray-le-Monial, Brionnais-Charolais, le renouveau des études romanes*, 2000, p. 327-335.

14 Marcel Aubert, « La Construction au Moyen Âge », *Bulletin Monumental tome 119-1*, 1961, p. 30.

15 Leonard Curchin, Roger Herz-Fischler, « De quand date le premier rapprochement entre la suite de Fibonacci et la division en extrême et moyenne raison ? », *Centaurus vol. 28-2*, 1985, p. 129-138. Voir aussi Roger Herz-Fischler, *A Mathematical History of the Golden Number*, Douvres, Dover Publications, 1998, p. 170 et p. 183.

FIG. 2 – Tombe de Hugues Libergier († 1263), cathédrale de Reims (Wikimedia Commons).

Qu'importe, grâce au succès des *Cahiers de Boscodon*, l'idée s'implante bientôt dans l'inconscient collectif, et on la voit désormais partout dans l'univers de la vulgarisation, bien sûr sans jamais de source plus ancienne que Bétous. Parfois on la retrouve telle quelle avec ses unités s'additionnant, parfois on oublie le principe d'unités-nombre-d'or, ne gardant que les différentes mesures sur une seule règle[16], on la retrouve même en bien pratique version articulée pliante[17]. Parfois encore on retrouvera uniquement les noms d'unités fictives : même certains ouvrages sérieux prétendent que chaque région possédait sa version de la paume, du palme et de l'empan, alors qu'il s'agit généralement de la même unité. Des guides de monuments médiévaux aux groupes de reconstitutions historiques, partout on présente quelque chose de l'invention de Bétous sans en questionner l'authenticité[18]. Enfin, presque : il faut relever qu'on n'en trouve trace qu'en France, ce qui ne manque pas de surprendre puisque l'objet était prétendument partagé par tous les bâtisseurs européens.

16 Par exemple Claude Wenzler, Hervé Champollion, *op. cit.*, p. 39.

17 Idée directement inspirée de Bétous : « Pour plus de commodité, elle pouvait être formée de cinq segments articulés [...] » (*Les Cahiers de Boscodon...*, chap. 1.4.4).

18 Il faut toutefois souligner les efforts de plusieurs auteurs qui, sur Internet, ont contribué à réfuter le mythe de la quine, tels que Marc Labouret, Jean-Michel Mathonière et Rémi Schulz. Leurs pistes de travail ont été d'une grande aide lors de la rédaction de cet article. Signalons également le travail d'Alexis Seydoux, qui a récemment abordé le problème d'un point de vue métrologique (Alexis Seydoux, *La quine et les mesures médiévales : une invention de pseudo-archéologue*, 2020, https://irna.fr/Mesures-medievales.html, consulté le 07/02/2021).

LA CORDE À TREIZE NŒUDS, DES PHARAONS AUX DRUIDES

La corde à treize nœuds (parfois appelée corde à douze nœuds[19], corde égyptienne, corde des Druides…) est un autre objet aujourd'hui indissociable de l'imaginaire de la construction médiévale[20]. Les nœuds divisent la corde en douze intervalles égaux, ce qui permettrait de tracer différentes figures au sol, principalement le triangle rectangle de côtés 3, 4 et 5. Les constructeurs médiévaux utilisaient-ils cet instrument ? Déjà, son utilisation est peu efficace en raison de la souplesse de la corde et de l'imprécision due à la taille des nœuds[21]. Il est plus simple et précis de tracer un angle droit en construisant par exemple une médiatrice à l'aide de cordeaux, méthode attestée depuis l'antiquité[22] ; mais il est vrai que ce n'est pas une preuve de son inexistence. Les publications scientifiques, elles, ignorent simplement le sujet. Ce n'est pas étonnant, car rien dans les sources n'en suggère l'existence, les textes sont muets et les seules représentations attribuées sont très critiquables, par exemple l'objet figurant dans la copie de 1818 de l'*Hortus Deliciarum*, manuscrit du XIIe siècle dont l'original a été détruit : au lieu d'une corde nouée, on y voit un cordeau comportant une vingtaine de perles, manipulée par une allégorie de l'arithmétique (celle de la géométrie ne manie quant à elle qu'une règle et un compas). Il semble bien plus raisonnable d'y voir la représentation d'un simple instrument de comptage.

---

19 La corde comporte toujours 12 intervalles ; elle présente donc 12 nœuds dans sa version fermée ou bien 13 nœuds dans sa version ouverte, qui nécessite d'assembler les deux extrémités pour former des figures.

20 Par exemple : Xavier Bezançon, Daniel Devillebichot, *op. cit.*, p. 121-122 ; Thierry Hatot, *Château Forts du Moyen Âge*, Clermont-Ferrand, Éd. de l'Instant Durable, 2007, p. 78-79 ; ou encore IREM de Lorraine, *La Cathédrale de Metz et le nombre d'or, révision 2017*, Metz, 2017, p. 94.

21 Comme l'a montré Frédéric Métin, de l'université de Dijon, lors de ses interventions.

22 Par exemple au IIe siècle chez Balbus. Voir notamment Erik Bohlin, « Notes on (PS. ?) Balbus Gromaticus p. 107.10-108.8 Ed Lachmann », *The Cambridge Classical Journal*, vol. 59, 2013, p. 8.

FIG. 3 – « Arithmetica », copie de 1818 de l'Hortus Deliciarum (Bibliothèque nationale et universitaire de Strasbourg, R43).

Pour trouver son origine, il faut suivre la piste d'une autre appellation de la corde à treize nœuds, « corde égyptienne », et chercher en un endroit très éloigné dans l'espace et dans le temps. En effet, en Égypte antique, les rites de fondation de temples impliquent une corde et des piquets, comme on peut le voir sur certains bas-reliefs accompagnés d'inscriptions précisant que l'objectif est d'aligner le tracé au nord, le long d'un méridien terrestre. A priori, la méthode ne semble pas différente de ce qui se fait encore aujourd'hui : planter des piquets aux angles et tendre des cordeaux pour indiquer la position des futurs murs. Depuis le XIXe siècle, des auteurs[23] ont même suggéré que c'était peut-être là le

23 J. Norman Lockyer, *The Dawn of Astronomy: A Study of Temple Worship and Mythology of the Ancient Egyptians*, Londres, Cassell, 1894, p. 175.

rôle des *harpedonaptai*[24] ou « tendeurs de corde », arpenteurs égyptiens mentionnés en des termes élogieux par Démocrite.

FIG. 4 – Pharaon et la déesse Seshat, plantant des piquets autour desquels est tendu un cordeau, Temple d'Horus à Edfou (©Ad Meskens, Wikimedia Commons).

24 L'unique mention connue de ce nom apparaît chez Clément d'Alexandrie, *Stromates*, chap. 15. (Corrina Rossi, *Architecture and Mathematics in Ancient Egypt*, Cambridge, Cambridge University Press, 2003).

Rien cependant pour évoquer ni treize nœuds, ni triangles rectangles, jusqu'à l'entrée en scène de Moritz Cantor, un père fondateur de l'histoire des mathématiques. En 1900, dans son ouvrage *Vorlesungen über Geschichte der Mathematik*, il avance que la corde représentée dans les temples n'était pas là pour délimiter le tracé du bâtiment : son rôle principal aurait été de tracer un angle droit. Reprenant l'hypothèse que les Égyptiens antiques connaissaient des triplets pythagoriciens, tels que celui formant le triangle rectangle 3-4-5 (idée déjà suggérée par Viollet-le-Duc[25]), il propose pour la première fois que la corde aurait été nouée en douze intervalles égaux afin de tracer le triangle en question. Moritz Cantor venait d'inventer la corde à douze nœuds :

> Supposons, pour l'instant sans aucune justification, qu'il était connu des Égyptiens que trois côtés d'une longueur de 3, 4, 5 forment un triangle avec un angle droit entre les deux plus petits côtés ; et supposons que les piquets sur le méridien sont distants d'environ 4 unités de longueur. Supposons également la corde de longueur 12 et divisée grâce à des nœuds en longueurs 3, 4, 5, et que la corde est tendue à l'un des nœuds tandis que les deux autres sont installés aux piquets, nécessairement, on obtiendra un angle droit parfait au niveau de l'un des piquets.
>
> Est-ce que ceci était la principale tâche des harpédonaptes qui étaient soumis au secret professionnel, d'agencer les piquets comme les nœuds aux bons endroits ? Ceci fournirait au moins une explication utile au silence des inscriptions concernant leur procédé ; ainsi on pouvait dans les faits leur attribuer la gloire « de la construction des lignes » ; ainsi ils étaient en possession des Mystères de la géométrie qui ne se révélaient pas à n'importe qui ; ainsi devient compréhensible la raison pour laquelle leurs actions furent, sur les peintures murales, attribuées au roi lui-même associé à une déesse.[26]

On le voit, l'existence de cette étrange équerre de corde n'est qu'une supposition et l'auteur admet ne s'appuyer sur aucune source. Tout au plus la déduit-il d'un rapprochement avec les *Śulba-Sūtras*[27], écrits indiens du 1er millénaire avant notre ère proposant bel et bien des constructions d'angles droits grâce aux triplets 3-4-5 ou 5-12-13 tracés au moyen de cordes et de piquets. Cependant ces méthodes, réservées à la fondation

25 Eugène-Emmanuel Viollet-le-Duc, *Entretiens sur l'architecture*, *Neuvième entretien*, Paris, 1863, p. 402.

26 Moritz Cantor, *Vorlesungen über Geschichte der Mathematik,* Leipzig, 1900, p. 64. Traduit de l'allemand par Anne Wilmouth, à qui j'adresse ici mes plus grands remerciements.

27 *Ibid.* p. 596-597.

rituelle de certains autels védiques, en côtoient d'autres telles que la construction de médiatrice ; de plus les cordes n'ont pas de longueur ni de nombre fixe de nœuds, mais sont adaptées selon les circonstances[28]. Et surtout, rien n'indique que les Égyptiens avaient accès aux mêmes connaissances.

Pour ces raisons, dès le début du XXe siècle égyptologues et historiens des sciences ont réfuté non seulement l'idée d'une corde-équerre chez les Égyptiens, mais jusqu'au fait qu'ils connaissaient le triangle 3-4-5[29]. Pourtant, la théorie a très vite été considérée comme un fait établi et continue de circuler aujourd'hui encore[30]. Cantor n'a cependant pas proposé de transposer sa corde à nœuds à d'autres périodes historiques. Comment s'est opéré le glissement vers l'époque médiévale ?

Pour le comprendre, il faut suivre une tout autre piste : celle des francs-maçons, grands amateurs de symbolique. Depuis le XVIIIe siècle, certaines loges d'Europe arborent une « houppe dentelée »[31] : un cordeau présentant un nombre variable de nœuds lâches, les « lacs d'amour », que l'on suppose représenter le lien entre les membres de la loge.

---

28 Kim Plofker, *Mathematics in India*, Princeton, Princeton University Press, 2009, p. 16 et suivantes.

29 Ainsi Craig Smorynski « *Finally, as to speculation becoming established fact, probably the quintessential example concerns the Egyptian rope stretchers [...]. Cantor's conjecture is an interesting possibility, but it is pure speculation, not backed up by any evidence that the Egyptians had any knowledge of the Pythagorean Theorem at all.* » (Craig Smorynski, *History of Mathematics: A Supplement*, New York, Springer, 2008, p. 14), ou Lynn Gamwell « *Cantor acknowledged that there was no ancient evidence to support his speculation, but historians have heedlessly presented it as a fact.* » (Lynn Gamwell, *Mathematics and Art: A Cultural History*, Princeton, Princeton University Press, 2016, p. 513).

30 Parmi les pro-Cantor, l'égyptologue Badawy a ajouté au rôle de la corde à douze nœuds diverses figures parfois basées sur le nombre d'or (Alexander Badawy, *Ancient Egyptian architectural design. A study of the harmonic system,* Oakland, University of California Press, 1965). Ses hypothèses sont aujourd'hui contestées par des chercheurs qui ont dénoncé l'absence de sources et montré que les Égyptiens ne connaissaient pas le nombre d'or (Corinna Rossi, Christopher Tout, « Were the Fibonacci Series and the Golden Section Known in Ancient Egypt? », *Historia Mathematica*, vol.29-2, 2002, p. 101-113).

31 Ludovic Marcos, *Histoire illustrée du Rite français*, Paris, Dervy, 2012.

FIG. 5 – Houppe dentelée encadrant d'autres symboles maçonniques, *le régulateur du Maçon*, 1801 (Wikimedia Commons).

On sait que de nombreux symboles francs-maçons sont issus de l'univers de la construction ; pourtant, on ne trouve nulle part de lien entre cette corde à nœuds et un outil réel avant le XXe siècle, et pour cause, son origine est héraldique[32]. Il semble que ce n'est qu'en 1933 qu'elle est assimilée à un instrument de mesure. Dans son article *L'Outil méconnu*, le symboliste franc-maçon Wladimir Nagrodski va en effet à l'encontre de l'opinion de ses pairs en rapprochant la houppe dentelée d'une certaine corde égyptienne :

> L'importance de l'implantation d'un édifice devient particulièrement grande quand il s'agit d'un *Temple*, et, déjà en ancienne Égypte, cette opération avait été exécutée par les « tendeurs de cordeau » professionnels et accompagnés de rites semblables à notre pose de pierre de fondation. [...]
>
> Les « harpedonaptes » (tendeurs de cordeau) se servaient de la corde non seulement pour orienter le bâtiment selon les points cardinaux de l'horizon, mais encore pour tracer ses angles droits selon la méthode très ancienne et basée sur le fait que le triangle aux côtés 3, 4 et 5 est nécessairement un triangle droit (plus tard, théorème de Pythagore). [...]
>
> On est obligé de conclure de ce qui précède que la « houppe dentelée » des francs-maçons n'est autre chose que le *cordeau* qui symbolise l'importance primordiale de l'*orientation exacte du Temple* et de la vérification minutieuse des angles droits des fondations.[33]

Ainsi, Nagrodski associe ici la houppe dentelée non seulement au cordeau de maçon, mais aussi à la corde-équerre de Cantor. Ce rapprochement sera largement adopté quelques années plus tard, lorsque Jules Boucher l'incorpore dans son ouvrage de référence *La symbolique maçonnique*[34]. C'est ainsi que, par le biais du supposé héritage liant les francs-maçons aux bâtisseurs médiévaux (voire égyptiens), la corde à douze nœuds est rattachée aux chantiers du Moyen Âge.

Comme à l'habitude, nous ne trouverons ici aucune source concernant l'existence d'une corde-équerre égyptienne (seul Cantor est cité[35]) ou médiévale, ce que les défenseurs de la théorie s'empresseront de justifier par le bien pratique culte du secret. Mais s'il s'agit réellement d'un savoir occulte transmis aux membres de la loge, on peut se demander pourquoi personne n'a proposé cette interprétation auparavant. De plus,

32 Georges de Crayencour, *Dictionnaire héraldique*, Bruxelles, François Stofs, 1974.
33 Wladimir Nagrodski, « L'Outil méconnu », *Le Symbolisme*, n° 173, mai 1933, p. 127-129.
34 Jules Boucher, *La symbolique maçonnique*, Paris, Dervy, 1948, p. 169.
35 Wladimir Nagrodski, *op. cit.*, p. 127, n. 1.

cette hypothèse nécessite l'existence d'un lien entre franc-maçonnerie et constructeurs médiévaux, or ce lien a été réfuté par les chercheurs modernes[36]. Notons que cette adaptation va apporter un changement important à l'instrument. En effet, contrairement à la corde de Cantor, la houppe dentelée est ouverte et ne forme pas de boucle. Afin d'y conserver douze intervalles, il est donc nécessaire d'ajouter un nœud : ainsi la corde à douze nœuds devient la corde à treize nœuds !

Si tous les éléments expliquant son futur succès sont là, le concept mettra toutefois du temps à s'imposer et l'apparition du terme semble plus tardive[37]. Il faut attendre 1963 pour que l'architecte des monuments historiques Jean-Pierre Paquet adapte définitivement la théorie de Cantor à des édifices médiévaux. Dans son article *Les tracés directeurs des plans de quelques édifices du domaine royal au Moyen Âge*[38], il reprend tous les principes de la corde-équerre et exprime clairement qu'elle est nouée non seulement aux angles mais aussi à chaque intervalle. Inutile de préciser qu'il ne cite aucune source, ni même d'inspiration, alors que sa proposition reprend exactement les idées de Cantor. Notons que son hypothèse selon laquelle les plans des édifices étaient divisés en grilles et en carrés est tout à fait recevable, mais ne nécessite en aucune manière l'usage d'une corde 3-4-5. Cette volonté d'ignorer des outils plus simples et par ailleurs attestés est une constante de l'historiographie de la corde à treize nœuds.

Comprendre l'évolution du succès de l'instrument après cette date nécessiterait une plus longue analyse, il faudrait par exemple se pencher sur le rôle de romanciers tels que Raoul Vergez ou Henri Vincenot qui, puisant leurs idées indifféremment chez les compagnons du devoir ou chez les francs-maçons, ont contribué à brouiller la frontière entre ces deux entités et à populariser l'ésotérisme architectural. Inspirés par les thèses de la revue occultiste *Atlantis* à laquelle ils collaboraient, leurs

36 Jean-Michel Mathonière, « Le mystère des origines de la Franc-maçonnerie », *Historia Spécial n° 48 – Les francs-maçons*, 1997.

37 La plus ancienne mention de l'expression exacte « corde à treize nœuds » que nous ayons trouvée se trouve dans le roman de 1982 de Vincenot, *Les étoiles de Compostelle*. Cette fiction mêlant druides, bâtisseurs et francs-maçons, il n'est pas impossible qu'il ait été le premier à ajouter un nœud au nom de la corde afin de l'associer à la houppe dentelée. Voir Henri Vincenot, *Les étoiles de Compostelle*, Paris, Folio, 1982, p. 58.

38 Jean-Pierre Paquet, « Les tracés directeurs des plans de quelques édifices du domaine royal au Moyen Âge », *Les Monuments Historiques de la France, bulletin trimestriel*, n° 2, avril juin 1963.

écrits, présentant entre autres choses la corde à treize nœuds comme un authentique instrument mystique, ont probablement eu un impact majeur dans la promotion de la croyance populaire que les édifices médiévaux renferment une géométrie ancestrale sacrée.

Quoi qu'il en soit, les références à la corde à treize nœuds se multiplient lors de la seconde moitié du XXe siècle. On la trouve ainsi en 1966 dans *Les mystères de la cathédrale de Chartres* de Louis Charpentier, remarquable exemple de pseudoscience totalement dépourvu de rigueur historique, dans lequel l'auteur nous raconte le plus sérieusement du monde que les bâtisseurs de cathédrales n'avaient pas besoin de mathématiques, car ils utilisaient « la corde à douze nœuds (douze nœuds, c'est à dire treize segments *[sic]*) des Druides »[39]. Pauvres druides, il faut croire que les Égyptiens ne suffisaient pas.

En 1985, lorsque ce passage est cité par l'auteur des *Cahiers de Boscodon* afin de faire figurer l'instrument mythique auprès de la quine métrique[40], la croyance en son existence est déjà bien diffusée. Relancée par le best-seller de Bétous qui a décidément ancré de nombreux mythes dans le paysage médiéval moderne, puis largement promue par des spécialistes comme l'artisan du patrimoine bâti Pascal Waringo[41], la corde à treize nœuds, née moins d'un siècle auparavant, devient définitivement associée à l'univers de la construction médiévale[42]. L'idée est de nos jours tellement acceptée que souvent, la charge de la preuve s'en voit inversée : on refuse au contradicteur le droit de réclamer des preuves de son existence, et on exige de lui

39 Louis Charpentier, *Les mystères de la cathédrale de Chartres*, Paris, Robert Laffont, 1966, p. 127.

40 *Les Cahiers de Boscodon…*, chap. 1.4.6.

41 Entre autres : Pascal Waringo, « La corde à treize nœuds : outil de mesure et de recherche de proportion du bâtisseur médiéval », in *Moyen Âge*, n° 20, janvier-février 2001, p. 30-33. Notons que Waringo a fait partie du comité d'éthique lors de la création du chantier médiéval de Guédelon, ce qui peut expliquer pourquoi ce dernier a toujours adhéré à l'authenticité de la corde à treize nœuds et de la pige malgré son comité scientifique, et l'a largement transmise au grand public (voir notamment Francis Gouge, « Guédelon. Le passé recomposé », *Le Monde, 18 septembre 2013*, p. 4).

42 Encore une fois, il faut souligner les efforts de quelques auteurs qui, sur Internet ou ailleurs, se sont attachés à réfuter ce mythe et dont les pistes ont été d'une grande aide lors de la rédaction de cet article. Citons Laurent Bastard, Frédéric Métin, Jean-Michel Mathonière. Ce dernier a consacré deux pages de son récent livre, paru pendant la rédaction de cet article, à contester l'existence de la quine et de la corde à treize nœuds (Jean-Michel Mathonière, *3 minutes pour comprendre les métiers, traditions et symboles des bâtisseurs de cathédrales*, Le Courrier du Livre, Paris, 2020, p. 92-93).

de fournir la preuve de son inexistence. Souhaitons que celle-ci ait désormais été apportée.

Au terme de cet exposé, reconnaissons que des croyances erronées sur le Moyen Âge qui perdurent au point d'être prises comme acquis par le grand public ne sont évidemment pas un phénomène nouveau. Cependant, à la différence de certains vieux mythes tels que la ceinture de chasteté ou le droit de cuissage, les instruments fictifs étudiés ici ont non seulement pénétré la culture populaire, mais aussi certains milieux de spécialistes. Ainsi, qu'ils soient souvent mentionnés dans des ouvrages de vulgarisation n'est pas surprenant ; qu'on les retrouve, sous une forme ou l'autre, dans des publications scientifiques, perpétuant ainsi la croyance en leur existence au sein même de la communauté des historiens, voilà qui est plus problématique.

Il est donc inutile d'accuser ceux qui, de bonne foi, ont perpétué dans leurs ouvrages ou dans leurs interventions culturelles la croyance en ces instruments. Son omniprésence, alliée au silence de ses contradicteurs et à l'absence d'étude historiographique complète sur le sujet rendait l'erreur facile. Souhaitons que désormais les intervenants, qu'ils soient historiens ou médiateurs culturels, cessent de présenter ces outils comme authentiques, et participent à transmettre l'histoire réelle de la quine des bâtisseurs et de la corde à treize nœuds, deux séduisantes inventions du XXe siècle.

Nicolas GASSEAU

ENTRE PRESSION ET PRIVILÈGES

Approche économique des rémunérations des hommes du fer et de leurs relations avec les chantiers de construction par l'étude des comptabilités (milieu du XIVe – début du XVIe siècle)

INTRODUCTION

Fenêtre ouverte sur l'histoire des sociétés urbaines médiévales, les grands chantiers de construction permettent d'interroger, parfois dans le détail, les conditions de travail des artisans qui y officient[1]. À l'exception de certaines professions, liées en particulier à la taille de la pierre, ces grands chantiers ne constituent généralement pas l'essentiel de leur activité. C'est notamment le cas pour les artisans du fer, nombreux en ville, où le travail des alliages ferreux est omniprésent au Moyen Âge dans de multiples domaines[2]. Quelle est alors la place de ces grands chantiers pour les artisans qui y travaillent, parfois ponctuellement ou plus régulièrement ? Quelles relations établissent-ils avec ces institutions ? Les longues séries comptables offrent la possibilité d'évaluer la régularité

---

1 Plusieurs synthèses ont été présentées depuis les travaux fondateurs sur le salariat des artisans de Bronislaw Geremek et sur ceux de Micheline Baulant plus spécifiquement axés sur les ouvriers du bâtiment à la fin du Moyen Âge et l'époque moderne, Micheline Baulant, « Le salaire des ouvriers du bâtiment à Paris, de 1400 à 1726 », *Annales*, 26-2, 1971, p. 463-483 ; Bronislaw Geremek, *Le salariat dans l'artisanat parisien aux XIIIe-XVe siècles*, Mouton, 1968, vol. 5. On retiendra notamment Philippe Bernardi, *Bâtir au Moyen Âge (XIIIe - milieu XVIe siècle)*, Paris, CNRS Éd, 2011, p. 102-122 et Patrice Beck, Philippe Bernardi, Laurent Feller, dir., *Rémunérer le travail au Moyen Âge. Pour une histoire sociale du salariat*, Paris, Picard, 2014, où plusieurs contributions sont spécifiquement dédiées aux métiers de la construction.

2 Paul Benoit, Denis Cailleaux, *Hommes et travail du métal dans les villes médiévales, actes de la table ronde La métallurgie urbaine dans la France médiévale, Paris, 23 mars 1984*, Paris, AEDEH, 1988.

de leurs interactions et de caractériser les activités de ces artisans sur de longues durées tout en questionnant leur travail, mais aussi leur situation socio-économique à travers leur rapport avec le chantier. La stabilité des acteurs sur ces chantiers, mais aussi les prix pratiqués et leurs évolutions, le recours plus ou moins ponctuel à d'autres professionnels sont autant d'indicateurs des relations entre ces hommes, souvent issus des classes modestes du peuplement urbain et des pouvoirs économiques voire politiques forts : la ville, le prince, la cathédrale…

Cette réflexion s'appuie sur l'étude de plusieurs séries comptables conservées pour des chantiers de construction du nord du royaume de France entre la fin du XIVe et le milieu du XVIe siècle comme celles de Troyes, Rouen ou encore Metz (Figure 1). Elles permettent en outre des comparaisons avec d'autres chantiers contemporains étudiés par ailleurs[3] et peuvent se nourrir d'une approche archéologique des structures existantes[4].

Chantier	Période étudiée	Nombre d'années comptables conservées
Cathédrale de Rouen	1383-1513	48
Cathédrale de Troyes	1333-1520	120
Cathédrale de Metz (tour de Mutte)	1478-1483	5
Eglise Sainte-Madeleine de Troyes	1497-1543	17
Eglise Saint-Jean-au-Marché de Troyes	1506-1570	40

FIG. 1 – Corpus des sources étudiées.

3 Brice Collet, *La fortification de Troyes en Champagne : un grand chantier urbain fin XVe – première moitié du XVIe siècle*, Thèse d'histoire sous la direction de Jean Chapelot, EHESS, 2010.

4 Maxime L'Héritier, « L'emploi du fer dans la construction gothique : présentation de la méthodologie. Les exemples des cathédrales de Troyes et de Rouen », in Arnaud Timbert, éd., *L'homme et la matière : l'emploi du plomb et du fer dans l'architecture gothique. Actes du colloque, Noyon, 16-17 novembre 2006*, Paris, Picard, 2009, p. 61-73 ; Maxime L'Héritier, Philippe Dillmann, Paul Benoit, « Iron in the building of gothic churches: its role, origins and production using evidence from Rouen and Troyes », *Historical metallurgy*, 44, 2010, p. 21-35. Alexandre Disser, Marc Leroy, Philippe Dillmann, Maxime L'Héritier, Paul Merluzzo, « La Mutte, le fer et la minette. Recherches sur l'origine des renforts métalliques utilisés dans la construction de la tour de Mutte de la cathédrale Saint-Etienne de Metz », *Annales de l'Est*, 2019, 2.

Au-delà du vocabulaire spécifique lié aux métiers et à chaque communauté urbaine, on détaillera en premier lieu la gamme des travaux réalisés pour le chantier et la localisation des activités. Derrière ces questions, on cherchera à aborder les aspects plus techniques de la production et la question des compétences techniques de ces artisans et des infrastructures dont ils disposent. Les grands chantiers de construction constituent des observatoires idéaux étant donné la diversité des productions considérées, de la petite serrure à l'imposante armature de fer pesant plusieurs dizaines de kilogrammes. Pour quels types d'activités ces artisans urbains sont-ils appelés à travailler sur le chantier et dans quels cas les bâtisseurs font-ils appel à d'autres professionnels, parfois extérieurs au monde urbain ? L'étude morphologique, mais aussi métallographique, des armatures de fer mises en œuvre réalisée lors de prospections sur de nombreux édifices complète les sources écrites en donnant accès à des informations sur les procédés techniques utilisés par les forgerons afin de raisonner sur l'origine de l'approvisionnement en fonction de la nature des pièces produites[5].

Si l'engagement par marché, à la tâche ou au temps de travail, sans nécessaire inscription dans la durée, est le plus souvent privilégié pour les ouvriers du chantier[6], les longues séries comptables permettent en revanche d'aborder les pratiques, les permanences, mais aussi les ruptures. La grande stabilité des artisans traitant avec un même chantier généralement observée conduit à s'interroger sur l'importance économique du chantier du point de vue de ces forgerons urbains. Mais des situations de quasi-monopole relèvent-elles uniquement de situations de privilèges ou ne sont-elles pas aussi le témoignage d'une forme de dépendance économique de ces artisans vis-à-vis de ces grandes institutions qui régissent une partie de l'économie urbaine ? L'observation de ruptures dans les prix ou dans les collaborations permet d'appréhender des prises de marché, mais aussi la pression économique que ces commanditaires

5 Le corpus archéologique d'étude est présenté dans Maxime L'Héritier, « Le fer et le plomb dans la construction monumentale au Moyen Âge, de l'étude des sources écrites à l'analyse de la matière. Bilan de 20 ans de recherches et perspectives », *Ædificare. Revue internationale d'histoire de la construction*, 2019-2, 6, p. 79-121.

6 Rares sont les contrats d'embauche à l'exception des maîtres, Sandrine Victor, « Les formes de salaire sur les chantiers de construction : l'exemple de Gérone au bas Moyen Âge », dans Patrice Beck, Philippe Bernardi, Laurent Feller, dir., *Rémunérer…*, *op. cit.*, p. 251-264.

sont susceptibles d'exercer sur ces travailleurs et le risque (ou l'absence de risque) qu'elle s'autorise à prendre.

SERRURIERS URBAINS ET GROSSES FORGES RURALES

L'identification et la dénomination des artisans du fer œuvrant sur les grands chantiers de construction sont loin d'être des questions nouvelles[7]. *Fabri*, fèvres, maréchaux et surtout serruriers officiaient conjointement sur ces grands chantiers de construction[8], principalement dans leurs propres ateliers urbains[9], que ce soit pour la fabrication des éléments d'huisserie, pour la forge des armatures de fer ou les réparations des outils des maçons[10].

La présence d'une forge sur ces grands chantiers urbains, attestée pour certains édifices au XIIIe siècle[11], n'est en effet pas la règle au XVe siècle où la majeure partie des travaux relève plutôt de l'entretien[12].

7 On pourra notamment se référer aux travaux de Philippe Lardin, *Les chantiers du bâtiment en Normandie orientale (XIVe-XVIe siècle). Les matériaux et les hommes*, Lille, Presses universitaires du Septentrion, 1998.

8 Sans que la délimitation de leurs activités ne soit toujours très stricte à l'extrême fin du Moyen Âge, *Ibid.*, p. 574-576.

9 Sur le chantier de la cathédrale de Rouen, à la fin du XVe siècle, le valet de l'œuvre est d'ailleurs régulièrement payé pour « porter les marteaux à la forge », Archives départementales de la Seine-Maritime (AD Seine-Maritime), G 2511, f° 54v°.

10 La gamme des travaux réalisé par ces forgerons est très vaste : clés, serrures, crampons, chevilles et bandes de fer pour la maçonnerie ou la charpente, réparation de l'horloge, forge et réparation des outils des ouvriers, mécanismes des engins du chantier… Seuls la très large majorité des clous et une part de petite quincaillerie aux dimensions standardisées relève du champ des cloutiers ou des férons. La répartition des tâches entre les ouvriers n'est jamais stricte, toutefois, la réparation des outils échoit plus fréquemment aux maréchaux et le reste des travaux aux serruriers. Voir également Philippe Lardin, *Les chantiers du bâtiment…*, *op. cit.*, p. 263.

11 Citons le cas de Notre-Dame de Paris où une forge est mentionnée dans une sentence du 8 février 1283 : *operariis et servientibus in logia fabrice ecclesie Parisiensis et fabrica fabri*, Alexandre Vidier, éd., *Les marguilliers laïcs de Notre-Dame de Paris (1204-1790)*, Paris, coll. « Mémoires de la Société de l'histoire de Paris et de l'Ile de France, T 40, 1913 », 1914, p. 284.

12 Les infrastructures des forges sont d'ampleur variable, allant d'un simple foyer au sol et d'une enclume à des structures construites et aménagées, parfois avec plusieurs feux, comme en témoignent la fouille de plusieurs forges castrales, Laurent Beuchet, « La forge du château du Guildo, XIVe-XVe siècles », dans Patrice Beck, dir., *L'innovation technique*

Exceptionnellement, une forge provisoire peut toutefois être installée pour la réalisation de très gros ouvrages. La forge du battant de la cloche Georges d'Amboise à Rouen en 1501-1502 est ainsi effectuée dans la cour d'Albane de la cathédrale « pour ce qu'on eust brullé les maisons estans pres ladicte forge [de Guillaume de Chartres à Long Paon] »[13] où les travaux étaient initialement prévus. Sur le chantier de la cathédrale de Troyes, en 1497-1498, une forge est également construite par deux maçons « ou chauffour pour forger les barreaux qu'il convient pour les formettes »[14], c'est-à-dire les grandes barlotières-tirant servant de support au réseau des baies hautes de la nef, alors en construction. Ces deux cas montrent une dichotomie entre des travaux d'envergure, nécessitant parfois la collaboration de plusieurs forgerons à l'ouvrage et les autres travaux, généralement plus modestes, réalisés par le maréchal ou le serrurier dans son échoppe. Pour la forge des armatures de vitrail, l'installation d'une forge ne semble d'ailleurs pas être la règle. En effet, lors d'importantes campagnes de travaux aux fenêtres, que ce soit à Troyes dans les années 1375-1380 (vitrerie du transept) ou à Rouen dans les années 1430-1433 (réfection complète des baies hautes du chœur), cette opération est bien réalisée en atelier par les forgerons (Richart le serrurier à Troyes et Jean Paen à Rouen)[15].

À l'exception des petits ouvrages payés à la pièce, comme les clés et divers éléments de serrurerie, les armatures de fer sont payées à la livre de fer ouvré, qu'il s'agisse de pièces de quelques livres ou de plusieurs dizaines de livres comme les armatures des vitraux[16]. Sauf exception, sur

---

au Moyen Âge, *Actes des congrès de la Société d'archéologie médiévale*, 6-1, 1998, p. 169-171. Bénédicte Guillot, Irène Béguier, « D'une forge imposante à une écurie de la Renaissance au château de Caen. Évolution d'un édifice lié au cheval entre le XIVe et le XVe siècle », *Archéopages. Archéologie et société*, 41, 2015, p. 40-49. Pour les outils, on pourra par exemple se référer aux inventaires proposés par Philippe Braunstein, *Travail et entreprise au Moyen Âge*, Bruxelles, De Boeck, 2003, p. 302-304.

13 AD Seine-Maritime, G 2519, f° 70v°.

14 AD Aube, G 1571 f° 36r°.

15 Voir les comptes des années correspondantes qui ne distinguent nullement ces armatures du reste des fournitures, pas plus qu'ils n'évoquent la présence d'une forge et des forgerons sur le chantier. Pour Troyes, sous les cotes Bibl. nat., ms. lat 9112, Arch. nat., KK 398 B et AD Aube G 1559 ainsi que les extraits de comptes présentés dans Jean-François Gadan, « Comptes de l'église de Troyes 1375-1385 », *Le bibliophile Troyen*, II, Troyes, 1851, 60 p. Pour Rouen, sous les cotes AD Seine-Maritime G 2489, G 2490 et G 2491.

16 Citons par exemple, les travaux de Jean Paen en 1429-1430 : *Item eidem pro XXI^a^ l. et dimidia de ferro novo aposito in pluribus chevilles bendes pour les establies lathomorum. Item*

une même année comptable, le prix à la livre, exprimé en monnaie de compte, est alors le plus souvent le même, quelle que soit la dimension des pièces forgées. Il s'agit en effet avant tout d'un artisanat de transformation[17], où l'ouvrage sur les plus grosses pièces ne concerne que les dernières étapes de finition à partir de produits semi-finis : barres, bandes ou verges de fer. En atteste d'une part la forme des principales armatures forgées (barlotières, agrafes, tirants…), toujours proche de la barre de fer initiale[18], mais aussi les comptabilités qui permettent parfois de relier l'achat de ces demi-produits au travail réalisé par le forgeron. En 1498-1499 par exemple, sur le chantier de la cathédrale de Troyes, le détail des achats de fer brut auprès du marchand Nicolas Berthier révèle l'achat de 26 « grandes bandes de fer (…) pour les verrieres » et 12 autres « grandes bandes de fer (…) pour les formettes », d'un poids moyen d'environ 45 l., pouvant correspondre à celui des barlotières-tirants et de 200 lb. de fer en « menues verges pour lesdites verrieres »[19]. Le serrurier Pierre Lange est quant à lui payé pour « tous les ouvrages par luy faictz pour ceste eglise en l'annee de ce present compte (…) tant pour les formettes [fenêtres] que autres ouvrages »[20], comprenant notamment l'ajustement de ces différentes pièces aux dimensions finales, l'insertion des tenons dans les barlotières mais pas la forge des barreaux en tant que telle.

Bien que ces ateliers urbains assurent l'essentiel de l'approvisionnement des grands chantiers de construction, on retrouve toutefois quelques marchés passés avec des forges localisées en dehors de la ville. C'est en particulier le cas à Troyes, entre 1410 et 1412 où la fabrique de la cathédrale fait appel successivement à Colin Midon de la grosse forge de Doulevant (Haute-Marne, à 70 km de Troyes) puis à Berthelin Robinet dont la grosse forge se situe à Maraye-en-Othe, à une quinzaine de kilomètres à l'ouest de Troyes, pour la fourniture de six gros

---

LXIIII^or libre de ferro novo aposite in II^bus magnis barrellis (…) pro qualiter libra XIII d., AD Seine-Maritime G 2487, fo 112r-v.

17 Paul Benoit, « La métallurgie urbaine en France : état de la question », in Paul Benoit, Denis Cailleaux, éd., *op. cit.*, p. 241-253.

18 Maxime L'Héritier, Philippe Dillmann, « L'approvisionnement en fer des chantiers de construction médiévaux : coût, quantités et qualité », in Robert Carvais *et al.* (dir.), *Édifice & Artifice. Histoires constructives*, Paris, Éditions Picard, 2010, p. 457-466.

19 AD Aube G 1571, f° 226r°.

20 AD Aube G 1571, f° 223v°.

barreaux de fer pour les voûtes de l'église[21]. Toujours à Troyes, trois autres exemples sont donnés par les comptabilités des fortifications de la ville entre 1488 et 1495[22], qui évoquent des marchés passés avec d'importants marchands troyens, propriétaires de forges, Guillaume Griveau, seigneur de Souleau et Étienne le Boucherat, membre d'une grande famille troyenne[23], mais aussi seigneur de la Forge-Valcon en pays d'Othe[24]. Toutes ces fournitures ont en commun la taille exceptionnelle des pièces fournies, de plusieurs dizaines à centaines de kilogrammes et évoquent également des dimensions spécifiques pour ces grosses pièces, soit mesurées et données par le maître maçon ou le maître d'œuvre[25], soit prenant la forme d'un « patron », généralement en bois[26]. Ces exemples d'intervention des grosses forges rurales sur les chantiers urbains pourraient aisément être multipliés dans les textes à la fin du Moyen Âge. Ils sont complétés par les témoignages archéologiques de tirants ou armatures de grandes dimensions portant les empreintes laissées à la surface par de gros marteaux, qui révèlent sans doute possible l'intervention régulière de telles machines au moins dès le XIIIe siècle à Bourges, Beauvais ou Reims (Figure 2)[27]. Or, même pour ces ateliers utilisant l'énergie hydraulique, la forge de ces grosses pièces semble demeurer un défi technique et ne pas se révéler toujours rentable, voire même être risquée (voir plus bas).

---

21 AD Aube, G 1559, f° 171r° et G 1561 f°. 19r°. Voir pièces justificatives.

22 Brice Collet, *La fortification de Troyes…*, *op. cit.*, p. 461-464.

23 Edmond le Boucherat est maire de Troyes à la fin du XVe siècle.

24 François-Alexandre Aubert de La Chesnaye Des Bois, *Dictionnaire de la noblesse : contenant les généalogies, l'histoire et la chronologie des familles nobles de France, tome 3*, 1864, p. 655. Pour l'historique de la forge de Valcon, voir Joséphine Rouillard, *L'homme et la rivière : histoire du bassin de la Vanne au Moyen Âge (XIIe-XVIe siècle)*, Thèse de doctorat en histoire, Université Paris 1, 2003.

25 AD Aube, G 1559, f° 171r°. Voir pièces justificatives.

26 Brice Collet, *La fortification de Troyes…*, *op. cit.*, p. 461.

27 Maxime L'Héritier, Philippe Dillmann, « L'approvisionnement en fer… », *op. cit.* Philippe Bernardi, Philippe Dillmann, « Stone skeleton or iron skeleton: the provision and use of metal in the construction of the Papal Palace at Avignon in the 14th century », in Robert Bork, éd., *De Re Metallica the Uses of Metal in the Middle Ages*, Ashgate, 2005, vol.4, p. 297-315. Une mise au point plus récente est proposée dans Maxime L'Héritier, « Serruriers, maréchaux, férons et maîtres de forge. Regards croisés sur les hommes du fer dans les chantiers de construction à la fin du Moyen Âge. », in *Hommes et travail du métal dans les villes médiévales. 35 ans après*, Paris, Presses Universitaires de la Sorbonne, sous presse.

FIG. 2 – Traces de marteau hydraulique sur les cerclages de la rose occidentale de la cathédrale de Reims (milieu du XIIIe siècle) © Photo Maxime L'Héritier.

UNE GRANDE STABILITÉ DES HOMMES DU FER SUR LES CHANTIERS

Quelle est la permanence de ces divers acteurs sur le chantier et quel témoignage nous en donnent les comptabilités conservées ? Si les forges rurales interviennent le plus souvent de manière ponctuelle, serruriers et maréchaux sont en revanche présents chaque année dans les livres de comptes, pour des rémunérations annuelles allant de quelques livres à plusieurs dizaines de livres tournois. Les longues séries comptables rouennaises et troyennes dévoilent respectivement les noms de 60 et 75 forgerons et marchands de fer, dont on peut suivre le parcours individuel sur le chantier, et parfois même celui de leur atelier.

À Rouen, des années 1420 à 1530, quatre serruriers (Jean Paen jusqu'en 1435, Jean et Laurens de Hérupy dit Castille de 1459 à 1502, puis Martin Le Bourt) et trois maréchaux (Jean de Monville, Guillaume le Quen et Nicolas Mancel) se partagent l'essentiel des travaux quand une vingtaine d'autres forgerons sont seulement mentionnés à une ou deux reprises dans les comptes. De même la fourniture des clous et ferrailles est principalement assurée par trois familles : les férons Regnault et Michel Canal de 1383 à 1458 (et une unique mention en 1461), Yvon de Collandes de 1458 à 1467 et Nicolas Prière (puis sa veuve) de 1467 à 1508.

À Troyes, le constat est similaire avec une dizaine de forgerons, pour l'essentiel des serruriers, assurant la plupart des travaux entre 1336 et 1520. On a parfois la coexistence de deux serruriers sur une dizaine d'années ou davantage, comme Thomas le Chat et Richart dans les années 1380 et 1390 ou Perrin de Villemor et Jean Bon Buef dans les années 1410 et 1420. Comme à Rouen, on observe la permanence de certaines familles ou de certains ateliers sur de très longues périodes, dépassant parfois la soixantaine d'années. Richart le serrurier, valet de Jaquemart, présent dans les comptes dès 1336, reprend l'atelier et les activités sur le chantier au moins dès 1372 et au moins jusqu'en 1399. Jaquinot et Perrin Lavocat (ou Ladvocat) sont quant à eux présents de 1431 à 1497. Il en est de même pour les épiciers et les marchands avec les figures de Lambinet, de Gauthier Piétrequin et de Jean Ménisson qui assurent successivement l'essentiel des fournitures de clous pendant près d'un siècle, de 1383 à 1478 (Figure 3).

À leurs décès respectifs, c'est systématiquement leur veuve qui reprend l'activité et continue de traiter pour un temps avec le chantier[28], parfois pendant près d'une dizaine d'années[29]. Les cloutiers du pays d'Othe sont à ce titre rarement directement mentionnés dans les comptabilités, malgré la présence ponctuelle de quelques-uns d'entre eux, presque toujours originaires de Saint-Mards, comme Thévenin Noel[30] de 1432 à 1434, alors que la Gauthière fournit toujours des clous, ou encore Jean Verrier entre 1482-1486, les autres n'apparaissant qu'à une ou deux reprises.

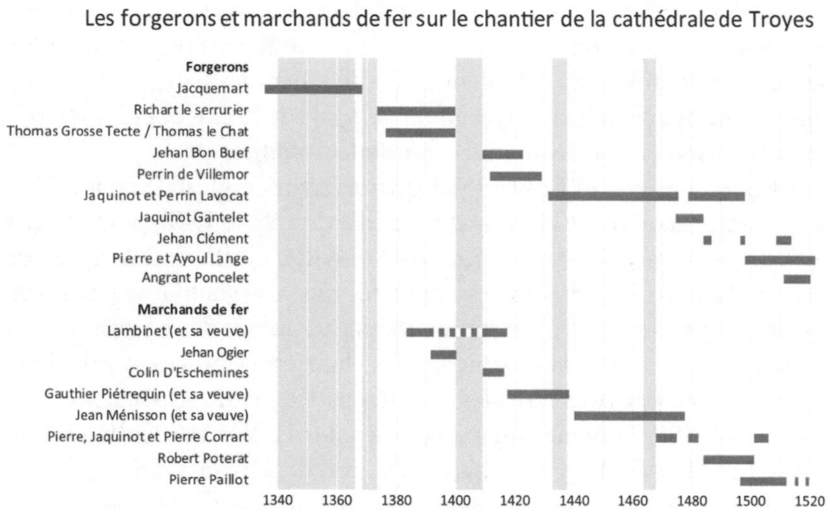

FIG. 3 – Permanence des principaux artisans du fer sur le chantier de la cathédrale de Troyes (milieu XIVe siècle – début XVIe siècle). Les lacunes de sources sont représentées en grisé.

28 Sur l'activité et la place des femmes et des veuves dans les activités artisanales et les métiers du bâtiment, voir notamment Sandrine Victor, « Bâtisseuses de cathédrales ? », *Mélanges de la Casa de Velázquez*, 40-2, 2010, p. 59-72 ; Philippe Bernardi, « Relations familiales et rapports professionnels chez les artisans du bâtiment en Provence à la fin du Moyen Âge », *Médiévales*, 15-30, 1996, p. 55-68.

29 Si le chantier de la cathédrale ne semble traiter qu'une seule année avec la « vesve Jean Menisson » et au moins deux ans (1432-1434 avant une lacune de quatre ans dans les comptes) avec « ginote vesve de feu Gauthier Pietrequin » parfois appelée « la Gauthiere », la « Lambinette » poursuit pour sa part l'activité de son mari et sa relation avec le chantier pour au moins dix ans de 1409 (ou avant) à 1418.

30 Suivant les mentions, Thévenin Noel de Saint Mards (en Othe) ou de Villemoiron (en Othe), village limitrophe.

Ainsi, qu'il s'agisse des artisans du fer ou des marchands férons, il est manifeste que l'approvisionnement de ces chantiers jouit d'une grande stabilité dans ses fournisseurs, en s'appuyant sur une même famille ou un même atelier sur de longues périodes, d'une à plusieurs dizaines d'années, parfois même après le décès du chef de famille[31].

Le cas troyen permet également d'examiner la présence des serruriers sur plusieurs chantiers contemporains du XVe au milieu du XVIe siècle. Or, on constate que, bien que les origines des matériaux achetés à cette période par ces chantiers soient similaires (fer du Reclus, de Codon, de Chennegy, de Doulevant, voir fer de Lorraine[32]), les principaux forgerons qui y travaillent sont rarement les mêmes[33]. Les La Caille ou les Drouot qui œuvrent aux fortifications pendant la majeure partie du XVe siècle ne sont jamais mentionnés aux églises de la ville, pas plus que Gillet Henri dans la seconde moitié du XVe siècle, alors que son gendre, Colin Adam, n'apparaît qu'à deux reprises (1486-1487 et 1489-1490) dans les comptes de la cathédrale, pour quelques outils et quatre étriers de fer[34]. Dans la première moitié du XVIe siècle, Guillaume et Pierre Roux ou encore Étienne Granelle ne travaillent également que pour les fortifications. De même, les artisans habituels du chantier de la cathédrale comme Jaquinot et Perrin Lavocat ou Jaquinot Gantelet n'apparaissent que très ponctuellement dans les comptabilités de la ville, quant à Pierre et Ayoul Lange, ils n'y sont pour leur part jamais mentionnés. Le serrurier Pierre Vinot, régulièrement présent sur le chantier de l'église Saint-Jean de 1506 à 1533[35] ne se retrouve que deux années (1510-1512) dans les comptabilités de la cathédrale pour des sommes minimes (10 s. t.) et deux dans celles de l'église Sainte Madeleine, où il dispose toutefois d'un marché important passé en 1512-1513 « présents les parroissiens gens de bien de icelle eglise » pour la livraison « de fer a crochetz et

31 Sur la transmission du métier, voir notamment Philippe Bernardi, « Relations familiales… », *op. cit.*

32 Brice Collet, *La fortification de Troyes…*, *op. cit.*, p. 445 ; Maxime L'Héritier, Philippe Dillmann, Paul Benoit, « Iron in the building… »…, *op. cit.*

33 Un constat similaire est dressé par Sandrine Victor pour sur les différents chantiers géronais : pour une année donnée, près de 85 % des ouvriers n'apparaissant que sur un seul chantier et la moitié de ceux qui participent à plusieurs chantiers sont des manœuvres, Sandrine Victor, *La construction et les métiers…*, *op. cit.*, https://books.openedition.org/pumi/35108 § 47, 48 et 49 (consulté le 20/03/2022).

34 AD Aube, G 1569 f° 126r° et G 1568 f° 279r° et 301r°.

35 AD Aube, 15 G 29, 15 G 30a, 15 G 32a, 15 G 37, 15 G 41, 15 G 42, 15 G 46.

aultres qu'il conviendrait avoir pour la lyaison dudit jubé »[36], c'est à savoir « tant gros barreaux que petitz fiches crampons et aigneaulx »[37]. Il forge alors au total 2275,25 livres de fer pour la somme 75 l. t. 6 d. t. Enfin, Jean de France, qui assure la fourniture en fer du chantier de Saint-Jean de 1533 à 1541 apparaît également ponctuellement sur le chantier des fortifications et passe un marché avec la fabrique de l'église Sainte-Madeleine en 1536-1537 de 100 l. t. pour fabriquer l'horloge de l'église[38]. À ces deux exceptions près, toujours localisées dans le temps, se confirme ainsi une grande stabilité dans les artisans du fer intervenant sur ces grands chantiers urbains : les fabriques et la ville font chacune préférentiellement appel à certains forgerons, sur des durées de plusieurs années à dizaines d'années. En outre, parmi les dizaines de serruriers, maréchaux et forgerons troyens et rouennais[39], seuls quelques ouvriers semblent se partager l'activité sur ces grands chantiers[40]. Sont-ils les seuls à se montrer intéressés par ces travaux ? Jouissent-ils au contraire d'une position privilégiée ? Quels liens unissent ces artisans et ces chantiers ? Cherchent-ils à minimiser les risques en faisant toujours appel aux mêmes interlocuteurs ?

Ajoutons que pour une même année, même lorsque plusieurs forgerons interviennent sur le chantier, le prix de la livre de fer ouvré ou le tarif des clous, exprimés en monnaie de compte, sont fréquemment identiques d'un forgeron à l'autre et même d'un chantier à l'autre. Cette apparente homogénéité des prix des produits finis suggère l'existence d'une négociation aboutissant à un tarif moyen pour une période donnée et, en apparence, une entente entre les fournisseurs. Mais derrière cette façade, des diminutions de paiements ou des ruptures sont toutefois perceptibles dans les séries de prix qui permettent de mieux appréhender la nature des relations entre chantiers et artisans du fer et d'éventuelles mises en concurrence.

---

36 AD Aube, 16 G 46, f° 140r°.

37 AD Aube, 16 G 46, f° 142r°.

38 AD Aube, 16 G 57, f° 22r°.

39 D'après les registres d'imposition, Brice Collet (*La fortification de Troyes…*, *op. cit.*, tome 2, p. 181) dénombre 18 serruriers et 42 maréchaux à Troyes en 1483-1484. Philippe Lardin localise pour sa part 47 maréchaux à Rouen au XIVe siècle, Philippe Lardin, « Les travailleurs des métaux… », *op. cit.*

40 Brice Collet pose ce même constat à partir des comptabilités des fortifications et de la voirie et l'entretien des pont-levis, Brice Collet, *La fortification de Troyes…*, *op. cit.*, p. 485.

ENTRE PRESSION ET PRIVILÈGES

RABAIS DÉTERMINÉS OU NÉGOCIATIONS SUBIES ?

Nous avons déjà évoqué certains rabais imposés par la fabrique lorsqu'elle n'est pas satisfaite du travail réalisé par le forgeron. Les contrôles de la qualité du travail sont fréquents dans les activités artisanales et sur les chantiers de construction. L'inspection des armatures forgées est d'ailleurs parfois effectuée par le maître d'œuvre lui-même, accompagné d'autres artisans spécialistes du domaine. C'est ainsi que Jean Bon Buef, serrurier, examine avec d'autres ouvriers de la fabrique les gros barreaux livrés par Colin Midon à l'automne 1410 et conclut à la nécessité de réparations, à la charge du forgeron[41], qu'il les effectue lui-même ou qu'il les finance. La perte de revenus peut être conséquente, comme pour Berthelin de Maraye qui, dans un contexte similaire en mars 1413, semble refuser de prendre en charge de telles réparations, alors réalisées par deux serruriers troyens, Jean Bon Buef et Perrin de Trémiau : sa rémunération initialement de 8 l. 4 s. 2 d. t. est amputée de plus de 25 % et réduite à 6 l. t. « par accort fait avec ly »[42]. C'est également le cas pour Perrin Lavocat sur le chantier de la cathédrale de Troyes en 1475-1476, qui refuse de refaire le battant d'une cloche qu'il avait forgée mais qui « ne valoit riens »[43]. Le travail est alors confié au maréchal Guillaume Daiz[44] : la somme qui lui est versée (11 s. 8 d. t.) est défalquée de la rémunération de Perrin Lavocat (50 s.) après négociation avec la fabrique. Ces rabais requis de droit par la fabrique pour malfaçon restent un moindre mal pour le forgeron. Plus rarement, il peut être traduit en justice : c'est le cas de Colin Lambert en 1501-1502, ajourné par un sergent mandaté par la fabrique de la cathédrale de Rouen, car le « batail de ladicte cloche [qu'il a forgé] estoit rompu pour ce qu'il n'estoit point de bon fer »[45]. Douze maréchaux et serruriers établissent

41 AD Aube G 1559, f° 171r°. Voir pièce justificative.
42 AD Aube G 1561, f° 19r°-v°. Voir pièce justificative.
43 AD Aube G 1567 f° 49r°. Voir pièce justificative.
44 À partir de cette date et jusqu'en 1505-1506 au moins, les maréchaux Guillaume Daiz puis Jean Daiz (d'Aix pour Aix-en-Othe) sont payés à plusieurs reprises par la fabrique pour la forge de battants de cloche.
45 AD Seine Maritime G 2519 f° 69r°.

alors un rapport témoignant des malfaçons constatées[46]. Ces exemples de conflits sur la nature des travaux réalisés et d'éventuelles malfaçons restent rares et semblent en outre très circonstanciés : ils sont en particulier liés à la forge de très grosses pièces (gros barreaux de plusieurs dizaines de kilogrammes, battant de cloche…), qui constituent le plus souvent un challenge pour les forgerons, même pour des grosses forges munies d'un marteau hydraulique. Bien que peu fréquents, ces épisodes ne semblent toutefois pas anodins dans l'évolution des relations entre les artisans et l'administration du chantier : chaque conflit évoqué plus haut semble se solder par une interruption plus ou moins prolongée des relations entre les parties. Certes, les grosses forges n'étant sollicitées que ponctuellement, il est difficile d'être catégorique à leur propos, mais les deux maîtres de forges Colin Midon puis Berthelin de Maraix disparaissent bien des comptes après ces incidents. Le cas de Perrin Lavocat évoqué plus haut semble pour sa part plus évocateur. Suite à son refus de réparer les barreaux et à la réduction imposée, Perrin Lavocat, dont l'atelier travaille pour la cathédrale de Troyes depuis plus de 40 ans (figure 2), lui-même étant actif depuis une demi-douzaine d'années, disparaît alors pour quelques années des comptabilités. Un autre serrurier, Jaquinot Gantelet s'occupe alors des fournitures en fer du chantier. Perrin Lavocat traite à nouveau avec la fabrique quelques années plus tard en 1479-1480. Il doit alors partager le marché avec Jaquinot Gantelet pendant trois ans, avant de s'imposer à nouveau comme forgeron principal pour une quinzaine d'années.

D'autres exemples révèlent que les maîtres de l'œuvre étaient également susceptibles de diminuer les rémunérations des forgerons, sans que ne soient évoquées dans les comptes la qualité du travail ou d'autres raisons apparentes, comme la perte de matière résultant du travail de forge lorsque la fabrique confie à l'artisan le fer à forger[47]. Les comptes de la fabrique de la cathédrale de Troyes en 1482-1483 font référence à une telle diminution : de 115 s. t. dus à Jaquinot Gantelet pour une clé, des étriers et chevilles de fer, le procureur affirme n'avoir « paié audit Gantelet que cent solz tournois dont il [Gantelet] a esté comptant »[48], soit une réduction de près de 14 %. C'est la dernière apparition du serrurier dans les comptes, ce

46 AD Seine Maritime G 2519 f° 69r°-69v°.

47 Communément appelée les « déchets et rougneures », AD Aube, G 1575, f° 22v°-23r°.

48 Desquelles sommes dessusdites [montant à 115 s. t.] je n'ay paié audit gantelet que cent solz tournois dont il a esté comptant pour ce cy pour toutes les articles dessusdits de ceste despense AD Aube G 1568 f° 86r°.

qui nous interroge sur la réalité de son consentement. De tels rabais sont particulièrement fréquents à la cathédrale de Rouen à partir de l'année 1477-1478, où « diminutions » et « modérations » deviennent régulières, non seulement auprès des serruriers, Jean et Laurens de Hérupy puis Martin le Bourt, mais aussi parfois auprès des marchands férons comme Nicolas Prière ou Pierre Cusquel[49]. À cette période, le décompte des travaux réalisés par les forgerons est moins fréquent dans les comptabilités et rédigé à part, dans une cédule ou feuille de papier : les « maîtres de l'œuvre » ou « maîtres de la fabrique », parfois nommés[50], interviennent sur ces sommes globales pour imposer une baisse de la rémunération. On en dénombre ainsi vingt-sept mentions distinctes entre 1477-1478 et 1512-1513[51], sur un total de dix-huit années comptables. Certains artisans comme Laurens de Hérupy et Martin Le Bourt semblent d'ailleurs consentir à ces « modérations » successives année après année. Elles se traduisent le plus souvent par un arrondi de la somme à payer à la livre près ou à la dizaine de sous près, que la somme initiale soit de quelques livres ou plusieurs dizaines de livres. Cela n'est toutefois pas systématique, comme cette somme de 4 l. t. due au serrurier Laurens de Hérupy, modérée à 75 s. t.[52]. En proportion, le rabais imposé est variable, de l'ordre de quelques pour cent à plus d'une dizaine de pour cent et conduit ainsi à une économie plus ou moins significative du côté de la fabrique.

Le chantier de la tour de Mutte, beffroi de la cité de Metz accolé à la cathédrale, nous offre pour la fin du XVe siècle un autre exemple de négociation imposée aux forgerons par le commanditaire qui les rémunère pour leur travail, la ville de Metz. Sur ce chantier, la ville achète elle-même la plus grande partie du fer mis en œuvre au clocher de Mutte[53] et confie ensuite ce fer à deux serruriers[54], Pieresson de Chambre et Jullien le Serriez, payés à la tâche pour « la fasson » des pièces nécessaires au

49 Ce qui confirme qu'elles ne sont pas liées à la qualité du travail réalisé.

50 « diminuée par messieurs maistres Robert Duquesney P. Escoullant G. Auber et R. Perchart maistres de la dicte fabrique » AD Seine-Maritime G 2509 f° 65r°-v° (1478-1479), « diminuée par messieurs maistres Robert Duquesney et Jehan Yvert chanoine », AD Seine-Maritime G 2513 f° 85v° (1488-1489).

51 Dernière année étudiée.

52 AD Seine Maritime G 2518, f° 56r°-56v°.

53 Sur la provenance du fer, voir Alexandre Disser, Marc Leroy, Philippe Dillmann, Maxime L'Héritier, Paul Merluzzo, *op. cit.*

54 Les modalités d'engagement de ces serruriers ne sont pas connues des sources, le plus vraisemblable étant une succession de marchés.

chantier. Ces deux forgerons urbains sont les seuls mentionnés pour les travaux à la tour de Mutte sur ces cinq années de comptes[55]. À eux deux, ils forgent environ 41 000 livres de fer achetées par la ville, principalement entre 1479 et 1481, en « crampons », « bairelz », « crochets » et « autres ouvrages » pour les maçons et parfois pour les charpentiers[56]. Au début de la période, la ville les rémunère 2 d. ob. pour la forge d'une livre de fer[57] ; cette rémunération passe à 2 d. à partir d'octobre 1480. L'étude des séries de prix permet de relier ce phénomène à deux autres facteurs. D'une part, le prix de la livre de fer brut achetée par la ville, variant entre 12 s. et 19 s. le cent, sans compter le coût du pesage, de la maltôte et du tonlieu, semble plutôt situé dans sa fourchette haute en septembre-octobre 1480 où il est payé 19 s. le cent. D'autre part, les quantités de fer que la ville achète et confie aux forgerons augmentent considérablement, passant de plusieurs centaines à plusieurs milliers de livres (Figure 4). La ville paie la forge de 3300 livres le 9 octobre 1480 (puis 900 livres le 21 octobre), première mention à pratiquer le tarif de 2 d. et précisément celle où la masse de fer à forger est la plus importante. Pour la forge de ces grandes quantités de fer, les deux serruriers sont systématiquement dénommés et rémunérés ensemble dès le mois d'août 1480, où ils livrent 3666 livres de fer en deux fois, alors qu'ils étaient précédemment le plus souvent payés séparément, pour des quantités distinctes.

Comment analyser cette évolution dans les rémunérations de ces artisans de la part de la ville de Metz ? Le circuit d'approvisionnement du fer mis en évidence à Metz révèle l'accès facilité de la cité au marché du fer non ouvré, témoignage probable du contrôle exercé sur la production par les bourgeois de la ville[58]. Sans nécessairement jouir d'un monopole total, ce contrôle de l'approvisionnement lui permet d'abaisser ses coûts[59], et très certainement d'exercer à cette occasion une pression

55 À l'exception des travaux liés à la forge de la cloche et de la présence ponctuelle de Mengin, un maréchal, *Ibid.*

56 Archives municipales de Metz DD 20 liasse 2.

57 Toutes les valeurs sont ici en monnaie de Metz.

58 Alexandre Disser, Marc Leroy, Philippe Dillmann, Maxime L'Héritier, Paul Merluzzo, *op. cit.*

59 Le coût de la livre de fer ouvré payé par la ville de Metz à cette époque (environ 4 à 5 d. de Metz) semble légèrement inférieur à celui observé dans d'autres villes, *ibid.* À la même période il est de 6 à 8 d. t. à Troyes et de 7 à 8 d. t. à Sens, Denis Cailleaux, *La cathédrale en chantier : la construction du transept de Saint-Etienne de Sens d'après les comptes de la fabrique, 1490-1517*, Paris, Éditions du CTHS, 1999, p. 388. La différence de valeur entre la monnaie tournois et la monnaie de Metz, plus forte, rend toutefois cette comparaison

sur les serruriers urbains, qu'elle approvisionne elle-même en fer pour le chantier de la Mutte, pour négocier plus facilement le prix de leur travail. Il n'est d'ailleurs pas anodin que cette diminution du prix de la livre de fer ouvré s'opère à un moment où le prix de la livre de fer brut augmente. Réduire le coût du travail permettait ainsi à la ville de compenser la hausse du coût du matériau brut. L'association des deux forgerons, systématique à partir du moment où les quantités de fer à forger augmentent répond alors probablement à une double garantie visant à limiter les risques pour l'une et l'autre partie : pour la ville, garantir la bonne réalisation du travail à un moment de hausse de l'activité, pour les forgerons, s'assurer de pouvoir conserver un marché auquel ils n'auraient peut-être pu répondre individuellement.

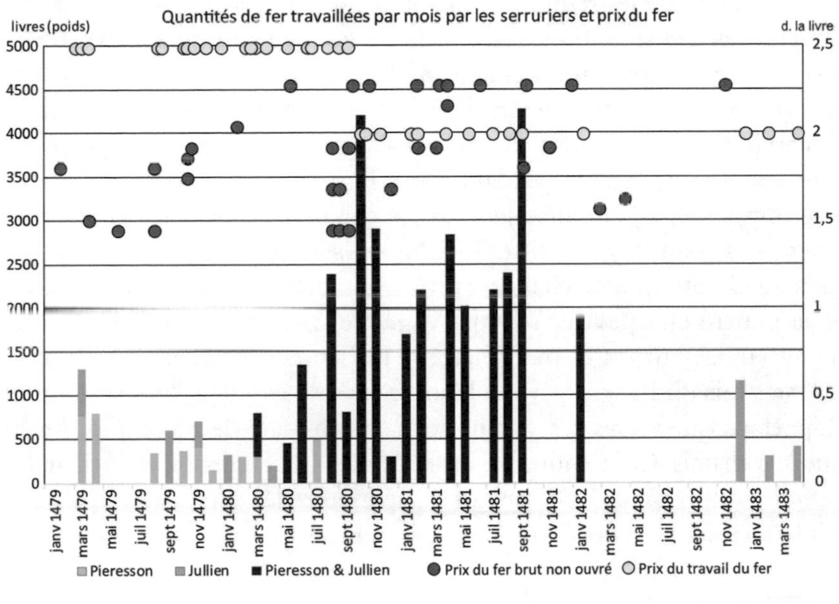

FIG. 4 – Évolution du prix du fer brut acheté par la ville de Metz, du prix du travail du fer payé par la ville aux forgerons et des quantités de fer forgées pour le chantier de la tour de Mutte entre 1479 et 1483.

complexe. D'après les valeurs des monnaies messines données dans Odile Colin, *Les Finances de la ville de Metz au XVe siècle*, Thèse de l'École des Chartes, Paris, 1957, tome 2, annexe XIII et Félicien de Saulcy, « Recherches sur les monnaies de la cité de Metz », in *M.A.N.M.*, 1836 (1835-1836, XVIIe année), p. 1-120, elle pourrait être estimée à un rapport d'environ 3 pour 4 tournois (communication personnelle Marc Bompaire).

Cette diminution de la rémunération à la tâche des deux serruriers témoigne-t-elle pour autant uniquement d'une position de domination du chantier sur ces artisans ? Du point de vue des deux serruriers, l'accès au chantier de la tour de Mutte est fort lucratif, en particulier à partir de l'été 1480, quand les quantités de fer qui leur sont confiées augmentent. Jusqu'au mois de juillet 1480, Jullien et Pieresson sont en moyenne rémunérés entre 1,2 et 3 l. par mois par la ville pour leur travail, avec un total annuel d'un peu plus de 15 l. pour Jullien et de 29 l. pour Pieresson. Bien qu'on ignore la répartition des profits entre les deux serruriers par la suite, leur rémunération mensuelle passe à une moyenne de 6 à 10 l. jusqu'au mois de janvier 1482, soit près de 63,5 l. chacun en 1480 et près de 73,5 l. l'année suivante. Un rapide calcul révèle que les rémunérations journalières acquises par ces deux forgerons atteignent en moyenne près de 10 s. à l'automne 1480 et 5,5 à 6 s. par jour sur toute l'année 1481[60]. Rappelons que ces sommes couvrent uniquement la main-d'œuvre (et les frais de fonctionnement des ateliers), et ne comprennent pas l'achat du matériau brut, payé directement par la ville pendant toute la période. Elles peuvent donc être comparées aux salaires journaliers des maîtres et des artisans sur les mêmes chantiers[61] : à titre de comparaison, les maçons et charpentiers du chantier du clocher de Mutte embauchés par le maître maçon et le maître charpentier sont payés entre 2 s. et 2 s. 6 d. par jour, quant aux serruriers et maréchaux – Jullien et Pieresson eux-mêmes les rares fois où ils sont payés à la journée – ils gagnent 3 s. par jour[62]. Rappelons que toutes ces valeurs sont en monnaie de Metz, plus forte que le tournois. Ces rémunérations obtenues par Pieresson et Jullien de l'automne 1480 à fin 1481 sont ainsi supérieures (et vont jusqu'à près du triple) aux salaires enregistrés pour des maîtres maçons, charpentiers ou

60 En comptant 250 à 275 jours ouvrés sur l'année, Sandrine Victor, *La construction…*, *op. cit.*, p. 230, Günther Binding, Gabriele Annas, Bettina Jost, Anne Schunicht, *Baubetrieb im Mittelalter*, Wissenschaftliche Buchgesellschaft Darmstadt, 1993 (cité dans Philippe Bernardi, *Bâtir au Moyen Âge (XIIIe - milieu XVIe siècle)*, Paris, CNRS Éd, 2011, p. 106.)

61 Auquel il faudrait ajouter les coûts de fonctionnement de chaque atelier susceptible de différer suivant la nature de l'activité, la position de l'artisan, le chantier… Quant aux coûts d'installation (ou de location à l'année) d'une forge, ils semblent de l'ordre de la dizaine de livres. Voir par exemple les baux et inventaires proposés dans Philippe Braunstein, *op. cit.*, p. 302-304.

62 AM Metz, DD 20 liasse 2, f° 49v^o et 52r^o.

plombiers à la même époque, que l'on peut en moyenne situer autour de 4 à 5 s. t.[63] Ils correspondent en outre à un travail continu sur toute la période, ce dont tous les artisans (et ceux du bâtiment en particulier) ne pouvaient s'assurer[64]. Bien que les frais de fonctionnement de leurs ateliers doivent être déduits, ces sommes apparaissent considérables. On ne peut en outre négliger que ces deux forgerons ont peut-être un complément de revenus émanant d'autres activités. Les quantités de fer forgées pour la Mutte sur la période (près de 30 000 livres) correspondant à la forge d'environ 20 kilogrammes de fer par jour et par forgeron, il est toutefois certain que ces marchés constituent leur activité principale, sinon la seule[65]. Ainsi, malgré la concession d'une baisse de 20 % du prix de leur travail, Jullien et Pieresson semblent se trouver dans une situation extrêmement favorable pour des serruriers urbains grâce à l'activité qu'ils exercent pour le chantier de la Mutte, au moins pour le temps des travaux. L'augmentation brutale des quantités à forger a ainsi certainement été un argument décisif dans la négociation à la baisse de leurs rémunérations. Malgré la probable pression de la ville, dont on rappelle qu'elle gère en grande partie l'approvisionnement en fer et tient donc l'artisan par la fourniture de la matière première, la situation semble in fine à l'avantage de tous, au moins provisoirement pour les deux forgerons.

---

63 Denis Cailleaux, *La cathédrale en chantier…*, *op. cit.* ; Lardin, *Les chantiers du bâtiment…*, *op. cit.* ; Philippe Bernardi, *Métiers du bâtiment et techniques de construction à Aix-en-Provence à la fin de l'époque gothique (1400-1550)*, Aix-en-Provence, Publications de l'Université de Provence, 1995 ; Sandrine Victor, *La construction…op. cit.* ; Philippe Bernardi, *Bâtir au Moyen Âge…*, *op. cit.* Voir également les nombreux exemples donnés dans Patrice Beck, Philippe Bernardi, Laurent Feller, *op. cit.*, notamment les contributions de Patrice Beck, Giulano Pinto et Sandrine Victor.

64 Sur le chantier de la cathédrale de Gérone, plus de la moitié des ouvriers qualifiés sont présents moins de 20 semaines par an Sandrine Victor, *La construction…*, *op. cit.*, p. 326-329.

65 La majorité des estimations des capacités de production, tant historiques, qu'archéologiques ou ethnographiques se concentrent généralement sur l'étape de la réduction, Danielle Arribet-Deroin, « Quantifying iron production in medieval Europe: methodology and comparison with African metallurgy », in Jane Humprhis, Thilo Rehren, *The World of Iron*, Londres, 2013, p. 454-461. Estimer la quantité de fer pouvant être travaillée par un forgeron par jour est une donnée complexe dépendant étroitement du type d'objet forgé. Prenant le cas d'une communauté sénégalaise dans les années 1970, Made B. Diouf affirme que « la capacité de production d'un forgeron [est] de 30 kg par jour » pour des journées de travail d'environ 11 h, Made B. Diouf, « Migration artisanale et solidarité villageoise : le cas de Kanèn Njob, au Sénégal », *Cahiers d'Études Africaines*, 21-84, 1981, p. 577-582.

DES RÉMUNÉRATIONS PARFOIS CONSIDÉRABLES

Ce constat invite à s'intéresser plus en détail à l'importance économique de ces grands chantiers pour les travailleurs du fer, dont l'activité occupe pourtant rarement une place principale dans les travaux[66]. Les séries comptables permettent de suivre sur la longue durée les paiements annuels reçus par plusieurs forgerons ou familles de forgerons. Arrêtons-nous sur deux exemples, celui de Pierre et Ayoul Lange à Troyes entre 1497 et 1521 et celui de Jean Paen à Rouen entre 1426 et 1435[67] (Figure 5). Pierre Lange reçoit de la fabrique entre 20 et 50 l. t. par an au début de la période, un chiffre qui chute jusqu'à 5 à 10 l. t. environ dans les années 1510 (avec quelques années blanches) quand Ayoul reprend l'atelier, pour remonter à 20 à 30 l. t. annuelles début 1520. Jean Paen pour sa part gagne entre 10 et 25 l. t. sur la période 1426-1430, un chiffre qui hausse brusquement de 65 l. t. à près de 100 l. t. entre 1430 et 1433, à l'ouverture du chantier de réfection des baies hautes du chœur, sans compter la récupération de vieilles ferrailles, pour retomber par la suite. Une différence majeure réside tout d'abord dans l'exploitation des données présentées ici avec les chiffres précédents : ces paiements comprennent également le plus souvent le coût du matériau. Faire une estimation précise du revenu des forgerons relève de la gageure, car il dépend évidemment de la nature des pièces produites (au poids ou à la pièce) mais d'après les valeurs de fer brut mentionnées dans ces mêmes archives, on peut raisonnablement estimer que le coût du travail représente au moins la moitié des sommes reçues payées à la livre de fer ouvré[68], et davantage

66 Le plus souvent, les dépenses pour forge ne représentent en moyenne que quelques pour cent des dépenses générales de ces chantiers, Maxime L'Héritier, Philippe Dillmann, Paul Benoit, « Iron in the building of gothic churches: its role, origins and production using evidence from Rouen and Troyes », *Historical metallurgy*, 44, 2010, p. 21-35.

67 Les sommes en monnaie de compte sont comparables, les effets de la crise monétaire de 1420-1422 n'étant plus visibles dans les comptabilités.

68 Lorsque l'on peut les saisir dans les comptes troyens, rouennais ou messins (Figure 4), les prix du fer brut non ouvré et le prix du travail de la livre de fer constituent approximativement chacun pour moitié le prix de la livre de fer ouvré (le plus souvent très légèrement en faveur du prix du travail). En témoignent à Rouen le rachat du vieux fer à 5 ou 6 d. t. entre 1430 et 1433 contre 13 d. t. la livre de fer ouvré « neuf ». À Troyes au tournant des XVe et XVIe siècles, matériau brut et travail sont régulièrement mentionnés autour de 3 à 4 d. t. la livre pour un prix de la livre de fer ouvré 8 d. t. Des réflexions sur le coût du vieux fer à la fin du Moyen Âge sont présentées dans Maxime

lorsque le forgeron récupère du vieux fer de la fabrique, comme c'est le cas de Jean Paen entre 1430 et 1433[69]. Ainsi, ces rémunérations seraient de l'ordre de quelques livres à une dizaine de livres tournois annuelles pour la moyenne basse, et seraient susceptibles de monter jusqu'à plusieurs dizaines, voire de 50 à 70 l. t. dans le cas de chantiers particuliers comme les travaux de vitrerie, atteignant ainsi ponctuellement un niveau à peine inférieur à celui des deux serruriers messins. On comprend ainsi l'intérêt pour ces serruriers et forgerons, dont les revenus et la fortune s'inscrivent en général dans la moyenne (parfois supérieure mais souvent inférieure) de celle des artisans du métal[70] et plus généralement des artisans du bâtiment, d'accéder dans la durée à ces grands chantiers de construction. Outre l'assurance d'un faible revenu annuel, correspondant à quelques semaines de travail, il réside surtout dans la possibilité d'accéder à des marchés et rémunérations importants lors de l'engagement de certains travaux. Une telle position peut sembler privilégiée et enviable et les sources disponibles qui révèlent parfois des évolutions concomitantes dans les acteurs et les prix pratiqués semblent témoigner d'une forme de concurrence entre certains artisans, associée à des prises de marché.

L'Héritier, Alexandre Disser, Stéphanie Leroy, Philippe Dillmann, « Récupérer et recycler les matériaux ferreux au Moyen Âge et au début de la période moderne : des textes à la matière », dans Yves Henigfeld, Philippe Husi, Fabienne Ravoire, éd., *L'objet au Moyen Âge et à l'époque moderne : fabriquer, échanger, consommer et recycler*, Caen, Presses Universitaires de Caen, 2020, p. 369-383. Pour la forge des plus petites pièces de fer payées à l'unité et non à la livre de fer ouvré, le coût du travail est vraisemblablement supérieur à celui du matériau brut.

69 Maxime L'Héritier, Philippe Dillmann, « L'approvisionnement en fer (…) », *op. cit.* ; Maxime L'Héritier, Alexandre Disser, Stéphanie Leroy, Philippe Dillmann, *op. cit.*

70 Eve Netchine, « Les artisans du métal à Paris, XIIIe-XVe siècle », dans Paul Benoit, Denis Cailleaux, *op. cit.*, p. 29-60 ; Denis Cailleaux, « Les serruriers de Sens à la fin du Moyen Âge », dans Paul Benoit, Denis Cailleaux, éd., *op. cit.*, p. 83-108 ; Lise Saussus, *La métallurgie du cuivre dans les villes médiévales des Flandres et des environs (XIIIe-XVe siècles). Hommes, ateliers, techniques et produits. L'exemple de Douai*, Thèse d'histoire, histoire de l'art et archéologie de l'Université Catholique de Louvain, 2017, p. 679-687.

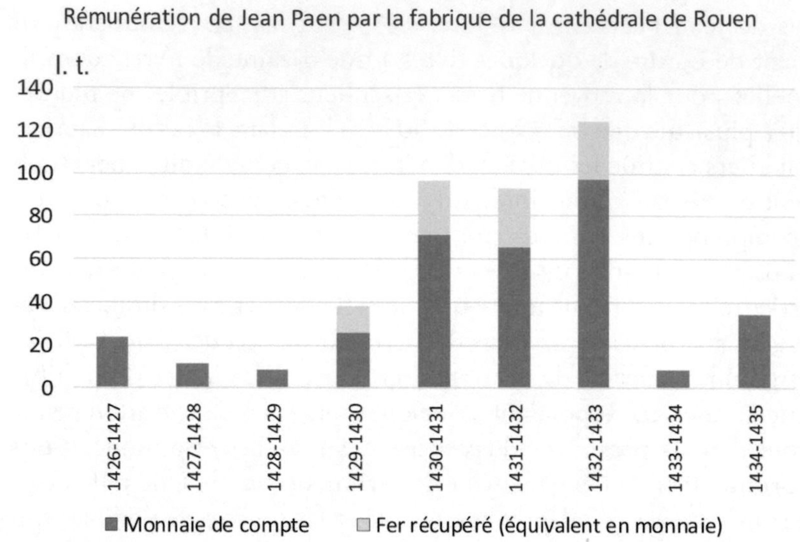

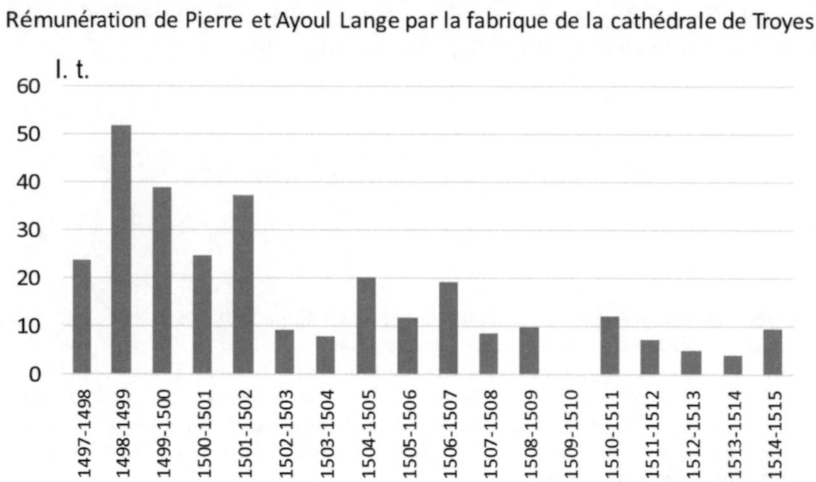

FIG. 5 – Rémunérations de Jean Paen par la fabrique de la cathédrale de Rouen et de Pierre et Ayoul Lange par la fabrique de la cathédrale de Troyes.

DES PRISES DE MARCHÉ ?

Nous avons déjà évoqué le marché passé pour la forge de quatre gros barreaux de fer destinés à la consolidation des hauts murs du transept entre la fabrique de la cathédrale de Troyes et Colin Midon, maître de la grosse forge de Doulevant, pourtant éloignée de près de 75 km de la ville. Au-delà de la spécificité des pièces fournies (grandes dimensions et dimensions spécifiques), plusieurs indices incitent à considérer cette intervention comme une tentative de prise de marché de la part du maître de forge, dans un contexte économique exigeant au début du XVe siècle : le prix des barreaux et les conditions du marché. Alors que le serrurier local fournit la même année du fer au prix de 8 d. t. la livre de fer ouvré, Colin Midon n'est payé que 7 d. t. la livre. En outre, Colin Midon doit « ammener et rendre à l'église a ses propres cous et despens »[71] les barreaux et prend donc totalement à sa charge la grande distance entre Doulevant et Troyes. Qui plus est, comme nous l'avons vu, le marché comporte une clause assurant la qualité du travail fourni (et ce malgré la distance) : à la livraison et avant réception du solde du paiement, Colin Midon a dû faire réparer « a ses despens » les « fautes » dans la forge des barreaux. Ainsi, c'est la seule apparition dans le comptes de Colin Midon et de la forge de Doulevant. L'année d'après, la fabrique se tourne vers d'autres maîtres de forges situés dans le Pays d'Othe, bien plus proches (15 km), et payés 16 s. 8 d. t. le poids, soit environ 7,4 d. t. la livre… un peu plus que Colin Midon[72].

Une telle concurrence entre forgerons peut également être appréhendée en ville, sur des activités plus communes telle la forge des outils. C'est le cas entre 1457 et 1458 sur le chantier de la cathédrale de Rouen. Alors que les prix de forge et d'aciérage des marteaux-taillants des maçons pratiqués au début de l'année comptable par le serrurier Pierre le Bourt sont respectivement de 6 d. t. et 3 s. t., celui-ci est remplacé dans les comptes lors du dernier terme de l'année par le maréchal Jean de Monville[73]. Ces « forgeures » et « achéreures » passent alors à 5 d. t. et 2 s. 6 d. t., un prix qu'elles conservent jusqu'au XVIe siècle. Tentative de prise de marché fructueuse, car à cette occasion, Jean de Monville devient le maréchal attitré de la fabrique pour la fabrication des outils

71 AD Aube, G 1559, f° 171r°. Voir pièces justificatives.

72 Mais à qui la fabrique finit par imposer une réduction de la rémunération de plus de 25 % suite à des défauts de forge (voir plus haut).

73 AD Seine-Maritime, G 2492, f° 21v°, 23r°.

et d'autres petites pièces de fer pendant plus d'une dizaine d'années, avant de disparaître des comptes. Ces formes de concurrence semblent ainsi toujours bénéfiques à la fabrique qui arrive ainsi parfois à baisser ses coûts dans des proportions non négligeables.

Un troisième exemple de prise de marché mérite de retenir notre attention pour détailler la nature des liens unissant le chantier et certains hommes du fer. Il concerne les achats de clous à la fabrique de la cathédrale de Rouen dans la seconde moitié du XVe siècle. Après 20 années de lacune documentaire, de 1457 à 1468, les comptabilités nous renseignent en détail sur le prix de différents types de clous achetés par la fabrique, clous à latte, clous de 10 l., de 20 l. et de 40 l.[74]. Plusieurs cloutiers, ou marchands de clous, parfois dénommés ferrons sont actifs sur cette période : Yvon de Collandes jusqu'en 1466, Perrenot et Robinet Cusquel de 1466 à 1468 et Nicolas Prière à partir de 1467. Alors qu'Yvon de Collandes, puis Robinet et Perrenot Cusquel pratiquent des tarifs assez similaires, Nicolas Prière vend ses clous à un prix systématiquement inférieur dès son apparition dans les comptabilités en 1467 (Figure 6). L'année suivante, le détail des clous achetés cesse dans les comptes et Nicolas Prière, puis sa veuve Marguerite, deviennent les seuls fournisseurs de la fabrique pour une durée de 40 ans, la famille Cusquel ne réapparaissant dans les comptes qu'en 1511. Ce qui pourrait s'apparenter à une simple prise de marché, avec cassage des prix des clous entre deux puissantes familles de marchands férons rouennais[75], trouve toutefois un autre écho dans la documentation.

En effet, dès l'année 1467-1468, est mentionnée une dette de 12 l. t. de Nicolas Prière envers la fabrique de la cathédrale de Rouen, due sur une propriété louée à la fabrique[76]. Sur cet hôtel, nouvellement occupé par Nicolas Prière, semblent subsister des arriérages, que Nicolas Prière « n'endure paier » avant d'avoir « fait appointement avecque sondit sire [Raoul du Registre] » l'ancien occupant de l'hôtel[77]. L'année suivante, il fait une demande de rémission de cette dette, augmentée du loyer annuel de 12 l. t., soit 24 l. t. sur laquelle il n'a pu payer que 10 l. 10 s. t. On apprend à cette occasion que Nicolas Prière promet de solder « ladicte somme en

74 Il s'agit de la masse d'un millier de clous.

75 Philippe Lardin, *Les chantiers du bâtiment… op. cit.*, p. 237.

76 AD Seine-Maritime, G 2503 f° 140v°. Voir pièces justificatives.

77 Sur l'évolution des parcelles associées à ces demeures bourgeoises en milieu urbain et l'intrication des baux associés, voir notamment Boris Bove, « La demeure bourgeoise à Paris au XIVe siècle : bel hôtel ou grant meson ? », *Histoire urbaine*, n° 3-1, 2001, p. 67-82.

denrées qu'il baillera pour l'usage d'icelle fabrique »[78], une situation qui semble constituer une garantie pour le procureur, qui accepte une rémission de 70 s. t. et maintient 10 l. t. d'arriérages. Une interruption dans les comptabilités ne permet pas de suivre le dénouement de cette histoire, bien qu'il semble que l'intégralité de la dette a été remboursée en 1475 puisqu'il n'en est alors plus fait mention à cette date. Ainsi, au-delà d'une simple prise de marché, cette baisse des prix associée à un changement de fournisseur semble également liée aux intérêts communs partagés à cette époque par la fabrique et Nicolas Prière, qui lui loue un hôtel et doit lui rembourser une dette de 12 livres, et l'assurance pour la fabrique de pouvoir être payée en denrées, minimisant ainsi les risques pesant sur le remboursement de cette dette (malgré la solvabilité de la famille Prière). Cet arrangement a, là encore, conduit à une baisse des prix au moins ponctuelle pour le féron, à l'avantage de la fabrique, mais se révélant au final peut-être fructueuse pour la famille Prière, qui devient pour 40 ans le pourvoyeur attitré de clous et menues ferrailles pour le chantier de la cathédrale de Rouen.

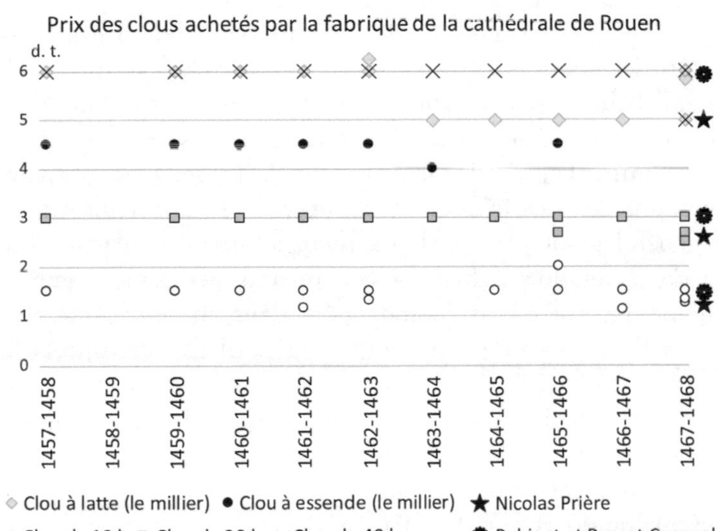

FIG. 6 – Evolution du prix des clous achetés par la fabrique de la cathédrale de Rouen à Yvon de Collandes (jusqu'en 1466-1467) puis à Nicolas Prière et aux Cusquel (1467-1468).

78 AD Seine-Maritime, G 2505 f° 137v°. Voir pièces justificatives.

CONCLUSION

Ce croisement de regards sur les hommes du fer et les chantiers de construction ouvre sur plusieurs réflexions sur les relations entre ces artisans et les commanditaires pour lesquelles ils travaillent.

La séparation des activités entre forges urbaines et forges rurales, certes déjà connue, est également franche dans le cadre des chantiers de construction. Les forgerons urbains sont les interlocuteurs privilégiés du chantier, sauf pour la forge de grosses pièces de fer à des dimensions spécifiques. L'approche archéologique du bâti et des structures métalliques permet en outre de conforter la vision des textes quant à l'intervention de ces structures hydrauliques et quant au type et à la dimension des produits qu'elles fabriquent. Les fers à vitraux, de dimensions plus standard, y font généralement exception, les dernières étapes de forge étant bien réalisées par le serrurier dans son atelier[79].

La remarquable permanence des acteurs de la métallurgie du fer sur chacun des chantiers étudiés soulève plusieurs questions. Cette stabilité est d'autant plus marquée que, dans une même unité de lieu, des commanditaires distincts semblent s'attacher les services d'artisans différents, comme l'éclaire le cas de la ville de Troyes avec les chantiers contemporains de la cathédrale, de Saint-Jean et des fortifications qui ne font généralement pas appel aux mêmes forgerons. Ainsi, pour ce domaine de la métallurgie du fer où la comparaison des prix à la livre de fer ouvré montre une relative homogénéité dans un lieu et une période donnée – à l'exception de commandes particulières comme la forge de très grosses armatures – les chantiers favorisent assez clairement la permanence de certains intervenants avec lesquels ils tissent alors fréquemment des relations de long terme, parfois sur plusieurs générations. Des cas de longévité similaires ont été observés chez certains carriers dijonnais à la fin du Moyen Âge. Parisot d'Arbois travaille ainsi pour le chantier de la chartreuse de Champmol pendant près de 20 ans ; cette collaboration s'arrête toutefois avec son décès. Plus rarement, l'héritier d'un atelier récupère un marché et poursuit la collaboration à travers les

79 Paul Benoit évoque cette « métallurgie de transformation urbaine », Paul Benoit, *op. cit.*

générations[80]. Dans le milieu de la construction où « la flexibilité est la règle »[81], ces liens privilégiés entre artisans et chantiers sont complexes, mais, à la lecture de la documentation étudiée, certes partielle, chaque partie semble néanmoins pouvoir y trouver son compte[82].

De tels exemples de longévité semblent plus ou moins fréquents selon les corps de métier et les activités artisanales pratiquées : fréquentes dans les domaines artistiques (peinture, sculpture…), où se forment de véritables « dynasties d'artistes »[83], ou dans les métiers du métal, elles semblent plus rares pour les artisans de la pierre, qui se déplacent pour suivent l'activité des différents chantiers[84].

Du point de vue des maîtres d'ouvrage, cette permanence révèle que des liens de confiance, peut-être favorisés par une proximité géographique, facilitant les échanges, le transport, voire le contrôle sur le travail du forgeron, et visant finalement à diminuer le risque pris par le chantier semblent souvent primer. Mais si cette confiance vient à se rompre, l'artisan est susceptible de perdre son entrée sur le chantier et l'accès à ses commandes. C'est ainsi que Jehan Jacob, serrurier sénonais, pourtant présent sans discontinuer sur le chantier de la croisée de la cathédrale de Sens depuis 1494 est remplacé en 1502-1503 par Huguet Jossé, après avoir été admonesté par un sergent « pour ce qu'il faisoit les verges trop grosses »[85] lors de la forge des armatures des vitraux. Jehan Jacob n'apparaît ensuite plus qu'épisodiquement dans les comptabilités. La perte de confiance découlant de cet épisode semble avoir marqué la fin de son « privilège » d'accès aux marchés de forge du chantier. Le lien

80 Marion Foucher, « Les métiers de la pierre sur les chantiers des ducs de Bourgogne à la fin du Moyen Âge. Migrations et savoir-faire », in *Construire ! Entre Antiquité et époque contemporaine, Actes du 3e congrès francophone d'histoire de la construction*, Nantes, 21-23 juin 2017, Éditions Picard, 2019, p. 761-772.

81 Pour reprendre l'expression de Monique Bourin dans Patrice Beck, Philippe Bernardi, Laurent Feller, dir., *op. cit.* Voir également la contribution de Sandrine Victor dans ce même volume, Sandrine Victor, « Les formes de salaire… », *op. cit.*

82 De tels exemples de longévité semblent en outre plus rare pour les artisans de la pierre, qui suivent l'activité des différents chantiers, que pour le métal.

83 Sophie Cassagnes-Brouquet, « Le statut des artistes et l'activité des ateliers », in *L'art à la cour de Bourgogne : le mécénat de Philippe le Hardi et de Jean sans Peur (1364-1419)*, Paris, 2004, p. 282-287 ; Sandrine Victor, *La construction…*, *op. cit.*, https://books.openedition.org/pumi/35133 § 13 (consulté le 27/03/2022).

84 Voir par exemple l'origine des artisans sur les chantiers du duc de Bourgogne, Marion Foucher, *op. cit.*

85 Denis Cailleaux, *La cathédrale en chantier…*, *op. cit.*, p. 385 et 545. AD Yonne, G 1143 f° 65.

de subordination de l'artisan au chantier qui l'embauche se matérialise également au gré de certaines évolutions de prix ou de réductions parfois récurrentes imposées par la fabrique, et de rares prises de marché (telles qu'elles apparaissent dans les sources), la fabrique n'hésitant pas, à quelques occasions, à négocier à la baisse et sur la longue durée les tarifs pratiqués par les forgerons[86]. L'intrication de ces relations avec l'éventuel pouvoir foncier du commanditaire, voire son contrôle sur l'accès au fer, quand les intérêts des bourgeois s'y mêlent comme à Metz, complexifie encore ces liens et révèle des situations disparates d'une ville à l'autre. Il ne faut ainsi peut-être pas s'étonner si les forgerons troyens et sénonais gagnent, au tournant des XVe et XVIe siècles, de 3 à 5 d. t. pour le travail d'une livre de fer ouvré[87], quand ils ne gagnent que 2 à 2,5 d. à Metz sur le chantier de la tour de Mutte[88]. L'ascendance des gestionnaires du chantier sur la rémunération de l'artisan est donc parfois bien réelle, mais semble néanmoins souvent circonstanciée[89].

Enfin, si déterminer les composantes des salaires reçus par les forgerons pour établir leur revenu effectif peut se révéler complexe[90], comme l'indique par exemple le cas de Nicolas Prière, endetté auprès de la fabrique et révélant en creux que les comptabilités camouflent parfois certaines réalités[91], ou encore celui de Colin Midon, qui prend à sa charge un transport de près de 70 km et réalise des réparations aux pièces livrées sans coût supplémentaire pour la fabrique, les prix payés à la livre de fer ouvré par des artisans urbains dont l'atelier est proche du chantier permettent néanmoins d'approcher les rémunérations qu'ils perçoivent pour leur travail et d'établir des comparaisons avec des salaires journaliers ou annuels d'autres artisans et professionnels du bâtiment. Or, malgré la faiblesse des sommes perçues certaines années et la potentielle ascendance des commanditaires,

86 Marion Foucher relève d'autres formes de contrainte exercées sur certains maçons, réquisitionnés à un moment d'accélération du chantier de la chartreuse de Champmol à la fin du XIVe siècle, Marion Foucher, *op. cit.*

87 *Ibid.*, p. 388. AD Aube, G 1571 f° 447v°-448 r°, G 1573 f° 52r°, G 1575 f° 22v°-23r°.

88 La différence de valeur entre les monnaies messines et tournois ne semble pas pouvoir expliquer à elle seule cette variabilité des rémunérations.

89 À ce propos voir notamment l'introduction de Robert Carvais au dossier « Les modes de rémunération du travail », dans Patrice Beck, Philippe Bernardi, Laurent Feller, *op. cit.*, p. 245-250 et les articles suivant cette présentation.

90 *Ibid.*

91 À ce titre, Sandrine Victor relève, grâce à un acte notarié de 1420, les mauvais paiements sur le chantier de la cathédrale de Gérone, un facteur également susceptible d'influencer l'embauche des ouvriers, Sandrine Victor, *La construction…*, *op. cit.*, p. 315.

l'intérêt d'accéder à ces chantiers est évident pour ces artisans, qui sont « loin d'être les plus riches »[92] des acteurs du bâtiment et de la société urbaine. Ils trouvent un complément de revenu parfois modeste – mais non négligeable – à leurs autres activités, susceptible de s'inscrire dans la durée en leur donnant accès à des marchés réguliers et surtout à la perspective de rémunérations considérables, certes plus ponctuelles. Sans véritablement modifier les conditions de l'emploi dans le domaine de la métallurgie du fer[93], ces chantiers de construction constituaient toutefois un ancrage de revenu d'un grand intérêt pour un atelier ou une famille de serruriers ou de forgerons, et manifestement même pour une famille de marchands férons. Le recours à d'autres sources, fiscales ou notariées (lorsqu'elles existent) serait nécessaire pour étendre l'enquête sur les trajectoires individuelles relevées dans cette étude et analyser l'ensemble des conditions qui président à cette longévité des parcours, de la bonne entente professionnelle à des paramètres indépendants, géographiques, sociaux ou familiaux ou encore des facteurs économiques. Néanmoins, alors que les artisans sont parfois proportionnellement davantage payés à la journée que pour des contrats annuels[94], ici, sans évidemment connaître les engagements et la contractualisation entre les différentes parties, cette permanence des intervenants semble s'inscrire dans une dynamique complémentaire (avec peut-être l'espoir d'un gain futur pour l'artisan) où la confiance réciproque est déterminante.

Maxime L'HÉRITIER
Université Paris 8
ArScAn CNRS UMR 7041

92 Dans le cas géronais, « ils ne font cependant pas partie des plus pauvres », Sandrine Victor, *La construction…*, *op. cit.*, p. 315.

93 Le constat établi à Sens par Denis Cailleaux s'étend à presque tous les métiers du bâtiment, Denis Cailleaux, *La cathédrale en chantier…*, *op. cit.*, p. 442.

94 Jérôme Gautier et Francine Michaud évoquent cette « prime d'insécurité de l'emploi » avec des salaires journaliers plus élevés que des salaires annuels dans Patrice Beck, Philippe Bernardi, Laurent Feller, dir., *op. cit.* Voir également Nora Kenyon, « Labour Conditions in Essex in the Reign of Richard II », *The Economic History Review*, a4-4, 1934, p. 429-451. Voir aussi Philippe Braunstein, *op. cit.*, p. 298 qui évoque cette « sécurité de l'emploi » avec le cas de l'embauche à l'année de Lambert de Langres sur un chantier bourguignon.

ANNEXE
Pièces justificatives

COMPTES DE LA FABRIQUE DE LA CATHÉDRALE DE TROYES

AD Aube, G 1559, f° 171r° (1410-1411)

Dépense pour achat de grans barriaux de fer necessaires pour l'eglise oultre ceulx qui avoient esté achetés par messire Jehan de Chaonnes (17 l. 14 s. 7 d.)
À Colin Midon de la grosse forge de Doulevans pour ~~la facon et lamenage de~~ IIIIe grans barriaux de fer lesquelx par marché fait avecques luy par ~~moy et~~ maistre Thomas le maçon et moy en la presence de Colecon Luquerel et de Colin Deschemines il doit ferre du lont et de la devise et de la façon que li a donnée ledit maistre Thomas amener et rendre à l'eglise à ses propres cous et despens dedans la saint Martin prochainement venant et doit avoir pour chascune livre de fer qui peseront VII d. t. pour arres que je li ai données au jour dui XVIIe jour d'octobre en deduction de ce qui li sera dehu à cause de la dicte marchandise en la presence des dessusdits et en a esté repondant pour lui ledit Colin Deschemines X l. Assavoir que ledit Colin Midon amena et livra lesdicts IIIIe barriaux à l'église le XVI. jour de novembre lesquelx furent visités et receus par ledit maistre Thomas, Bon Buef, les autres ouvriers de l'église et moy et poisent en tout VIC VIII l. qui valent au pris que dessusdit c'est assavoir VII d. t. pour livre XVII l. XIIII s. VII d. sur quoy comme dit est avoit receu X l. ainsi restent qui le sont dehu VII l. XIIII s. VII d. lesquelles comme il appiert par quittance ~~je li ay payees~~ apres ce que à ses despens il a fait reparer aucunes faultes qui estoient esdits barriaux je li ay payees pour ce yci l'acomplissement du payement de toute la somme dessus dicte VII l. XIIII s. VII d.

AD Aube, G 1561, f° 19r°-19v° (1412-1413)

Despense pour achever de mettre et asseoir les barreaux de fer dessubz les voltes de l'église
(...)

À Berthelin de Maraix fevre pour lesdits II barreaux de fer pesants X pois de fer IIII l. moins chacun pois de XXVII l. de fer au pris de XVI s. VIII d. chascun pois valent VIII l. IIII s. II d. et pour ce que li n'ont pas este bien sodé par accort fait avec ly il n'a eu que VI l. pour ce VI l.
À Perrin de Tremiau et Bon Buef sarruriers pour avoir refais lesdits barreaux et les clés d'iceulx et pour avoir mis environ II pois de fer par marché fait à eux pour maistre Thomas le maçon IIII l. X s. et XX d. au vin pour ce IIII l. XI s. VIII d.

AD Aube G 1567 f° 49r° (1475-1476)

À Perrin Lavocat sarrurier pour avoir referrez lesdites cloches et fait les deux bataulx desdites cloches par marché fait à luy en présence des ouvriers et charpentiers à la somme de L s. t. et pour ce L s.
À Guillaume Daiz mareschal pour avoir depuis reffait l'ung des bataulx desdites cloches et pesant XIII l. pour ce que ledit Avocat ne l'avoit fait que pesant IX l. et ne valoit riens et s'y falut racoursir l'autre batau de la petite cloche pour ce a eu la somme de XI s. VIII d. à cause que ledit Avocat ne les vest pas refaire comme il devoit et avoir marchandé pour ce rabatu audit Perrin Lavocat ladite somme pour ce neant.

COMPTES DE LA FABRIQUE DE LA CATHÉDRALE DE ROUEN

AD Seine Maritime G 2503 (1467-1468) f° 140v°

Nicolas Priere a esté mis en recepte au chappitre de la recepte ordinaire de ce present compte de XII l. qui sont encore deubz pour cause que ledit priere ne peult avoir fin de compte avecque son sire Raoul du Registre qui a tenu par long temps au paravant dudit Priere l'ostel et tenement subiect en la dicte rente duquel tenement il en doibt grans arrerages desquelz ledit Priere en a fait aulcuns paiement audit recepveur et n'endure paier tout lesdit arrerages jusques adce qu'il ait fait appointement avecque sondit sire pour ce reprins XII l.

AD Seine Maritime G 2505 (1468-1469) f° 137v°

Nicolas Priere a esté mis en recepte au chappitre de la recepte ordinaire de ce present compte de XII l. en une partie et si a esté mis en recepte au chappitre de la recepte des arrerages de cedit compte de XII l. en l'autre partie valent ensemble XXIIII l. sur laquelle somme il a paié audit procureur en denrées pour l'usage de la dicte fabrique X l. X s. restent XIII l. X s. pour laquelle somme il a baillé supplication a messires de chappitre lesquelz lui ont remis sur icelle somme LXX s. restent X l. qui sont encore deubz desquelz ledit recepveur n'en fait icy aulcune reprinse pour ce qu'il a promis qu'il paiera ladicte somme en denrées qu'il baillera pour l'usage d'icelle fabrique pour ce icy pour ladicte remission LXX s.

METAL FRAMING FOR WINDOWS AND GLAZING IN THE BUILDING ENVELOPE IN BRITAIN, C.1700–1950

THE USE OF METAL IN WINDOWS AND GLAZING

The paper offers an overview of the technical developments in using metals in the manufacture of windows and glazing through the Industrial Revolution to the early post-WWII years. It does not deal with the architectural history of windows or the history of glass or timber frames for windows which subjects can be followed elsewhere.[1] The construction of metal windows of wrought iron, cast iron, brass and bronze involved craft skills until the early 1800s. From that time, throughout the 19th century and into the 20th century, there were two main parallel strands of development involving the increasing use of industrial manufacturing processes – one was the development of windows for domestic, industrial and commercial buildings; the second was the construction of hothouses, glasshouses, greenhouses and conservatories which became increasingly fashionable from the 1820s. From these main strands, there also developed the ability to provide large glazed roofs on buildings such as railway stations, museums, covered passages and courtyards or atria. The story that follows concentrates on the use of three alloys of iron to make window frames, glazing bars and glazed envelopes for buildings. In order to understand the development of metal windows it is necessary to take a brief look at the metallurgy of iron.

1 Hentie J. Louw, "Window-Glass Making in Britain c.1660-c.1860 and its Architectural Impact". *Construction History*, vol. 7, 1991, p. 47–68; Hentie J. Louw, "The Origin of the Sash-Window". *Architectural History*, Vol. 26, 1983, p. 49–72 & 144–150; https://sashwindowspecialist.com/blog/history-of-window-glass/ (Consulted 15/07/2022).

THE PROPERTIES AND CHARACTERISTICS OF IRON ALLOYS

The longest-used alloy of iron is *wrought iron*; this is the iron of the Iron Age and was used to make many types of tool and implement since ancient times. It is very strong in both tension and compression, especially compared to timber. It is extracted from iron ore by heating to a temperature of about 1000°C which is not hot enough to melt the iron. The mixture is repeatedly hammered to remove the rock and, crucially, by chemical combination with oxygen, the carbon. The result is very pure iron which is malleable, especially when heated to red-hot temperatures. Two pieces of wrought iron can be joined by *soldering* (using a lead-tin alloy) to make a weak connection, or by *brazing* (using a copper-tin alloy) to make a stronger connection. Two pieces can also be joined by the process of *forge welding* which involves heating them to red heat and hammering them together repeatedly. For small pieces this process was done by hand; for larger pieces, hammers driven by water wheels and, from the 1780s, steam engines, were used. Pieces of iron can also be joined together using *rivets*. By the 18th century nearly every village had an iron forge to make, among other things, horse shoes, tools and agricultural and cooking implements. The process of *hot-rolling* iron to produce a long piece of constant cross section goes back to the 18th century[2], but its large-scale use in England to make sections for use in window manufacture began in the 1820s. Wrought iron suffers from corrosion (oxidation) especially in the presence of water. Wrought-iron components could be protected by coating the surfaces with paint or with tin.

To make *cast iron* it is necessary to heat the iron ore, together with coal or coke, to a temperature greater than about 1150°C, when the iron melts. It is made into artefacts by melting it again and pouring into a mould of sand. In this way, which is effectively an industrial process, it is easy to make many identical pieces. Cast iron is strong in compression but about six times weaker in tension, and it is very brittle. It cannot be joined by welding or using rivets, since the hammering of

2 Cyril Stanley Smith, "Architectural Shapes of Hot-Rolled Iron, 1753". *Technology and Culture*, vol. 13, No.1, 1972, p. 59–65.

the riveting process would fracture the cast iron. Separate pieces of cast iron were joined together by bolts or clamps. Good quality cast iron became available from around 1760. The first bridge of cast iron, Iron Bridge at Coalbrookdale near Shrewsbury in England, was constructed in 1779 and cast iron was first used in buildings for columns in around 1790 and for beams from around 1796.

Making *mild steel* is a larger-scale and more industrial process, requiring very careful control of the carbon content of the alloy and a temperature of about 1500°C is required. It became available for use in construction in the mid-1880s. Pieces of steel can be joined by *riveting* or *welding*. Like wrought iron, steel is very strong in tension and compression and is malleable. Its main disadvantage is that it rusts quickly, especially in the presence of water. It can be protected from corrosion by painting or galvanising by coating the surface with zinc. This was first done in the 1740s by dipping iron in molten zinc – hence the phrase "hot-dip galvanising". (Galvanising can also be done using electricity, a process discovered in the 1770s, but not viable until the 20th century; this process had little impact on window construction).

WROUGHT-IRON AND COPPER-ALLOY WINDOW FRAMING FROM THE 13TH CENTURY TO C. 1820

Many churches, castles and large houses since the 13th century had windows, including stained-glass windows, with metal frames made from flat bars of wrought iron and small panes of glass held in place by lead cames. Many architects and builders preferred to use wrought-iron frames rather than timber frames because of their dimensional stability. Furthermore, in many parts of the country, it could be easier to find a skilled blacksmith who could make a window frame, than it was to find a skilled joiner to make a good-quality frame out of durable timber. Wrought-iron frames in the first three quarters of the 18th century were still made by hand from iron strips that were brazed, forge-welded or soldered at the corners to provide a rigid frame. At Hampton Court Palace in South West London, St Paul's Cathedral and other new churches in London (1680–1710), Christopher Wren used much larger and more sophisticated wrought-iron frames and glazing bars but until the mid-18th century these were the exception rather than the rule. Sometimes copper or copper alloys were used to make frames, either hand-forged or cast. These were more expensive but provided better corrosion resistance.[3]

The first use of hot-rolling of wrought iron to produce glazing bars for windows was in France in around 1750.[4] A number of different profiles were made by Mr. Chopitel, Master Locksmith at the Royal Manufactory near Paris. They were on sale at a shop in Paris where finished frames could be viewed and "you will be pleased to see the elegance and lightness of the frames, … whose use can only be very advantageous and very pleasant to the public".[5]

It is not clear when Chopitel's machine became known in England, but in 1783 at least four rolling mills were patented.[6] Henry Cort's patent was for the hot-rolling of iron, while the others were for rolling copper, copper alloys or iron. Two of the patents included machines for metal-drawing in which metal bars were pulled through a die to reduce and change the cross section. Three of the patents mentioned specifically the production of various bolts and fastenings used in ship construction: being highly resistant to corrosion, copper alloys were superior to iron for these items. It had also been recognised that the rolling process (and forging too) strengthened the copper alloys by a process now known as work hardening.

One of the patents in 1783 was granted to William Playfair (1759–1823) not for shipbuilding items but for his "method of making bars for sash windows of copper, iron or any mixed metal containing copper".[7] The patent describes two different processes for reducing the size and changing the shape of a metal bar. One was a rolling mill (Figure 1) but, unlike Chopitel's machine and the other patents just mentioned,

---

3 Hentie J. Louw, "The Rise of the Metal Window During the Early Industrial Period in Britain, c. 1750–1830". *Construction History*, vol. 3, 1987, p. 31–54.

4 Cyril Stanley Smith, *op. cit.*

5 Chopitel, *Memoire sur les ouvrages en fer et en acier qui se fabriquent dans la manufacture Royale d'Essonne par le moyen du laminage.* Paris: Durand, 1753.

6 Kristen M. Schranz, *A New Narrative for "Keir's Metal": The Chemical and Commercial Transformations of James Keir's Copper Alloy, 1770–1820.* PhD Thesis, Institute for the History and Philosophy of Science and Technology, University of Toronto, 2018. p. 202. https://tspace.library.utoronto.ca/handle/1807/102952 (Consulted 15/07/2022)

7 Patent Office, *The Repertory of Arts and Manufactures*, VIII, 1798, p. 158–166.

no indication is given in Playfair's patent whether the metal should be heated before rolling or not.

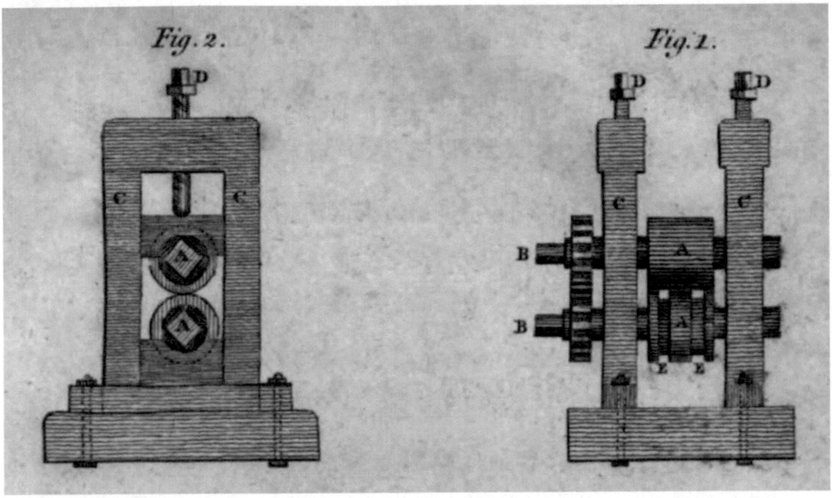

FIG. 1 – Rolling mill to produce metal glazing bars, patented by William Playfair. (Image: Patent Office, 1798, Plate X).

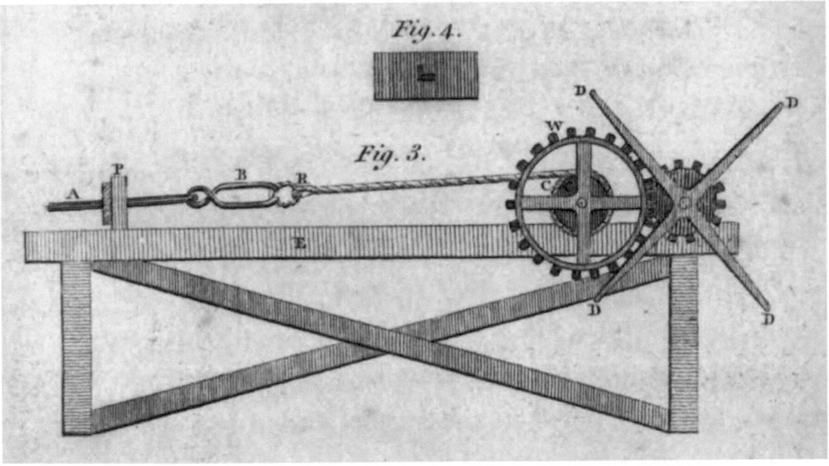

FIG. 2 – Metal drawing machine to produce glazing bars, patented by William Playfair. Fig.4 shows the L-shaped hole in a die (Image: Patent Office, 1798, Plate X).

The second process he patented was to draw (pull) the metal through a mould or die with a hole of the desired shape. The process would be repeated using several dies that were progressively smaller and closer to the final shape (Figure 2). Again, Playfair gave no indication what the metal temperature should be. Generally, however, metal drawing was carried out with cold metal.

It should be noted that the forces and energy needed to roll or draw iron strips down to the desired size and shape would have been very large. Playfair also mentioned alloys of copper which would have required less energy to roll or draw. The search for an alloy that could be worked and forged at both cold and hot temperatures had motivated Matthew Boulton (of Boulton and Watt fame) and one of his colleagues, James Keir (1735–1820), to develop such an alloy. They discovered an alloy of copper (54%), zinc (40%) and iron (6%), which was patented in Keir's name in 1779. The alloy had been intended for the shipping industry because of its strength and resistance to corrosion. Playfair too had worked at Boulton and Watt, and Playfair and Keir collaborated for a while after they left the firm, but it seems that there was a disagreement about the authorship of the patent and the collaboration soon ended. Playfair's genius was to capitalise on the golden colour of the alloy and to name it "Eldorado metal". Using this name, he successfully marketed it to architects, the building industry and the public at large as an ideal material for window frames and glazing bars. By 1800 it had gained great popularity and had been used in houses, banks, bookshops and churches.[8] Perhaps its most spectacular use was in the Egyptian Room of the Mansion House in London where the west window was about 4.25 m wide and 10.25 m high (Figure 3). When Keir later took over Playfair's business, advertisements began to refer again to "Keir's metal" which name survived for some decades although production stopped in the 1820s.

Window frames and glazing bars made of wrought iron or copper alloys thrived and, indeed, were almost a characteristic of the Georgian era of British architecture (1720s–1830s). In 1774, Francis Underwood patented an alloy of tin and lead for making frames and glazing bars and he was one of the most successful suppliers for the next half-century or so.[9] One particular feature of Georgian architecture was the fanlight, a semicircular

8 Schranz, *op. cit.*, p. 275.
9 Louw, *op. cit.*

decorative window above a front door, many examples of which survive. One catalogue for cast-iron glazing had 61 pages of designs for fanlights and other windows.[10] Published in 1800, a catalogue of Eldorado-metal products included no fewer than 28 designs for fanlights and 10 for windows.[11] Through the work of architects such as Robert Adam and John Soane, Eldorado metal was incorporated into many fashionable public and private buildings throughout the kingdom. Iron-framed windows too were used by eminent architects such as John Soane, Henry Holland and John Nash.

FIG. 3 – The west window in the Egyptian Room at the Mansion House, London, made of Eldorado metal. Approx. 10.25 x 4.25 m. (Image: Thomas Rowlandson & Auguste Pugin, 1809).

10 Joseph Bottomley, *A Book of Designs*. London, 1793.

11 James Cruckshanks, *Eldorado-Metal and Wrought-Iron Sashes, Sky-Lights, Fan-Lights….* London, 1800. (Available via Google books)

CAST-IRON WINDOW FRAMING FROM C. 1790

Some attempts had been made to make window frames of cast iron in the early-18th century, but it was of poor quality and not successful. This situation changed from the 1760s when high-quality cast iron became available. The use of metal window frames in ordinary buildings was further stimulated by the growing wish to reduce the vulnerability of buildings to damage by fire. After many well-publicised fires in theatres and industrial buildings in the 1770s and 1780s, "fireproof construction", incorporating cast- and wrought-iron structural elements, was widely adopted from the 1790s for roof structures and the load-bearing beams and columns of multi-storey factory buildings.[12] William Strutt, the pioneer of fireproof construction, used cast-iron from his foundry which produced the structural columns and beams for his factories, to manufacture a variety of architectural hardware for both the factories and the workers' cottages which he constructed in the villages where the factories were built. These included cast-iron window frames and their fittings (hinges, latches, stays, etc.) as well as gutters and rainwater pipes and their associated brackets and fixings.[13] Strutt first used these frames for the casement windows of his warehouse at Milford (1795) and West Mill at Belper (1795) in Derbyshire and, subsequently, in the many other textile factories he constructed in the Derwent Valley (c.1795-1815). The glass was usually held in place by spring metal which was embedded in the putty filler around the edges of the panes.

In the late-18th and early-19th centuries, many churches were fitted with cast-iron windows.[14] A particularly fine example, cast at the Coalbrookdale foundry, where the well-known Iron Bridge was made, was installed in 1795 in St Alkmund's Church, Shrewsbury, a few kilometres up the River Severn from Coalbrookdale (Figure 4).

12 Bill Addis, Building: *3000 years of Design, Engineering and Construction*. London: Phaidon, 2007. p. 237 ff.

13 Jonathan David Chambers & Maurice Willmore Barley, "Industrial monuments at Milford and Belper". *Archaeological Journal*, vol. 118, 1961, p. 236–239.

14 Ray J., Osborne, 'Cast Iron Windows in Anglican Churches in England 1791–1840'. *Construction History*, vol. 24, 2009, p. 45–62.

FIG. 4 – St Alkmund's Church, Shrewsbury, UK.
Cast-iron framed window. (Image: Google maps).

Cast-iron frames became standard products that were available from any foundry. In a catalogue of the firm Handyside which had foundries in Derby and London, published in 1868, illustrations of 12 frames demonstrated the variety of windows that could be made and, of course, others could be made to suit the needs of individual customers (Figure 5). The use of cast-iron frames spread quickly and continued to be used throughout the 19th century. Also during the 18th and 19th

centuries, both bronze and cast brass were used for window frames, sometimes in combination with iron. However, such windows were limited to buildings for wealthier clients.[15]

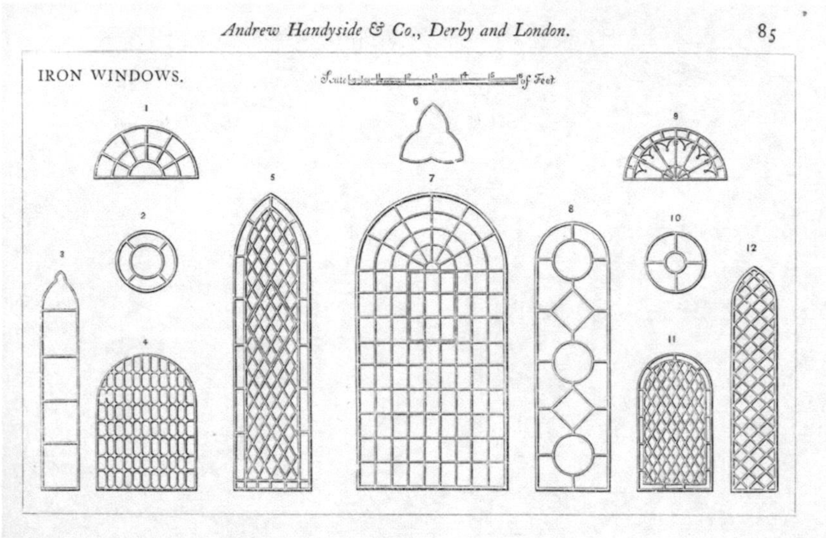

FIG. 5 – Cast-iron windows available from the firm Handyside in 1868. The central large window is 3.2 x 1.6 m. (Image: Handyside, 1868, p. 64).

JAMES LOUDON AND THE DEVELOPMENT OF IRON-FRAMED HOTHOUSES

The modern era of metal-framed windows began in the late-18th century with the construction of increasing numbers of hothouses, forcing houses, glass houses and conservatories for growing plants for both botanical and culinary purposes, and for both commercial and private use. Since 1700 or earlier, horticulturalists had known it was important to maximise the light passing through the glass. This could be achieved by increasing the transparency of the glass by minimising

15 Louw, *op. cit.*

the light blocked by the structure of the glazing, and by orientating the glass to be as nearly perpendicular to the sun's rays as possible.[16] Different scientists advocated inclining the flat, glazed walls at an angle of between about 15° and 60° to the vertical. The framing was usually of timber but, from as early as 1760, some hothouse windows included sashes or glazing bars of wrought or cast iron.

The first manual on the design of hothouses in English was by the Scottish botanist and garden designer John Claudius Loudon (1783–1843) – *Remarks on the construction of hothouses (pointing out the most advantageous forms, materials, and contrivances to be used in their construction also a review of the various methods of building them in foreign countries as well as in England).*[17] Loudon was a practical man and had constructed many hothouses before he wrote his book, and had also studied the development of hothouses since 1699. He discussed in detail the scientific reasons for orientating the glazing correctly relative to the sun's rays, including his own invention of "ridge and furrow" glazing, an idea taken up later by Joseph Paxton for the Great Conservatory at Chatsworth House in 1836 and famously used again in London's Crystal Palace in 1850-1851. In particular, Loudon advocated a curved form for the glazing so that some part was perpendicular to the sun's rays, whatever the elevation of the sun. Since this curved form was awkward to achieve using a timber frame, he favoured the use of cast-iron ribs which could be manufactured easily in a repetitive process. To increase the strength of the ribs he proposed various bracing structures made of wrought-iron rods. One of his drawings illustrates three different forms of bracing. The "rafters" or ribs were 7.6 m long and 1.8 m apart (Figure 6). The glass was supported on metal bars or sashes.

Of particular interest are the small drawings at the top of Plate X in Figure 6 which show various ways in which sashes or astragals (which support the glass) were made. Loudon notes that metal sashes and astragals made of iron, copper and pewter had been used since the 1760s. He goes on "Cast iron astragals and frames are in use for windows of manufactories and private houses but from their weight and clumsiness are much less suitable for hothouses than those of wrought iron". In the small figures in Plate X he illustrates an extraordinary variety of metal sashes and astragals (Figure 7).

---

16 John Hix, *The glasshouse.* London: Phaidon, 1996.

17 John Claudius Loudon, *Remarks on the construction of hothouses.* London: Taylor, 1817.

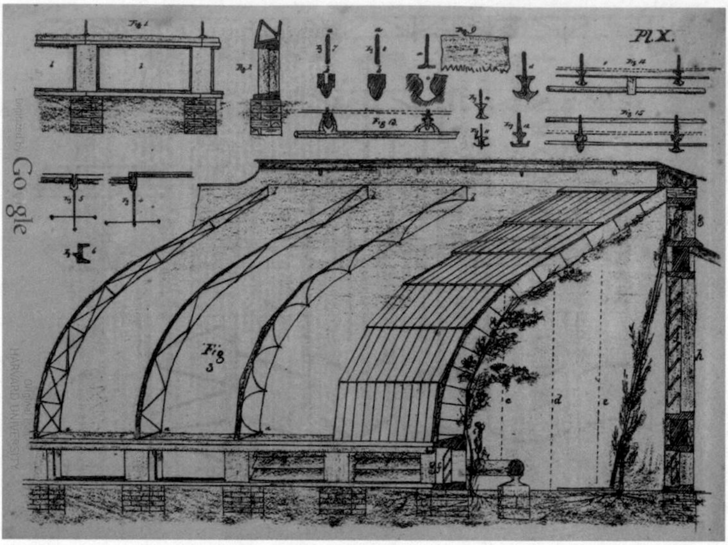

FIG. 6 – (Main image) Curved, cast-iron 'rafters' or ribs for a hothouse with three alternative forms of wrought-iron bracing. (Image: LOUDON, 1817, Plate X) https://babel.hathitrust.org/cgi/pt?id=hvd.32044102813425&view=1up&seq=129 (Consulted 15/07/2022).

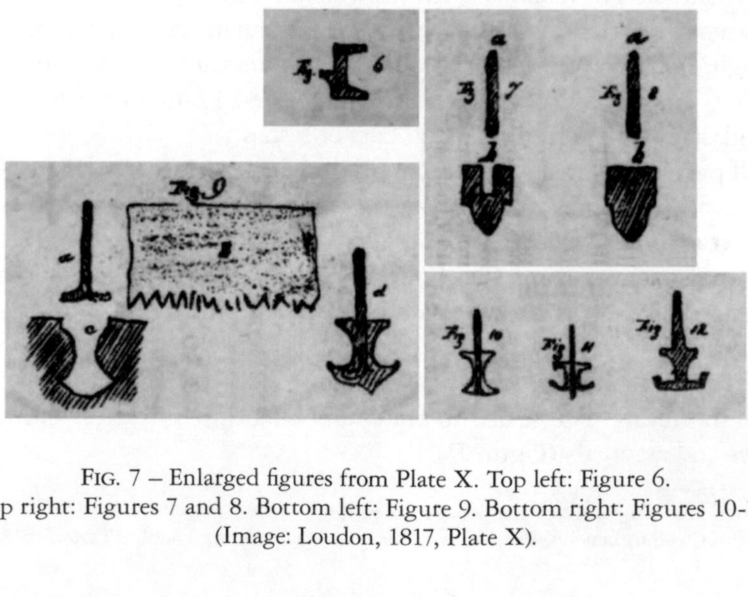

FIG. 7 – Enlarged figures from Plate X. Top left: Figure 6. Top right: Figures 7 and 8. Bottom left: Figure 9. Bottom right: Figures 10-12. (Image: Loudon, 1817, Plate X).

Loudon's Fig. 6 (top left in Figure 7) shows the profile of sashes in frames not intended to slide, that could be hollow and made of sheet copper or wrought iron, or solid and made of cast or wrought iron. Loudon's Fig.7 (top right in Figure 7) shows a wrought-iron profile made of two pieces that are "hammered together" and Loudon notes that tinning improves their durability. Loudon's Fig.8 (top right in Figure 7) shows another two-part profile with thin wrought-iron bands, tinned and soldered to a lower part made of "pewter, or any such composition of tin and lead in which brass or zinc forms a small proportion" which form is very light and, on the inner (pewter) surface, not liable to rust.

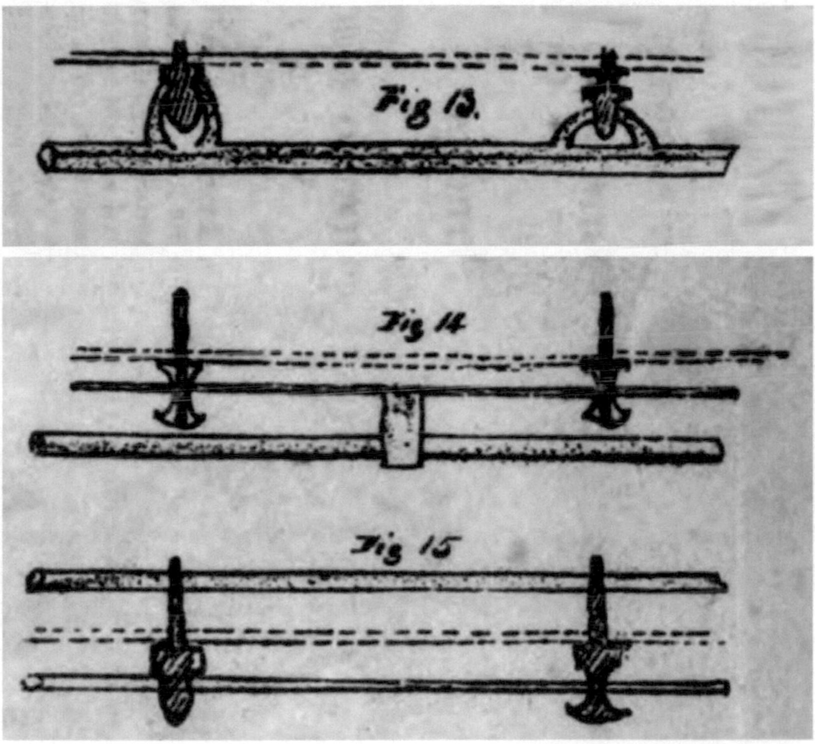

FIG. 8 – Enlarged figures from Plate X. Figures 13-15 show three different assemblies of the glass (dashed lines), the astragals, shown in section, and the wrought-iron rod(s) maintaining separation of the astragals. The top of each drawing is the exterior of the hothouse. Wires supporting the plants inside were attached to the inner rod. (Image: Loudon, 1817, Plate X).

A problem with bimetallic, composite sections was that the different coefficients of expansion of iron and pewter could cause twisting and even their separation. One way of avoiding this was to serrate and bend the lower edge of the thin wrought-iron band (Loudon's Fig. 9 – bottom left in Figure 7 –, top sketch), placing it into a mould of the desired shape (Loudon's Fig. 9a, left) and pouring in molten pewter to create the finished section (Loudon's Fig. 9d, right). The shape of this finished profile also incorporates two channels that allow condensation water, perhaps contaminated by corrosion products, to run away rather than fall on the plants, fruit or vegetables below.

Loudon mentions that astragals were also made from sheet copper by drawing the sheet through dies. While good for straight edges, it was not possible to bend them and they were more expensive than iron or composite astragals. The same process of drawing metal through dies could also be used for pewter, brass and Eldorado metal but, he notes, these produced astragals that were more suited for shop fronts and church windows than for hothouses.

Loudon emphasises that the various cross sections that had been used principally reflected their utility. The section in Loudon's Fig.10 (bottom right in Figure 7) was called the "water escape bar" by its maker, indicating its function in channelling condensation water away. Loudon's Fig.11 shows a profile used by Loudon having the same purpose which was made of three wrought-iron hoops riveted together. Loudon's Fig.12 shows the manner in which a tinned iron hoop may be bent and applied to the underside of a solid iron astragal.

Loudon's Figs 13–15 in Plate X (Figure 8) show three ways in which the glass (dashed lines) can be fitted between the astragals, together with the wrought-iron rods that maintain the astragals at the correct separation. Loudon's preference was for the construction shown in Fig. 15 which, he said, was stronger than the others and especially effective at keeping the condensation water away from the iron and helping to minimise rusting. These various examples from Loudon's book indicate great sophistication and a remarkable similarity between the technology of the 1810s and the construction of modern curtain walling.

Loudon was aware of four common criticisms concerning the use of metal glazed walls, each of which he countered with a well-reasoned argument. Concerning the breakage of glass due to the expansion of metals, he responded that this problem was often due to twisting or bending of bimetallic constructions due to differential expansion, and such construction should be avoided. The solution was to incorporate movement joints in assemblies with long metal components. He also advocated avoiding the use of components made from copper or brass which have much larger coefficients of expansion than iron, adding that copper should also be avoided due to the toxicity of its oxides and carbonate.

The high thermal conductivity of metals was, he agreed, a problem and more challenging to overcome. The painting of metal elements that bridge between outside and inside the hothouse offered some improvement, as did covering the inside surface of the metal with a layer of wood. The most effective measure was to cover the outside of the hothouse with canvas covers in winter which reduced the loss of heat provided by stoves in the hothouse.

Loudon agreed that the susceptibility of metals to corrosion was unavoidable. Apart from the usual protection measures including painting, tinning and preheating wrought-iron components (to generate a protective layer of ferric oxide), he believed the main cause was the poor fitting together of components which allowed water to collect in crevices.

Finally, Loudon reassured readers that the propensity of metal to "attract electricity" was no reason to avoid metallic structures. The structure itself would adequately serve as a lightening conductor and, if doubt remained, a separate lightening conductor of copper could be fitted. He knew of many iron-framed hothouses that had survived for fifteen years without damage.

Although Loudon is well-known for his book and a number of hothouses following the design illustrated in Figure 7, his most significant legacy was created by the firm of iron masters W. & D. Bailey of Holborn in London with whom, by 1817, Loudon had already worked on several of his iron-framed hothouses. It was to them that he turned to develop his idea of making the curved ribs out of solid wrought iron, rather than cast iron. Wrought iron was a superior material to cast iron because it is stronger and not subject to brittle fracture when overloaded. It would, therefore, not be necessary to use elaborate bracing structures, of the type shown in Figure 7, to strengthen the ribs. And although it was possible to make hollow, straight wrought-iron profiles by drawing tubes through a die, these could not be bent after manufacture. However, in 1817, it was not yet possible to create a complex cross-section of wrought iron by rolling. And so Loudon worked with W. & D. Bailey to develop a process for creating solid, wrought-iron profiles that could be bent into the curved shape needed for ribs. His own words explain the challenge:

> "The whole business of iron roofs and sashes, and particularly of iron astragals [ribs] will be materially simplified and improved by the introduction of solid iron astragals. [To create] these I have prevailed on an eminent iron master to attempt, by drawing rods of iron through suitable moulds; and after repeated trials, at considerable expense, he has at last succeeded in producing an article, which, if the expression be not too high for the subject, will form a new era in sash making. Hitherto metallic astragals have been formed of two or more pieces, the moulding and rabbet apart, and the latter let into a groove in the former, or in some instances only soldered to it. To bend such astragals to a curved line is with some sorts impossible, and with every description must evidently lessen their strength; but with a solid body the case is materially different: by heating a solid iron astragal it may be bent to any shape whatever, and yet retain all its original tenacity; and if the convex side of the curve is placed uppermost, as in the case of these roofs, it is evident the astragal will be much stronger than if retained in a straight direction."[18]

In parallel with these technical developments, Loudon was also inspired by a further step taken towards ensuring that the glass in a hothouse was perpendicular to the sun's rays. In August 1815, the Scottish scientist George MacKenzie wrote to the Horticultural Society of London suggesting that the most efficient form for a hothouse was a quarter sphere (imagine the skin of a quarter of an orange), facing south, as this would ensure that at least part of the surface of the glazing would be perpendicular to the sun's rays throughout the day and the year. Anticipating that curved ribs for such a structure made of timber would have a large cross section, he also suggested that they could be made of cast iron which was stronger and could have a smaller cross section, and "the ribs of the semi-dome, which will form the astragals [ribs] for the glass, are easily made of cast iron. The distance between them at the base may be fifteen inches [38 cm]".[19]

18 *ibid.*, p. 34–35.

19 Georges Steuart MacKenzie, "On the form which the glass of a forcing-house ought to have, in order to receive the greatest possible quantity of rays from the sun". *Transactions*

He specified that they should be 2.5 inches deep by 0.5 inch-wide (63 x 12.7 mm) (Figure 9). However, MacKenzie did not construct any glass houses.

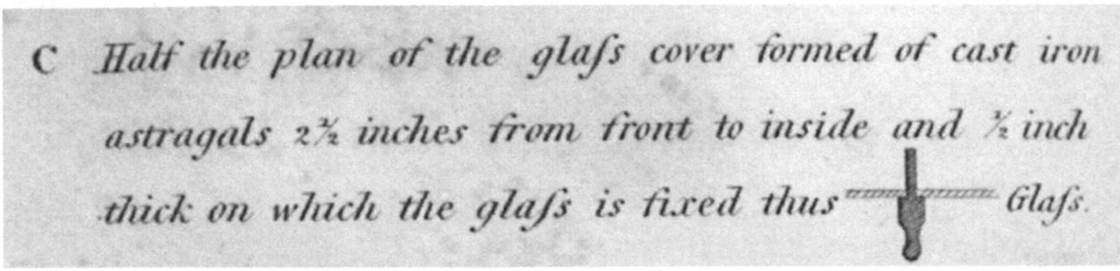
C *Half the plan of the glafs cover formed of cast iron astragals 2½ inches from front to inside and ½ inch thick on which the glafs is fixed thus* *Glafs.*

FIG. 9 – George MacKenzie's description of the cast-iron astragal (rib) for supporting the glass panes of his curved forcing-house. (Image: MacKenzie, 1817, Plate XII).

Loudon adopted MacKenzie's idea of a doubly curved glazed wall in several designs for hothouses which used his solid wrought-iron ribs rather than MacKenzie's cast-iron ribs. Unfortunately for Loudon, financially speaking, he did not patent his method of making curved, solid, wrought-iron ribs. He sold the idea to the Baileys who did patent it and went on to profit from building a large number of remarkable structures which established the model for hothouses and a wide variety of glasshouses for the remainder of the 19th century. The best surviving example of their constructions was also one of their first, completed in around 1816 (the precise date is not known) – the Palm House at Bicton Park Gardens in Devon in South-West England (Figure 10, Figure 11). This remains one of the most remarkable structures of all time and demonstrated, for the first time, the full potential of using iron and glass together to create an almost transparent building envelope.

The ribs of the hothouse are about 50 x 13 mm and are tied together by continuous horizontal rods of wrought iron threaded through the ribs at approximately 1.5 m intervals up to the apex. The structures are supported against a wall at the rear of the building but otherwise have no other structural support. Not surprisingly, before the glass was fitted, the network of ribs and hoops would have been rather

of the Horticultural Society of London, 1817, Vol. II, p. 171–177, Plate XII. p. 175–176. (Note: the paper had been delivered in August 1815). https://www.biodiversitylibrary.org/page/44221737 (Consulted 15/07/2022)

flimsy. The structural stability of the shell (for it is effectively, a shell) was provided by the glass itself.[20] Writing about another hothouse, at Bretton Hall in Yorkshire, built on the same principles, also by W. & D. Bailey, Loudon observed: "there were no rafters or principal ribs for strengthening the roof besides the common wrought-iron sashbar… This caused some anxiety, for when the ironwork was put up, before it was glazed, the slightest wind put the whole of it in motion from the base to the summit… As soon as the glass was put in, however, it was found to become perfectly firm and strong…".[21]

FIG. 10 – The Palm House, Bicton Park Gardens, South-west England. Built by W. & D. Bailey using curved, solid wrought-iron ribs they developed with Loudon c.1816. (Image: https://www.geograph.org.uk/photo/1979683 © Copyright Adrian Platt and licensed for reuse under creativecommons.org/licenses/by-sa/2.0. See also https://www.flickriver.com/photos/czd72/348230131/#large).

20 Leen Lauricks, *Contribution of the glass cladding to the overall structural behaviour of 19th-century iron and glass roofs*. PhD Thesis. Department of Architectural Engineering, Vrije Universiteit Brussel, 2012. https://biblio.ugent.be/publication/3079766 (Consulted 15/07/2022)

21 John Claudius Loudon, "Garden Memorandums: Bretton Hall", *Gardener's Magazine*, vol. 5, 1829, p. 680–684.

FIG. 11 – The Palm House, Bicton Park Gardens, South-west England. Interior. (Image: https://m.geograph.org.uk/photo/6571595 © Copyright Chris Allen and licensed for reuse under creativecommons.org/licenses/by-sa/2.0).

HOTHOUSES AND GLASS HOUSES AFTER LOUDON

Countless glasshouses followed Loudon's pioneering work, although few were as bold as the Palm House at Bicton. These embraced two significant developments. The first was the use of a rolling mill to create the solid wrought-iron sections. The development of this technology was stimulated by the demand for rails (for railway trucks) made of wrought iron from about 1820. Apart from cross sections suitable for rails, rolling mills were soon producing flat strip and angle sections which could be riveted to form larger and more complex sections, and could be forge-welded to create window frames.[22] The shipbuilding industry in the early 1840s provided the stimulus to develop sections for use in structural engineering.[23] Beams to support the wooden decks of ships, using various simple rolled sections, riveted together to create larger sections were patented by the Liverpool firm of Kennedy & Vernon in 1844. The nearest approximation to a modern I-section was a "bulb-tee" cross section (a T-shape with an enlarged base of the T).

Rolled wrought-iron I-profiles were first used for glasshouse construction in 1844-1846 for the Palm House at Kew Gardens, probably Britain's most famous glass house. Here the structure was conceived differently from Bicton. There was a clear hierarchy of structural elements with large, load-bearing arches and slender glazing bars supporting the glass panes (and, of course, carrying the wind loads acting on the glass) (Figure 12). The main semicircular arches are solid rolled sections similar to the bulb tee, 22.5 cm deep with an outer flange 11 cm wide, a shape patented by Richard Turner, the contractor who constructed the Palm House.[24] They were rolled in London, shipped to Dublin where they were bent to shape and joined, and then shipped back to London for assembly on site.

22 John W. Hall, "The Making and Rolling of Iron". *Transactions of the Newcomen Society*, Vol. 8, 1927-1928, p. 40–55; Walter Keith Vernon Gale, "The Rolling of Iron". *Transactions of the Newcomen Society*, Vol. 37, 1964-1965, p. 35–46.

23 Robert James Mackay Sutherland, "The introduction of structural wrought iron". *Transactions of the Newcomen Society*, Vol. 36, 1963-1964, pp. 67–84; Robert A. Jewett, 'Structural Antecedents of the I-Beam, 1800–1850'. *Technology and Culture*, Vol. 8, 1967, p. 346–362.

24 Edward J. Diestelkamp, "Richard Turner and the Palm House at Kew Gardens". *Transactions of the Newcomen Society*, 1982-1983, Vol. 54, p. 1–26. p. 14–16.

FIG. 12 – The Palm House, Kew Gardens, London. Interior.
(Image: Daniel Case. Creative Commons License Attribution-Share Alike 3.0
https://commons.wikimedia.org/wiki/File:Palms_
in_the_Palm_House%2C_Kew_Gardens.jpg).

The second major transformation in glasshouse construction was the size of the panes of glass that were available. In Loudon's hot-houses the panes were small – perhaps 15 x 20 cm – indeed they were often offcuts that glaziers of normal windows had discarded. In 1839 James Chance patented a new way of polishing glass sheets made by the cylinder process. This made many large sheets available – up to 25 x 120 cm, the size of pane that Chance supplied for the Crystal Palace in 1850. The larger pane sizes can be seen at the Palm House, Kew as can the fact that they were bent to fit the curve of the glazing bars (Figure 13).

FIG. 13 – The Palm House, Kew Gardens, London. (Image: David Iliff. Creative Commons License: CC BY-SA 3.0 https://commons.wikimedia.org/wiki/File:Kew_Gardens_Palm_House,_London_-_July_2009.jpg).

THE USE OF LARGE-AREA GLAZING IN PUBLIC BUILDINGS

Alongside its use in glasshouses, the architectural use of metal-framed glass began to develop from the 1800s, especially for retail premises. Metal frames facilitated larger shop windows,[25] and glass-roofed shopping arcades became increasingly fashionable from the 1810s.[26]

A third major development in glazing for buildings such as glasshouses was the industrialisation and mass production of the components. This process was demonstrated, famously, for the Crystal Palace where, out of

25 E. Lumley, *Designs for shop-fronts and door-cases*. London: Taylor, 1792 (Reprinted c. 1835); Nathaniel Whittock, *On the construction and decoration of the shop fronts of London*. London: Sherwood, Gilbert, and Piper, 1840.

26 Johann Freidrich Geist, *Passagen – ein Bautyp des 19. Jahrhunderts*. Munich: Prestel-Verlag, 3rd Ed. 1979; Bertrand Lemoine, *Les Passages couverts à Paris*. Thèse de IIIe cycle, Université de Paris Sorbonne, 1983.

necessity due to a short construction programme, as many components as possible were made identical, whether made of cast iron, wrought iron, timber or glass. For the glazed walls and roof, the glass was made in a few standard sizes. However, the framing was all made of timber because this could easily be manufactured on site using simple machinery. Nevertheless, the Crystal Palace did stimulate the use of repetitive manufacturing processes, carried out off-site in factories, especially for iron components.

The Crystal Palace also demonstrated the great benefits of using glazing for large buildings, particularly to provide interior illumination at a time before electric lighting. In some, a large part of the roof was glazed, while in others, normal buildings surrounded a central area which was glazed – what we would today call an atrium. This possibility of using glazed roofing led to a rapid growth of buildings with large covered areas. From the late 1840s we find a rapidly growing number of such buildings including factories, railway stations, covered markets and public museums which are featured in the many books on 19th century iron and glass architecture (Figure 14).[27]

FIG. 14 – Natural History Museum, Oxford, 1855-57. (Image: © Bill Nicholls. Licensed by cc-by-sa/2. https://m.geograph.org.uk/photo/4326241).

27 e.g. Isobel Armstrong, *Victorian Glassworlds: Glass Culture and the Victorian Imagination, 1830–1880*. Oxford: Oxford UP, 2009.

The glazing for such large areas of roofs was clearly not provided by the usual manufacturers of domestic windows. The supporting structure was made of wrought iron which offered great flexibility to suit any purpose. From the 1850s, a wide and growing variety of rolled wrought-iron sections, such as flat strips, L, T, I and channel profiles, was available. And if these were not what was needed, it was easy to make larger and more complex sections by riveting together several of the simple sections. Due to their good resistance to corrosion, glazing bars in many late-19th century roofs (supported by a wrought-iron structure) were made from cast iron, zinc or bronze.

WINDOWS AND GLAZING WITH STEEL FRAMING, UP TO c.1950

The iron and glass glazing developed for hothouses and large buildings such as stations was not suitable for domestic buildings or the normal windows of commercial buildings such as banks and offices. As noted above, many window frames were made of cast iron from around 1790 to the late 19th century. However, another line of development began in around 1820 and has continued up to the present day. These were metal casement windows made of wrought iron or, after about 1880, steel. In Britain the name still associated with this type of window is Crittall but they were not the first nor, by any means, the only firm making metal-framed windows. Indeed, in 1910 there were well over a hundred members of the steel window manufacturers' association. Nevertheless, the development of the industry can be represented by the stories of Crittall and its main competitor Henry Hope, which had its origins in 1818. The two firms finally merged in 1965. It should be noted that the steel profiles, window designs and fittings of Hope and Crittall windows were nearly identical, at least to the untrained eye, from about 1910 onwards and so many of the illustrations below could be from either firm. Furthermore, the images below illustrate only a small part of the great variety of steel-framed windows and glazing that both firms provided for many tens of thousands of residential, commercial, industrial and educational buildings.

HENRY HOPE & SONS

In 1818, Thomas Clark founded the firm Jones & Clark which made glasshouses. Its first contract was a simple lean-to, glazed forcing house for the Duke of Newcastle at Clumber Park in Nottinghamshire. Perhaps their most famous contract from this era was the Camelia House at Wollaton Hall in Nottingham, completed in 1823. Two later prestigious projects were a forcing house at Queen Victoria's Frogmore House in Windsor, in 1844, and the supply of bronze-framed windows for the new Houses of Parliament in London in 1845-1857. The firm had clearly established a number of prominent clients, advertising that it was "metallic hothouse builders to Her Majesty". Although the firm specialised in hothouses it also supplied "skylights, copper sashes and wrought-iron windows". In 1864 Henry Hope became a partner in the firm and the firm's name was changed to Clark and Hope; he became the sole owner in 1875. During all this time the firm also provided "hot-water apparatus" for heating hothouses and, in the 1880s, were calling themselves "horticultural builders and hot-water engineers"; soon a separate branch of the firm was formed to concentrate on the heating plant.[28]

During WWI the firm's factories were requisitioned to make munitions, but this benefited the firm after the war as various new methods of mass production had been introduced. As well as "standard metal windows" for domestic buildings, it provided bespoke products for major clients such as the Bank of England and the League of Nations building in Geneva. In 1925 it established a base in the USA by acquiring the International Casement Company, New York the name of which was later changed to Hopes Windows Inc. In 1930, the company opened a hot-dip galvanising plant in Wednesbury in Staffordshire. By the 1960s the manufacture of metal windows in the UK was dominated by Henry Hope and Critalls and, in 1965, the two firms merged, initially trading as Hope-Crittall and later as Crittall.

In a catalogue for Henry Hope & Sons from 1910, the firm introduced its "standard metal windows" as a response to the large demand for workmen's dwellings while responding to "a strong public opinion in favour of the revival of good architectural design applied to this class

28 Henry Hope & Sons, *A short history of Henry Hope & Sons, Ltd.*, Halford Works, Southwick, Birmingham, 1818–1958. Birmingham: Henry Hope & Sons, 1958.

of building" (Figures 15 and 16). Top of the list of ten design criteria was that "the windows must be reasonably waterproof"! By the time of their 1926 catalogue this criterion had been upgraded to "Hope's standard windows are weathertight in all ordinary situations".

FIG. 15 – Left: A typical Hope window and fittings. Right: Hope's choice of steel windows. Most are assemblies of two or more of the basic units (Image: Hope 1910, p. 3 & 33).

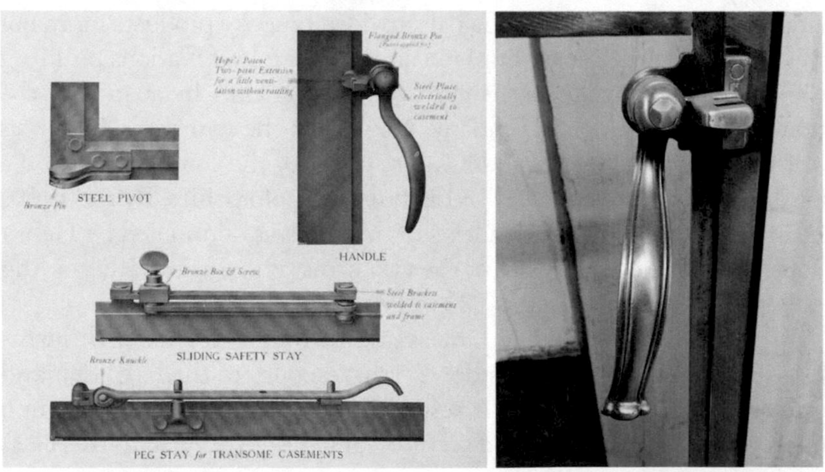

FIG. 16 – Left: Typical Hope window fittings (Image: HOPE 1910, p. 38). Right: The classic Hope/Crittall handle (Image: Bill Addis).

During the 1920s the catalogues developed towards providing architects with drawings giving dimensions and details of how the windows could be fitted into typical wall construction including brick and concrete and in timber surrounds (Figure 17).

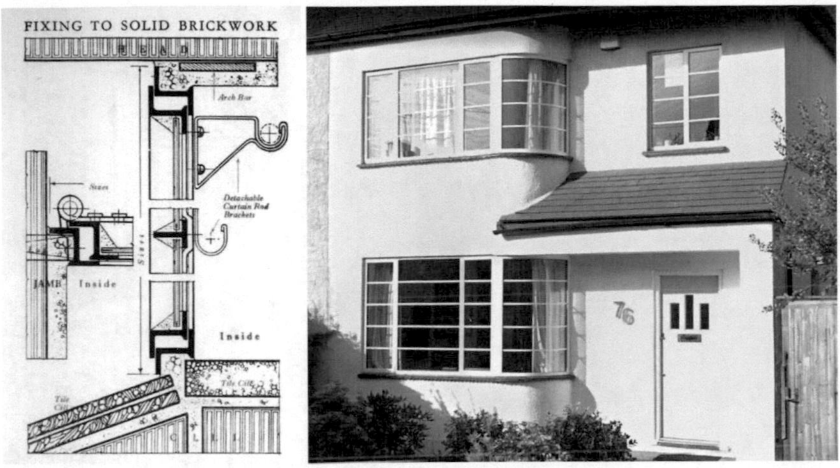

FIG. 17 – Left: Drawing showing the rolled steel sections (in black) and how the window should be fitted in a brick wall (Image: Hope 1926, p. 13). Right: Typical 1930s semi-detached house with steel windows (Image: Bill Addis).

By the mid-1920s the firm had developed their products for use in every commercial sector where larger windows were needed. They developed a family of pressed-steel subframes into which windows made of the standard steel sections could be fitted. This allowed technical improvements such as the integration of opening mechanisms for windows too high to reach and the creation of "double sound-resisting windows" to combat the ingress of noise from outside, particularly for luxury hotels and prestige office buildings (Figure 18).

FIG. 18 – Left: Window with cable mechanism for opening top windows. Right: Hope's 'double sound-resisting windows'. (Image: Hope, 1935, p. 9 & 11).

Perhaps more importantly, the pressed-steel subframe paved the way towards metal windows evolving into the modern glazed building façade. It became possible to integrate the standard metal window construction into a bespoke, architect-designed, façade (Figure 19).

To complement their standard steel windows, Hope offered many more products with which to construct the building envelope, including French doors, bronze windows and doors made with extruded profiles and rolled flat sheet, and roof glazing for factories.

FIG. 19 – Allied Assurance Building, London. (Image: Hope, 1935, p. 18).

CRITTALL WINDOWS

In 1884, Francis Crittall, whose father had founded an ironmongery in 1849 in Braintree in Essex, diversified the firm's activities and began making steel windows. By 1905 Crittall employed 500 people and in 1907 the company had grown sufficiently to begin operating the first steel-window factory in the USA, in Detroit. During WWI, the

Braintree factory was requisitioned to produce munitions but returned to the window manufacture immediately after the war, opening a new factory at Witham in Essex, partly to meet the demand for windows stimulated by the government's housing programme. By 1925 the firm had grown so much that it was by far the largest employer in Braintree. To enable more workers to join the firm, Francis Crittall built a new village of 500 houses called Silver End around the new factory, all the houses of which were, of course, fitted with Crittall windows.[29] During the 1920s the firm began manufacturing overseas in every continent including South Africa, India, Australia, New Zealand, Germany and Washington, D.C. followed, in 1931, by a company in Shanghai, China.[30]

As was usual in the early days of Crittall, the frames were made using simple rolled sections that were joined at the corners by brazing. In 1888 an employee of the firm, Isaac Harrington, developed a mechanical means of forming the corner joint which became known as Harrington's Dovetail.[31] The bars were cut off square and then milled to form a rough dovetail joint which could then be finished off by undercutting with a triangular file. This replaced brazed corners and made it possible to provide a considerably improved product which was used for the following two decades.

Like Henry Hope, the early success of Crittall was based on creating a series of standard cross sections of hot-rolled steel that could be used to make window frames in a limited number of standard sizes. A single billet of red-hot steel was rolled, in 8 stages, to produce a 36.5 m length of the profile which was cut into 5.5-6.0 m lengths for transporting. Very high accuracy was needed in the rolling process to ensure water tightness (Figure 20). The "Universal Section" was introduced in 1909 and a hydraulic machine was developed for straightening the steel profiles after they came out of the rolling mill. Also around this time, welding was introduced to form the corner joints of the frames. First of all, electric welding was used but this was soon replaced by oxy-acetylene

29 Francis Henry Crittall, *Fifty Years of Work and Play*. London: Constable, 1934; Silver End, 2021. http://www.silverend.org/ (Consulted 15/07/2022)

30 David J. Blake, *Window Vision: Crittall 1849–1989*. Braintree, Essex: Crittall Windows, 1989.

31 *Ibid.*, p. 17.

welding which was more expensive, but produced a squarer corner. To meet the demand for the two gases, British Oxygen opened a plant in Witham near the Crittall factory.[32]

The cleaning of the outside of windows has always been a problem in multi-storey buildings. For domestic properties, both Crittall and Hope offer the "cleaning hinge" as a solution (Figure 21). For commercial buildings they offered a variety of "reversible windows" with hinges or pivots halfway between the frame edges to allow opening about a horizontal or vertical axis.

Like Hope (Figure 18), Crittall offered double windows to provide sound insulation, but they also offered double glazing which consisted of two separate frames that interlocked, and could be separated to allow cleaning between the two panes (Figure 22). This provided "a considerable degree of insulation against heat, cold and noise" though "as a noise excluder the double window is preferable to the double-glazed window on account of the greater air space between the panes".[33]

Corrosion of the metal frames was a constant problem. In the early part of the century the metal frames were delivered to site with a single coat of lead-based paint. The builder would then paint the frames before installation. However, it was then up to the building owner to repaint them regularly, and many did not. Already by 1925, Crittall was coating its frames with zinc. The metal was first sand blasted to clean it and provide a rough surface which was then galvanised using the "*Zincspra*" process (Figure 23 Left). Zinc wire was fed into the "gun" by means of a small air-driven turbine; when it came into contact with a hot flame, the metal was liquefied and passed through an atomiser to create the vapour spray which solidified as soon as it hit the cold steel surface of the frame. In 1939 Crittall opened its first hot-dip galvanising plant which was much quicker than the *Zincspra* process, and could deposit a thicker layer of zinc (Figure 23 Right). In the 1970s, faced with the commercial threat of aluminium window frames which suffer little from corrosion, Crittall needed to find an alternative to painting (and repainting) their galvanised steel frames to cut production time and costs. The solution they found was powder coating, a process in which the galvanised frame is coated with a polyester powder, applied electrostatically, which made

32 *Ibid.*, p. 32.
33 Crittall, 1930, *op. cit.*, p. 78, 81.

the frames virtually maintenance free. This finish was first offered in 1977, initially available only in white.[34] Following its success, a range of different colours was developed.

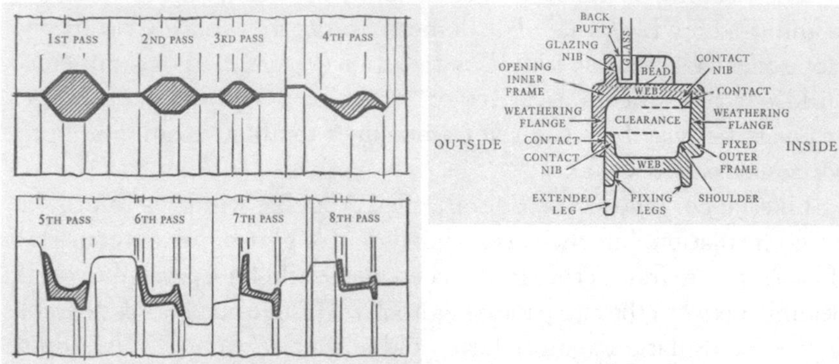

FIG. 20 – Left: The stages of rolling the standard Crittall steel section. (Image: Crittall 1953) Right: Drawing of the two standard profiles of the frame and window. (Image: Crittall, 1953)

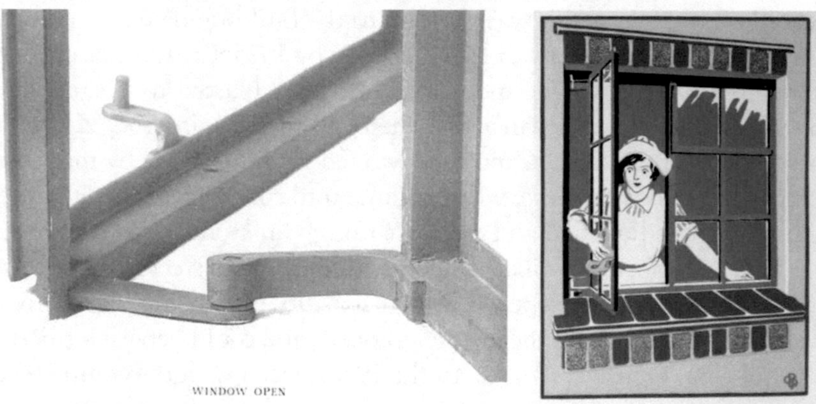

FIG. 21 – Left: Crittall's 'cleaning hinge'. (Image: Crittall 1925, p. 81). Right: Hope's 'cleaning hinge'. (Image: Hope 1926, p. 26).

34 Blake, 1989, *op. cit.*, p. 151.

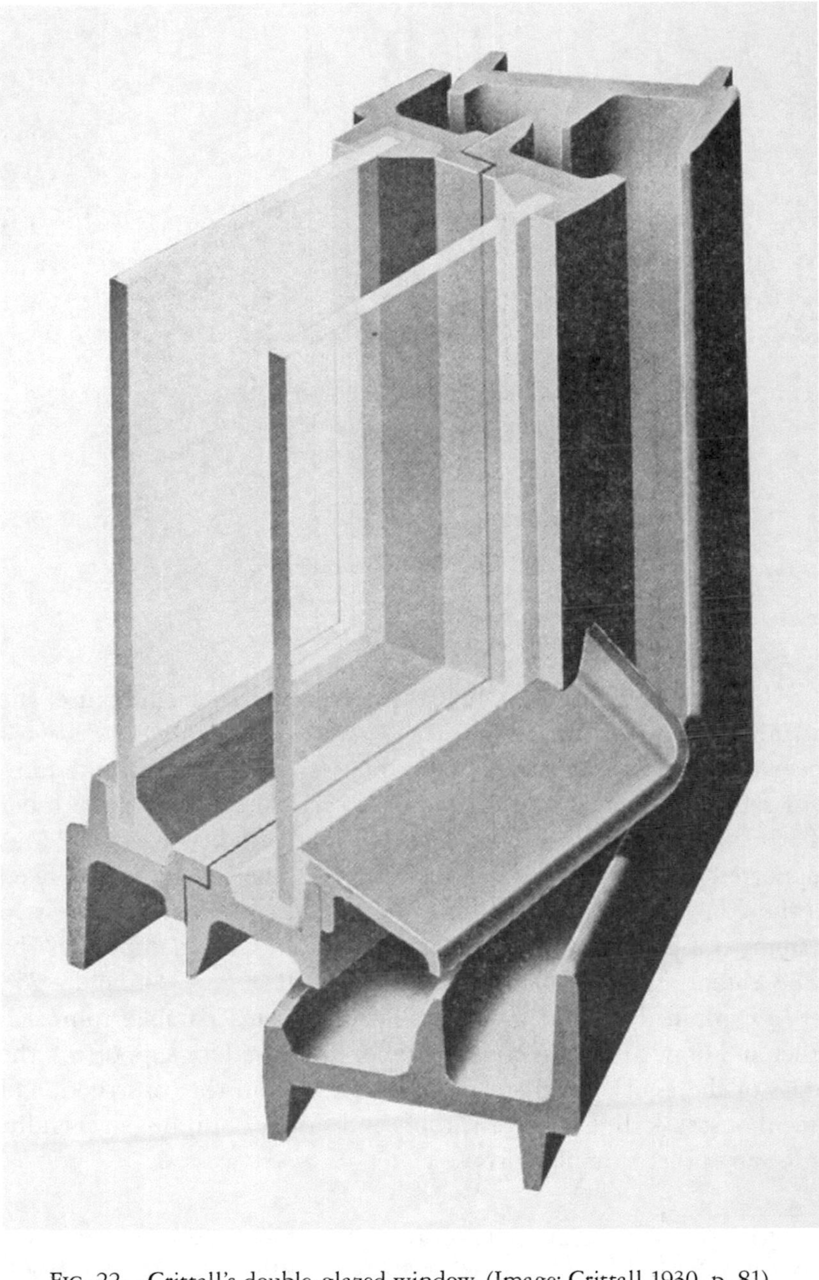

FIG. 22 – Crittall's double-glazed window. (Image: Crittall 1930, p. 81).

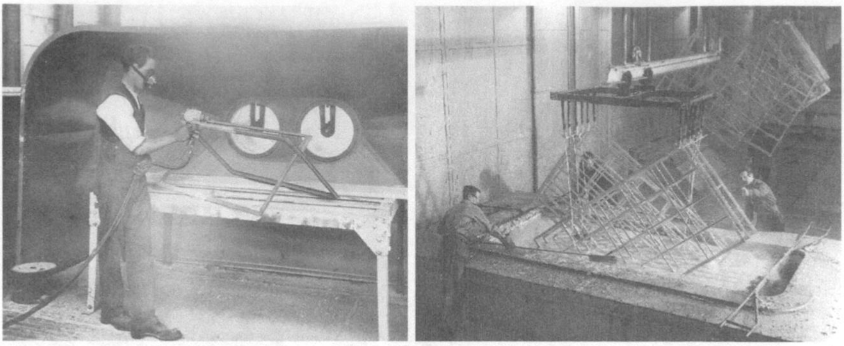

FIG. 23 – Left: Galvanising using the *Zincspra* process (Image: CRITTALL 1925, p.25). Right: Galvanising using the hot-dip process, post 1939 (Image: Crittall Windows).

THE BIRTH OF THE CURTAIN WALL

Although very largely a 1930s development in architecture, the curtain wall had its origins in the 1890s and was a clear development from the construction of glass houses. The key difference from a glasshouse was that the glazing was vertical and a large number of panes were fitted within a masonry surround; the glazing was supported by steel mullions and transoms, some of which were fixed to the edges of floors in the building. A great many rival patented systems competed for the architect's attention. One example was the 1888 Patent of Englishman Thomas Helliwell (Figure 24, Figure 25), for "a combined supporting-bar and cap-strip inseparable from each other and of peculiar construction, to be employed for supporting the edges of sheets of glass, slate, or other material in the construction of greenhouses, skylights, and the roofs and sides of buildings generally, or for any other suitable purpose".[35]

35 US Patent No. 439,066, 21 Oct. 1890, based on his UK Patent No. 6,548, 2 May 1888; John Ed. Sears & J.E. Sears, *The Builders' Compendium and Annual Catalogue of the Building Trades*, vol. 42, 1928.

(No Model.)

T. W. HELLIWELL.
GLAZING BAR.

No. 439,066. Patented Oct. 21, 1890.

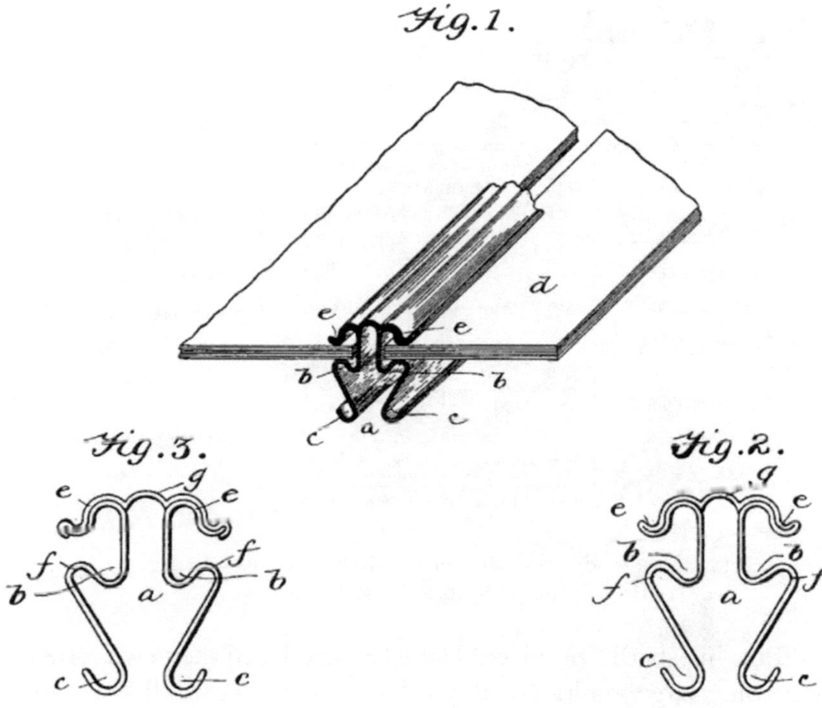

Fig. 24 – Thomas Helliwell's patent for a glazing bar made of sheet steel to create a curtain wall. (Image: US Patent No. 439,066, 21st Oct. 1890).

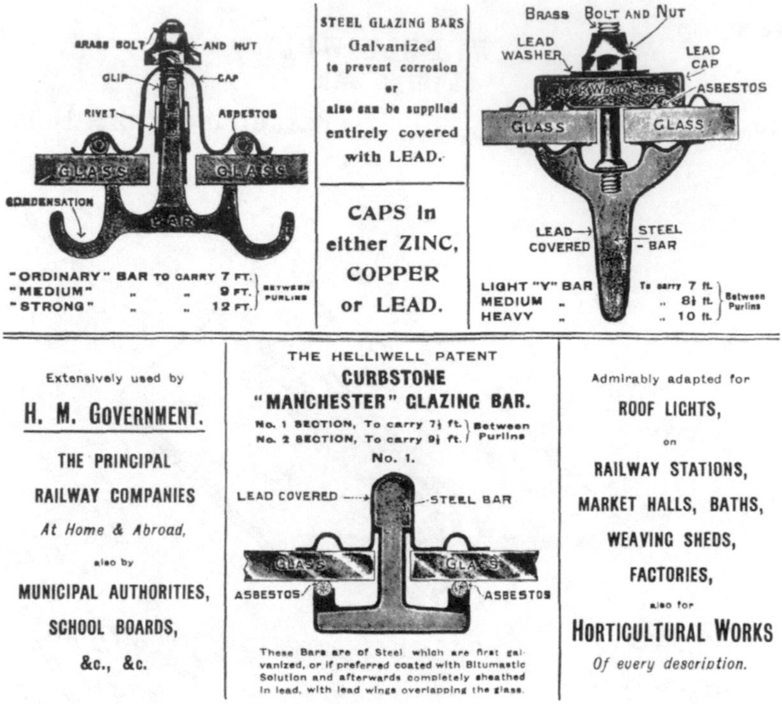

FIG. 25 – An advertisement for Helliwell's glazing bars, 1928.
(Image: Sears & Sears 1928).

Meanwhile, both Crittall and Hope had developed their own systems for creating large, multi-paned windows. In 1909 Crittall purchased a patent from the German firm Fenestra Fabrik which enabled two T-section glazing bars to intersect, one threading through the other (Figure 26). This gave the whole frame much greater strength and rigidity, and allowed the area of the steel sections to be reduced. In 1927 Crittall formed a joint company with Fenestra called Fenestra-Crittall, in Düsseldorf in Germany. Their products were widely used and promoted by German Bauhaus architects, including Mies van der Rohe, Walter Gropius, Erich Mendelsohn and Hans Scharoun.[36] The Fenestra joint facilitated early examples of curtain walls. (Figure 27).

36 Daniel Lohmann, Daniel, "Stahlfenster von Fenestra-Crittall in den Bauten der Verseidag Krefeld.Bedeutung und Erhalt". In: *Fenster im Baudenkmal: Wert – Pflege – Reparatur:*

In the 1920s and 1930s curtain walls using the Hope Crittall systems, or the various rival patented systems with mullions and transoms fabricated from sheet steel, became a characteristic of Art Deco and Modernist architecture. In Britain, Owen Williams was a notable advocate of the curtain wall, for example in his buildings for the Daily Express newspaper in London, Manchester and Glasgow and for the pharmaceutical company, Boots, in Nottingham (Figure 28). Further history of these early years of the curtain wall has been well covered by other authors.[37] [38] [39]

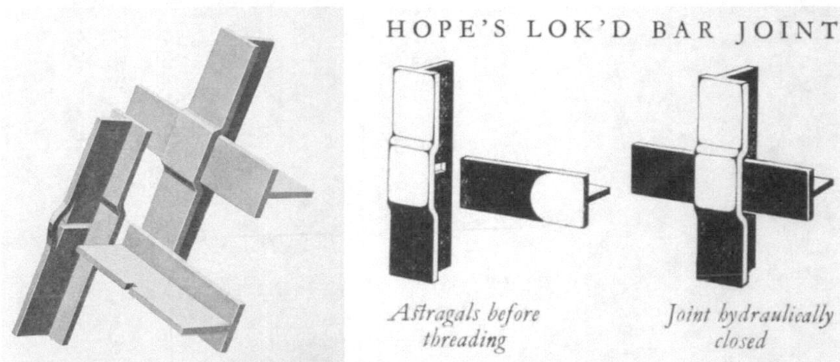

FIG. 26 – Left: Crittall's Fenestra joint between glazing bars, from 1909. (Image: Crittall 1930, p.18) Right: Hope's similar 'Lok'd bar' joint. (Image: Hope, 1926, p.28).

Dokumentation zum 25. Kölner Gespräch zu Architektur und Denkmalplege in Brauweiler, 13. November 2017. Pulheim: LVR-Amt für Denkmalplege im Rheinland, 2018, p. 99-114. https://www.academia.edu/36700236/Stahlfenster_von_Fenestra_Crittall_in_den_Bauten_der_Verseidag_Krefeld_Bedeutung_und_Erhalt (Consulted 15/07/2022); Paul Smith, "Crittall, des fenêtres métalliques en grande série, Braintree" (Angleterre). *Monumental*, Vol.2020, No.1 (Dossier thématique: la fenêtre dans l'architecture: connaissance, conservation, restauration), 2020, p. 62-64.

37 David Yeomans, "The Prehistory of the Curtain Wall". *Construction History*, Vol. 14, 1998, pp. 59–82.

38 David Yeomans, "The Origins of the Modern Curtain Wall". *APT Bulletin, The Journal of Preservation Technology*, Vol. 32, No. 1 (Curtain Walls), 2001, p. 13–18.

39 Ignacio Fernández Solla, "Del storefront al curtain wall. Orígenes tecnológicos de la fachada acristalada". In: *Actas del IX Congreso Nacional y Primer Congreso Internacional Hispanoamericano de Historia de la Construcción, Segovia, Octubre 2015* (Ed. S. Huerta et al.) Vol. 1, p. 603-613. Madrid: Instituto Juan de Herrera.

FIG. 27 – Fenestra glazing at St Alphage House, London, c.1924; Ernest Joseph, architect. (Image: Crittall 1925, p.122).

FIG. 28 – D10 factory buildings at Boots, Nottingham; Owen Williams, architect. (Image: Crittall Windows).

THE LEGACY OF WINDOWS AND GLAZING WITH METAL FRAMING

A huge number of steel-framed windows were fitted between the wars, at a time when the only protection of the steel as delivered to site was a single coat of lead-based paint or a thin layer of zinc applied using the *Zincspra* process. It is thus no wonder that corrosion of these windows has been a major problem for conservation of buildings in Britain from the 1910s to 1940s. The situation was improved after WWII when the steel was protected by hot-dip galvanising but, even this protection has a limit life. Unless the frames were regularly cleaned and repainted, they soon became unsightly, failed to keep the weather out and even failed to open or close. Nevertheless, the general appeal of metal-framed windows has endured and a great deal of guidance is available to people wanting to restore old steel-framed windows.[40] There is even a thriving market for steel frames salvaged from demolished buildings for the enthusiast to take on as restoration projects. There are many good papers about the restoration of metal windows and glasshouses, and these can give considerably more detail about the design and construction of different types of glazing than has been possible in this paper. Some examples include: Felton Park greenhouse (built to a Loudon design),[41] the Palm House at Kew,[42] Owen Williams' Boots Factory,[43] and the Fenestra-Crittall windows at the Bauhaus in Dessau. [44]

40 Robyn Pender & Sophie Godfraind (Eds), *Practical Building Conservation: Glass and glazing.* Farnham: Ashgate, 2012; David Pickles, Ian McCaig & Chris Wood, *Traditional Windows: Their Care, Repair and Upgrading.* London: Historic England, 2017. Available on-line at https://historicengland.org.uk/images-books/publications/traditional-windows-care-repair-upgrading/heag039-traditional-windows-revfeb17/ (Consulted 15/07/2022); Michael Tutton & Elizabeth Hirst, *Windows: History, repair and conservation.* London: Routledge, 2007.

41 http://www.feltonparkgreenhouse.org/ (Consulted 15/07/2022)

42 Jean-Louis Guthrie et al., "Royal Botanic Gardens, Kew: Restoration of Palm House". *Proceedings of the Institution of Civil Engineers*, Part 1, Vol. 84, No. 6, 1988, p. 1145–1191.

43 J. Strike, "Boots Factory (Williams, 1932): Careful medication for a curtain wall". In: Wessel de Jonge & Arjan Doolaar (Eds.) *Curtain wall refurbishment: a challenge to manage.* (Proceedings of DOCOMOMO international conference, 1996). Eindhoven: DOCOMOMO International, 1997, p. 83–86. https://pure.tue.nl/ws/files/4387987/496297.pdf (Consulted 15/07/2022)

44 Christopher H. Johnson, *Steel window reconstruction at the Bauhaus Dessau: A recent case study in the practice of "updating modernism".* Technical Report, Brandenburg Technical

CONCLUSIONS

This paper has looked at one strand of construction history from the beginning of the Industrial Revolution to modern times. We see the manufacture of windows with metal framing evolve from various craft-based skills to industrialised production and, in this respect, the story is similar to what occurred with other building elements, especially the load-bearing structure of buildings. Unlike structural elements, the design of metal framing for windows was little influenced by developments in engineering theory. Nevertheless, it did benefit from some developments in structural engineering, for example the shape of the cross section of long ribs in glasshouses. More influential were the nature and the costs of the metals available, and the technologies needed for the manufacture of the metals and the ways that the metal components were produced and assembled. In this respect, unlike structural elements made of metal, metal window framing involved mass or large-batch production processes.

There remain many technical issues to investigate in further historical research, which has only been touched upon in this brief paper. These issues are often the same as those that concern the owners of large windows and areas of glazing today. For example: When and how were wind loads first considered in the design of glazing? When was the vulnerability of large areas of glazing to disproportionate collapse first addressed (ensuring that one broken pane would not lead to a major collapse)? When did the need to clean and maintain large windows become a significant factor in their design? Furthermore, how did the firms that mass-produced metal framing adapt to, and interact with the design and construction teams undertaking large 19th century bespoke buildings with glazed roofs and façades such as railway stations, exhibition buildings, museums and shopping arcades? And finally, there is much still to learn concerning the evolution of design codes and building regulations relating to windows and glazing.

University, Cottbus2013. DOI: 10.13140/RG.2.1.1651.5441. http://researchgate.net/publication/303224630_Steel_Window_Reconstruction_at_the_Bauhaus_Dessau

The aim of this paper has been to focus on technical developments in metal framing for windows and glazing. Given the production methods involved, the metal framing industry would benefit greatly from studies of the commercial environment in which it developed, including the contractual arrangements between the client, the main contractors and the many subcontractors involved. It would also be of great interest to study the ways that producers of windows and glazing with iron framing marketed their products to clients and, indeed, whether the principal client was the architect, the main contractor or the future building owner. It is hoped that this paper might stimulate such further research.

The author is grateful to Crittall Windows Ltd for historical information and images related to their history, and also to Hentie Louw and Kristen Schranz for information supplementary to that given in their respective publications.

Bill ADDIS
Consulting engineer
Independent scholar

ADMINISTRACIÓN O ASIENTO EN OBRAS EN LA LUISIANA ESPAÑOLA

Una controversia entre el Comandante de Ingenieros y el Intendente (1800-1801)

Hacia los últimos años del gobierno español en la Luisiana, y con motivo de la reparación y ampliación de edificios militares en Nueva Orleans, se produjo en los años de 1800 y 1801 una copiosa correspondencia entre el comandante de ingenieros y el Intendente. Entre referencias a tratadistas, detalles de obra y luchas de poder, se discutieron los mejores mecanismos para acometer la ejecución de obras de fortificación, entre administración o asiento. Emerge de esta forma, una breve pero sustanciosa evaluación de experiencias, formas de contratación y criterios para definir los asientos, como parte relevante de los trabajos de reparación, ampliación y mantenimiento; la controversia ilustra cómo los ideales del arte, que representaban los ingenieros militares, se enfrentaron a la fuerza de las redes comerciales de ingleses, franceses y norteamericanos.

INTRODUCCIÓN: CUARENTA AÑOS PARA UNA MONARQUÍA DE ASPIRACIÓN UNIVERSAL

El tránsito desde la monarquía de la casa Habsburgo hacia la Borbón todavía ofrece tópicos de discusión entre los historiadores. Está, de manera destacada, el esclarecimiento del tipo de Estado que se estaba conformando en rubros como los suministros, para la tarea que a la Corona le consumió más tiempo y recursos: la guerra y la defensa.[1]

1 Aunque los primeros estudios iniciaron con los británicos, luego se trasladaron al examen del régimen borbónico español, que se suponía anclado en la idea del Estado

Si bien, en diversos ámbitos de la administración había venido siendo común que se concesionaran servicios que hoy denominaríamos como públicos -por ejemplo, los correos, la recaudación de impuestos como la alcabala, y las aduanas-, lo cierto es que el tránsito hacia el periodo borbónico se caracterizó por la búsqueda de una mayor eficiencia a través del control centralizado. Fue precisamente esta actitud hacia el servicio lo que permitió un tiempo hablar de absolutismo y despotismo en la forma de gobernar durante la segunda parte del siglo XVIII, y la implementación de Intendencias constituyó el aparato central de estos deseos. Pero también es cierto que los dominios americanos eran muy diversos, y se distribuían cuando menos entre los estratégicos enclaves de mar, los territorios interiores fuertemente sujetados y gobernados, y sobre todo las márgenes que se hallaban en proceso de poblamiento y control. Y las conflagraciones con otras potencias obligaron al Estado a ser más flexible para responder con rapidez a un entorno cambiante. En todo caso, el consejo de algunos estadistas de que «nunca el rey debe meterse a agricultor, ni fabricante, ni mercader»,[2] sugiere abrir un espacio para interrogarse sobre el lugar de la edificación en este contexto.

Cuando los españoles arribaron a la Luisiana, ya hacía varias décadas que los franceses -a través de sus ingenieros y comerciantes- habían venido levantando fuertes en los derredores del río Misisipi e impulsado el poblamiento.[3] Después de un episodio de rebeldía en Nueva Orleans, se sucedieron entre sí tres gobernadores para que la Luisiana pasara al control de la capitanía general de Cuba.[4] Y en adelante, los

---

fiscal-militar, abriendo paso a la cuestión del Estado-contratista. Véase, por ejemplo: Huw Bowen, "Introduction: The Contractor State, c.1650-1815", *International Journal of Maritime History*, XXV, 1, 2013.

2 Rafael Torres Sánchez, "Administración o asiento. La política estatal de suministros militares en la monarquía española del siglo XVIII", *Studia Historica – Historia Moderna*, 35, 2013, p. 164. Según González, el otro ideal, mercantilista, diría que «el príncipe sea comerciante». Véase: Agustín González Enciso, "Asentistas y fabricantes: el abastecimiento de armas y municiones al Estado en los siglos XVII y XVIII", *Studia Historica – Historia Moderna*, 35, 2013, p. 298.

3 Las áreas de ocupación francesa en América abarcaron Acadia en la costa Este, el nudo de Quebec, la Nueva Francia, el país de Ilinois y la entonces llamada Luisiana al sur, y sumaban cerca de 100 establecimientos. Véase: James D. Kornwolf, *Architecture and Town Planning in Colonial North America*, Vol. 1, Baltimore, The Johns Hopkins University Press, 2002, p. 198.

4 Abraham P. Nasatir, *Borderland in retreat. From Spanish Louisiana to the Far Southwest*, Albuquerque, University of New Mexico Press, 1976, p. 7-14.

españoles se obligaron que aceptar no solo la presencia de franceses en muchos puestos que a lo largo del río Misisipi se extendían a través de 500 leguas, sino que también tuvieron que atender trámites pendientes sobre concesiones de tierra y privilegios sobre comercio con las naciones indias.[5] Si bien, la parte más compleja consistía en las relaciones territoriales con la Florida, unas veces sujetada por ingleses, y otra por españoles, los puestos sobre el Misisipi ofrecieron el terreno ideal para el pensamiento de los gobernadores mediante la ya clásica doctrina del poblamiento, pero levantar *La Barrera* constituyó un verdadero reto.

Los gobernadores a través de las décadas fueron atendiendo rubros diversos que iban desde la exploración y el reconocimiento del territorio, hasta las acciones del fomento. En poco tiempo apareció el argumento de poblar las márgenes del Misisipi con población fiel al Rey, es decir, familias católicas e industriosas, con la justificación de proteger a las Provincias Internas y la Nueva España de la penetración de los norteamericanos. Durante cuarenta años se probaron varios modelos, como la contratación con asentistas de proyectos de inmigración que incluían la construcción de pueblos, incluidos gastos de reclutamiento de acadianos, canarios, malagueños e irlandeses, por ejemplo, y su conducción por mar y sostenimiento en tierra durante los primeros años de asentados. También apareció la oportunidad de rescatar a los antiguos colonos británicos que confiaban en la forma de gobierno monárquico, y así traerlos a territorio español para poblar el Misisipi. Eran estos planes sumamente caros, pues se cargaron directamente a las arcas reales, y los resultados eran lentos y enfrentaban contingencias. A partir del gobernador Esteban Miró, se discutió que sería imposible poblar la Luisiana por estos medios, y se pensó en una nueva modalidad. Podría traerse y aceptarse a algunos norteamericanos para poblar, pero sería preciso vigilarlos hasta conseguir su adaptación, consistente en términos prácticos en la inoculación del idioma español y su conversión al catolicismo.[6]

5 Para Morales Folguera había tres áreas de influencia, regidas por las distancias: el entorno de Nueva Orleans con distancias cercanas a las 90 leguas, un grupo de áreas intermedias como Ouachita y Arkansas en el orden de 150 y 250, y el resto hacia el norte con capital en San Luis de los Ilinueses. Véase: José Miguel Morales Folguera, *Arquitectura y urbanismo hispanoamericano en Luisiana y Florida Occidental*, Málaga, Secretariado de Publicaciones de la Universidad de Málaga, 1987, p. 45-46.

6 Véase: Luis Arnal Simón, *Arquitectura y urbanismo del septentrión novohispano, Arquitectura y urbanismo en la Luisiana en los siglos XVII y XVIII*, México, Universidad Nacional Autónoma

En este contexto surgieron debates sobre la relación entre la monarquía y los empresarios, entre el interés común y el privado. Si bien, muchos estudios abordaron la mala fama de los especuladores con relación a las intenciones del monarca, lo cierto es que pocas veces se ha destacado que muchos destinos y operaciones de comerciantes y empresarios involucraban tareas de edificación. Fue el caso de aquellos dedicados a la promoción de tierras, pues con el pretexto de poblar se ocupaban de la compra y venta de tierras, y a pesar de ser vigilados y evitados por los funcionarios de la corona española no fue raro que tiempo después pasaran a su servicio. Como el agrimensor Midad Mitchell, de joven acogido y educado por el barón Von Steuben, quien descubrió en él disposición para las matemáticas y lo empleó en la Yazoo Land Company y la Compañía de Scioto, de mala fama entre funcionarios de la corona española. Después de haber sido capturado e interrogado, surgió que era originario de Connecticut, se había incorporado al ejército norteamericano, y se perfeccionó en el dibujo de planos de batalla; sin embargo, años después fue ocupado en Natchez por el gobernador español Manuel Gayoso.[7]

Un primer apartado de este texto se ocupa de generalidades en torno a la sujeción española de la Luisiana, con énfasis en el trayecto hacia San Luis de los Ilinueses en el norte, y puestos de la Florida, de la mano de una revisión a la manera como se ejecutaban obras en varios puestos militares, con el fin de ejemplificar los retos del control centralizado y los mecanismos de contratación de obras. En el segundo apartado, se desmenuza y analiza la controversia surgida entre el comandante de ingenieros en la Luisiana -Joaquín de la Torre- y el intendente en la figura de Ramón López y Angulo, con la finalidad de ilustrar las distintas posiciones respecto a la conducción de obras. Un último apartado, dedicado a reflexiones finales, reúne varios argumentos para destacar la necesidad que hay de estudios sobre asentistas en obras nuevas, reparaciones y mantenimientos.

---

de México, t. 3, 2012; y Gilbert C. Din, *Populating the Barrera: Spanish Immigration Efforts in Colonial Louisiana*, Lafayette, University of Louisiana Press, 2014.

7 El informe de la captura de Mitchell se ubica en Archivo General de Indias (AGI), Papeles de Cuba (PC), 2363. Véase también: Abraham P. Nasatir, *op. cit.*, p. 37; y Louis Houck, *The Spanish Regime in Missouri*, Illinois, R. P. Donnelley & Sons Co., t. 2, 1909, p. 4-8.

LAS OBRAS DE TODOS LOS DÍAS EN LA LUISIANA

En un lapso de cuarenta años, la corona española no logró sujetar la Luisiana, aunque a final de cuentas haya influido en la manera de establecer nuevas poblaciones. Parece que los mercados de comercio dictaron la manera y el ritmo de hacer las cosas, respecto a actividades de construcción. El poblamiento fue la pieza clave de los proyectos españoles, y con frecuencia se acompañó de la erección de fuertes en los puntos de comercio; pero hubo que recurrir a asentistas y apoyarse en militares franceses, e incluso mucha de la correspondencia continuó tramitándose en francés dedicando muchas hojas a las traducciones. Después del pequeño episodio de rebeldía de los originales habitantes, los españoles tuvieron que aceptar su presencia y acaso aspirar a controlarlos. No fue extraño que los gobernadores no solamente aceptaran la importancia de los ingenieros del régimen francés, sino que también los reclutaron y les permitieron dirigir y decidir las características de las obras.

El año de 1779, por ejemplo, el comandante Juan de la Villebeuvre escribía a Bernardo de Gálvez sobre la situación en el fuerte Panmure, en el área de Natchez. Había arribado al punto con su destacamento de franceses, irlandeses y alemanes; y dada la poca pericia del cabo Fourcheaux recomendaba contratar el abastecimiento de estacas de madera con el inglés Blommart, al igual que convenir con éste mismo la obra de carpintería. Aunque esperó la autorización para celebrar este contrato, convino con un herrero otros trabajos, consistentes en la adquisición de 500 libras de fierro en barra, clavos, cerraduras, goznes, palas, azadas, quedando dicho herrero obligado a poner el carbón y los útiles de trabajo.[8]

Diez años después, Carlos de Grand Pré informaba al gobernador Estéban Miró varias operaciones que llevaba a cabo en Panmure. Muchos comandantes debían proceder a obras provisionales, como la erección de estacadas de madera, y al mismo tiempo lidiar con ocupantes de los terrenos que ya habían sido autorizados con anterioridad por los franceses e ingleses. Este fue el caso de Adams Bingaman y el capitán Segovia, quienes estaban edificando sus casas -entre muchos otros como Arthur Cobb, David Smith, William Cooper, Christian Bingaman, James Erwin,

8 *Juan de la Villebeuvre a Bernardo de Gálvez, Fuerte Panmure, 1779*, AGI, PC, 107.

Benjamin Holms, Job Corre, Alexander Moor, y Ricardo y Samuel Swayzey-; y como comandante Grand Pré tenía que definir cómo se establecían e incluso ordenar la suspensión de trabajos.[9] El comandante intentaba que el área en poblamiento se uniera con el fuerte, para mejor control del comercio por la Corona. Una inspección halló muchas piezas podridas de tablazón y deslaves de tierra que afectaban la estabilidad y seguridad del fuerte; así, Grand Pré para emprender su reparación, recibió una oferta de venta de parte de un inglés, consistente en 30 mil tablas de 16, 12 y 10 pies de largo.[10]

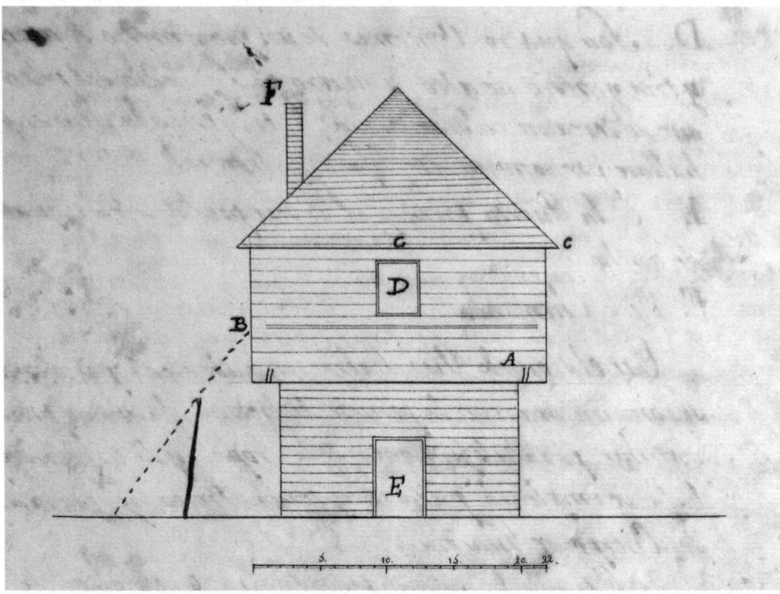

FIG. 1 – Ejemplo del proyecto para un fortín, frente al fuerte de Natchez, 1799. Se trata de un pliego, elaborado por el oficial Zenon Trudeau Vidal, que describe la obra en madera e incluye este dibujo de explicación; se contrataría con Thomas Tompson, si el gobernador así lo aceptaba. AGI, MP, Florida Luisiana, 256, Portal de Archivos Españoles (PARES).

Muchas necesidades constructivas de los españoles consistieron en reconstruir y reparar fuertes que anteriormente habían sido levantados por

9 *Carlos de Grand Pré a Esteban Miró, Natchez, 1787*, AGI, PC, 674.
10 *Informe de Natchez a Bernardo de Gálvez, por Carlos de Grand Pré, Natchez, 1781*, AGI, PC, 107.

ellos mismos, en otro tiempo en la Florida, y por los ingleses o franceses. Así, Pedro de Paulis informaba al capitán general -Joseph de Ezpeleta- su ingreso al fuerte de San Marcos de Apalache en 1787, en compañía del capitán Luis de Bertucat quien venía con el encargo de asegurar la fortificación. No dejó de mencionar las características desastrosas del lugar, aunque destacando cuatro bóvedas de 30 pies de largo, 18 de ancho y 14 de alto, que le parecieron magníficamente trabajadas; se hacía notar, con miras a emprender los trabajos de reparación, que en el punto hacía falta cal, pues la que se fabricaba costaba tres pesos el barril, y solicitaba por esto que los barcos pesqueros la llevaran a cuenta de las cajas reales.[11] Al parecer, sería el mismo Bertucat quien elaboraría los planos de las obras, enviadas el mismo año para su autorización, para ejecutarlas por administración. Pero en el plano del terreno las cosas eran en extremo difíciles para algunos maestros al servicio de dichas obras reales. Simón Labarta, maestro mayor de los carpinteros de San Marcos, envió una misiva a Ezpeleta, con el fin de solicitar un cambio de plaza. Si bien él y sus ayudantes contaban con su sueldo, hacia un mes que no se les pagaba y se sumaba la prohibición que tenían de comprar artículos de necesidad a las embarcaciones que arribaban a este punto; solamente tenían permitido adquirirlos con el comandante de este punto, quien elevaba desmesuradamente los precios.[12] Y así, solicitaba su traslado a Panzacola.

La comitiva con que tenía que trabajar Bertucat se reducía a 50 hombres de tropa, un guarda-almacén, un cirujano, un intérprete, seis medios carpinteros, un albañil y un panadero.[13] Las actividades tendrían que realizarse en condiciones extremadamente desventajosas; el corte de árboles, por ejemplo, se había computado en hasta 600 troncos -de tres pies a dos y medio de circunferencia y quince a catorce de largo- que tuvieron que moverse en dos piraguas de tamaño mediano por no haber otro medio. Lo cierto es que en la proximidad estaban establecidos varios comerciantes, como Carlos Machalache de origen inglés. Para las obras Bertucat solicitó al gobernador varios canteros, albañiles y un minero, y parece que vendrían de Nueva Orleans o Panzacola, donde estaban desocupados.[14]

11 *Pedro de Paulis a Joseph de Ezpeleta, San Marcos de Apalache, 1787*, AGI, PC, 2361.
12 *Simón Labarta a Joseph de Ezpeleta, San Marcos de Apalache, 1787*, AGI, PC, 2361.
13 *Luis de Bertucat a Joseph de Ezpeleta, San Marcos de Apalache, 1787*, AGI, PC, 2361.
14 *Ibid.*

Cerca de 1780 se elaboró un censo de los carpinteros ocupados en las reales obras de varios sitios. En Placaminas se hallaban el «carpintero de las Reales Obras» Joseph Hernández, y los oficiales Santiago Rousseau y Pedro Pueyo; en Ilinueses se hallaban los carpinteros James Cole y Rivera, con título de «carpinteros de lo blanco», y encargados de techumbres sobre todo; en Mobila, además del albañíl Nicolás Mongula, se enlistaba a Juan Albé como carpintero. La de Apalache era la nómina más nutrida de técnicos: Simón Labarta encabezaba, como carpintero, al grupo de oficiales Andrés y Carlos Dluvigny (en otro informe se escribió Dluvioni), Josef Pintre, Gabriel Ríos, Luis Moro, Gabriel Blanco y Francisco Armas; entre los albañiles figuraban Josef Antonio Rafles (o Rafales), Francisco Antonio Somosa y Juan Tapia; otros grupos de carpinteros quedaba formado por Manuel Guillamil, Alejandro Josef y Francisco Fernández. El director de obras en este punto era Alejandro Latill.[15]

La influencia de redes comerciales, en las decisiones de edificación, se ejemplifica con la formación de la Compañía de Descubrimientos del Oeste del Misuri, vigilada en su contrato por Zenon Trudeau quien era oficial en San Luis de los Ilinueses. La Compañía, dirigida por Santiago Clamorgan y Antonio Reilly, se obligaba entre otras cosas a construir una cabaña de treinta pies de largo y quince de ancho, a la manera inglesa «ligados los ángulos y encajados unos sobre otros por medio de una especie de mortaja», para que sirviera como almacén y alojamiento en el comercio con la nación de los Mandanas.[16] Entre otros edificios como cabañas, cobertizos y un fuerte completo, se recomendó que se tuviera «cuidado que todo sea sólido, para que pueda durar largo tiempo».[17] El reglamento, de 53 artículos, también contemplaba que los directores de la compañía informaran a las autoridades de aspectos como hábitos y costumbres de las naciones con que entraran en contacto -como los Chiouitones, los Serpientes y los Pelé o Motulones-, y reconocimiento de minerales.[18]

15 *Varios asientos de empleados, Nueva Orleans, 1787*, AGI, PC, 538A. Puede compararse con el caso de Apalache, en *Relación de empleados y obreros destinados al Puesto de San Marcos de Apalache, Nueva Orleans, 1787*, AGI, Santo Domingo (SD), 2611.

16 *Reglamento propuesto al Comercio de San Luis para formar una Compañía de Descubrimientos, San Luis de los Ilinueses, 1794*, AGI, PC, 2363.

17 *Ibid.*

18 *Ibid.*

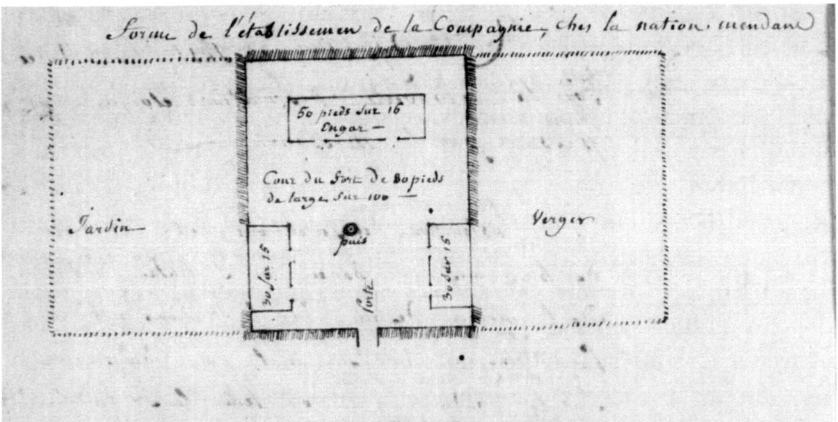

FIG. 2 – Forma del establecimiento de la Compañía con la nación Mendana (Mandanas), 1794. *Reglamento, 1794*, AGI, PC, 2363.

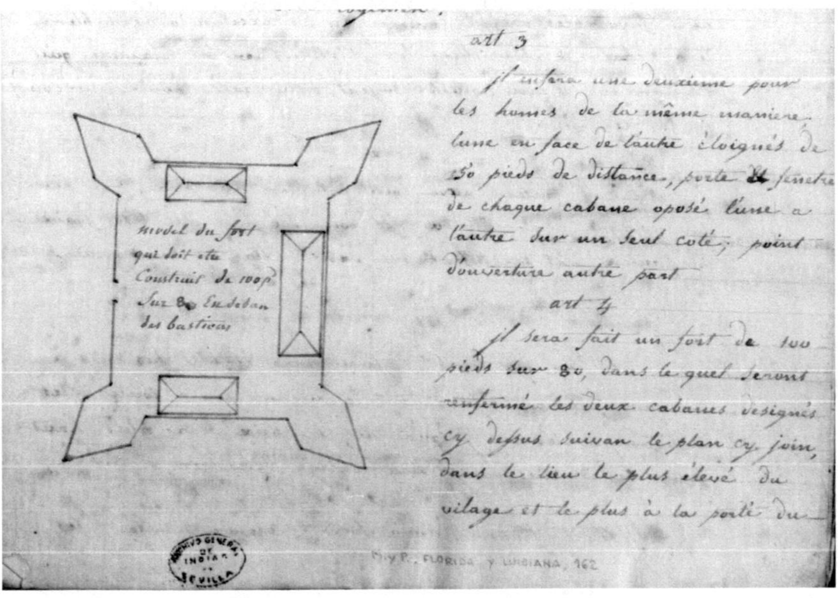

FIG. 3 – Modelo del fuerte que debe construirse, con los Mandanas, 1794. *Reglamento, 1794*, AGI, PC, 2363.

En otro ejemplo, un comerciante de San Luis -llamado Renato Augusto Chouteau- ofrecía al Intendente hacerse cargo de la construcción de un fuerte en este punto, asumiendo junto con su hermano los riesgos y gastos, aunque poniendo varias condiciones.[19] El comerciante entendía bien las necesidades de la corona española, pues no solamente había que imponer la presencia de la autoridad a la nación Osage, edificando un fuerte en un monte que dominara la aldea, y así proteger no solamente poblaciones cercanas, sino también defender «las Provincias Internas, que se hallan muy incomodadas». Proponía construir el fuerte en la aldea de los Osages, para contener a los jóvenes guerreros; el establecimiento consistía en estacada a madera, teniendo en el interior almacenes, habitaciones, panadería, cocina y letrinas, en muros de ladrillo o piedra, y con cubierta de tejas, ladrillo o pizarra. Chouteau se obligaba a concluir el fuerte en 18 meses, incluso atraer milicianos para el servicio de defensa -aunque fueran pagados por la Real Hacienda-, y a cambio solicitaba el «trato exclusivo» de comercio con los Osages. En caso de que el gobierno español se apropiase del establecimiento antes de concluido el plazo, pagaría el costo de las obras y las existencias del almacén.[20] El gobernador, barón de Carondelet, sugirió que se aceptara la propuesta y además indicó que podría haber problemas para emplear ladrillo o pizarra para el techo, de modo que recomendó que se cubriera la terraza «según el método que se practica en Ilinoa».[21] Aunque Chouteau corría con los gastos, de todas formas se firmó el contrato para las obras de edificación. Se trataba de una descripción sumamente general, sin detalles sobre mezclas o calidad de los materiales; acaso se especificaba que las paredes del fuerte se levantarían en un primer cuerpo de 32 pies por lado en ladrillo o piedra, y el segundo -atravesado en diagonal- con madera «conforme lo ejecutan los americanos».[22]

Otros asentistas, los de mayor capacidad para afrontar gastos, ofrecieron planes completos para introducir colonos y asistir sus primeros años de establecimiento en la Luisiana. Fue el caso del conocido barón de Bastrop, en su propuesta para poblar la región conocida como Ouachita;

19 *Augusto Chouteau al Intendente, Nueva Orleans, 1794*, AGI, PC, 2363.
20 *Ibid.*
21 *Ibid.*
22 *Plano de la casa fuerte que debe construirse, por Augusto Chouteau, Nueva Orleans, 1794*, AGI, PC, 2363. Desafortunadamente el expediente no incluye el plano que se menciona.

cuando se trató el renglón especial de la construcción de un fuerte que estaba incluido en el contrato, se dispuso desde la administración que se cuidara que la obra se hiciese «con solidez y regularidad», por lo que el corte de maderas debería hacerse en el menguante del mes de Noviembre.[23] Río arriba, con motivo de la construcción de un fuerte en San Fernando de Barrancas, el capitán aconsejaba que se empleara la piedra blanda y fácil de cortar que podía hallarse con facilidad en ese paraje; y aunque su costo ascendería a unos 25 mil pesos su duración, en cambio, sería eterna «... en lugar de los que hasta la fecha se han fabricado de madera, y han costado unos 15 mil y apenas han durado quince años».[24] Los gobernadores de la Luisiana ya tenían bien claro, en 1798, que lo común y posible era levantar obras más modestas que las que aconsejaban los tratados, con duración aproximada de diez años, pero «llevando por sistema la posible economía, sin mezquindad, consultando la solidez y bondad».[25] Pero quizás en los sitios la opinión fue otra, como en el caso de San Luis de los Ilinueses donde la iglesia al paso de pocos años se hallaba ya en mal estado; el obispo asignado a este punto solicitaba con urgencia que los ingenieros del Rey elaboraran un plano para una nueva. Habían pasado unos meses de la promesa de hacerlo así, pero existía el temor de los frecuentes retrasos de estas trazas, incluidas las autorizaciones; y el obispo temía que el trabajo de conversión hecho con los extranjeros podía malograrse, volviéndose difícil volverlos a acostumbrar al culto. Incluso, dada la urgencia de tener el edificio en uso, el obispo propuso al gobernador que una parte del dinero requerido podría obtenerlo de varios vecinos pudientes de la población.[26]

Hay que detenerse a reflexionar sobre los documentos que elaboraron los oficiales reales -ingenieros o no-, ya que muchas veces dependieron de las condiciones del lugar en donde debían hacerse las obras. Los presupuestos, sobre todo en las plazas donde existía algún mercado importante, no pudieron hacerse con base en los precios del comercio, sino con referencia a otros documentos que obraban en las memorias institucionales.[27] Solamente la aparición de contratistas permitía hacerse

23 *Nota dirigida a Fernández de Texeiro, Nueva Orleans, 1801*, AGI, PC, 2367.

24 *Construcción de un fuerte en la Baja Luisiana, Nueva Orleans, 1794*, AGI, PC, 2363.

25 *Nota dirigida a Juan María Perchet, Nueva Orleans, 1798*, AGI, PC, 44.

26 *El obispo de la Luisiana a Manuel Gayoso de Lemos, Nueva Orleans, 1798*, AGI, PC, 2365.

27 Rafael Torres Sánchez, "Administración o asiento...", *op. cit.*, p. 173-174.

una idea del costo real de los suministros y trabajos, aunque tampoco en un sentido completamente real, pues con frecuencia cuando el Estado contrataba, sobre todo en asientos que duraban varios años, se introducía la deformidad del monopolio artificial, conveniente tanto para la administración como también para el comerciante.[28] Los pliegos para las posturas de los posibles contratantes consistían en documentos de detalles técnicos muy minuciosos y pulidos, es decir, especies de «breves tratados del buen hacer» o las reglas del arte;[29] pero a los que se confrontaban propuestas económicas que igualmente tendían a disminuir el riesgo de quebrar al asentista o lastimar los objetivos del gobierno.

El presupuesto para la edificación del fuerte de San Carlos, en la bahía de Santa María de Gálvez de Pensacola, solamente describía en números muy gruesos los insumos, sin precios por unidad, ni sueldos diarios en una obra que en términos redondos costaría poco más de 81 mil pesos. Tampoco había especificaciones sobre la calidad de materiales ni trabazones ni mezclas. La obra se realizaría con 200 presidiarios, y contaría además con oficiales carpinteros, maestros de albañil, retajadores, carpinteros de lo blanco y un sobrestante.[30] Probablemente fueron las obras por contrato las que obligaron a elaborar pliegos sumamente detallados. Por eso, casos como la estimación para la iglesia del puesto de Natchez, elaborada en 1788 por Guillermo Guillemard, sugiere la intención de hacer las obras por administración.[31] Se trataba de una obra de madera, sobre cimientos de ladrillo de dos pies de fondo y dos de anchura; con toda la estructura de madera con postes y tabla de una pulgada de grosor. El tejado sería de taxamaní (también tajamanil, o tejamanil) en dimensiones de 16 a 18 de largo y cuatro de ancho, dispuestos en escalerilla y cabalgando las unas sobre las otras como dos pulgadas.[32]

28 Esta sería la particularidad del Estado-contratista de los borbones: que buscó ejercer un mayor control en el fortalecimiento de los empresarios; véase en: Huw Bowen, "Introduction…", *op. cit.*, p. 253-255.

29 José María Menéndez, "Administración y contratistas de obras públicas en la España Ilustrada", *Informes de la Construcción*, 42, 407, 1990, p. 46.

30 *Estado general del gasto necesario para la construcción del fuerte de San Carlos, Nueva Orleans, 1787*, AGI, PC, 2361.

31 *Estimación de la iglesia para el puesto de Natchez, por Guillermo Guillemard, Nueva Orleans, 1788*, AGI, PC, 2361.

32 *Ibid.* El término "tejamanil" es de origen náhuatl, y provino de México.

También hay que destacar, que desde el arribo de españoles a la Luisiana se acordó la conveniencia de continuar empleando las medidas francesas en obras de construcción, por medio de toesas y pies del rey de Francia; aunque en varios dibujos -plantas y secciones de edificios- se emplearon varas castellanas y «el pie de rey de Burgos».

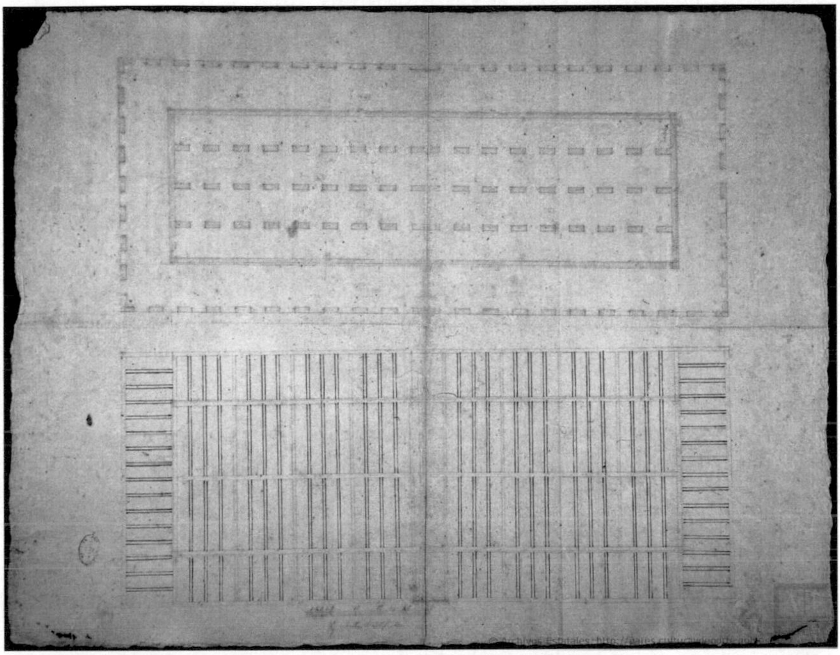

FIG. 4 – Planta de un almacén de tabaco para Nueva Orleans, 1783. AGI, MP, Florida Luisiana, 96, PARES. La traza debió haberse elaborado antes del pregón.

Los expedientes formados para los asientos eran muchísimo más detallados, aunque no consistieran en grandes y permanentes obras. En 1783, con motivo de las disposiciones dadas por el virrey de Nueva España -respecto a los cambios en la manera de terciar y manufacturar el tabaco- hubo que pensar en construir dos almacenes grandes en Nueva Orleans. El encargado de organizar todos los trámites fue el Intendente -Martín Navarro- quien comunicó los procedimientos al gobernador José de Gálvez. De principio, hubo que hacer las trazas y dado que no había ningún ingeniero en la Provincia, Navarro tuvo que resolverlo de alguna manera práctica… «no con las circunstancias que exige».[33] En compañía de Rafael Perdomo, escribano de la Real Hacienda, procedió primero a declarar la intención de que se sacara a publica subasta la obra; indicó que era preciso cuidar que quienes quisieran hacer posturas tuvieran alguna capacidad, para que ni la Real Hacienda sufriera gastos crecidos, ni los rematadores experimentaran quebranto. Se señaló que la noticia debería llegar a todos, para lo cual se fijarían cedulas en los parajes públicos.[34]

Los detalles técnicos del pliego se distribuían a través de 15 incisos. Además de describir los elementos a emplear, verticales y horizontales, y su modo de trabarse entre sí, indicaban que la techumbre debería ser al «estilo de París», aunque con taxamanies. Todas las maderas deberían ser cortadas «en buena luna», sin vicio alguno y deberían estar acepilladas; y se recalcaba que no había ingeniero del Rey en la localidad. Se definieron seis meses para concluir el primer almacén, y otros tantos para el segundo; los contratantes deberían exponer una fianza apoyada en «persona abonada o bienes equivalentes».[35] Pasaron unos dos o tres meses para que se celebrara la reunión para escuchar las posturas; se presentaron Francisco Riow, Santiago Cowperthwait, Pedro de Flandes y Lorenzo de Wiltz, y con la intermediación de un pregonero fueron escuchándose las propuestas una a una. La primera corrió por Cowperthwait, quien ofrecía hacer la obra en 8,230 pesos, Flandes la hizo por 9,000, «y volviéndose a repetir el pregón la mejoró don Lorenzo Wiltz» por 7,980… «y aunque se repitieron muchas veces las últimamente hechas no pareció que las modificasen, por cuya razón, y la de haber tocado la plegaria las doce del medio día, mandó el Intendente avivar la voz del pregón». Parece evidente que el remate se hizo por cada almacén por separado, quedando asignados a Cowperthwait el primero, y a Wiltz el segundo.[36]

---

33 *Martín Navarro remite testimonios del remate de los dos almacenes, Nueva Orleans, 1783*, AGI, SD, 2609.

34 *Ibid.*

35 *Ibid.*

36 *Ibid.*

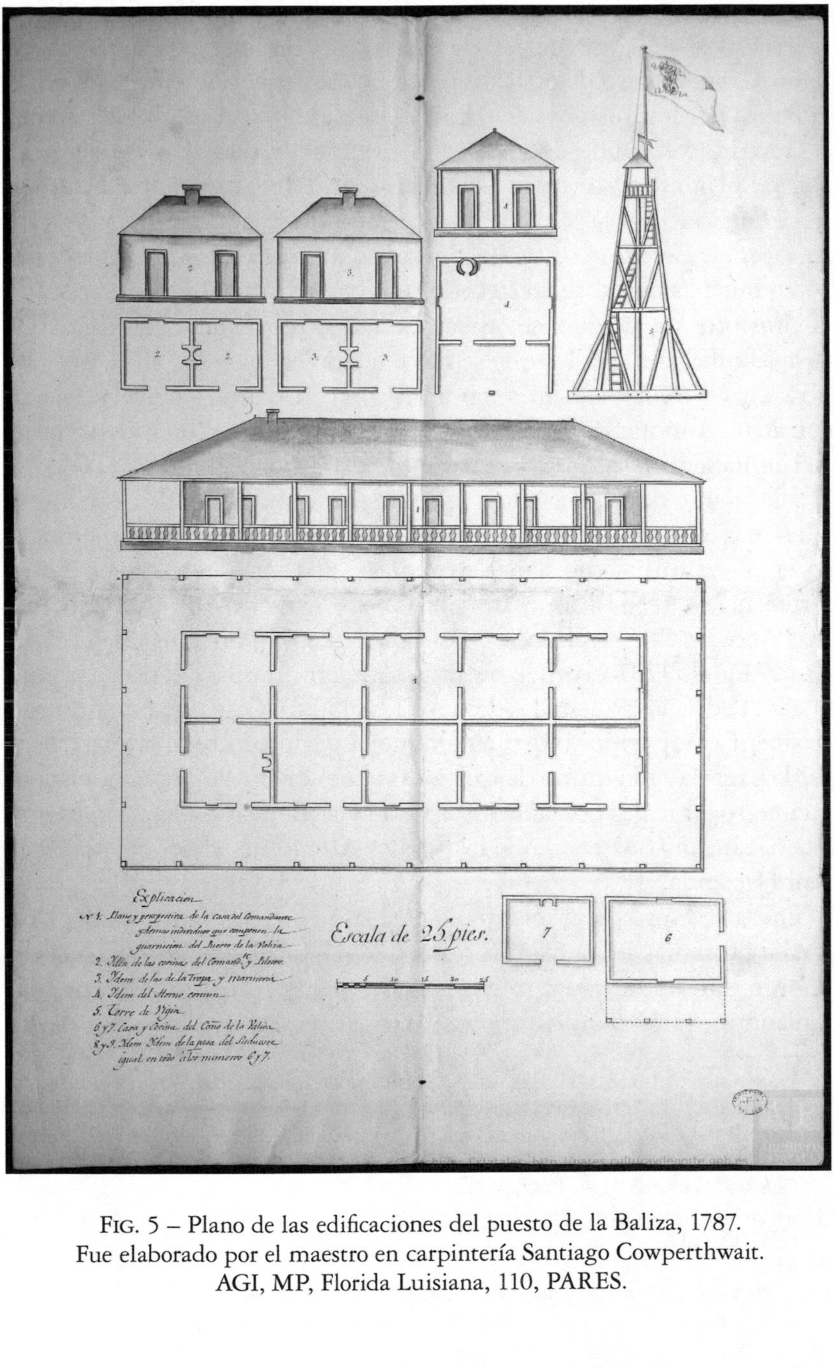

FIG. 5 – Plano de las edificaciones del puesto de la Baliza, 1787. Fue elaborado por el maestro en carpintería Santiago Cowperthwait. AGI, MP, Florida Luisiana, 110, PARES.

Cowperthwait era un maestro de carpintería bastante conocido en Nueva Orleans,[37] y fue contratado varias veces durante la Intendencia de Navarro. Fue el caso de otros trabajos que se requerían en el puesto de La Baliza por los mismos años, donde antes de la asignación del asiento se procedió con ayuda de forzados a preparar el terreno, y la elaboración del plano se le solicitó a Cowperthwait. Para asignar el contrato se procedió a celebrar la reunión en presencia de Josef de Orué, contador principal del ejército, y cuatro testigos, aunque esta vez no hubo pregón.[38] Como muchas obras, se trataba de una estructura de madera apoyada en cimientos de ladrillo; se especificaba que las maderas serían de las mismas calidades que las que se habían empleado en los almacenes de tabaco, y en las habitaciones tendrían que construirse «chimeneas a la alemana». Aunque la descripción de trabajos esta vez fue muy somera, la cláusula séptima abundaba en algunas condiciones con mucho detalle. El contratante debería concluir los edificios en un lapso de siete meses como máximo, por un monto de 10,800 pesos, aunque se le dieron en anticipo seis mil; como fianza exponía «seis piezas de esclavos de mi pertenencia» (se indicaron sus nombres, Bacus de 30 años, Jaim de 25, Prince de 28, Noel de 25, Polidor de 22 y Juan Luis de 32).[39] El mismo año de 1787 Cowperthwait también contrató unos trabajos para techar el edificio principal del cuartel en Nueva Orleans. Lo haría con taxamaní «preparado y cortado en buena razón» en toda la extensión, y se le pagaría cada tramo de tres toesas que concluyera, teniendo como parámetro 24 reales por cada toesa; ponía la condición de que el plomo debería suministrársele desde los Reales Almacenes y por cuenta de la Real Hacienda.[40]

En otro ejemplo, con motivo del poblamiento en Nueva Madrid, en la Alta Luisiana, se contrató con Bartolomé Tardiveau la construcción de un molino de harina, muy necesario para alimentar a los nuevos pobladores, pero también para surtir los barcos que bajaban desde

---

37 Wilson ubicó al maestro constructor Jacob Cowperthwait, activo en Nueva Orleans; era originario de Burlington (Nueva Jersey), y entró a la Luisiana española entre finales de 1770 e inicios de 1780, y murió en 1793. Es difícil asegurar si se trata del mismo individuo. Véase: Samuel Wilson Jr., "The Merieult House", *The Historic New Orleans Collection Newsletter*, II, 4, 1984, p. 8.

38 *Contrata en la ciudad de Nueva Orleans para el Puesto de la Baliza, Nueva Orleans, 1786*, AGI, SD, 2611.

39 *Ibid.*

40 *Contrata con su Majestad, Nueva Orleans, 1787*, AGI, SD, 2611.

Ilinueses con rumbo a Nueva Orleans.[41] Se había decidido dividir toda la empresa en varias clases, debido a su complejidad; de tal forma Tardiveau contrató once carpinteros y obreros, con Jaime Kayan se celebró otro contrato para construir una calzada, y con Pablo Audrain la adquisición de muelas, cribas, tornos y arpones para la maquinaria, con todos sus herrajes y utensilios, incluida una sierra de agua para el corte de madera. En Baltimore se consiguió a un constructor «de gran reputación entre las gentes de su arte», mismo que se colocó en calidad de asalariado. Sin embargo, aparecieron urgencias para el capitán del puesto, y se solicitó que toda la gente abandonara temporalmente estos trabajos, para apoyar la reparación de un fuerte debido a una posible invasión. Tardiveau obedeció sin dilación «... olvidó sus personales intereses, no viendo ya más que el interés público»,[42] y esto precipitó el incumplimiento del contrato del molino. Los artesanos especializados se alejaron del lugar al verse sin trabajo, de modo que Tardiveau pedía una prórroga para concluir con su compromiso.[43]

El cuerpo de ingenieros durante el siglo XVIII conoció momentos de reforma, expresados en la emisión de tres sucesivas ordenanzas; sus formas de enrolamiento y nombramientos siguieron por sendas diversas, pues además de existir los militares de carrera otros temporalmente formaban parte del cuerpo, e incluso a algunos individuos se les concedía la patente de ingeniero por circunstancias especiales.[44] Difícilmente los registros sobre sus ocupaciones y nombramientos han sido exhaustivos, máxime en territorios en condición especial como la Luisiana.[45] Los españoles tuvieron que aprovechar la compleja organización y alto número de técnicos que habían estado al servicio de la corona francesa. Varios capitanes y comandantes de los puestos que intentaba controlar

---

41 *Thomas Portell a Andrés López de Armesto, Nueva Orleans, 1794*, AGI, SD, 2579.

42 Se trata de un aspecto del asiento que recuerda el servicio.

43 *Ibid.*

44 Capel, Horacio, Lourdes García, José Omar Moncada, Francesc Olivé, Santiago Quesada, Antonio Rodríguez, Joan-Eugeni Sánchez, Rosa Tello, *Los ingenieros militares en España, Siglo XVIII*, Barcelona, Publicacions i edicions de la Universitat de Barcelona, 1988, p. 6-9; Gilbert C. Din, "For Defense of Country and the Glory of Arms: Army Officers in Spanish Louisiana", *The Journal of the Louisiana Historical Association*, 43, 1, 2002, p. 7, 9, 13, 15, 23, 35.

45 El estudio de Galland, por ejemplo, no menciona muchos individuos que efectivamente se presentaban como ingenieros reales en América; lo mismo puede afirmarse del estudio de Capel y colaboradores. Véase: Martine Galland Seguela, *Les ingénieurs militaires espagnols de 1710 à 1803*, Madrid, Casa de Velázquez, 2008, p. 214-224.

España tenían antecedentes como ingenieros, pero sobre todo poseían redes de intereses en los lugares; y algunos fueron nombrados ingenieros, como Nicolás Augier, Louis Vandenbanden, Jacques Clamorean (Clamorgan) y Maison Rouge.[46] Otros fueron Georges Henri Victor Collot, Nicolás de Finiels, Jacobo Dubreuil, Guido Soniat Dufossat, Pedro Foucher y Antoine Soulard.[47] Luis Antonio Andry, por ejemplo, había pasado a la Luisiana en 1746, hasta recibir el nombramiento de Conductor de Reales Obras, bajo el gobierno francés de Louis Billouart de Kerlerec (1753-1763), en que se encargó de trazar fuertes, establecer puestos, construir baterías y toda serie de obras y comisiones del real servicio. Después del arribo de españoles, con el segundo gobernador -conde Alejandro O'Reilly- se le nombró segundo ayudante de la plaza de Nueva Orleans, luego teniente de infantería, y recibió el título de capitán en 1773, periodo en que llevó a cabo varias comisiones, pero sin pista clara sobre la influencia de sus conocimientos en obras de arquitectura y fortificación.[48]

LA DISCUSIÓN DE SIEMPRE: ADMINISTRACIÓN O ASIENTO

En el mes de Julio del año de 1801, el Intendente de la Luisiana -Ramón López y Angulo- se dirigía en una larga carta al excelentísimo señor Miguel Cayetano Soler, quien fungía como Ministro de la Real Hacienda. Dado que se trataba de una queja relacionada con el manejo de fondos reales, el intendente añadía las treinta y un correspondencias que sustentaban y probaban el mal comportamiento de dos altos funcionarios de la corona española. El caso consistía en que, con motivo de unas reparaciones que eran necesarias en dos edificios en Nueva Orleans, el intendente había procedido conforme era acostumbrado -desde Junio de 1800-, y pidió al comandante de ingenieros la elaboración de las especificaciones y cálculos del costo de los trabajos, para después rematarlos en la modalidad de asiento o contrato. El comandante de

46 Luis Arnal Simón, *op. cit.*, p. 178-179.
47 José Miguel Morales Folguera, *op. cit.*, p. 82-93.
48 *Expresión de los servicios de Luis Antonio Andry, Nueva Orleans, 1776*, AGI, SD, 2543.

ingenieros, Joaquín de la Torre, habiendo prescindido de la comunicación, se dirigió directamente al gobernador -Sebastián Nicolás de Bari Calvo de la Puerta y O'Farrill, Marqués de Casa Calvo-, con un largo papel donde exponía su opinión negativa sobre los asientos en obras reales. El motivo de la carta al ministro de hacienda, de tal modo, se debía a que ya habían pasado 13 meses y no se habían emprendido las reparaciones que eran muy necesarias, y era urgente dar una explicación; pero López y Angulo también acusaba al gobernador de atribuirse facultades que no le correspondían, y al comandante de ingenieros de falta de atención y obediencia al Rey. Además, aprovechó para destacar que el pliego de especificaciones -a final de cuentas elaborado por el ingeniero- planteaba condiciones exageradas para una obra de tan poca relevancia, y para colmo, el día que se celebraría el pregón el ingeniero no se presentó pretextando sufrir un fuerte dolor de cabeza.[49] Los trabajos, en efecto, eran sencillos. Y aunque se refirieron a la recomposición del tejado del almacén de pólvora de Santa Bárbara, y también a la techumbre del alojamiento de la guardia y garitas del fuerte de San Juan del Bayoú, el centro de la discusión y trámites versaron sobre la ampliación del cuartel del regimiento de Dragones de México, en Nueva Orleans.

El largo papel del ingeniero Joaquín de la Torre ofrecía una reflexión redonda, pues comentaba que había extraído y transcrito varios puntos que ya había discutido en 1796.[50] En su opinión, hacer las obras por la modalidad de asiento era pernicioso para los intereses reales, en atención a las malas experiencias, a lo que aconsejaban varios tratadistas de renombre y a algunas máximas contenidas en las Ordenanzas de ingenieros.[51] Respecto a lo primero, el ingeniero se refirió a un almacén de pólvora que cuando fue desmontado para su reparación, se encontró que «¿Quién diría que ni un pie de madera estaba sano?, ¿y quién lo creyera? cuando el asentista era sujeto conocido por su carácter». En otro

49 *Comunicación y comprobantes de Ramón López y Angulo al excelentísimo señor Miguel Cayetano Soler, Nueva Orleans, 1801*, AGI, SD, 2617. Se trata de un expediente de 86 páginas, con algunas fojas faltantes que desafortunadamente no pudieron ubicarse; la trama se desarrolló a través de 13 meses, desde junio de 1800 hasta julio 1801.

50 *Obras en Nueva Orleans, y conflictos de competencias por servicio, 1796-1798*, Archivo General de Simancas (AGS), SGU, LEG, 7245,49, PARES.

51 Las nuevas *Ordenanzas de S. M. para el servicio del cuerpo de ingenieros en guarnición y campaña*, de 1768, comentaban dos métodos para adjudicación de contratos de obra: por subasta y por administración militar. Véase: Martine Galland Seguela, *op. cit.*, p. 101.

ejemplo, en el fuerte de San Felipe de Placaminas, sucedió que se tiraron unas descargas con motivo del arribo de una baronesa, y sobrevino el daño inmediato de la batería en toda su longitud «lo que prueba la ninguna solidez».[52] Con relación a la opinión de tratadistas, el ingeniero se refirió en general a los hábitos de los constructores, quienes a menudo se contentaban con que el exterior luciera bien aunque el interior fuera malo: «Estudiando los albañiles el modo de lucrar se han encontrado el arbitrio de labrar los muros con mezcla tan inferior que apenas tiene la suficiente cal para ligar la arena, y al mismo tiempo que elevan la obra, van resanando las juntas con buena mezcla, de forma que a la vista parezca la fábrica».[53] Citaba a Benito Bails, quien se refería a que los artistas del momento no ponían esmero en la solidez, de modo que podía dudarse que sus obras aguantaran los embates de tres siglos, y las hacían poco duraderas para tener oportunidad de contratar después reparaciones y renovaciones: «Lo cierto es que vemos aquí edificios enteramente nuevos amenazando ruina ¿Será falta de inteligencia o sobrada industria en el Arquitecto?».[54]

La construcción de edificios por contrata -continuaba de la Torre- daba oportunidad para muchos latrocinios, pues exigían anticipos dinerarios, ofrecían precios subidos, y empleaban materiales de dudosa calidad por obtenerlos en condición de oportunidad. Si bien, estadistas conocidos acostumbraban hablar de que «las bellas artes acarrean la ruina del Estado», también era sabido que eran los artistas codiciosos -que inventaban toda serie de proyectos descabellados, y hallaban quien los apadrinase– quienes podrían acabar con el dinero de toda una monarquía. El ingeniero se refirió a Augustin Charles Piroux, quien aconsejaba que con la finalidad de evitar todas las ladronerías de los contratistas era preciso elaborar leyes que los obligaran a reparar sus errores, e incluso órdenes para confiscar sus bienes cuando -pasado un tiempo- aparecieran

52 *Joaquín de la Torre al Marqués de Casa Calvo, Nueva Orleans, 1801*, en *Comunicación y comprobantes*, AGI, SD, 2617.

53 Este comentario se ubica en *Tratado de Fortificación o Arte de construir los Edificios Militares, y Civiles, Tomo Primero*, Barcelona, Thomas Piferrer, impresor del Rey, 1769, p. 283. Fue publicado por Miguel Sánchez Taramás, a partir del original en inglés de Juan Muller.

54 *Comunicación y comprobantes*, AGI, SD, 2617. Sobre Benito Bails (1731-1797), véase: Inmaculada Arias de Saavedra, "Libros extranjeros en la biblioteca del matemático Benito Bails", in María Begoña Villar García y Pilar Pezzi Cristóbal, ed., *Los extranjeros en la España moderna*, Málaga, Ministerio de Ciencia y Tecnología, 2003, t. 2, p. 125 y ss.

los defectos de sus trabajos.[55] Continuaba refiriéndose ahora a Guillaume Le Blond, quien opinaba que confiar la fábrica a «un mero asentista poco inteligente», que solamente piensa en su interés para tener caudal y obtener buena hacienda, suponía la práctica corriente de levantar bellos edificios, enriquecer a sus compañeros, todo a costa del Rey.[56]

El rubro de reparaciones era especialmente complicado en opinión del ingeniero. No era fácil darlas por contrata, pues como decía Bails, no era sencillo tasarlas con exactitud, pues los asentistas con frecuencia «quieren remiendos que no obras nuevas, de aquí proviene que, o bien, lo sufren las Reales Cajas, o la obra, o bien entre ambas, o el individuo», refiriéndose con esto último a los asentistas que terminaban quebrados.[57] También citó a Miguel Sánchez Taramás, quien consideraba que más valía gastar en la obra algo más, que exponerla a una corta duración «por una economía indiscreta, que al fin sería muy perjudicial y gravosa»; y en cambio «cuando las obras se construyen por cuenta del soberano, trabajan los operarios con mucho mayor cuidado, porque constantemente se vigila que las hagan bien, y en que se empleen materiales de buena calidad».[58] Otro argumento de peso, para el ingeniero, es que ambos edificios a reparar habían sido construidos por administración «...compárense estas con otras muchas en la Villa, construidas por empresarios, y se verá la gran diferencia de solidez».[59] Acudía además a otras experiencias, donde se habían emprendido pleitos contra los empresarios por falta de cumplimiento en sus contratos, en

55 *Comunicación y comprobantes*, AGI, SD, 2617. Augustin Charles Piroux (1749-1805), conocido como arquitecto y abogado, publicó *Moyens de préserver les édifices d'incendies*, en 1782, en Estrasburgo. Véase: Georges Hottenger, *La vie, les aventures et les œuvres d'Augustin Piroux*, Nancy, Société d'impressions typographiques, 1928.

56 *Comunicación y comprobantes*, AGI, SD, 2617. Guillaume Le Blond (1707-1781) publicó *Éléments de fortifications* y *Éléments de Tactique*; véase: Frank A. Kafker, "Notices sur les auteurs des dix-sept volumes de "discours" de l'Encyclopédie", *Reserches sur Diderot et sur l'Encyclopédie*, 7, 1989, p. 146.

57 *Comunicación y comprobantes*, AGI, SD, 2617.

58 *Comunicación y comprobantes*, AGI, SD, 2617. El comentario se ubica en *Tratado de Fortificación o Arte de construir los edificios militares, y civiles*, p. 283.

59 *Comunicación y comprobantes*, AGI, SD, 2617. Según Galindo, en el tratado de Sánchez Taramás las secciones ocupadas de los asentistas se tomaron de Bernard Forest de Bélidor. Véase: Jorge Alberto Galindo Díaz, *El conocimiento constructivo de los ingenieros militares del siglo XVIII, Tesis de doctorado*, Universidad Politécnica de Catalunya, 1996, p. 139, 144 y 173; y *La Science des Ingenieurs dans la conduite des travaux de fortification et d'Architecture Civile..., par Mr. Belidor*, Paris, Claude Jombert, 1729, en especial el Libro VI dedicado a las Estimaciones.

casos tan sencillos, como el cuidar que las maderas durante el proceso de obras no estuvieran al descubierto, pues el agua, el sol y el rocío las dañaba, sobre todo en su parte más débil que eran las espigas. Así, el resumen de Joaquín de la Torre decía «... se deja conocer que la solidez por los asientos es contingente, la economía incierta, y la ganancia para los asentistas nada dudosa». El mismo capitán de la Compañía de Dragones de México, José Rofiniaco, coincidía con el ingeniero en que se hicieran los trabajos por administración por «encontrarla conforme a los principios de una economía bien entendida».[60]

Los argumentos del intendente, en cambio, seguían otro rumbo, más basados en las costumbres de la Luisiana y en un sentido de lo práctico, quizás relacionado con la conciencia del Marqués de Casa Calvo de pronto pasar a ser ya «un gobernador sin territorio».[61] López y Angulo reconocía que aunque las Ordenanzas destacaban la ventaja de hacer obras por administración, también consideraban la opción de la contrata para lograr economías en las arcas reales. Se apoyó en el dictamen del asesor de la Intendencia -el licenciado Manuel Serrano-, quien recordaba que aunque la Ordenanza indicaba hacer los asientos por cinco años,[62] en la provincia se realizaban como obras particulares «porque así es la costumbre general y lo practican todos los habitantes de ella, y está mandado seguirse, y arreglarse a esta costumbre para que sean hechas con acierto».[63] Teniendo presente la ausencia de dinero, el intendente proponía contratar al arquitecto Hilario Boutet, porque ofrecía la facilidad de que se le pagara en papel mientras llegaba a la ciudad el situado, con la opción de que pudiera o no tomar materiales de los almacenes reales.[64] Lo cierto es que no podía eludirse el pliego de especificaciones que, por Ordenanza, tenía que elaborar el comandante

60 *Comunicación y comprobantes*, AGI, SD, 2617.

61 Luis Arnal Simón, *op. cit.*, p. 244 y ss.; y Abraham P. Nasatir, *op. cit.*, p. 73-78.

62 *Condiciones a que deberá arreglarse la persona, o personas, que tomaren el asiento de las obras, y reparos que se ofrezcan en las fortificaciones y edificios militares de todas las plazas, castillos, baterías, y demás puestos fortificados en el Reino, Madrid, 1774*, Biblioteca Central Militar (BCM), Exp. IV-6464(9).

63 *Dictamen del asesor de la Intendencia, Nueva Orleans, 1801*, en *Comunicación y comprobantes*, AGI, SD, 2617.

64 *Ramón de López y Angulo al Marqués de Casa Calvo, Nueva Orleans, 1801*, en *Comunicación y comprobantes*, AGI, SD, 2617. Wilson señala a Boutet como constructor y arquitecto; por otra parte, Luis Arnal ubica a Mario Boutet, como carpintero muy activo en Nueva Orleans. Véase: Samuel Wilson Jr., "The Will of Hilaire Boutté", *The Journal of the Louisiana Historical Association*, 32, 1, 1982, p. 68-73; y Luis Arnal Simón, *op. cit.*, p. 291-292.

de ingenieros, aunque lo hiciera solamente 12 meses después. Así, en un total de 23 fojas, Joaquín de la Torre expuso su «pequeño tratado del buen hacer», aunque la obra no fuese de consideración.[65] Son interesantes varios detalles sobre los trabajos y los materiales. La madera, por ejemplo, debía ser de cipre seco, sano y sin albura, de fibra seguida, sin demasiados nudos en cada pieza ni astilla movida.[66] Respecto a los cuchillos de la armadura de madera, se acepillarían sus planos a la vista y se les rebajarían las dos aristas interiores con la moldura en tondillo. La descripción de procedimientos y medidas sugieren otros comentarios. Las condiciones eran tremendamente detalladas. El uso de artesas y elaboración de mezcla serían vigiladas por el sobrestante o maestro albañil, y toda la cal debería cernirse en la obra examinándose previamente las cribas por el ingeniero. El ladrillo tendría que ser de pinta, sin excepción, y debería humedecerse previamente a su colocación; toda la teja debería ser la que se conocía como «de Panzacola».[67] Incluso se detallaba la manera de humedecer la fábrica de muros al empezar cada día de trabajos, sin descuidar las atenciones (protección de la obra) en casos de días de fiesta o tiempos de lluvia. Y finalmente, se indicaba que todo aquello que no se había considerado en el pliego de condiciones «será graduado por la razón, y no por la costumbre».[68] La opinión del Intendente, lógicamente, remarcaba los excesos para situación tan sencilla como era una reparación. No consentía, por ejemplo, que el ingeniero hubiera nombrado como maestro mayor para vigilar las obras a Francisco Berlucheau, y tampoco la asignación de José Arrescoa como sobrestante; y que además les hubiera asignado el sueldo, siendo que en él recaían los pagos. Aunque el remate se haría el 8 de julio de 1801, a las 10 de la mañana en casa del Intendente, el ingeniero nunca se presentó. Joaquín de la Torre no debió haber sido una persona fácil, pues ya hacia el año de 1799 se había visto involucrado en otra controversia, y acusado de mal comportamiento; incluso se llegó a proponer que se le moviera a La Habana, y sustituirlo por otro ingeniero.[69]

---

65 *Condiciones bajo las que se rematará el asiento para la reparación del Cuartel de los Dragones, por Joaquín de la Torre, Nueva Orleans, 1801*, en *Comunicación y comprobantes*, AGI, SD, 2617.

66 *Comunicación y comprobantes*, AGI, SD, 2617.

67 *Ibid.*

68 *Ibid.*

69 *Obras en Nueva Orleans, y conflictos de competencias por servicio, 1796-1798*, Archivo General de Simancas (AGS), SGU, LEG, 7245,49, PARES.

REFLEXIONES FINALES

Desde la antigüedad el Estado necesitó de particulares para desempeñar sus funciones públicas más esenciales, y a menudo la prestación de servicios por un particular, o súbdito, se acompañaba de los suministros y edificaciones necesarias.[70] El rubro de la defensa militar fue un caso especial, y difícilmente se confiaría a un particular, pues significaba «una abrogación de soberanía»,[71] pero de hecho sucedió, aunque de una forma particular que implicó a la conformación misma del Estado. Existen pistas sobre obras de fortificación, en la Isla de Cuba durante la primera mitad del siglo XVIII, que fueron financiadas por vecinos y empresarios; los desenlaces sugieren que fueron construidas por ellos mismos y no se adivina la dirección o vigilancia de los ingenieros reales, pues a menudo el mismo involucramiento de los vecinos implicaba una oportunidad para obtener cargos dentro del ejército,[72] es decir, pudo tratarse de un servicio por adelantado o una demostración de fidelidad. En otros casos como Cartagena, los indicios sobre contratos con artesanos son más contundentes, pues sugieren que ante la ausencia de gremios el Cabildo de la ciudad nombraba maestros mayores que quedaban involucrados en pequeños asuntos de las obras, dirigiéndolas...; aunque se deduce la presencia de un sobrestante.[73] Asimismo, en la última parte del siglo XVIII e inicios del XIX, varias fortificaciones en Bora de Jaruco, Banes, Guajaibón, Mariel, Cabañas y Gibara, en la Isla de Cuba, fueron costeadas por particulares, y solamente en las baterías de costa el gobierno tuvo participación presupuestal y técnica.[74] A todo esto, habría que penetrar más hondo en la distinción que

70 Humberto Gosálbez Pequeño, "Los contratistas de la administración pública española en la legislación administrativa del siglo XIX", *Derecho Público Iberoamericano*, 11, 2017, p. 88-90.

71 Alfredo José Martínez González, "Los asentistas de maderas, relaciones contractuales para las armadas hispánicas (siglos XVI-XVIII)", in Alfredo José Martínez, ed., *XIII Reunión Científica de la Fundación Española de Historia Moderna*, Sevilla, Universidad de Sevilla, 2015, p. 1200.

72 Francisco Pérez Guzmán, "Las fuentes que financiaron las fortificaciones de Cuba", *Tebeto: Anuario del Archivo Histórico Insular de Fuerteventura*, 5, 1, 1992, p. 377-380.

73 Sergio Paolo Solano, "Sistema de defensa, artesanado y sociedad en el Nuevo Reino de Granada. El caso de Cartagena de Indias, 1750-1810", *Memorias. Revista Digital de Historia y Arqueología desde el Caribe Colombiano*, 19, 2013, p. 119.

74 Antonio Ramos Zúñiga, "La fortificación española en Cuba, siglos XVI-XIX", *Atrio: Revista de Historia del Arte*, 5, 1993, p. 54.

Rotaeche hizo entre varias formas de contratos en obras; sobresale que la idea del asiento en obras también pudo consistir más en un servicio que en una obra particular, aunque hay que estar atentos a las especificidades de eso que el mismo Rotaeche menciona como «la España del siglo XVIII».[75]

Hace pocos años, según Bowen, el asentista todavía era un tipo social poco conocido; su imagen negativa procedía de los juicios que oficiales reales hacían de los resultados de sus contratas, apareciendo los calificativos de especulador y «peste de la sociedad humana», incluso desde tiempos de Felipe II.[76] Otros sugerían que las obras mediante administración directa desincentivaban la innovación, aunque también se ha afirmado que la manera de contratar bajo los borbones tuvo un efecto parecido: las condiciones de explotación de las empresas hacía bajar la calidad del producto.

En el ejemplo de Nueva Orleans, no es extraño que las ampliaciones y reparaciones hayan despertado semejante debate entre el Intendente y el Comandante de Ingenieros; no se trataría de una actividad menor en términos económicos y políticos. Al menos con la evidencia disponible, queda claro que durante estas actividades no solo podía hacerse visible la calidad de los trabajos realizados en otros tiempos, sino que también se acordaban asientos sobre los cuales hoy sabemos muy poco. Podría parecer exagerado equiparar el movimiento de dinero y personas en el caso de una obra nueva, con las obras de mantenimiento, reparación y ampliaciones que requerían muchos edificios a través de su vida útil. Pero como poco sabemos de dicha vida útil, es muy probable que no se tratara de una cosa menor, pues desde el último cuarto del siglo XVIII se reglamentaron los asientos por cinco años, para abarcar todo lo que requirieran las obras reales. Imaginemos a un empresario, ocupado y dispuesto a cualquier trabajo de obra durante un lapso de cinco años; no debió haber sido un beneficio menor, pero también pudo significar un constante peligro de quebrar.

Si bien, en las obras por administración se observa un sistema de jerarquía vertical coronado por los ingenieros militares y los sobrestantes de las obras reales, la posición de los artesanos llega a ser ambigua. Además, a menudo se entraba en conflicto con los Cabildos de los lugares y los

75 Miguel Rotaeche Gallano, "Maestros de obras, aparejadores, alarifes, arquitectos e ingenieros en la España del siglo XVIII", in Santiago Huerta y Paula Fuentes, ed., *Actas del IX Congreso Nacional y I Congreso Internacional Hispanoamericano de Historia de la Construcción*, Madrid, Instituto Juan de Herrera, 2015, t. 3.

76 Alfredo José Martínez González, "Los asentistas…", *op. cit.*

propietarios del suelo de donde provenían los materiales, e incluso en tiempos de dificultad fueron los particulares quienes adelantaron trabajos de fortificación en atención a ciertos privilegios. Conviene recordar que solo recientemente se ha penetrado en el mundo interno de las obras de construcción. Y quizás haya que entender mejor los movimientos dentro de contextos adaptados a las circunstancias, es decir, habría que observar el movimiento de las rutas marítimas que compartían varios puertos por encima de su adscripción a algún reino o audiencia, el origen y destino de los situados, las trayectorias de constructores y las redes comerciales de los empresarios. Finalmente, si se sigue el argumento de Carla Rahn Phillips,[77] que dice que solamente el Estado está desarrollado cuando puede convertirse en regulador de la capacidad de producción de otros, es evidente que la corona española estuvo muy lejos de controlar la Luisiana.

Un lector sugirió que es posible investigar problemas puramente técnicos, pero ¿no resulta hasta aquí evidente que dichos problemas se encarnaban en las vidas y relaciones entre agentes y medios políticos y económicos? Aislarlos implicaría el riesgo de descontextualizar esas acciones prácticas, mediante las cuales se resuelven en el plano concreto los deseos de un Estado, de un empresario o de la gente de todos los días. Es aquí, en nuestra opinión, donde reside el poder explicativo de la historia de la construcción. La regla del arte es solamente una entre varias consideraciones a tener dentro del mundo de la edificación, y no tiene mucho sentido preguntarse si fue más conveniente llevar las obras por administración o asiento. Lo que en todo caso sobresale es cómo el Estado intentó influir en la organización de abastecedores, productores y fabricantes, porque algo parecido sucedería en la frontera México-Estados Unidos, cerca de 100 años después: el gobierno mexicano no lograría dar forma a las empresas del ramo de construcción, y el precedente de la Luisiana sin duda permite ampliar el horizonte de investigación.

Alejandro GONZÁLEZ MILEA
Universidad Autónoma
de Ciudad Juárez, México

77 Rafael Torres Sánchez, "Administración o asiento…", *op. cit.*, p. 162.

TRAVAUX PUBLICS, ÉTAT CENTRAL ET POUVOIRS LOCAUX

Un programme de chantiers portuaires à l'aube de l'Unité italienne

Développer les infrastructures portuaires et adopter des politiques portuaires efficientes n'est pas un moindre labeur administratif dans le cadre de la concurrence internationale. Ainsi, une mauvaise adaptation peut provoquer quelque handicap économique, comme cela a pu être le cas dans la France du XIXe siècle[1]. Dans l'élan de l'unification, le nouvel État italien semble se lancer quant à lui dans une impétueuse politique de grands travaux. Stefano Jacini, ministre des Travaux publics entre 1864 et 1867, écrit à ce propos :

> *Le opere pubbliche, di cui il Governo nazionale d'Italia, colla propria iniziativa e col proprio intervento, malgrado ogni specie di ostacoli, riusci a dotare il paese, superano in quantità ed in importanza ciò che è stato fatto finora, a parità di tempo, da qualunque altro Governo del mondo. Piaccia o non piaccia una tale proposizione, essa è dimostrata dalla statistica ed incontestabile.*[2]

Le nouvel État italien cherche à se hisser au rang de grande puissance et il doit pour cela investir dans les infrastructures. Bien qu'en deçà de ses dépenses militaires, de loin la part la plus importante de ses engagements financiers, il y réserverait tout de même près d'un dixième de son budget lors de la première décennie unitaire, ce qui représenterait quelque 978 millions de lires, auxquelles il faut ajouter les contributions

1 *Cf.* Bruno Marnot, *Les grands ports de commerce français et la mondialisation au XIXe siècle*, Paris, PUPS, 2011.

2 Stefano Jacini, *Sulle opere pubbliche in Italia nel loro rapporto collo Stato*, Milano, Stabilimento Giuseppe Civelli, 1869, p. 8. Traduction : « Les ouvrages publics dont le gouvernement national d'Italie, par son initiative et son intervention, malgré toute sorte d'obstacles, réussit à doter le pays dépassent en quantité et en importance ce qui a été fait jusqu'ici dans un temps équivalent par n'importe quel autre gouvernement du monde. Que cela plaise ou non, voilà qui est démontrée par la statistique et s'avère incontestable. »

des provinces et des communes, de deux à trois fois moindres, mais qu'on ne peut non plus négliger.

Dépenses de l'État italien	Secteur militaire	Travaux publics
1862-1866	39,5 %	10 %
1866-1872	18,5 %	8,4 %

FIG. 1 – Estimations en pourcentage de la répartition moyenne de la dépense publique entre secteur militaire et travaux publics. Source : Giorgio Candeloro, *Storia dell'Italia moderna. V. La costruzione dello Stato unitario*, Milano, Feltrinelli, 1968 [rééd. 2011], p. 389-390.

Si les réseaux de chemins de fer représentent certainement l'investissement le plus important, ce qui expliquerait en partie le plus grand succès de cet objet d'étude dans l'historiographie[3], il n'est pas inutile de s'intéresser à l'objet bien plus délaissé des chantiers portuaires[4]. Dès la fin des années 1850, le royaume de Sardaigne s'intéresse à une telle

3 C'est un point par exemple sur lequel insistent, à juste titre, et Giorgio Candeloro et Vera Zamagni : Giorgio Candeloro, *Storia dell'Italia moderna 5. La costruzione dello Stato unitario (1860-1871)*, Milano, Feltrinelli, 1968 ; Vera Zamagni, *Dalla periferia al centro. La seconda rinascita economica dell'Italia. 1861-1990*, Bologna, Il Mulino, 1993 ; voir aussi de manière plus spécifique : Stefano Fenoaltea, « Railroads and Italian Industrial Growth, 1861-1913 », *Explorations in Economis History*, IX, n° 4, Summer 1972, p. 325-352 ; Stefano Fenoaltea, « Le costruzioni ferroviarie in Italia. 1861-1913 », *Rivista di storia economica* I, n° 1, giugno 1984, p. 61-94 ; Michèle Merger, « Les chemins de fer italiens : leur construction et leurs effets amont (1860-1915), *Histoire, économie & société*, 11-1, 1992, p. 109-129 ; Stefano Maggi, *Dalla città allo Stato nazionale. Ferovie e modernizzazione a Siena tra Risorgimento e fascismo*, Milano, Giuffrè, 1994 ; Stefano Maggi, *Le ferrovie*, Bologna, Il Mulino, 2003 ; ou encore Romualdo Giuffrida, *Lo Stato e le ferrove in Sicilia (1860-1895)*, Caltanissetta, Sciascia Editore, 1967. Notons par ailleurs qu'il s'agit d'un objet de recherche pour lequel il existe une littérature scientifique également riche en ce qui concerne d'autres contextes étatiques européens. Pour ne citer rapidement que quelques travaux, voir : François Caron, *Histoire des chemins de fer en France*, tome premier, *1740-1883*, Paris, Fayard, 1997 ; tome deuxième, *1883-1937*, Paris, Fayard, 2005 ; Pascual Pere, *Los caminos de la era industrial. La construcción y financiación de la Red Ferroviaria Catalana*, Barcelona, Edicions Universitat de Barcelona, 1999 ; Malcolm C. Reed, *Investment in Railways in Britain, 1829-1844 : A Study in the Development of the Capital Market*, London, Oxford University Press, 1975.

4 Pour l'époque pré-unitaire, on trouvera de nombreux éléments utiles à l'étude des chantiers portuaires dans les quatre volumes dirigés par Giorgio Simoncini : Giorgio Simoncini, éd., *Sopra i porti di mare*, Firenze, L.S. Olschki, 1993-1995-1997. Concernant les chantiers portuaires en France au XIXe siècle, la question est notamment abordée dans Bruno Marnot, *Les grands ports…, op. cit.* ; ou encore, d'une manière plus spécifique, dans Anne Vauthier-Vezier, *L'identité maritime de Nantes au XIXe siècle*, Rennes, PUR, 2007.

perspective. En 1854, il est déjà question du curage général des ports, curage que Cavour attribue pour de nombreux ports à Luigi Orlando encore en charge des ports de l'île de Sardaigne en 1859[5]. Orlando est originaire de Palerme, ancien membre de la *Giovine Italia*, l'organisation de Mazzini, ingénieur naval immigré à Gênes après 1848, prenant la direction des chantiers navals de l'Ansaldo à Sampierdarena[6]. Il est ensuite sénateur du royaume d'Italie et se voit confier en 1866 le grand chantier du port de Livourne[7], faisant partie du programme italien de grands travaux portuaires.

Ce programme est défendu pour son caractère prétendument démiurgique. Il faut impulser le commerce national. Stefano Jacini écrit à ce propos :

> *La fiducia nel risorgimento del commercio italiano e il desiderio di prepararne gli elementi indussero Parlamento e Governo a proporre e a decretare, senza riguardi a spese, opere ingentissime, tanto per l'ampliazione ed il miglioramento dei porti esistenti, quanto per la creazione di nuovi scali di rifugio o di approdo.*[8]

Ainsi *risorgimento* politique et *risorgimento* du commerce seraient liés. L'imaginaire du *risorgimento*, résurrection, mot d'origine essentiellement religieuse avant de rentrer dans la sémantique politique dans une forme de sacralisation de l'État-nation[9], est par ailleurs particulièrement prégnant dans l'engagement étatique qui marque l'Unité[10]. Celui-ci

5 Archivio Centrale dello Stato (ACS), Ministero dei Lavori Pubblici, Porti e fari 173, Escavazione generale dei porti del regno.

6 *Cf.* Alain Dewerpe, *Les mondes de l'industrie. L'Ansaldo, un capitalisme à l'italienne*, Paris, Rome, EHESS, École française de Rome, 2017 ; et Marco Doria, *Ansaldo. L'impresa e Lo Stato*, Milano, Franco Angeli, 1989.

7 Archivio di Stato di Livorno, CNLO (cantiere navale Luigi Orlando).

8 Stefano Jacini, *L'amministrazione dei lavori pubblici in Italia dal 1860 a 1867*, Firenze, Eredi Botta, 1867, p. 57. Trad. : « La confiance dans la renaissance du commerce italien et le désir d'en préparer les éléments poussèrent parlement et gouvernement à proposer et décréter, sans égards aux dépenses, de très importants ouvrages tant pour l'amplification et l'amélioration des ports existants que pour la création de nouvelles escales de refuge ou d'abordage. »

9 Sur l'idée de sacralisation de l'État « moderne », héritant des fonctions de l'Église, on peut se référer avec quelques réserves sur l'usage du concept de « *de-magificazione del mondo* » à : Paolo Prodi, « Dalle secolarizzazioni alle religioni politiche », in Gian Enrico Rusconi, ed., *Lo Stato secolarizzato nell'età post-secolare*, Bologna, Il Mulino, 2008, p. 55-92.

10 *Cf.* Alberto Mario Banti, *Il Risorgimento italiano*, Roma, Bari, Laterza, 2004. Voir par ailleurs Silvana Patriarca, *Italianità. La costruzione del carattere nazionale*, Roma-Bari,

passe notamment par l'affirmation sur le territoire d'une nouvelle logique nationale et on peut alors se demander quelle place y occupe le grand programme de travaux portuaires engagé, et ce qu'il en révèle.

Pour traiter de cette question, nous allons procéder par le biais d'un certain jeu d'échelle[11], prenant le parti d'avancer en modulant les niveaux d'analyse. Pour autant, et bien que cela puisse surprendre, nous laisserons quelque peu de côté dans le développement le contexte plus international d'un tel programme de travaux bien que nous n'ignorons guère qu'on ne peut tout à fait le comprendre sans l'insérer dans les dynamiques d'une histoire globale desquelles il tire en outre ses raisons d'être[12]. Reste que si l'on ne veut pas courir le risque d'allonger considérablement cet article tout en accordant une place franche à une telle dimension, alors éluderions-nous peut-être ce qu'un tel programme révèle des dynamiques plus internes de l'unification italienne, soit le principal objet de notre problématique.

Nous procéderons en deux temps : un premier temps au niveau national, panoramique si l'on peut dire ainsi, et un second où nous resserrerons toujours plus la focale sur un cas particulier, mais qui n'est pas de moindre importance quant à l'histoire même de l'Unité italienne. Pour le dire autrement, nous allons d'abord nous intéresser à la nature de ce programme portuaire, l'ambition économique poursuivie, à la réorganisation territoriale qu'il semble impulser, mais aussi à quelques limites sommaires de sa mise en œuvre. Puis, nous nous intéresserons ensuite, à travers le cas de Naples, ex-capitale du Royaume des Deux-Siciles, aux conflits entre échelles de pouvoir qu'il peut impliquer et à quelques questions pratiques, « au ras du sol », que peuvent soulever la réalisation des travaux soumis à l'adjudication.

Laterza, 2010.

11 Sur la question des jeux d'échelles, voir Jacques Revel, éd., *Jeux d'échelles. La micro-analyse à l'expérience*, Paris, Gallimard – Le Seuil, 1996.

12 Non seulement dans l'optique de la construction d'une nouvelle puissance économique nationale, mais aussi dans le cadre de ce que Brunot Marnot désigne comme une « logique d'adaptation permanente » : Bruno Marnot, « Interconnexion et reclassements : l'insertion des ports français dans la chaîne multimodale au XIXe siècle », *Flux*, n° 59, 2005, p. 10-21 ; Bruno Marnot, « L'adaptation des ports de l'Europe de l'Ouest à la mondialisation du XIXe siècle », *Géotransports*, n° 4, 2014, p. 7-20.

UN PROGRAMME PORTUAIRE AMBITIEUX : SYMBOLE DE L'UNITÉ NATIONALE ?

UNE AMBITION ÉCONOMIQUE D'INSPIRATION « LIBRE-ÉCHANGISTE[13] »

Dans le cadre de la concurrence internationale, les dirigeants du nouvel État unitaire italien tentent de hisser celui-ci au niveau d'autres puissances européennes. La question des transports dans le développement, et l'extension, d'un marché national et dans l'unification territoriale est particulièrement importante[14]. Un pays voisin comme la France n'a-t-il pas d'ailleurs accompagné sa politique d'expansion coloniale de programmes de travaux publics, notamment de chantiers portuaires, à Alger et ailleurs[15] ? Mais les conditions d'origine

13 Nous employons ici l'épithète « libre-échangiste » par facilité, évitant de qualifier une telle idéologie de « libérale », mot souvent utilisé en ce qui concerne le XIXe siècle, mais qui porte selon nous à confusion tant le concept est polysémique et correspond rarement à la réalité à laquelle il est censé se rapporter.

14 *Cf.* Mario Di Gianfrancesco, *La rivoluzione dei trasporti nell'età risorgimentale : l'unificazione del mercato e la crisi del Mezzogiorno*, L'Aquila, Japadre, 1979 ; Gaetano Sabatini, éd., *La rivoluzione dei trasporti in Italia nel XIX secolo. Temi e materiali sullo sviluppo delle ferrovie tra questione nazionale e storia regionale*, L'Aquila, Amministrazione provinciale, 1996. Pour une relativisation du concept de « révolution des transports », voir Michèle Merger, « La révolution des transports : un concept périmé », *Historiens et Géographes*, n° 378, p. 203-218. Pour continuer toutefois de souligner l'importance des transports dans le développement du marché national, et international, voir : Valter Guadagno, *Ferrovie ed economia nell'ottocento postunitario*, Roma, Edizioni CAFI, 1995 ; Stefano Maggi, *Storia dei trasporti in Italia*, Bologna, Il Mulino, 2009. On se référera également, pour le cas Suisse, à Cédric Humair, « Industrialisation, chemin de fer et État central : retard et démarrage du réseau ferroviaire helvétique (1836-1852) », *Traverse. Revue d'Histoire*, 2008/1, p. 15-30 ; ou, pour ne citer qu'un article sur le cas français à « l'ère de l'interconnexion multimodale », soit le XIXe siècle, à Bruno Marnot, « Comment les ports de commerce devinrent-ils des nœuds de communication ? Les leçons de l'histoire française », *Revue d'histoire des chemins de fer*, 42-43, 2012, p. 9-26. Par ailleurs, on rappellera la relativisation du rôle des chemins de fer dans la croissance américaine, faite par l'économiste Fogel, Robert W. Fogel, *Railroads and American Economic Growth : Essays in Econometric History*, Baltimore, John Hopkins Press, 1964, et le débat, plus célèbre dans les pays anglo-saxons qu'en France, qui s'ensuivit sur les sous-jacents idéologiques de la « cliométrie ». Pour finir, on notera que la question des transports dans l'histoire, question essentielle, ne démérite pas d'avoir depuis 1953 une revue qui lui est dédiée, *The Journal of Transport History*.

15 *Cf.* Souha Salhi, « Construire le port en situation coloniale. Les travaux de Victor Poiriel à Alger (1832-1840) », in Gilles Bienvenu, Martiel Monteil, Hélène Rousteau-Chambon, éd.,

ne facilitent pas une telle tâche. Le réseau routier italien est en assez piteux état. Le nombre de kilomètres de voies ferrées en 1860 par rapport au nombre d'habitants et à la superficie du territoire place la péninsule loin derrière le Royaume-Uni, la Belgique, les États-Unis, la Suisse ou la France.

Indice de développement des chemins de fer	1840	1860	1880
Allemagne	1,1	21	54
Belgique	6,6	30	60
États-Unis	2,9	19	53
France	1,2	18	44
Italie	0,8	6	23
Royaume-Uni	7,2	44	66
Suisse	Négligeable	28	63

FIG. 2 – Indice de développement des chemins de fer : V/(P+3S) [V = longueur en kilomètres des voies de chemins de fer en exploitation ; P= population exprimée en 100 000 habitants ; S = superficie du pays en 10 000 km carré]. Source : Paul Bairoch, « Niveaux de développement économique de 1810 à 1910 », *Annales. Économies, Sociétés, Civilisations*, n° 6, Novembre-Décembre 1965, p. 1091-1117.

De plus, la répartition des chemins de fer sur le territoire est particulièrement inégalitaire.

Voies ferrées en avril 1859	Réseau fonctionnel (en km)	Réseau en construction (en km)	Total (en km)
Piémont / Ligure	807	59	866
Lombardie	200	40	240

Construire ! Entre Antiquité et Époque moderne, Actes du 3e congrès francophone d'histoire de la construction, Nantes, 21-23 juin 2017, Paris, Picas, 2019, p. 315-324 ; Fabien Bartolotti, « Mobilité d'entrepreneurs et circulations des techniques. Les chantiers portuaires de Dussaud frères d'un rivage à l'autre (1848-1869) », *Revue d'histoire du XIXe siècle*, n° 51, 2015, p. 171-185 ; Dominique Barjot, *La Grande Entreprise de travaux Publics (1883-1974)*, Paris, Economica, 2006 ; Dominique Barjot, « Entrepreneurs, entreprises et travaux publics au Maghreb et au Proche-Orient des années 1860 aux années 1940 », in Claudine Piaton, Ezio Godoli, David Peyceré, éd., *Construire au-delà de la Méditerranée : l'apport des archives d'entreprises européennes (1860-1970)*, Arles, Honoré Clair, 2012, p. 13-29.

Émilie	33	147	180
Marches et Ombrie	‹›	‹›	‹›
Toscane	308	16	324
Provinces napolitaines	124	4	128
Sicile	‹›	‹›	‹›

FIG. 3 – État du réseau ferroviaire en kilomètres en avril 1859.
Source : Stefano Jacini [1867], *op. cit.*, p. 12.

Une telle inégalité ne doit tout de même pas faire oublier que bien des lignes ferroviaires construites au sud dans l'élan de l'unification ont déjà été projetées par le pouvoir bourbonien. Il avait déjà pour objectif de relier toutes les provinces du Mezzogiorno à Naples[16]. Les travaux en eux-mêmes n'ont pas commencé, mais sur le papier l'entrepreneur Giocchino Fale s'est par exemple vu concéder la voie ferrée Naples-Bari en 1851, un entrepreneur nommé Pellegrini la voie Naples-Brindisi en 1852[17] et en 1857, Chatard Furger la Naples-Reggio[18]. Cependant, la réalisation effective des voies n'est d'aucune commune mesure avec l'envergure des aménagements piémontais[19].

Selon Stefano Jacini, l'inégalité de développement des infrastructures de transport est aussi notable en ce qui concerne les ports commerciaux. Il affirme que la monarchie bourbonienne était plus attentive aux ports militaires[20]. Mais si, de premier abord, les travaux initiés à Naples dans les années 1840 jusqu'au début des années 1850 concernent effectivement le môle San Vincenzo du port militaire[21], là aussi, sans remettre en cause le constat d'inégalité en termes d'infrastructures, il faut tout de même rappeler que ces travaux s'inscrivaient dans la continuité d'un

16 Archivio di Stato di Napoli (ASN), Ministero dei Lavori Pubblici 252.

17 *Ibid.*

18 *Ibid.*

19 *Cf.* Luigi Ajossa, « Rapporto sulle strade ferrate rassegnato a S.M. il re », *Annali civili del Regno delle Due Sicilie*, Vol. LXVIII, Fasc. CXXXV, gennaio-febbraio 1860, p. 83-97 ; ainsi que Nicola Ostuni, *Iniziativa privata e ferrovie nel regno delle Due Sicilie*, Napoli, Giannini, 1980.

20 Stefano Jacini, *L'amministrazione dei lavori*, *op. cit.*, IV.

21 ASN, Ministero dei Lavori Pubblici 314.

projet discuté quelques années plus tôt à la demande notamment de la marine marchande réclamant une plus grande sécurité pour les navires de commerce et acceptant même une plus forte taxation douanière pour participer à l'effort d'aménagement[22].

Il reste qu'au moment de l'Unité, si le Mezzogiorno n'est pas le Piémont, le niveau de développement des infrastructures portuaires dans l'Italie entière, à Gênes, à Livourne, à Civitavecchia, à Naples, à Messine ou encore à Palerme, n'est pas celui de la France ou de l'Angleterre. Le volontarisme gouvernemental tend à combler cette différence, mais encore en 1876, alors qu'il y a à Marseille 12 616 mètres de quais, dont 8500 pour le transbordement, il n'y en a que 3200 mètres à Gênes : ils sont étroits et les bateaux à vapeur peinent à y accoster à cause du manque de profondeur du bassin portuaire[23]. La dépense en la matière, à défaut sans doute d'être suffisante, avait pourtant été engagée au plus tôt de l'Unité.

Ports	Financement étatique (en lires) entre 1860 et 1866
Gênes	6 478 347,76
Livourne	7 728 297,39
Naples	3 200 000
Messine	1 610 920,32
Palerme	2 288 699,57

FIG. 4 – Financement étatique des cinq principaux ports méditerranéens italien entre 1860 et 1866. Source : Stefano Jacini (1867), *op. cit.*, p. 60.

Comme l'écrit Stefano Jacini, des investissements pour des ouvrages portuaires avaient même déjà été faits avant l'Unité, surtout dans le royaume de Sardaigne et en Toscane. De là, on peut être surpris de la notable différence d'investissement, dans les cinq premières années de l'État unifié, entre ports du nord et ports du sud, d'autant qu'on dénigre régulièrement la léthargie de l'ex-gouvernement bourbonien à propos de l'investissement dans les infrastructures portuaires. Mais Jacini explique

22 *Id.* 315.

23 Andrea Giuntini, « Nascita, sviluppo e tracollo della rete infrastrutturale », in *Storia d'Italia. L'industria. 21 I problemi dello sviluppo economico*, Torino, Einaudi, 1999, p. 549-616.

que le financement étatique dépend de l'importance du port[24]. On peut alors se demander si, à l'aube de l'Unité, cela ne creuserait pas le fossé entre les ports du sud et les ports du nord, aggravant possiblement un certain déséquilibre en ce qui concerne l'industrialisation[25], bien qu'il soit aussi notable que la différence d'investissement semble s'amoindrir dans les années suivantes.

Ports	Financement étatique (en lires) entre 1861 et 1876
Ancône	5 596 386
Bari	436 985
Brindisi	6 338 302
Cagliari	11 985
Catane	838 141
Gênes	8 198 864
Livourne	7 138 801
Messine	3 400 574
Naples	6 625 039
Palerme	3 497 712
Savone	720 375
Venise	5 269 640

FIG. 5 – Financement étatique des principaux ports italiens entre 1861 et 1876.
Source : Ellena utilisée dans Andrea Giuntini, *op. cit.*

Entre 1861 et 1878, ce ne sont pas moins de 53 lois qui sont promulguées à propos des infrastructures portuaires, pour un investissement de 141 millions de lires[26]. Pour Jacini, le développement des forces productives de l'Italie dépend des ouvrages publics et les aménagements devraient permettre la « *ristaurazione economica delle provincie meridionali e quindi della perfetta loro fusione col rimanente del Regno*[27] ». Cela s'inscrit

24 Stefano Jacini, *Sulle opere pubbliche…*, *op. cit.*, p. 42.

25 Sur ce déséquilibre quant à l'industrialisation, voir notamment : Giorgio Mori, éd., *L'industrializzazione in Italia (1861-1900)*, Bologna, Il Mulino, 1981 ; ou encore Vera Zamagni, *Industrializzazione e squilibri regionali in Italia*, Bologna, Il Mulino, 1978.

26 Andrea Giuntini, *op. cit.*

27 Stefano Jacini, *Sulle opere pubbliche…*, *op. cit.*, p. 174. Trad. : « [la] restauration économique des provinces méridionales et, par conséquent, leur parfaite fusion avec le reste

dans un contexte plus large de libéralisation de l'économie à l'échelle du pays, comme continuité de l'expansion notamment affirmée lors de ladite « fusion parfaite » de 1847[28]. Les élections du 25 mars 1860 pour le parlement de Turin, tenues dans les anciens États sardes, en Lombardie, en Émilie et en Toscane, ont offert une solide majorité libérale favorable à Cavour. Un mois plus tard, ce sont les plébiscites d'annexion de Nice et de la Savoie à la France qui obtiennent un résultat favorable ; et le 4 novembre, les Marches et l'Ombrie qui votent l'unification[29] à la suite du Mezzogiorno où plus d'un million de votants se sont également déclarés en faveur du nouvel État italien le 21 octobre 1860. Selon l'historien Angelantonio Spagnoletti, ce résultat serait notamment dû à la crainte d'une marginalisation sur le plan international : dans le cadre de la concurrence agressive entre puissances étatiques, il ne peut plus être question de petits États, de duchés, des républiques, du passé[30].

Si la plupart des anciens États appliquaient une politique douanière assez protectionniste, bien qu'une baisse assez générale des taxes soit notable à la fin des années 1850, le royaume de Sardaigne et le grand-duché de Toscane avaient fait un pas plus radical en faveur du libre-échangisme. Avec l'unification, les tarifs douaniers piémontais s'étendent à toute la péninsule. Ils sont, avec ceux pratiqués en Belgique et en Angleterre, les plus bas d'Europe[31]. Si Cavour, tout comme ceux qui s'inscrivent dans sa lignée, croit particulièrement au modèle anglais, il ne semble pas comprendre, ou feint de ne pas voir, la spécificité italienne et ses possibles difficultés comme la carence de crédit pour les industries ou encore la distance des grands marchés européens de matières premières. Il se bat pour l'ouverture du marché italien, voire sa fusion avec les marchés des pays européens plus avancés. Deux ans après sa mort, en 1863, le traité italo-français va dans ce sens[32].

---

du Royaume. »

28 *Cf.* Giorgio Candeloro, *Storia dell'Italia Moderna*, 3. *La Rivoluzione nazionale (1846-1849)*, Milano, Feltrinelli, 1960 ; 4. *Dalla Rivoluzione nazionale all'unità (1849-1860)*, Milano, Feltrinelli, 1964.

29 *Cf.* Alberto Mario Banti, *op. cit.*, VI-VII.

30 Angelantonio Spagnoletti, *Storia del Regno delle Due Sicilie*, Bologna, Il Mulino, 1997, p. 306.

31 Piero Bevilacqua, *Breve storia dell'Italia meridionale. Dall'Ottocento a oggi*, Roma, Donzelli, 2005, p. 78.

32 Giuseppe Are, « Il liberalismo economico in Italia dal 1845 al 1915 », in Rudolf Lill, Nicola Matteucci, éd., *Il liberalismo in Italia e in Germania dalla rivoluzione del '48 alla*

L'État unitaire italien, dans cette logique, ne peut contenter tous les industriels du pays. Si de nombreuses industries du sud survivent aux nouvelles politiques de libre-échange, la croissance générale de l'industrie méridionale s'en voit limitée, redimensionnée. Toute l'industrie de la péninsule est en fait touchée par les politiques de libre-échange[33]. La droite au pouvoir n'est pas opposée au développement industriel, mais elle suggère que c'est des forces spontanées du marché qu'il peut émerger[34]. Le rôle de l'État serait donc de favoriser les conditions de l'échange et les aménagements portuaires font partie d'un tel objectif. Mais l'Italie n'est pas l'Angleterre.

> *In Inghilterra la teoria e la prassi del libero scambio si associavano a un basso profilo della finanza pubblica, a una razionalizzazione del sistema fiscale (finanza gladstoniana) e a una indefettibile convertibilità della moneta e solvibilità dello Stato. In Italia la pressione fiscale raggiunse subito una quota superiore agli altri paesi, addirittura tremenda. La richezza che essa assorbiva da un lato permetteva la creazione di infrastrutture civili ed economiche che urgevano e che nessuna impresa privata avrebe potuto accollarsi.*[35]

Le royaume de Sardaigne était déjà en déficit, un déficit qui est réduit à la fin des années 1850 par une augmentation des impôts et des emprunts à l'extérieur. En 1861, c'est aussi la dette qui est unifiée pour un montant de 2400 millions de lires, dû notamment aux dépenses faites entre 1859 et 1860 par le royaume de Sardaigne et les gouvernements provisoires des provinces. Leur poids représenterait près de 57 % du total, celui de l'ex-royaume des Deux-Siciles 30 % et celui des autres États pré-unitaires 13 %[36]. Ainsi, la dette du « nord » est en voie d'être épongée par

prima guerra mondiale, Annali dell'Istituto storico italo-germanico, Bologna, Il Mulino, 1980, p. 451-484.

33 Piero Bevilacqua, *op. cit.*, II-5.

34 Giovanni Federico, Renato Giannetti, « Le politiche industriali », in *Storia d'Italia. L'industrie. 22 Imprenditori e imprese*, Torino, Einaudi, 1999, p. 1124-1159.

35 Giuseppe Are, *op. cit.* Trad. : « En Angleterre, la théorie et la praxis du libre-échange s'associaient au profil bas de la finance publique, à une rationalisation du système fiscal (finance gladstonienne), à une indéfectible convertibilité de la monnaie et solvabilité de l'État. En Italie, la pression fiscale a immédiatement rejoint un quota supérieur aux autres pays, d'une manière presque vertigineuse. La richesse qu'elle absorbait d'un côté repartait dans la création d'infrastructures civiles et économiques qui pressaient et dont aucune entreprise n'aurait pu s'occuper. »

36 Stefano Manestra, Ugo Righini, « Debito pubblico, fisco, demanio e beni ecclesiastici », in Agostino Attanasio, éd., *La Macchina dello Stato. Leggi, uomini e strutture che hanno*

l'ensemble du nouveau pays, ce qui passe par l'imposition d'un nouveau système fiscal qui n'est pas sans entraîner son lot de troubles sociaux, notamment dans le Mezzogiorno, les taxes auparavant levées par l'État bourbonien, moins porté aux investissements, étant sans doute moins élevées[37]. C'est à ce prix que l'État unitaire a pu trouver des ressources pour investir, notamment dans les infrastructures.

UNE ORGANISATION ADMINISTRATIVE CENTRALISTE HÉRITIÈRE DU MODÈLE PIÉMONTAIS

L'investissement de l'État unitaire dans les ports nécessite la mise en place d'une politique générale de financement de l'aménagement, ce qui prend quelques années sans avoir pour autant empêché des investissements antérieurs. En 1865, quelques mois avant que la première classification générale des ports du royaume d'Italie soit stabilisée, un rapport de la commission permanente des finances sur le projet du port de Naples indique qu'il devient urgent de présenter un projet de loi sur les ouvrages publics, dans lequel seraient soumises à des normes équitables, constantes et uniformes, les modalités des dépenses faites pour les travaux portuaires, suivant les traces des lois du 24 juin 1852 et du 20 novembre 1859[38]. Ces deux lois viennent du royaume de Sardaigne. Elles avaient été promulguées par Victor-Emmanuel II. La loi du 24 juin 1852, concernant spécifiquement les ports, prévoyait que les travaux hydrauliques de conservation ou d'amélioration, et les

fatto l'Italia, Milano, Electa, p. 101-109. Voir aussi Giorgio Candeloro, *Storia dell'Italia moderna 5. La costruzione…*, *op. cit.*, p. 241.

37 Vera Zamagni, *Dalla periferia al centro…*, *op. cit.*, p. 221. En ce qui concerne l'histoire économique post-unitaire, on peut également se référer à Vera Zamagni, *Industrializzazione e squilibri…*, *op. cit.* ; Giorgio Mori, *op. cit.* ; Marcello De Cecco, éd., *L'Italia e il sistema finanziario internazionale 1861-1914*, Roma-Bari, Laterza, 1990 ; ou encore à Valerio Castronovo, *Storia economica d'Italia. Dall'Ottocento ai giorni nostri*, Torino, Einaudi, 1995.

38 ACS, Ministero dei Lavori Pubblici, Porti e fari 115, Relazione della Commissione permanente di finanze sul progetto di legge per la convalidazione del Reale Decreto del 27 settembre 1863 portante una diversa applicazione dei fondi destinati alle opere del porto di Napoli, Senato del Regno, 2 janvier 1865.

nouveaux ouvrages hydrauliques des ports et des plages seraient exécutés à la charge de l'État, des provinces et des communes selon leur nature et l'importance des ports et des plages où ils seraient exécutés[39]. L'article 3 indiquait les travaux concernés par la loi :

> *Sono lavori ed opere idrauliche di un porto o spiaggia :*
> *Le escavazioni della bocca, bacino e canali del porto.*
> *Gli argini e moli di circondario per difenderli dalle alluvioni e dagli interrimenti.*
> *I canali di deviazione e gli smaltitoi per liberarli dai depositi e dalle infezioni.*
> *I moli e le dighe per regolarne la foce e proteggerne i bacini.*
> *I moli di ridotto e i frangi-onde per renderne più coperto e più sicuro l'ancoraggio.*
> *Le ripe artificali, darsene, approdi, imbarcatoi.*
> *Le gettate e scogliere destinate a guarantire le sponde della foce, i bacini e i canali.*
> *I fari, le torri, i gravitelli ed altri segnali fissi e mobili destinati a servire di guida ai bastimenti.*
> *Ed ogni altra opera cui scopo sia mantenere profondo e spurgato il bacino di un porto, facilitarne l'accesso, l'approdo e l'uscita, ed aumentare la sicurezza dei bastimenti che vi praticano.*[40]

Cette loi prévoyait une classification des ports du Royaume de Sardaigne en trois catégories. La première concernait les ports reconnus d'utilité générale de l'État et comportait deux classes : 1. les principaux ports de commerce ; 2. les ports qui servaient aux garnisons et aux établissements militaires maritimes. La deuxième catégorie concernait les ports dont l'utilité commerciale s'étendait à une ou plusieurs provinces. La troisième : les ports dont l'utilité ne s'étendait qu'à une ou plusieurs communes.

39 Archivio di Diritto e Storia Costituzionali (ADSC) [En ligne : Università di Torino. Dipartimento di Scienze Giuridiche], Atti del governo n. 1394, Vittorio Emmanuele II, Torino.

40 *Ibid.* Trad. : « Ce sont les travaux et ouvrages hydrauliques d'un port ou d'une plage. Les curages d'embouchure, de bassin et des canaux de port. Les digues et quais de circonscription pour les défendre des alluvions et autres ensablements. Les canaux de déviation et les égouts pour les libérer des déchets et des infections. Les quais et les digues pour en réguler l'estuaire et en protéger les bassins. Les quais de réduit et les brise-lames pour en rendre plus couvert et sûr l'ancrage. Les rives artificielles, darses, points d'ancrage, embarcadères. Les jetées et remblais destinés à garantir les rivages de l'embouchure, les bassins et les canaux. Les phares, les tours, les bouées et autres signaux fixes et mobiles destinés à guider les bâtiments. Et chaque autre ouvrage dont le but est de maintenir la profondeur et le curage du bassin d'un port, d'en faciliter l'accès, l'accostage et la sortie, et d'y rendre plus sûre la navigation des bâtiments. »

Ports de première catégorie	1e classe : principaux ports de commerce
	2e classe : ports militaires
Ports de deuxième catégorie	Ports d'utilité commerciale provinciale
Ports de troisième catégorie	Ports d'utilité commerciale communale

FIG. 6 – Catégorisation des ports dans le royaume de Sardaigne selon la loi du 24 juin 1852. Source : ADSC, Atti del governo n. 1394, Vittorio Emmanuele II, Torino.

La loi suivante, celle du 20 novembre 1859, était un décret royal comprenant un ensemble de mesures : décret entrant dans le cadre des pouvoirs extraordinaires conférés à Victor-Emmanuel II le 25 avril 1859, jour où le roi a été investi de tous les pouvoirs législatifs et exécutifs sous la responsabilité ministérielle. Elle faisait partie d'un ensemble de lois promulguées ce jour-là dans le royaume de Sardaigne, parmi lesquelles la réforme de la loi électorale du 17 mars 1848, l'institution du nouveau Code pénal ou encore celle du nouveau code de procédure civile. Elle concernait l'administration des ouvrages publics, routes, voies ferrées, canaux, fleuves, ports, monuments, habitats, édifices publics, centres télégraphes, mines ou encore carrières. Concernant les routes, quand celles-ci étaient liées à la sécurité de l'État et à la défense militaire, le ministère des Travaux publics devait agir de concert avec le ministère de la guerre, et quand il s'agissait de ports, avec le ministère de la Marine. Les tarifs des voies ferrées, les prix de vente de l'eau publique ou encore les taxes minières étaient définis en accord avec le ministère des Finances. L'administration économique des canaux domaniaux d'irrigation, celle des canaux navigables et des taxes de navigation, et finalement celle des mines et carrières exploitées pour le compte de l'État, étaient considérées comme des objets étrangers au ministère des Travaux publics et réservés au ministère des Finances. Les projets d'ouvrage, la direction technique de leur exécution, la comptabilité relative à ceux-ci et leur mise en service, quant à eux, faisaient partie des attributions du ministère des Travaux publics[41].

41 *Ibid.*, Atti del governo n. 3754, Vittorio Emmanuele II, Torino.

Dans les toutes premières années de l'Unité, s'il est question de faire une nouvelle classification générale des ports, comprenant quatre catégories plutôt que trois, c'est la classification sarde établie en 1852 que l'on envisage d'étendre à tout le royaume d'une manière que l'on pourrait presque qualifier d'improvisée, tellement certains documents et listes archivés à ce propos sont brouillons.

1e catégorie 1e classe Grands ports de commerce	1e catégorie 2e classe Ports militaires	2e catégorie Ports d'utilité commerciale provinciale
Ancone	Augusta	Alghero
Brindisi	Carlofonte	Bosa
Cagliari	Favignana	Castellamare
Gênes	Ischia	Catane
Livourne	Lampedusa	Cefalù
Messine	Lipari	Fano
Naples	Nicida	Gallipoli
Palerme	Pantelleria	Girgenti
Pescara	Porto Ercoli	La Spezia
Porto Cassini	Porto Longone	Licata
Porto Torres	Porto vecchio di Piombino	Marsala
Reggio de Calabre	Porto Venere	Oltranto
Savone	Portoferraio	Oneglia
Syracuse	Procida	Pesaro
Trapani	Tarante	Porto Maurizio
‘’	Terranova	Pozzuoli
‘’	Tortoli	Rimini
‘’	Capraia	Salerne
‘’	Porto Conte	San Remo
‘’	Aranci	Santa Venere
‘’	Porto Santo Stefano	Trani
‘’	Pantelleria	Viareggio
‘’	...etc...	...etc...

FIG. 7 – Classification temporaire à l'exception de la troisième catégorie et non exhaustive des ports du royaume d'Italie à l'aube de l'Unité.
Source : ACS, Ministero dei Lavori Pubblici, Porti e fari 181,
Progetto di riforma della legge sulle opere pubbliche. Estim. 1863.

La prise en compte d'une telle classification est d'ailleurs loin d'être rigoureuse tant la loi d'exception semble être dans les premiers temps le maître mot de la politique d'aménagement portuaire[42]. Cependant, sa fonction bureaucratique dans la construction du nouvel État-nation n'est pas des moindres puisqu'elle est censée définir pour chacun des ports les modalités de financement qui le concernent et le niveau d'investissement de l'État.

Modalités de financement des ports	Participation de l'État	Participation de la province	Participation de la commune
1e catégorie dépenses ordinaires	90 %	‘’	10 %
1e catégorie dépenses extra-ordinaires	95 %	‘’	5 %
2e catégorie	50 %	25 %	25 %

FIG. 8 – Modalités génériques de financement des ports de 1e et 2e catégories.
Source : ACS, Ministero dei Lavori Pubblici, Porti e fari 181,
Progetto di riforma della legge sulle opere pubbliche. Estim. 1863.

Dans les modalités de financement, il faut ajouter plusieurs exceptions parmi lesquelles Pozzuoli, port pour lequel les dépenses devaient être assumées à 50 % par l'État, 25 % par la Province et la Terra di Lavoro, 12,5 % par la Province de Naples et 12,5 % par la commune de Pozzuoli. Pour les autres cas, il est possible de mentionner Castellamare pour laquelle le même système devait être employé. Mais il existe d'autres systèmes envisagés tel celui de Santa Venere avec théoriquement un financement de 50 % par l'État, de 30 % par la Province de Calabre ultérieure seconde et 20 % par la Calabre ultérieure première[43].

42 Cette inversion des priorités entre loi générale et lois particulières est d'ailleurs soulignée dès 1863 par le député Francesco De Blasiis à propos du projet portuaire de Bosa. Il s'oppose alors tant à l'ex-ministre des travaux publics Agostino Depretis, appartenant à la « gauche modérée », qu'au nouveau ministre de droite en poste, Luigi Menabrea. *Cf.* ACS, Ministero dei lavori pubblici, Porti e fari 15, Camera dei deputati, discussione del disegno di legge relativo alla formazione d'un porto nella rada di Bosa, 1863.

43 ACS, Ministero dei Lavori Pubblici, Porti e fari 181, Progetto di riforma della legge sulle opere pubbliche. Estim. 1863.

La classification donne parfois lieu à des tentatives de négociation entre organes bureaucratiques périphériques, soumis au ministère des Travaux publics, et le ministère en lui-même. Ainsi, la direction générale pour les provinces siciliennes, située à Palerme, s'adresse aux autorités de Turin le 1er septembre 1863 afin que Girgenti soit placé en seconde catégorie, pour l'importance de ses exportations de souffre, de blés et de sels minéraux, et ses revenus qui ne sont pas inférieurs à ceux du port de Syracuse et de Trapani pourtant placés en seconde catégorie dans le projet de loi. La construction à venir du port de Licata pourrait bien faire chuter le succès de Girgenti, mais ce n'est pas encore le cas[44].

Par ailleurs, la classification ne concerne pas seulement les modalités de financement des travaux, mais également celles de leur suivi. En 1865, alors que les deux classes de la première catégorie sont abolies et que les catégories ne sont plus trois, mais quatre, quelques clarifications sont émises vis-à-vis de l'exécution des ouvrages maritimes des ports d'intérêt national et provincial. L'exécution est censée être opérée sous la direction du corps du génie civil, et donc du ministère des Travaux publics. Plus qu'un simple droit de regard sur les projets, leur compilation, la direction, la surveillance et le suivi comptable des travaux reviennent à des organes de l'État. Les ports de quatrième catégorie, d'intérêt communal, ne sont pas non plus oubliés des pouvoirs centraux. Aussi petits soient-ils, lorsqu'il s'agit de travaux publics, l'État doit garder la main sur les localités, comme le suggère d'ailleurs en avril 1863 la section napolitaine du conseil supérieur des travaux publics à propos du nouveau projet de loi pour la réorganisation de l'administration des travaux maritimes et pour les classifications des ports : les ports de quatrième catégorie sont certes des ouvrages communaux, mais peuvent intéresser le commerce d'une ample contrée ; si pour des raisons de rapidité et d'efficacité, la partie administrative les concernant est laissée aux préfets de provinces, la vigilance technique doit rester sous la tutelle du ministère des Travaux publics et revient au génie civil[45]. Voilà une importance des techniciens au service de l'État central qui n'est pas sans rappeler le modèle français[46],

44 *Ibid.*, Direzione generale per le provincie siciliane al Ministero dei Lavori Pubblici, Palermo, 1er settembre 1863.

45 *Ibid.*, Consiglio superiore dei lavori pubblici, sezione di Napoli, Adunanza del 29 aprile 1863.

46 Andrea Giuntini, *op. cit.* Plus spécifiquement, sur la place de l'ingénieur en France, voir Antoine Picon, *L'invention de l'ingénieur moderne : l'École des ponts et chaussées, 1747-1851*,

notamment introduit sur la péninsule durant le *decennio francese* napoléonien[47], mais aussi, plus directement, l'évolution pré-unitaire du corps d'ingénieurs dans le royaume de Sardaigne[48].

UN PROGRAMME PENSÉ DANS LA PRÉCIPITATION ET LES DIFFICULTÉS DE SA MISE EN ŒUVRE

Le volontarisme étatique en ce qui concerne l'aménagement du territoire, à la portée toute symbolique à l'heure de l'unification, ne s'appuie pas sur une nouvelle logique administrative. Sans doute dans une optique de facilité et de recherche rapide d'efficacité, le « nouveau » s'inscrit dans la continuité de l'ancienne organisation prévalente dans le royaume de Sardaigne, ce qui est par ailleurs le cas concernant de nombreuses autres prérogatives étatiques[49]. Mais dans la pratique, peut-on parler pour autant d'efficacité trouvée en matière de mise en œuvre d'une telle politique de travaux portuaires ? Pour les premières années, rien n'est moins sûr et cela n'est pas seulement du fait de l'indéniable mobilisation des finances publiques dans l'économie militaire, mais sans doute aussi d'une certaine précipitation peu propice à l'élaboration d'un programme cohérent, ce qui, à la marge, à d'ailleurs pu être dénoncé

Paris, Presses de l'École nationale des Ponts et chaussées, 1992 ; et pour se faire une idée plus claire en ce qui concerne l'Italie, voir Luigi Blanco, éd., *Amministrazione, formazione e professione : gli ingegneri in Italia tra Sette e Ottocento*, Bologna, Il Mulino, 2000.

47 *Cf.* Armando Vittoria, *La strada della Nazione. Opere pubbliche e riforme istituzionali nel Decennio francese (1806-1815)*, Roma, Carocci editore, 2017 ; Giuseppe Foscari, « Ingegneri e territorio nel regno di Napoli tra età francese e Restaurazione : reclutamento, formazione e carriere », in Maria Luisa Betri, Alessandro Pastora, éd., *Avvocati Medici Ingegneri. Alle origini delle professioni moderne*, Bologna, Clueb, 1997, p. 279-291 ; ou encore Giuseppe Foscari, *Dall'arte alla professione : l'ingegnere meridionale tra Sette e Ottocento*, Naples, ESI, 1995.

48 *Cf.* Alessandra Ferraresi, « Per una storia dell'ingegneria sabauda : scienza, tecnica, amministrazione al servizio dello Stato », in Luigi Blanco, éd., *Amministrazione, formazione…*, *op. cit.*, p. 91-299.

49 *Cf.* Fulvio Cammarano, *Storia dell'Italia liberale*, Roma, Bari, Laterza, 2011 ; Leonida Tedoldi, *Storia dello Stato italiano. Dall'Unità al XXI secolo*, Roma-Bari, Laterza, 2018 ; Guido Melis, *Storia dell'amministrazione italiana. 1861-1993*, Bologna, Il Mulino, 1996 ; Angelo Porro, *Il prefetto e l'amministrazione periferica in Italia. Dall'Intendente subalpino al Prefetto italiano (1842-1871)*, Milano, Giuffrè, 1972.

à la chambre des députés, comme par De Blasiis en 1863[50]. En 1867, le ministre Stefano Jacini lui-même le reconnaît. S'il met en avant les mérites de la politique d'aménagement engagée, il ne peut éluder la question des difficultés qu'a pu présenter l'exécution des ouvrages maritimes. La majeure partie de ceux-ci ont été envisagés sur la base de simples « *progetti di massima*[51] », déclarations de principe, auxquels se sont ensuite substitués des projets complets et définitifs[52]. Il rajoute que ces ouvrages requièrent des dépenses si importantes que leur réalisation peut s'avérer plus dommageable qu'utile[53], fait mention des difficultés techniques, administratives, qui ont causé de notables retards, dès le stade notamment des travaux préparatoires visant par exemple à récupérer les pierres nécessaires ou à transporter tous les matériaux[54]. Certes, Jacini, qui quitte le ministère des Travaux publics la même année, ne remet pas en cause son bilan et cherche au contraire à légitimer l'action gouvernementale, mais d'une telle manière qu'il donne finalement l'impression que la construction du nouvel État italien ne peut être assimilée à une forme de rationalisation « libérale », mais relève tout au plus d'un certain bricolage administratif. Les erreurs ne seraient d'ailleurs pas critiquables, mais s'expliqueraient finalement par la grandeur du volontarisme de l'État visant à servir des intérêts politiques et militaires desquels pouvait dépendre son existence même. Voilà qui pourrait donc justifier le manque d'études préalables, les modifications successives des délibérations, l'accroissement des dépenses, les retards dans les travaux, la précipitation dans les grands chantiers. Jacini souligne aussi qu'il faut prendre en compte une difficulté non moindre : celle de l'adaptation à une nouvelle administration pour le personnel d'une grande partie du nouveau royaume, autrefois privé des traditions que reprenait le nouvel État, et même parfois des règles écrites, sous-entendant finalement que le gouvernement centraliste inspiré du modèle administratif piémontais était plus apte à respecter de telles traditions législatives et réglementaires que les ex-administrations locales[55]. Mais cela ne masquerait-il

50 ACS, Ministero dei lavori pubblici, Porti e fari 15, Camera dei deputati, discussione del disegno di legge relativo alla formazione d'un porto nella rada di Bosa, 1863.

51 Trad. : « plans d'ensemble »

52 Stefano Jacini, *op. cit.*, p. 58.

53 *Ibid.*

54 *Ibid.*, p. 59.

55 *Ibid.*, p. 132.

pas d'autres problèmes concernant à la fois l'État central et les limites dans la pratique de l'idéologie libérale ? Si l'on se penche sur quelques dossiers d'archives relatifs à la réalisation des travaux portuaires dans les années 1860, ce n'est pas tant ce souci d'adaptation administrative dans les nouvelles localités intégrées qui nous marque de premier abord, mais les difficultés qui peuvent apparaître au niveau des marchés publics, soit dans le cadre de la relation entre État et entreprise.

Premièrement, à l'aube de l'Unité, un certain nombre de travaux mis à l'adjudication ne trouvent pas d'adjudicataires *via* la procédure officielle d'adjudication, celle des enveloppes scellées, des offres au rabais, de la procédure censée favoriser la libre concurrence. Tel est par exemple le cas pour le chantier de Tortoli, celui de Bosa[56] ou encore celui de Messine[57]. Nombre de grands entrepreneurs, voyant dans cette politique unitaire de grands travaux une opportunité de gagner des marchés, préfèrent la voie discrétionnaire de laquelle ils comptent tirer plus grand avantage[58]. Cela n'est pas sans mettre en porte-à-faux l'administration publique dans la négociation des conditions de réalisation des travaux.

En second lieu, une fois le marché attribué, il est fréquent que les entrepreneurs renégocient les conditions. Cela peut se faire au gré des aléas, des imprévus, les cahiers des charges prévoyant à cet égard une certaine flexibilité, mais aussi dans le cadre d'un certain rapport de force entre l'entreprise et l'État qui, malgré l'existence de conflits, pousse parfois l'administration publique à l'indulgence. Les coûts augmentent, les retards sont nombreux, mais il faudrait que les travaux avancent, bien que l'on compte de nombreux projets redimensionnés ou tout simplement abandonnés. À cet égard, parmi d'autres, un cas comme celui de Bosa s'avère des plus intéressants à étudier tant les concessions faites à l'entrepreneur Vittorio Fogu sont nombreuses et aboutissent à un gaspillage des ressources publiques pour un projet en échec[59]. Cependant, il apparaît plus judicieux ici de s'interroger sur un port autrement important, celui de Naples, ancienne capitale tout juste déchue.

56 ACS, Ministero dei Lavori Pubblici, Porti e fari 14.

57 *Ibid.* 109.

58 *Cf.* Nathan Brenu, « Du contournement des procédures officielles d'adjudication de travaux publics dans l'Italie post-unitaire », *Droit et Ville*, n° 90, 2020, p. 155-165.

59 ACS, Ministero dei Lavori Pubblici, Porti e fari 14.

LE PORT DE NAPLES EN QUESTION : UN RÉÉQUILIBRAGE NORD/SUD AVORTÉ ?

UN PROGRAMME DE TRAVAUX SURDIMENSIONNÉ ?

Le 6 juin 1861, Cavour meurt. Dans l'année qui suit, Urbano Rattazzi, appartenant à la gauche, mais ayant conclu un pacte politique avec la droite de Cavour dès 1852, devient président du conseil. Il fait rentrer au gouvernement Agostino Depretis, un républicain mazziniste nommé ministre des Travaux publics. L'aventure gouvernementale pour ces gens de gauche est de courte durée, à cause des polémiques suivant la journée de l'Aspromonte, quand l'armée royale a dû s'opposer à la tentative de Giuseppe Garibaldi et de ses volontaires de prendre Rome et de démettre le pape Pie IX. Avant cela, le 12 avril 1862, c'est à Depretis en tant que ministre de présenter la loi pour le nouveau port de Naples à la chambre des députés. Il y parle alors de cette ville méridionale particulièrement peuplée, centre d'un important commerce maritime malgré les dimensions minimes de l'infrastructure portuaire marchande, les difficultés d'accostage, le peu de profondeur du bassin, le manque de chantiers navals, de docks ou d'entrepôts de libre réexportation si utiles au développement des transactions commerciales. Il y affirme que « l'opinion publique » dans le Mezzogiorno s'est préoccupée depuis des années de la condition de ce port, que plusieurs projets ont été imaginés par des ingénieurs de talent afin de l'améliorer, que même le gouvernement bourbonien déchu a ressenti le besoin de s'occuper d'une telle question, mettant en place des commissions spéciales sans qu'aucune proposition ne soit finalement mise en œuvre. Enfin, il explique qu'aux anciennes raisons, s'ajoute désormais celle de l'expansion des relations commerciales et du développement d'un réseau de voies ferrées convergeant en cette ville et y rencontrant les anciennes routes de la Méditerranée, notamment celles de l'Orient. Colossal projet que celui de cet ouvrage portuaire comparable, selon Depretis, aux digues de Plymouth et surtout de Cherbourg[60].

---

60 *Ibid.* 115, Progetto di legge presentato dal ministro dei lavori pubblici (Depretis), Camera dei Deputati, 12 avril 1862.

Le 27 septembre 1863, un décret royal est pris en faveur du projet du nouveau port de Naples. Un peu moins d'un an plus tard, une commission formée à ce propos, et qui a pour rapporteur le député Federico Pescetto, futur ministre de la Marine en 1867, renchérit : le nouveau port de Naples fait partie des plus importants ouvrages publics du nouvel État italien qui ne doit en aucun cas suivre le mauvais exemple du gouvernement bourbonien, lequel n'avait jamais fait commencer les travaux. C'est un devoir pour le nouvel État, ayant renversé l'Ancien Régime, que de réussir là où ce dernier avait failli[61]. De nombreux projets ont été proposés depuis la proclamation du royaume d'Italie, par des commissions spéciales, mais aussi par des acteurs privés tels que celui de l'ingénieur Fiocca[62] particulièrement apprécié du gouvernement et impliquant dans la réalisation de l'ouvrage des capitalistes de premier ordre. L'ingénieur et constructeur Luigi Rotondo, quant à lui, propose son propre projet et critique une certaine folie des grandeurs autour de la question du port de Naples. Il s'attaque notamment au projet d'une commission d'ingénieurs formée à Gênes en 1861 qui envisageait alors un bassin d'une superficie bien supérieure à celle des bassins des ports de Marseille, de Livourne, de Hambourg, d'Anvers, de Liverpool et de Londres, connaissant pourtant des mouvements commerciaux autrement plus importants que Naples[63]. Pour commencer les travaux de ce nouveau port, dont l'incroyable coût total est estimé par la commission génoise à près de 40 millions de lires, 3,2 millions doivent être dégagés dès les premières années afin de pouvoir réaliser une première partie du môle oriental, cette somme étant répartie sur trois ans : 700 000 pris sur l'exercice de 1862, 1,5 million sur celui de 1863 et un million sur celui de 1864. Si le financement dégagé par l'État pour le nouveau port de Naples, dans ces premières années d'Unité, est en vérité moins important que celui dégagé pour les ports de Gênes ou de Livourne, l'ampleur du défi napolitain semble relever d'une forme de légitimation

61 *Ibid.*, Relazione della Commissione permanente di finanze sul progetto di legge per la convalidazione del Reale Decreto del 27 settembre 1863 portante una diversa applicazione dei fondi destinati alle opere del porto di Napoli, Senato del Regno, 2 janvier 1865.

62 Giustino Fiocca, *Relazione sul progetto del Porto di Napoli*, Napoli, Stabilimento Tipografico in vico SS. Filippo e Giacomo 26, 1863.

63 ACS, Ministero dei Lavori Pubblici, Porti e fari 115, Relazione della commissione sul progetto di legge presentata dal ministro dei lavori pubblici, Relatore Pescetto, Tornata del 20 giugno 1864.

du nouvel État : il s'agit de promettre à une capitale déchue un avenir de prospérité économique. Mais la gestion du dossier n'est pas sans provoquer quelques conflits opposant des notables locaux au gouvernement central. Qui lit à l'époque le journal napolitain *L'Italia* a pu en suivre quelques enjeux.

UN MANQUE DE CONSIDÉRATION POUR LES POUVOIRS LOCAUX ?

Le journal *L'Italia* est dirigé par Francesco De Sanctis, grand partisan de l'Unité, député dès 1860, puis ministre de l'instruction publique entre 1861 et 1862, libéral démocrate, de gauche modéré, passé à l'opposition dès 1862, année de la fondation du journal. Il ne réaccepte une charge ministérielle qu'entre 1878 et 1880, la gauche étant au pouvoir depuis 1876. Fervent opposant au régime bourbonien, ayant notamment participé comme membre de la *Grande Società dell'Unità Italiana* aux émeutes de mai 1848, il est emprisonné en 1850 pour trois ans. Il s'exile ensuite au nord, à Turin, puis à Zurich, et ne revient à Naples qu'une fois l'Italie unifiée. Il retrouve alors comme collaborateur de son journal, après 1862, Luigi Settembrini qui a dirigé la *Grande Società*[64].

Luigi Settembrini, comme De Sanctis, est franc-maçon. Ce fils d'un révolutionnaire de 1799 fonde en 1835 les *Figliuoli della Giovine Italia*, ce qui lui vaut une arrestation pour conspiration suivie d'une absolution. En 1847, la publication anonyme de l'opuscule anti-bourbon *Protesta del popolo delle Due Sicilie* l'oblige à s'exiler à Malte, mais il en revient dès 1848 et fonde en juillet avec Silvio Spaventa, Cesare Braico ou encore Filippo Agresti la *Grande Società dell'Unità Italiana* dont l'activité lui vaut un nouvel ordre d'arrestation et une condamnation à mort convertie par la suite en réclusion à perpétuité, puis à dix années d'exil en Amérique. Libéré par son fils durant le voyage, d'une façon assez rocambolesque, il reste à Londres jusqu'en 1860[65]. Il retourne à Naples dès que la ville est prise par les troupes de Garibaldi. Il y refuse la direction générale

64 *Cf.* Paolo Orbieto, *De Sanctis*, Roma, Salerno editrice, 2015.
65 *Cf.* Luigi Settembrini, *Ricordanze della mia vità*, Catanzaro, La Rondine, 2011.

des travaux publics, mais accepte la fonction d'inspecteur général de l'instruction publique avant d'enseigner dès 1862 la littérature italienne à l'Université. Il est le fondateur de l'*Associazione unitaria costituzionale* dont *L'Italia* est l'organe de presse.

Ce journal, dont le siège est à Naples, 22 rue Toledo, avant qu'il ne soit déplacé en 1866 à Florence, alors capitale d'Italie depuis plus d'un an, n'est pas à confondre avec un journal homonyme de Turin. Dans l'Italie d'alors, il y a *L'Italia* et *L'Italia* et l'entente n'est pas des meilleures. En 1864, les deux journaux sont en conflit : *L'Italia* turinois attaque *L'Italia* napolitain jugeant deux de ses articles contradictoires. Le premier affirmait que Turin était une ville noble, mais n'avait jamais été le centre culturel et intellectuel d'Italie, l'autre qu'elle avait tout de même été un temps le bras et la tête de l'entreprise unitaire. Pour l'association unitaire constitutionnelle, il n'y a aucune contradiction entre ces affirmations[66]. Par ailleurs, par le biais du journal napolitain, l'association s'inquiète des grands projets portuaires lancés par l'État central considérant un tel volontarisme et une telle précipitation comme particulièrement risqués pour les caisses publiques[67].

Le 20 avril 1864, un article de *L'Italia* s'attaque au ministre des Travaux publics Luigi Federico Menabrea, ingénieur, général, homme politique d'origine savoyarde. Ce dernier est accusé de vouloir convertir en loi le décret royal du 27 septembre 1863 concernant le nouveau port de Naples et les fonds qui y sont destinés, et de ne pas trop ébruiter cette proposition. D'une manière plus générale, c'est le manque de considération avec lequel l'État central semble traiter les pouvoirs locaux qui est dans la ligne de mire. Une commission a été formée à Naples par des notables locaux. Elle est composée de nombreux ingénieurs du génie civil, ainsi que des membres de la chambre de commerce, dont deux capitaines maritimes. Elle a réalisé de nombreuses études concernant le port dont les résultats s'opposent aux affirmations du ministre, notamment en ce qui concerne les travaux à réaliser dans la partie orientale du port que Menabrea place au cœur du projet, se basant sur ce qu'en avait décidé une commission génoise[68]. Gênes avait été annexée au royaume de Sardaigne le 4 janvier 1815 avec le congrès de Vienne. La décennie précédant l'Unité,

66 ACS, Ministero dei Lavori Pubblici, Porti e fari 114, L'Italia, 31 dicembre 1864.
67 *Ibid.*, Alcuni articoli del giornale L'Italia scritti in 1864.
68 *Ibid.*, L'Italia 20 marzo 1864.

les affaires concernant les travaux portuaires en ce royaume, notamment ceux projetés sur l'île de Sardaigne, étaient principalement traitées à Gênes où se trouvait la direction des travaux maritimes du corps royal du génie[69]. Une fois l'Italie unifiée, l'institution restée à Gênes voit son champ d'action s'étendre à tous les ports du royaume d'Italie.

L'article de *L'Italia* attaque la prédisposition ministérielle à s'appuyer sur la commission centrale génoise alors même qu'une commission locale a été formée pour travailler sur le projet, ce qui n'est pas sans rappeler les nombreux conflits à l'aube de l'Unité sur la question de la centralisation des pouvoirs[70]. De plus, le ministre a parlé d'une autre commission formée en 1863 sur laquelle l'auteur ou les auteurs de l'article affirment ne rien savoir et saisissent donc l'occasion pour dénoncer dans le nouvel État ce que les libéraux avaient usage de critiquer dans l'Ancien Régime bourbonien, à savoir les *arcana imperii*, ce que l'on cache au « public » :

> *si minaccia risolvere la questione del porto mercantile di Napoli quasi per sopresa, con un progetto elaborato nel mistero e del quale si tacciono perfino i nomi degli autori.*
>
> *In uno stato costituzionale in cui l'opinione pubblica è sovrana, e nel quale come è sacro debito contribuire alle imposte, così è sacro diritto controllare l'amministrazione pubblica, non è il segreto della burocrazia il modo più acconcio di raccomandare concetti e provvedimenti dalla cui assennatezza e opportunità dipendono gravissimi e positivi interessi. Non è più il tempo che si creda nè all'onnipotenza, nè alla infinita ed imperscrutabile sapienza di chi siede nei consigli della corona.*
>
> *Noi domandiamo però che la luce si faccia sul nuovo progetto che il Ministero ha fatto elaborare con tanta segretezza : abbiamo il diritto e il dovere di domandare che questo progetto sia reso di pubblica ragione e che prima della sua discussione in Parlamento l'opinione pubblica abbia il tempo sufficiente per pronunciare il suo verdetto.*[71]

69 Archivio di Stato di Genova Prefettura sarda 198.

70 *Cf.* Fulvio Cammarano, *op. cit.* ; Francesco Bonini, « La centralizzazione amministrativa e il potere locale », in Luigi Blanco, éd., *Ai confini dell'Unità d'Italia. Territorio, amministrazione, opinione pubblica*, Trento, Fondazione Museo storico del Trentino, 2015, p. 137-152 ; Alberto Caracciolo, *Stato e società civile. I problemi dell'unificazione italiana*, Torino, Einaudi, 1960 ; Guido Melis, *op. cit.* ; Claudio Pavone, *Amministrazione centrale e amministrazione periferica. Da Rattazzi a Ricasoli (1859-1866)*, Milano, Giuffrè, 1864 ; Angelo Porro, *op. cit.* ; Ernesto Ragioneri, *Politica e amministrazione nella storia dell'Italia unita*, Bari, Laterza, 1967 ; Raffele Romanelli, *Il comando impossibile. Stato e società nell'Italia liberale*, 1988, Bologna, Il Mulino, 1995. Il faut aussi rappeler que nombres d'idées libérales de 1848 allaient dans le sens du fédéralisme : voir par exemple Luca Mannori, « Quale federalismo per la cultura politica risorgimentale », in Luigi Blanco, éd., *Ai confini dell'Unità d'Italia...*, *op. cit.*, p. 41-86.

71 ACS, Ministero dei Lavori Pubblici, Porti e fari 114, L'Italia 20 marzo 1864. Trad. : « pèse la menace que l'on ne résolve la question du port de commerce de Naples presque

Quelques mois plus tard, en décembre 1864, les « unitaires constitutionnalistes » continuent de mettre en avant le rôle que les notables locaux devraient selon eux avoir dans l'élaboration du projet de restructuration portuaire napolitaine. Ils glorifient le rôle de la chambre de commerce et cherchent à flatter dans le même temps Alfonso La Marmora, voulant sans doute profiter de sa nomination comme nouveau président du conseil des ministres le 28 septembre 1864, à la suite de Marco Minghetti.

> *La nostra Camera di Commercio ed Arti è sempre sollecita quando si tratta di cogliere alcuna occasione atta a promuovere i vantaggi e la prosperità del nostro Commercio. Fu la prima a formare un voto per la Linea ferrata tanto importante di Ceprano-Rieti, per congiungere Napoli, con diretto camino, all'Italia centrale ; la prima a propugnare la Linea Beneventana per Foggia, e l'altra Campano-Sannitica : i suoi voti, che sono quelli dell'Intera Città e Provincia di Napoli, si possono dire oggi coronati di buon successo. Ora la stessa Camera di Comercio è la prima a compire un atto di riconoscenza dovuto verso il Generale Lamarmora, il quale a con tanto affetto propugnato gl'interessi di queste provincie meridionali, e particolarmente della Città di Napoli ; ed è da sperare che l'esempio di lei sia seguito da altri Consessi. Ed è anche la prima a formare un voto ragionato per appoggiare la proposta annunziata al Parlamento dallo stesso General Lamarmora, cioè di cedere alla Marina mercantile il Porto da guerra.*[72]

---

par surprise, avec un projet élaboré dans le mystère dont on va jusqu'à taire le nom des auteurs. Dans un État constitutionnel dans lequel l'opinion publique est souveraine, et dans lequel, comme il est dette sacrée que de contribuer aux impôts, il est aussi droit sacré que de contrôler l'administration publique, le secret de la bureaucratie n'est pas la meilleure façon pour inviter à faire des choix et prendre des mesures dont, de l'étroitesse et de l'opportunité, dépendent de si graves et positifs intérêts. Il est fini le temps de la croyance en l'omnipotence, en l'infinie et insondable sagesse de qui siège dans les conseils de la couronne. Nous demandons au contraire que lumière soit faite sur le nouveau projet que le ministère a fait élaborer de manière confidentielle : nous avons le droit et le devoir de demander que ce projet soit rendu à la raison publique et qu'avant sa discussion au Parlement, l'opinion publique ait suffisamment de temps pour prononcer son verdict. »

72 *Ibid.*, L'Italia 3 dicembre 1864. Trad. : « Notre chambre de commerce et des arts est toujours sollicitée quand il s'agit de saisir une opportunité de promouvoir les avantages et la prospérité de notre commerce. Elle fut la première à voter pour un ouvrage aussi important que celui de la voie ferrée de Ceprano-Rieti, pour relier Naples à l'Italie centrale par une voie directe ; la première à préconiser la ligne Benventana pour Foggia, et l'autre Campano-Sannitica : nous pouvons dire que ses votes, qui sont ceux de l'entière ville et province de Naples, sont couronnés de bon succès. Désormais, la même chambre de commerce est la première à faire acte de reconnaissance au Général Lamarmora, lequel s'est battu avec beaucoup d'implication pour les intérêts de ces provinces méridionales et particulièrement de la ville de Naples ; et il est à espérer que son exemple soit suivi par d'autres collèges. C'est d'ailleurs aussi la première à exprimer un vote raisonné pour appuyer la proposition annoncée au parlement par le même général Lamarmora visant à céder à la marine marchande le port de guerre. »

Ils espèrent que le roi suive le jugement de Lamarmora et vantent la prospérité napolitaine qui découlerait d'un tel choix. L'argument mis en avant relève clairement de la sauvegarde des intérêts d'une ancienne capitale. Ils affirment qu'il n'est plus question qu'elle soit capitale, mais qu'elle ne peut non plus tomber dans la décadence après avoir occupé un tel rôle[73]. Quelques jours plus tard, ils rappellent qu'elle reste le centre naturel de gravitation des populations du Mezzogiorno, affirment qu'il lui faut un avenir économique prospère et s'inquiètent d'un possible gaspillage d'argent public si le projet portuaire n'est pas convenablement élaboré[74].

Cependant, en cette même année de 1864, le projet semble bien loin d'aboutir quand, loin d'un si grand débat politique, mais dans la réalité du chantier même, les problèmes semblent advenir dès les travaux préparatoires.

LES TRAVERS D'UN MARCHÉ PUBLIC

Le programme italien de travaux publics semble attirer divers entrepreneurs étrangers, notamment anglais, qui y voient sans doute une opportunité d'obtenir quelques concessions. Tout comme nombre d'entrepreneurs italiens, ils ne semblent guère faire toujours grand cas de la procédure officielle d'adjudication des travaux et y préfèrent la négociation directe et privée, notamment par le biais de relais dans le monde politique[75], tel le député Carlo Arrivabene dans le cas des frères Waring[76]. En ce qui concerne le port de Naples, le financier français Gustave Delahante, l'un des fondateurs du *Credito Italiano*, qui a notamment fait ses armes

73 *Ibid.*

74 *Ibid.*, L'Italia 27 dicembre 1864. On reconnaît du reste dans cette histoire une certaine marginalisation d'élites locales dans le processus de construction nationale, marginalisation qui rappelle celle mise en évidence par Samuel Fettah en ce qui concerne Livourne : Samuel Fettah, *Les limites de la cité. Espace, pouvoir et société à Livourne au temps du port franc. XVIIe-XIXe siècle*, Rome, École française de Rome, 2017.

75 Notons que les relations parfois plus qu'ambiguës entre entrepreneurs en travaux publics et politique ne sont pas propres à l'Italie, ni à cette période. Voir, pour ne citer qu'un exemple, Dominique Barjot, « Les entrepreneurs et la politique. L'exemple du bâtiment et des travaux publics », *Politix. Revue des sciences sociales du politique*, 23, 1992, p. 5-24.

76 ACS, Ministero dei Lavori Pubblici, Porti e fari 114, Arrivabene al Ministro dei Lavori Pubblici, Torino, 15 luglio 1864. Par ailleurs, les frères Waring ont aussi le même type de vues en France, voir par exemple Georges Oustric, « Un siècle de croissance économique (1815-1914) » in Alain Lottin, èd., *Histoire de Boulogne-sur-Mer. Ville d'art et d'histoire*, Villeneuve d'Ascq, Presses universitaires du Septentrion, 2014, p. 231-270.

à la direction de diverses compagnies de chemins de fer ou encore à la compagnie des mines de la Loire[77], est particulièrement intéressé par la réalisation des travaux. Il propose de les effectuer selon le « système Bailly », soit en avançant les capitaux nécessaires à l'exécution des travaux via la formation d'une société italienne en échange de concessions, telle la concession des docks[78]. Cependant, ses multiples propositions semblent avoir été toutes écartées par le gouvernement, et il n'a pu – comme il le dit lui-même – que se borner à s'associer à l'entrepreneur adjudicataire Antonio Gabrielli. Ce dernier semble exercer de Londres, mais ne manque pas de vues sur l'Italie. Quand Turin en est la capitale, il y a son domicile officiel, les adjudicataires de travaux publics devant avoir une adresse dans le pays. Quand Florence devient la capitale en 1865, il fait transférer celle-ci dans cette ville auprès du bureau du juriste Felice Bozzi, via dei benci 15[79]. Cependant, s'il a pris le marché public napolitain, il sous-traite la réalisation des travaux.

Le 4 mai 1864, Gabrielli écrit au ministère des Travaux publics pour se plaindre d'un manque de moyens concernant le chantier portuaire pour lequel il est engagé. Il a obtenu en concession deux carrières de l'État, celle de Pozzuoli et celle de Granatallo qui ne fournissent pas selon lui assez de pierres pour exécuter les travaux[80]. Ceux-ci concernent les prémisses du nouveau port de Naples : un prolongement de la jetée du môle San Vincenzo, dit « du Levant », au coût de 3,2 millions de lires. À ce premier contrat s'est rapidement ajoutée une convention supplétive qui fixe le prix du transport des pierres en bateau à vapeur, donne six mois supplémentaires pour réaliser l'entreprise, indique que la nature des travaux est susceptible d'être modifiée[81], et oblige l'adjudicataire

---

77 Pour plus d'informations sur Gustave Delahante, voir notamment Bertrand Gille, *La banque française au XIXe siècle. Recherches historiques*, Genève, Librairie Droz, 1970 ; Dominique Barjot, Eric Anceau, Nicolas Stoskopf, èd., *Morny et l'invention de Deauville*, Paris, Armand Colin, 2010 ; ou encore Pierre Guillaume, *La Compagnie des mines de la Loire (1846-1854). Essai sur l'apparition de la grande industrie capitaliste en France*, Paris, PUF, 1966.

78 ACS, Ministero dei Lavori Pubblici, Porti e fari 114, Gustave Delahante à monsieur le ministre des Travaux publics, Turin, 21 juin 1964.

79 *Ibid.* 115, Atto di citazione in via sommaria a mente degli articoli 389 alinea 2 del Codice di Procedura Civile, e 10 della legge sul Contenzioso amministrativo del 20 marzo 1965, Firenze, 9 gennaio 1866.

80 *Ibid.* 114, Antonio Gabrielli al Ministero dei Lavori Pubblici, Torino, 4 maggio 1864.

81 *Ibid.*, Memoria della Commissione incaricata di riferire intorno ai primi lavori del nuovo porto di Napoli al Ministero dei Lavori Pubblici, Napoli, 22 luglio 1864.

à construire six nouveaux bateaux pour transporter les pierres. Cette obligation, Gabrielli ne l'a pas respectée et en mai 1864, il est en retard. Il affirme que deux des bateaux sont en cours de construction à Naples, deux autres à Livourne et deux à Malte, mais on le somme de fournir une preuve que la construction à Livourne et à Malte a bel et bien commencé[82].

La direction supérieure des ports et phares de la province napolitaine n'est guère en bon terme avec cet entrepreneur, et les versions respectives quant aux raisons du retard des travaux divergent considérablement. Selon les inspecteurs, Gabrielli a mal préparé les travaux et n'exploite pas à leur juste potentiel les deux carrières. Selon Gabrielli, le manque d'une avancée abritée ou d'une voie ferrée pour faciliter le transport et le déchargement des pierres, ainsi que l'incompétence napolitaine dans le domaine de l'exploitation des pierres, explique le retard[83]. L'argument semble néanmoins manquer de solidité, car il ne l'évoque pas outre mesure au cours de ses conflits successifs avec l'administration, d'autant qu'il était déjà censé être au courant des conditions de transport avant de prendre le marché public.

L'affaire est assez importante pour avoir justifié la formation d'une commission par le gouvernement afin d'enquêter sur les conditions des travaux publics à Naples. Il s'agit de la commission Barbarava qui porte le nom de son président, l'ingénieur Luigi Barbarava, ancien député du royaume de Sardaigne avant de devenir en 1848 premier officier du ministère des Travaux publics de ce royaume, puis commandeur et vice-président du conseil supérieur des travaux publics, à l'aube de l'Unité. Si Gabrielli se justifie en dénonçant le règne napolitain de la fainéantise, de la camorra et de la corruption encouragée par les autorités locales, la commission soupçonne quant à elle quelques amabilités d'un inspecteur de la province napolitaine envers Gabrielli, lui laissant profiter d'un certain flou administratif quant à la réalisation d'aménagements annexes imprévus initialement et dont le coût s'élèverait à 300 000 lires[84]. Elle s'inquiète aussi des licenciements auxquels s'est adonné l'entrepreneur et du recours qu'il fait à l'emploi

82 *Ibid.*, L'ispezione e direzione superiore dei porti e fari nelle provincie napoletane al real ministero e segretaria di stato dei lavori pubblici, Napoli, 24 maggio 1864.
83 *Ibid.*, Gabrielli al signore commandatore Galvagno, Alessandria, 24 luglio 1864.
84 *Ibid.*, Barbarava per la commissione al ministero dei lavori pubblici, Napoli, 6 luglio 1864.

de forçats sur le chantier[85]. Près d'un mois plus tôt déjà, le 18 juin 1864, le préfet de la province de Naples se lamentait auprès du ministre des Travaux publics de l'image affligeante que donnait du nouvel État ces prisonniers travaillant enchaînés sur le bord de la route, arguant également qu'enlever aux prolétaires un possible moyen de subsistance grâce au travail « libre » sur les grands chantiers ne pouvait que favoriser le brigandage[86]. La commission n'a cependant aucun pouvoir sur la question : ici la liberté d'industrie de l'entrepreneur, principe défendu par le nouvel État, contredit certaines ambitions de ce même État, parmi lesquelles celle de poser une politique d'investissement dans les travaux publics comme alternative, ou au moins comme complément, d'une politique répressive notamment marquée par l'état de siège initié en 1862 et par la loi Pica de 1863[87].

Par ailleurs, cette même commission, si ces jugements peuvent parfois apparaître assez critiques, n'est pas là pour amplifier les litiges, mais pour les dépasser, examiner les différences de points de vue et tenter de faire avancer les travaux. Il faut pacifier les rapports, quitte à fermer les yeux sur quelques écarts, notamment vis-à-vis du cahier des charges qu'il s'agit alors d'adapter en fonction. Reste que dans le cas Gabrielli, cela ne suffira pas. Celui qui a déjà des vues sur d'autres chantiers à venir, comme celui de Brindisi dont il a eu connaissance grâce à un contact de la famille Majneri[88], tente de négocier la continuité du chantier napolitain à son avantage, demande avec succès de multiples compensations et semble même essayer de se faire payer une seconde fois des versements déjà effectués[89]. Un peu moins d'un an plus tard, il menace de se retirer du marché et d'abandonner les travaux pour

85 *Ibid.*, Memoria della commissione incaricate di riferire intorno ai primi lavori del nuovo porto di Napoli al ministero dei lavori pubblici, Napoli, 22 luglio 1864.

86 *Ibid.*, Il prefetto della provincia di Napoli al ministro dei lavori pubblici, Napoli, 18 giugno 1864.

87 Sur cette politique répressive, voir entre autres, Roberto Martucci, *Emergenza e tutela dell'ordine pubblico nell'Italia liberale*, Bologna, Il Mulino, 1980 ; ou encore Enzo Ciconte, *La grande mattanza. Storia della guerra al brigantaggio*, Roma-Bari, Laterza, 2018.

88 La famille Majneri est composée de juristes et de politiciens. Elle est sans doute issue de l'ancienne noblesse lombarde : *Cf.* Marco Dotti, « Godere di credito. Finanza e istituzioni nella costituzione dell'élite lodigiana tra Seicento e Ottocento », in Pietro Cafaro, éd., *Ambizioni e reputazioni. Elite nel Lodigiano tra età moderna e contemporanea*, Milano, Franco Angeli, 2013, p. 13-46.

89 ACS, Ministero dei Lavori Pubblici, Porti e fari 114, Relazione al ministero dei lavori pubblici sul merito delle domande avvanzate dall'impresa del porto di Napoli e sul

lesquels il s'était engagé, à moins qu'on lui concède un prolongement avec plus d'avantages encore, réclamant par le biais de son avocat des indemnités compensatrices[90]. L'État ne renouvelle pas l'expérience et il n'obtiendra pas toutes les indemnités qu'il espérait. Mais celui qui est accusé par un inspecteur local d'avoir amplement profité de l'affaire, la sous-traitant à bas prix à un entrepreneur local du nom de Tafuri[91], ne partira pas non plus lésé[92].

En ce qui concerne le chantier napolitain, il semble que ce mauvais départ ait considérablement limité la poursuite des ambitions initiales, et il faut finalement attendre plus de deux décennies avant que des travaux d'ampleur soit réalisés pour le prolongement du môle San Vincenzo. Si Naples devient malgré cela un port de grande importance dès la seconde moitié des années 1870, pouvant dépasser en termes de trafic le port de Gênes, il ne joue cependant pas sur le même terrain que ce dernier – le port ligure connaissant pourtant lui-même une certaine faiblesse infrastructurelle, en comparaison, par exemple, d'un port comme celui de Marseille. Du port de Naples peuvent s'exporter des matières premières de l'Italie du Sud, et s'il connaît un succès certain dans le transport des passagers, c'est notamment, en pleine de la crise de l'agriculture, dans le cadre de l'émigration vers les Amériques[93].

« *"Fare l'Italia" e "costruire lo Stato" sono le due facce della stessa medaglia*[94] ». L'unification poursuit l'objectif de hisser l'Italie au rang des grandes puissances. N'ayant pas le même niveau de développement des infrastructures que nombre des concurrents européens, le nouvel État investit dans les chemins de fer, les routes ou encore les ports. Les inégalités à

modo di definirle e di assodarle in armonia al voto emesso dalla commissione technica, Napoli, 22 settembre 1864.

90 *Ibid.* 115, L'avvocato Galvagno per l'esponente Gabrielli al ministro dei lavori pubblici, Torino, 16 ottobre 1865.

91 *Ibid.*, Corpo reale del genio civile, servizio tecnico dei porti, spiaggie e fari al ministro dei lavori pubblici, Napoli, 10 novembre 1865.

92 *Ibid.*, Consiglio di Stato, sezione dell'interno, adunanza del 23 dicembre 1865.

93 *Cf.* Andrea Giuntini, *op. cit.* Sur l'émigration, voir Gianfausto Rosoli, éd., *Un secolo di emigrazione italiana (1876-1976)*, Roma, Centro studie emigrazione, 1978, ou encore Ercole Sori, *L'emigrazione italiana dall'Unità alla seconda guerra mondiale*, Bologna, Il Mulino, 1979.

94 Luigi Blanco, « I confini dell'unificazione », in Luigi Blanco, éd., *Ai confini dell'Unità d'Italia, op. cit.*, p. 13-38. Trad. : « "Faire l'Italie" et "construire l'État" sont les deux faces de la même médaille. »

l'intérieur du royaume d'Italie sont notables, notamment entre le nord et le sud. Les premières années de l'Unité, l'investissement gouvernemental est plus important dans les ports de Gênes et de Livourne que dans ceux du sud, ce qui peut avoir tendance à creuser encore de telles inégalités, même s'il est envisagé dans les années suivantes d'égaliser quelque peu la balance. Dans un contexte de politique libre-échangiste, l'application au royaume entier des anciens tarifs douaniers appliqués dans le royaume de Sardaigne et le volontarisme étatique en termes d'aménagement peuvent également creuser plus généralement les inégalités sociales, les coûts des travaux étant assumés par les impositions générales ou l'emprunt, soit la spéculation privée sur la dette publique.

Au niveau des modalités de financement du programme de grands travaux portuaires envisagé dans la précipitation, le gouvernement tend d'abord à légiférer au cas par cas, tout en envisageant l'extension à tout le pays de la méthode classificatoire des ports qui était en cours dans le royaume de Sardaigne. Celle-ci définit le niveau d'investissement étatique selon une catégorisation portuaire par degré d'importance des ports. Mais à quelque niveau que ce soit, le pouvoir central doit officiellement avoir son mot à dire bien que, dans la mise en œuvre, cela n'est pas forcément gage d'efficacité. Ambition irraisonnée et précipitation ne font pas bon ménage, d'autant qu'elles peuvent attiser les convoitises d'entrepreneurs en travaux publics plus enclins à la renégociation des conditions des marchés publics qu'au respect des réglementations officielles.

Si le centralisme étatique s'exprime notamment par la maîtrise de la technostructure, cela n'est pas sans provoquer par ailleurs quelques polémiques avec des notables de ce qui, de fait, est reclassé comme périphérie. Le cas napolitain en est emblématique. Ancienne capitale déchue, le nouvel État lui promet un avenir économique prospère et radieux grâce aux travaux portuaires qui ne s'étaient pas faits sous les Bourbons et qu'il compte, dans un élan de légitimation, y faire réaliser. Mais le projet est pensé dans l'ex-royaume de Sardaigne, et des notables de la gauche napolitaine, notamment De Sanctis et Settembrini, n'hésitent pas à s'insurger contre ce qu'ils considèrent être le signe d'un mépris pour les pouvoirs locaux, un abus d'autorité, l'expression d'un pouvoir discrétionnaire contraire à ce que devrait être un État « libéral » respectueux de l'« opinion publique ». De plus, le manque de concertation risquerait selon eux d'aboutir à un projet mal élaboré, synonyme de gaspillage d'argent public. Seulement, les articles publiés dans le journal *L'Italia* sont-ils encore trop dévoués à l'argumentation politique, car la même année, alors que de premiers investissements ont déjà été faits, les problèmes sur le chantier se posent dès les travaux préparatoires, laissant place à l'échec quant aux promesses initiales.

D'un côté, si le programme de grands chantiers portuaires est donc bien envisagé comme un instrument d'unification à l'aube de l'Unité, voire de légitimation du nouvel État, il est aussi objet de conflits, révélant les inégalités de pouvoir, approfondissant potentiellement les inégalités sociales, pour un résultat contestable. De l'autre, la précipitation dans laquelle sont engagés de tels projets de construction participe par le choix des modalités officielles d'administration à l'affirmation d'un centralisme piémontais, avec les contestations politiques que cela implique, alors même que des complications se posent de manière bien plus triviale quant à la réalisation effective des travaux.

Il resterait, par le biais d'une étude croisée, à mesurer l'originalité d'une telle dialectique ici mise en évidence en ce qui concerne la fabrique du territoire portuaire italien à l'aube de l'Unité. Nous pouvons cependant émettre l'hypothèse suivante, tout en gardant en tête qu'il ne s'agit que d'un schéma bien réducteur : si le modèle anglais fut pris comme exemple au niveau de la politique fiscale, de libre-échange, avec un manque de considération pour la spécificité italienne et ses diverses difficultés socio-économiques, l'organisation administrative des travaux publics est quant à elle d'inspiration plus française, napoléonienne, centraliste, écartant la prise en compte de quelques spécificités territoriales et des nombreuses aspirations fédéralistes. Là peut-être se trouve un des nœuds du problème quant à la contradiction entre ambitions initiales et premiers résultats du programme de travaux portuaires envisagé.

Cependant, si l'on pourrait avoir tendance à insister sur ces raisons socio-économiques et politiques assez générales pour expliquer les promesses non tenues d'un tel programme, ou sur la précipitation problématique dans lequel il s'envisage, voire son manque de cohérence, sans doute faut-il également prendre en compte de manière conjointe les problèmes qui se posent à un autre niveau : dans le cadre même des marchés publics d'aménagement, quand une certaine logique entrepreneuriale peut venir de façon singulière contrarier la mise en œuvre d'une politique *a priori* destinée à sa propre expansion, ou quand les objectifs publicisés d'une politique économique d'inspiration libre-échangiste sont contredits par la réalité des pratiques entrepreneuriales et administratives.

Nathan Brenu
Centre de Recherche Nantais
Architectures Urbanités
Laboratoire AAU

VERSUCHSMODELLE IM INGENIEURBAU

Geschichte, Bedeutung, Erhaltungsperspektiven

EINFÜHRUNG – STAND DER FORSCHUNG UND FRAGESTELLUNG

In den vergangenen zehn Jahren wurde die Bedeutung von Modellen – neben Zeichnungen und Visualisierungen sowie technischen Berechnungen – von der Bautechnikgeschichte als eines der wichtigsten Planungstools im Bauwesen erkannt. Die oftmals entscheidende Rolle, die Modellen bei Innovationsprozessen im Ingenieurbau und beim Entwurf neuer Tragwerke zukam, wurde bisher jedoch von nur wenigen Forschern berücksichtigt. Architekturmodellen wird dieser Stellenwert schon länger beigemessen, da diese Objekte unter anderem für Architektur- und Technikmuseen und akademische Sammlungen von großem Wert und Interesse sind. Architekturhistoriker*innen[1] haben längst nachgewiesen, dass Modelle ihren eigenen Wert als Wissensspeicher haben, mit deren Hilfe sich Planungs- und Bauprozesse nachvollziehen lassen. Sie waren und sind ein Kommunikationsmedium zwischen den einzelnen Akteuren*innen im Bauwesen – Bauherren, Architekten, Ingenieuren und Konstrukteuren. Daher kommen Modelle während allen Phasen der Planung und der Umsetzung zum Einsatz: als Entwurfsmodelle, als Präsentationsmodelle, als Formfindungsmodelle, und insbesondere auf dem Gebiet des Ingenieurbaus: als Versuchs- und Messmodelle, um Tragwerke und ihr Verhalten zu verstehen, also im wahrsten Sinne des Wortes zu begreifen und schließlich zu prüfen, zu bemessen und zu analysieren.

1 Gegendert werden für diesen Beitrag alle in der Gegenwart vertretenen Berufsgruppen. Bei den auf historische Situationen bezogenen Nennungen wird auf die weibliche Form verzichtet.

Modelle aus dem Bereich des Ingenieurwesens jedoch sind, abgesehen von wenigen Ausnahmen, in der Forschung bisher kaum berücksichtigt worden. Einen ersten Überblick aus Sicht zeitgenössischer Tragwerksplaner*innen über die Verwendung von Modellen im Ingenieurwesen findet sich in einer Konferenz mit dem Thema „I modelli nella tecnica", die 1956 an der Accademia Nazionale dei Lincei stattfand.[2] Dabei ging es um die Verwendung von Modellen in einer breiten Palette von Ingenieurdisziplinen. Diese erste derartige Veranstaltung wurde von planenden Ingenieuren*innen ausgerichtet und bildet daher eher die zeitgenössische Praxis ab als einen historischen Überblick zu bieten. Erste bautechnikhistorische Beachtung fand das Thema in der englischsprachigen Forschung Ende der 1970er Jahre in der Dissertation *The role of structural models in the design of British bridges – 1800-1870* von Denis Patrick Smith[3], der zu dieser Thematik noch weitere Aufsätze publizierte.[4] Im kommenden Jahrzehnt setzte sich vor allem Rainer Graefe mit der Geschichte der Verwendung von Modellen auseinander. Seine jahrelange Beschäftigung mit Modellen resultiert aus seiner Mitarbeit an Frei Ottos Institut für Leichte Flächentragwerke (IL) in Stuttgart, wo er in der historischen Entwicklung des am IL umfangreich betriebenen Modellbaus sein Thema fand.[5] Gleiches gilt für Jos Tomlow, der sich über Jahre hinweg mit den Formfindungsprozessen von Antonio Gaudí auseinandergesetzt hat.[6] Die italienischsprachige Forschung erkannte Modelle

2 Accademia Nazionale dei Lincei (Hg.). *I modelli nella tecnica. Atti del Convegno di Venezia, 1–4 ottobre 1955* (2 vols). Roma: Accademia Nazionale dei Lincei, 1956.

3 Denis Patrick Smith. *The role of structural models in the design of British bridges – 1800–1870.* PhD Thesis, Imperial College London, 1977. S. 103–130. Abrufbar unter: https://spiral.imperial.ac.uk/bitstream/10044/1/22788/2/Smith-DP-1977-PhD-Thesis.pdf (Stand: 13.07./2021)

4 Denis Patrick Smith. „Structural model testing and the design of British railway bridges in the nineteenth century", *Transactions of the Newcomen Society*, 1976/1977, 48, S. 73–80. Denis Patrick Smith. „The use of models in 19th-century suspension bridge design". *History of Technology*, 1977, 2, S. 169–214.

5 Rainer Graefe. „Zum Entwerfen mit Hilfe von Hängemodellen". *Werk, Bauen + Wohnen*, 1983, 11, S. 24–28. Rainer Graefe. „Zur Formgebung von Bögen und Gewölben". *Architectura. Zeitschrift für Geschichte der Baukunst*, 16, 1986, S. 5–67. Rainer Graefe. „‚Natürliche' Formbildungsprozesse in der Neugotik – Friedrich W.H. Gösling (1837–99)'. In: U. Hassler, C. Raubut, S. Huerta (Hgg.). *Construction Techniques in the Age of Historicism / Bautechnik des Historismus.* München 2012, S.144–159.

6 Jos Tomlow. *Das Modell / The Model: Antoni Gaudí's hanging model and its reconstruction – New light on the design of the church of Colonia Güell* (Mitteilungen des Instituts für Leichte Flächentragwerke, Bd. 34), Stuttgart, 1989. Jos Tomlow. "Gaudí's reluctant attitude

als eigenes Untersuchungsgebiet ab den 1990er Jahren[7]; zu nennen sind hier vor allem die Arbeiten von Mario A. Chiorino, der sich ausgehend von den Experimenten Nervis und Torrojas mit der Verwendung von Ingenieurmodellen seit dem 19. Jahrhundert beschäftigt hat[8], ebenso wie Gabriele Neri, der in zahlreichen Aufsätzen zu Nervi auch die umfangreichen, leider nur fotografisch überlieferten Modellversuche thematisiert.[9] Wegweisende Aufsätze zu Messmodellen im Ingenieurbau stammen von Bill Addis aus den Jahren 1988 bis 2019[10], erschienen unter illustrativen Titeln wie *'Toys that save millions' – a history of using physical models in stuctural design.*[11] 2021 legte er mit dem Sammelband *Physical Models* einen umfassenden Überblick vor.[12] Erst in den letzten Jahren wurde

towards the inverted catenary". *Proc. Instn. Civ. Engrs, Engineering History and Heritage*, (4), 2001, S. 219–233.

7 Claudio Piga. *Storia dei modelli dal tiempo di Salomone alla realtà virtuale.* Seriate: Istituto Sperimentale Modelli e Strutture, 1996.

8 M.A. Chiorino; D. Sabia; L. Bruno. „Structural Models: Historical Notes and New Frontiers". In: F. Levi; M.A. Chiorino; C. Bertolini Cestari (Hg.). *From the Philosophy of Structures to the Art and Science of Building. International Seminar, Politecnico di Torino*, November 2000. Milano: FrancoAngeli, 2003, S. 120–159. M.A. Chiorino. „Reduced scale mechanical models in 20th century structural architecture. The case study of Pier Luigi Nervi". In: Santiago Huerta (Hg.). *Geometría y proporción en las estructuras, Geometry and proportion in structures. Simposio en homenaje a Ricardo Aroca.* Madrid: Universidad Politécnica de Madrid, 2010, S. 209–225. M.A. Chiorino. „Experimentation in the Work of Pier Luigi Nervi". In: *Pier Luigi Nervi. Architecture as Challenge.* Cinisello Balsamo (MI): Silvana Editoriale, 2010, S. 61–83. M.A. Chiorino; G. Neri. „La modellazione strutturale nel Novecento. Ragioni e diffusione dell'induttivismo sperimentale in Italia e all'estero". In: *Atti del 3o Convegno Nazionale di Storia dell'ingegneria, Napoli, 19–21 aprile 2010*, S. 367–376.

9 Mario A. Chiorino, Gabriele Neri. *Capolavori in miniatura. Pier Luigi Nervi e la modellazione strutturale.* Mendrisio: Mendrisio Academy Press, 2014, S. 167–168 [konsultiert am 01.10. 2019]. Abrufbar unter: https://doc.rero.ch/record/288862/files/Capolavori_in_miniatura.pdf.

10 William Addis. „Models in Engineering Science and Engineering Design". *International Association for Bridge and Structural Engineering – Challenges to Structural Engineering*, Helsinki: IABSE, 1988, S. 769–774; Bill Addis. „A history of using models to inform the design of structures". In: Santiago Huerta (Hg.). *Essays in the History of the Theory of Structures: In honour of Jacques Heyman.* Madrid: Instituto Juan de Herrera, 2005, S. 9-44; Bill Addis. „Physical modelling and form finding". In: S. Adriaenssens; P. Block; D. Veenendaal; C. Williams (Hg.). *Shell Structures for Architecture. Form finding and optimization.* London: Routledge, 2014, S. 33–43; Bill Addis. „El uso de pruebas de modelo a escala reducida por William Fairbairn para el diseño del Puente Britannia, 1845-1847". In: *Actas de IX Congreso Nacional de Historia de la Construcción, Soria, 9-12 de octubre de 2019*, S. 1–11.

11 Bill Addis. „Toys that save millions. A history of using physical models in structural design". *The Structural Engineer* 91 (4), S. 11–27.

12 Bill Addis (Hg.). *Physical Models. Their historical and current use in civil and building engineering design.* Berlin: Ernst & Sohn, 2021.

die wissenschaftliche Bedeutung von Ingenieurmodellen auf internationalen Tagungen zur Bautechnikgeschichte mehrfach thematisiert, unter anderem in Beiträgen von Eberhard Möller, der bereits 2017 anregte, eine internationale Datenbank der noch vorhandenen Modelle anzulegen.[13] Grund für diese Überlegung ist, dass diese Objekte auch in Ausstellungen zur Architektur und selbst zum Ingenieurbau nur sehr selten zu finden sind. Selbst in der viel beachteten Ausstellung 1997 im Centre Pompidou in Paris unter dem Titel „L'art de l'ingénieur. Constructeur, entrepreneur, inventeur"[14] fanden Versuchsmodelle kaum Beachtung – genauso wenig wie bei der ersten großen Gesamtschau des Werks von Frei Otto (1925–2015) im Architekturmuseum der TU München in der Pinakothek der Moderne im Jahre 2005, bei der mit dem letzten erhaltenen der großen Messmodelle für die Münchner Olympiabauten von 1972 und

13 Joaquín Antuña Bernardo. „Ensayos en modelos de estructuras laminares. Los primeros resultados de Eduardo Torroja en el Laboratorio Central". In: *Proceedings of the IX Congreso Nacional de Historia de la Construcción, Soria, --12 de octubre de 2019*, S. 61–70; Christiane Weber. „Ich traue der reinen Rechnung nicht, wenn diese nicht am Modell überprüft werden kann (I cannot trust the pure calculation, if this cannot be verified with a model). Frei Otto and model testing". In: James W. P. Campbell et al. (Hg.). *Proceedings of the first Conferendce of the construction history society*. Cambridge: Queens' College, 2014, S. 445-453; Christiane Weber. „L'utilisation de maquettes simulant le comportement statique à l'École polytechnique de Stuttgart (1930-1970)". In: Cité de l'architecture & du patrimoine (Hg.). *La Maquette. Un outil au service du projet architectural.* Actes du colloque qui s'est entue les 20–21 mai 2011 à la Cité de l'architecture & du patrimoine. Paris: Éditions des Cendres, 2015, S. 97–112; Christiane Weber. „The last witnesses – physical models in architecture and structural de-sign, taking the Technical University in Stuttgart as an example". In: Brian Bowen, Donald Friedman, Thomas Leslie, John Ochsendorf (Hg.). *Proceedings of the 5th International Congress on Construction History*. Chicago, 2015, Bd. 3, S. 569–576. Dirk Bühler. „Historical Models of Civil Engineering in Collections in Augsburg and Munich". In: Brian Bowen, Donald Friedman, Thomas Leslie, John Ochsendorf (Hg.). *Proceedings of the 5th International Congress on Construction History*. Chicago, 2015, Bd. 1, S. 275–282; Eberhard Möller. „Physical and measurement models for structural analysis – an endangered part of historical constructions". In: *Proceedings of the 10th international conference on Structural Analysis of Historical Constructions (SAHC 2016)*. KU Leuven, 2016; Eberhard Möller. „Scale models for spatial structures from the 19th to the 21st century". In: K. Kawaguchi, M. Ohsaki, T. Takeuchi (Hg.). *Proceedings of the IASS Annual Symposium 2016, Spatial Structures in the 21st Century*. Tokyo, 2016; Eberhard Möller. „Towards an international database about physical models for structural design". In: M. Mazzolani, A. Lamas, L. Calado, u.a. (Hg.). *PROHITECH 2017*. Lissabon, 2017, S. 89/90.

14 Antoine Picon (Hg.). *L'art de l'ingénieur. Constructeur, entrepreneur, inventeur.* Paris: Centre Georges Pompidou, 1997. Diese von Antoine Picon konzipierte und in Form einer Enzyklopädie präsentierte Schau von beachtlicher Größe und Tiefe mit umfassendem Inhalt basierte auf herausragenden internationalen Exponaten und originalen Objekten.

dem Formfindungsmodell für die Geometrie des Dachs der Multihalle Mannheim nur zwei Versuchsmodelle ausgestellt waren.[15]

Wissenschaftliche Beachtung aus Sicht der Bautechnikgeschichte erfuhren Ingenieurmodelle bisher auch nicht im Rahmen von thematisch spezialisierten Tagungen. Bei der Reihe internationaler Konferenzen zum Thema „Modell", deren erste 2009 an der Technischen Universität München unter der Leitung von Wolfgang Schuller mit dem Titel „Models and Architecture"lief, repräsentierten unter den mehr als zwanzig vorgetragenen Themen immerhin drei die Ingenieurtechnik[16]: die Beiträge von Marco Pogacnik und Rainer Barthel sowie der Vortrag Rainer Graefes aus Innsbruck zu Antoni Gaudís Hängemodell für die Kirche der Colonia Güell in Barcelona. Eine zweite Konferenz 2015 in Paris in der Cité de l'architecture & du patrimoine, die maßgeblich von Sabine Frommel konzipiert wurde, stand unter dem Titel „La maquette – un outil au service du projet architectural"und wurde vollständig publiziert.[17] Ein einziger Beitrag zu den Modellen der Stuttgarter Technischen Universität[18] widmet sich solchen des Ingenieurwesens. Auf dem dritten Treffen 2016 in Rom in der *Accademia Nazionale di San Luca* unter dem Titel „Il modello architettonico. Funzione ed evoluzione di uno strumento di concezione e di realizzazione "thematisierte ebenfalls nur ein einziger Vortrag zu den Seifenhautmodellen Frei Ottos die Formfindung.[19] Um eine breitere Öffentlichkeit für das Thema Modell zu gewinnen, organisierte das Deutsche Architekturmuseum in Frankfurt 2012 eine

15 Winfried Nerdinger, Irene Meissner, Eberhard Möller, Mirjana Grdanjski (Hg.). *Frei Otto – Das Gesamtwerk – leicht bauen, natürlich gestalten.* Basel Boston Berlin: Birkhäuser, 2005.

16 Manfred Schuller (Hg.). *Modelle und Architektur. Les Maquettes d'architecture. Models and Architecture.* München: Technische Universität München. Lehrstuhl für Baugeschichte, Historische Bauforschung und Denkmalpflege. Architekturmuseum, 2009 [konsultiert am 18. August 2019]. Abrufbar unter: http://www.sabinefrommel.eu/Booklet_Kolloquium_ModelleUndArchitektur.pdf; https://www.dbz.de/download/152583/2610_einladung_modelle.pdf; https://www.dbz.de/download/152583/2610-Flyer_Modelle_und_Architektur.pdf.

17 Cité de l'architecture & du patrimoine (Hg.). *La Maquette. Un outil au service du projet architectural.* Actes du colloque qui s'est tenue les 20-21 mai 2011 à la Cité de l'architecture & du patrimoine. Paris: Éditions des Cendres, 2015, S. 97–112.

18 Christiane Weber. „L'utilisation de maquettes simulant le comportement statique à l'École polytechnique de Stuttgart (1930–1970)". In: Cité de l'architecture & du patrimoine (Hg.). *La Maquette. … op. cit.*, S. 97–112.

19 [konsultiert am 18. August 2019]. Abrufbar unter: https://accademiasanluca.it.

Ausstellung unter dem Titel: „Das Architekturmodell: Werkzeug, Fetisch, Kleine Utopie / The Architectural Model: Tool, Fetish, Small Utopia".[20] Von den über 1.000 vorgestellten und in der Ausstellung präsentierten Modellen waren die Mess- und Formfindungsmodelle Frei Ottos der einzige Bereich mit einem Bezug zum Ingenieurbau. Der dazugehörige Aufsatz im Katalog ist entsprechend der einzige, der sich mit Modellen im Ingenieurwesen beschäftigt und eine erste Abgrenzung vom Messmodell zum Formfindungs- und Präsentationsmodell zu definieren versucht.[21] Es lässt sich damit festhalten, dass Architekturmodelle und deren Funktionen in den vergangenen Jahren zwar wissenschaftlich umfangreich diskutiert wurden, das Thema Versuchsmodelle im Ingenieurbau aber als Randthema wenig bis gar keine Beachtung fand. Im Rahmen von auf vereinzelte Objekte oder Sammlungen fokussierten Studien hat sich zudem deutlich herauskristallisiert, wie wenige Relikte überhaupt noch überliefert sind und wie prekär deren Aufbewahrung, Erhaltung und Präsentation für die Zukunft sein wird. Nur in den seltensten Fällen werden einzelne Messmodelle an universitären Instituten wertgeschätzt und sorgfältig gepflegt.[22] Dies hat zu der Erkenntnis geführt, dass es ein Desiderat der Bautechnikgeschichte darstellen muss, diese Zeugnisse der Modellstatik, die seit der Einführung effizienter Rechner in den 1970er Jahren in vielen Bereichen überholt ist, zu erfassen, wissenschaftlich zu bearbeiten und als technisches Kulturerbe zu erhalten.

Der vorliegende Beitrag soll einen historischen Überblick über die Verwendung von Versuchsmodellen im Ingenieurwesen geben, um die Bedeutung dieser Objekte für Innovation und Entwicklung im Ingenieurbau zu manifestieren. Dabei wird als Einstieg eine Kategorisierung dieser Modelle vorgenommen und auf die Problematik der Skalierung eingegangen, um dann die historische Entwicklung der Versuchsmodelle an ausgewählten Beispielen darzulegen und bautechnikhistorisch zu kontextualisieren. Im Folgenden wird anhand von Beispielen erläutert, wie und in welcher Form Ingenieure Modelle eingesetzt haben: zunächst sollen technisch-mechanische Modelle und deren Einsatz von der Antike über

---

20 Peter Cachola Schmal; Oliver Elser (Hg.). *Das Architekturmodell. Werkzeug, Fetisch, Kleine Utopie.* Zürich: Scheidegger & Spiess, 2012, S. 45–50.

21 Christiane Weber. „Frei Otto – Experimentelle Modelle". In: Peter Cachola Schmal; Oliver Elser (Hg.), *op. cit.*, S. 45–50.

22 Dirk Bühler, Christiane Weber. „Epilogue: A future for models from the past". In: Bill Addis 2021, *op. cit.*, S. 1025–1046.

die Frühe Neuzeit bis ins Zeitalter der Aufklärung vorgestellt werden, um dann im Anschluss Formfindungsmodelle und Messmodelle am Beispiel des Baus von Staudämmen in ihrer Bandbreite und den verwendeten Messmethoden zu erläutern. Was die Erhaltung dieser Objekte betrifft, so offenbaren erste Sondierungen und Umfragen im Kreis der europäischen Bautechnikgesellschaften und Architektur- und Ingenieurbausammlungen die Problematik, dass diese Ingenieurmodelle unter dem mangelnden Bewusstsein der Ingenieure für ihre eigene Geschichte und Bedeutung leiden. Dies führt dazu, dass nur selten Bestände von Ingenieuren den Weg in Archive finden. Um Rückschlüsse auf Produktion und Provenienz der Modelle ziehen zu können, werden daher im zweiten Teil die relevantesten Institutionen und Prüfeinrichtungen zusammengestellt. Auf Grundlage dieses Überblicks kann dann analysiert werden, in welchen Sammlungen und Archiven Versuchsmodelle des Ingenieurbaus überliefert sind oder sein könnten, um Perspektiven für eine langfristige Sicherung dieses bautechnischen Kulturerbes aufzuzeigen.

VERSUCHSMODELLE ALS ENTWURFSHILFE DES BAUINGENIEURS

Ingenieur*innen müssen ausreichend Vertrauen in einen Entwurf schaffen, bevor er gebaut werden kann. Bei den allermeisten Projekten basiert dies auf einem Präzedenzfall sowie auf Entwurfsregeln und -verfahren, die seit etwa 200 Jahren die theoretischen Ansätze der Statik, Elastizität, Materialwissenschaft, Strömungsdynamik, Akustik und Seismik umfassen.

Für innovative Projekte, die über die etablierten Erfahrungen hinausgingen, gab und gibt es bedingt durch die Neuheit des Entwurfs einen Bedarf an zusätzlichen Methoden, um die Machbarkeit der Konstruktion nachzuweisen. Da bei Hoch- und Tiefbauprojekten der Bau von Prototypen in Originalgröße nicht realistisch ist, fertigen und testen Ingenieure seit vielen Jahrhunderten Modelle in kleinem Maßstab, um das Verhalten ihrer Äquivalente in Originalgröße besser zu verstehen und schließlich genügend Sicherheit zu geben, um mit dem Bau zu beginnen.

Es gibt historische Belege für die Verwendung von Modellen durch Baumeister, Handwerker und Ingenieure für Projekte in den meisten Bereichen des Militär-, Zivil- und Bauingenieurwesens – von Waffen, Brücken, Tunneln, Dämmen und maritimen Strukturen bis hin zu gemauerten Kathedralen und den dünnen Betonschalen des 20. Jahrhunderts. Zum Einsatz kommen Modelle auch bei der Entwicklung der Akustik von Konzertsälen, der natürlichen Belüftung von Gebäuden und dem Entwurf von Tragwerken, die Wind und seismischen Belastungen standhalten müssen.

Die früheste Erwähnung der Verwendung von Modellen durch Ingenieure findet sich bei dem römischen Architekturtheoretiker Vitruv.[23] Die frühesten Aufzeichnungen über wissenschaftliche Tests und Messungen des Verhaltens von Modellen stammen aus dem Zeitalter der Aufklärung und somit aus der Mitte des achtzehnten Jahrhunderts. Im 20. Jahrhundert begannen anspruchsvollere Modellversuche, die in den 1970er Jahren ihren Höhepunkt erreichten, bevor viele Modellversuche durch Computermodellierungen ersetzt werden konnten.

VERSCHIEDENE ARTEN VON INGENIEURMODELLEN – VERSUCH EINER KATEGORISIERUNG

Diese Entwicklung der Modelle über die Jahrhunderte hinweg kann einerseits aus technikhistorischer Perspektive betrachtet werden, bedingt durch die Abhängigkeit von den technischen Möglichkeiten der Messtechnik, Feinmechanik und Materialentwicklung und im 20. Jahrhundert von der Digitalisierung im Bauwesen. Andererseits ist der Verwendungszweck der Modelle im Planungs- und Bauprozess das wesentliche Paradigma, das die Form und Ausführung der maßstabsreduzierten Versuchsmodelle, die im Laufe der Jahrhunderte bei der Konstruktion von Bauwerken verwendet wurden, determiniert. Hier wird auch die Unterscheidung zu den meist als Präsentationsmodelle konzipierten Architekturmodellen ersichtlich. Auch wenn Architekten Arbeitsmodelle zur Entwicklung von räumlich komplexen Bauwerken und Bauteilen verwenden, so unterscheiden sich diese doch meist von den Versuchsmodellen im Ingenieurbau, die zur Entwicklung, Optimierung und Dimensionierung von Tragwerken und technischen Strukturen gebaut wurden. Zum Einstieg soll daher eine Definition unternommen werden, um diese Versuchsmodelle nach

---

23 Marcus Vitruvius Pollio. *De architectura libri decem*. Lib. 10, Cap. XVI, Paragraph 3–5. Herausgegeben von Jakob Prestel. Baden-Baden: Valentin Koerner, 1987, S. 575.

ihrem Hauptzweck zu kategorisieren: in allgemein mechanische Modelle, Formfindungsmodelle und Messmodelle.

Der Hauptzweck eines *mechanischen Modells* besteht darin, zu prüfen, ob eine Idee in Miniaturform umgesetzt werden kann, bevor Zeit und Ressourcen für den Bau des Artefakts in Originalgröße aufgewendet werden. Heute würden wir diese Modelle als »Proof-of-Concept«-Modelle bezeichnen. Zum Beispiel ein Pumpwerk, das eine Baugrube in nassem Boden entwässern oder Wasser durch ein Rohr befördern soll. Ein mechanisches Modell kann auch für ein ortsfestes Objekt, wie beispielsweise eine Brücke, eingesetzt werden. Mit Hilfe dieser Art von mechanischen Modellen kann etwa erprobt werden, wie die vielen Einzelteile eines Dachstuhls zusammengefügt und verbunden werden müssen und wie die Kräfte innerhalb der Konstruktion von den Punkten, an denen äußere Lasten angreifen, über die verschiedenen Stäbe, Knoten und Verbindungen bis hin zu den Fundamenten geleitet werden.

Der Zweck eines *Formfindungsmodells* ist es, im kleinen Maßstab die beste Form oder Gestalt eines Tragwerks zu bestimmen, das in größerem Maßstab gebaut werden soll. Die Methode des Schweizer Ingenieurs Heinz Isler (1926–2009), mit einem hängenden Tuch die beste Form für ein Stahlbetonschalendach zu ermitteln, fällt in diese Kategorie. In der Praxis wurden viele Formfindungsmodelle gleichzeitig dazu eingesetzt, um Kräfte, Spannungen oder Verformungen eines Tragwerks qualitativ abzuschätzen, womit sie in diesem Sinne auch Messmodelle waren. Dennoch können die Formfindungsaspekte solcher Modelle isoliert diskutiert werden.

Schließlich gibt es die sogenannten *Messmodelle*, die von Ingenieuren verwendet werden, um quantitative Maße für das Verhalten eines technischen Systems – sei es strukturell, hydraulisch oder akustisch – zu bestimmen, damit sie auf die volle Größe hochskaliert werden können, um Vorhersagen über das Verhalten eines Artefakts in voller Größe zu treffen. Dabei ist das Ziel, das Verhalten eines technischen Systems vorherzusagen, das gleiche, wie wenn theoretische Berechnungen durchgeführt werden. Der Unterschied zwischen der Verwendung eines Versuchsmodells und einer Berechnung besteht darin, dass es bei der Verwendung eines Modells nicht notwendig ist, mathematisch beschreiben zu können, wie das mitunter äußerst komplexe technische System funktioniert: Beispiele hierfür sind das Knicken einer dünnen Schale aus Metall, Stahlbeton oder Holz unter Druckbelastung oder das Strömungsverhalten eines Flusses.

Auch bei der Dimensionierung von Dach- oder Brückenkonstruktion wurden verschiedene Arten von Modellen – unter anderem auch Versuchs- und Messmodelle – eingesetzt. Der wesentliche Schlüssel zur Verwendung von Modellen in verkleinertem Maßstab besteht jedoch in der Erkenntnis, wie die Ergebnisse eines Modellversuchs zuverlässig auf die volle Größe übertragen werden können.

DIE FRAGE DER SKALIERUNG DER ERGEBNISSE VON MODELLVERSUCHEN

Bei Auswertung der Ergebnisse eines Modellversuchs ist es von entscheidender Bedeutung, zu verstehen, wie die Ergebnisse auf die volle Größe hochskaliert werden können. Bei einigen Phänomenen ist die Skalierung linear. Zum Beispiel ist die Stabilität einer Mauerwerkskonstruktion wie eines Bogens oder Gewölbes in gewissen Grenzen unabhängig vom Maßstab. Verallgemeinernd lässt sich sagen: Falls sich ein Modell eines gemauerten Bogens im Maßstab 1:20 als stabil erweist, dann ist auch der Bogen in voller Größe stabil.[24] Außerdem hängt die Stabilität nicht vom Material ab, das im Modell oder in der maßstabsgetreuen Struktur verwendet wird. Allein diese Tatsache könnte erklären, wie solch außergewöhnlich große druckbelastete Konstruktionen – etwa von gotischen Kathedralen oder den gemauerten Kuppeln der Renaissance – ohne die uns heute zur Verfügung stehenden Theorien der Statik gebaut werden konnten.

Wenn andererseits aber ein maßstäblich verkleinerter Balken auf Biegung oder eine verkleinerte Stütze auf Druck belastet wird, kann seine Festigkeit nicht linear auf die volle Größe hochskaliert werden. Galileo war der erste, der dieses Quadrat-Würfel-Gesetz (Englisch: square-cube law) erkannt hat. Es erklärt, warum einige technische Phänomene – wie das Biegen oder das Knicken eines Trägers unter Druck – nicht linear zur Größe skaliert werden kann, auch wenn das Eigengewicht ignoriert wird.[25] Wenn das Eigengewicht ferner berücksichtigt wird, können sogar auch die Kräfte in Fachwerken nicht linear zur Größe skaliert werden. Der Skalierungsfaktor basiert auf dem, was wir heute als Biege-, Knick- oder Fachwerktheorie kennen. Darüber hinaus ändert sich wiederum der Skalierungsfaktor, wenn das Modell aus einem anderen Material besteht.

24 Diese Verallgemeinerung lässt Mikrorisse bedingt durch Spannungskonzentrationen außer Acht, die den Baumeistern der frühen Neuzeit nicht bewusst gewesen sein dürften.

Sobald diese Theorien gegen Ende des 18. Jahrhunderts bekannt waren, war es prinzipiell möglich, die Ergebnisse von Versuchen im kleinen Maßstab quantitativ auf die volle Größe hochzuskalieren. Ein Bauwerk von herausragender Bedeutung für das Verständnis des Phänomens der Skalierung und dessen Anwendung in der Baupraxis ist die um 1770 von Iwan Petrovic Kulibin (1735–1818) zur Überquerung der Newa in St. Petersburg geplante Brücke – konzipiert mit einem einzigen Bogen aus Holz, der mehr als 300 Meter überspannen sollte. Dem Wissensstand seiner Zeit folgend nahm Kulibin – wie der Augsburger Caspar Walter (1701–1769) und andere herausragende Baupraktiker[25] – an, dass die Ergebnisse aus Modellversuchen linear auf die wirkliche Größe des Bauwerks hochgerechnet werden können. Erst Leonhard Euler (1707–1783), ein Mitglied der Akademie der Wissenschaften in St. Petersburg, erkannte, dass diese Annahme nicht richtig sein konnte und schrieb 1776 die erste Abhandlung über die nichtlineare Hochrechnung von Ergebnissen aus Modellversuchen (siehe Abschnitt Technisch-mechanische Modelle).[26]

Auch die Konstrukteure der Britannia-Brücke (Planung ab 1844, Bau 1846–1850) waren noch nicht in der Lage, die Testergebnisse bezüglich des Ausknickens von dünnen schmiedeeisernen Platten der Röhre unter Druckeinwirkung hochzurechnen. Es gab keine adäquate Theorie, mit der ein solches Knickverhalten berechnet werden konnte, so dass die Ergebnisse nicht auf die tatsächlich im Bauwerk wirkenden Kräfte skaliert werden konnten.[27]

Schließlich wurde im Bereich des Wasserbaus ein Durchbruch erzielt, um mit dem Phänomen der noch in den 1860er Jahren nicht theoretisch beschreibbaren Skalierung umzugehen. Die Dynamik der Flüssigkeitsströmung ist komplex und nichtlinear und konnte daher

25 Walter war ausgebildeter Zimmermann und damit ein Handwerker, dem aber – an heutigen Maßstäben gemessen – Ingenieuraufgaben oblagen. Die Bezeichnung „Ingenieur" war zur damaligen Zeit noch nicht geläufig, sein Amtstitel war Brunnenmeister. Siehe dazu: Raimund Mair. *Die Hydrotechnischen Exponate der Augsburger Modellkammer als Spiegel der historischen Wasserwirtschaft.* Dissertation Universität Innsbruck 2021 (unveröffentlicht), S. 62 ff. und S. 210.

26 Leonhard Euler. „Regula facilis pro diiudicanda firmitate pontis aliusve corporis similis excognita firmitate moduli."In: *Novi Commentarii Academiae Scientiarum Petropolitanae*, XX, 1776 S. 36–40. Dort erklärt Euler: „Eine einfache Regel zur Bestimmung der Festigkeit einer Brücke oder eines ähnlichen Bauwerks auf der Grundlage der bekannten Festigkeit eines Modells."

27 Karl-Eugen Kurrer. *Geschichte der Baustatik. Auf der Suche nach dem Gleichgewicht.* Berlin: Ernst & Sohn 2016, S. 72–75.

nicht wie die Biegung eines Balkens mit präzisen Gleichungen berechnet werden. Mehrere Physiker, unter anderen Osborne Reynolds (1842–1912) und William Froude (1810–1879), entwickelten einen neuartigen Ansatz, der es ermöglichte, das Verhalten dieser Systeme auf verschiedenen Skalen zu berechnen, ohne die genauen physikalischen Gesetze kennen zu müssen. Es war nur notwendig, die Beziehung zwischen verschiedenen relativen Parametern zu kennen, was durch Dimensionsanalyse erreicht werden konnte. Das Ergebnis dieses Prozesses war für ein jeweils bestimmtes physikalisches Phänomen eine dimensionslose Zahl. Die vielleicht bekanntesten dieser Zahlen sind die gleichnamigen Zahlen von Froude und Reynolds und, im Bereich der Aerodynamik, von Mach. Es ist größtenteils der theoretischen Arbeit von Froude und Reynolds zu verdanken, dass die Durchführung von Tests an maßstabsreduzierten Messmodellen zu einer zuverlässigen Methode für Konstrukteure wurde.[28] Die Technik wurde von Ingenieuren erstmals in den 1870er Jahren in der Hydraulik und in den 1920er Jahren im Hochbau für das Beulen dünner Schalen sowie in der Akustik eingesetzt.

MECHANISCHE MODELLE IN DER ZEIT BIS 1800

Um die grundlegende Bedeutung der Ingenieurmodelle für Innovationsprozesse aus Sicht der Bautechnikgeschichte darzustellen, wird in den folgenden drei Kapiteln an ausgewählten Beispielen ein chronologischer Überblick über die Vielfalt bautechnischer Modelle von den ersten dokumentierten Beispielen aus der Renaissance bis in die heutige Zeit und ihre jeweilige Bedeutung für die Entwicklung des Bauwesens vorgenommen. Dabei geht es letzten Endes nicht nur um die Darstellung von Erkenntnisprozessen, sondern auch um die Neubewertung der Objekte, ihre Verbreitung in der Öffentlichkeit und ihre dauerhafte Erhaltung.

Verkleinerte Modelle von Bauwerken werden seit vorgeschichtlicher Zeit erdumspannend zu ganz unterschiedlichen Zwecken hergestellt: Sie können Grabbeigaben oder Urnen für Begräbnisse sein, Präsentationsmodelle für Bauherren, anschauliche Vorlagen für Bauhandwerker, praktische Hilfen für Baumeister, symbolische und kultische Objekte. Ihrer Ästhetik, Anschaulichkeit und Haptik wegen werden sie gerne studiert, gesammelt und ausgestellt. Weniger

28 Bernard Espion. „Structural modelling technique". In: *Physical Models. Their historical and current use in civil and building engineering design.* Berlin: Ernst & Sohn, 2021, S. 370–374.

Aufmerksamkeit hingegen haben bisher mechanische Modelle gefunden, die zunächst von Militäringenieuren für das Bauwesen entwickelt, dann in der Zeit der Renaissance von Baumeistern für den Entwurf komplexer Bauteile und Bauvorgänge eingesetzt wurden.

Ab dem 15. Jahrhundert finden wir erste Zeugnisse dafür, dass Baumeister Modelle benutzen, um neue Ideen und Konstruktionen im Mauerwerksbau zu testen. Diese technischen, mechanischen Modelle befördern auch eine neue, wissenschaftliche Sicht auf die Gesetze der Natur, wie wir sie heute kennen. Leider waren diese Modelle kurzlebiger als ihre architektonischen Gegenstücke, weil sie in erster Linie als Versuchsaufbauten angelegt waren; auch ihre Verwendung für nicht zerstörungsfreie Experimente hat dazu beigetragen, dass sich keine Objekte aus dieser Zeit überliefert haben. Von den mechanischen Modellen für Wettbewerbe sind in der Regel nur die Vorschläge der Gewinner, nicht aber die verworfenen erhalten geblieben oder in schriftlichen Quellen überliefert.

Die Rolle, die historische Modelle beim Entwurfsprozess spielten, umfasst eine große Bandbreite, wie etwa das Testen von Tragwerken, Maschinenelementen und Entwürfen, die Überprüfung mechanischer Eigenschaften und des konstruktiven Verhaltens – wie Tragkraft, Festigkeit, Steifigkeit und Widerstandsfähigkeit –, sowie den Nachweis der Realisierbarkeit neuer Ideen, um die Bauherren zu überzeugen. Sie dienten aber auch der Erforschung und dem Nachweis der Funktionsweise von Maschinen und dem Design von Verbindungselementen. Dem tatsächlichen Bauvorgang gingen diese Modelle als genaue Beschreibung und Übung der geplanten Abläufe voraus. Als mechanische Modelle könnte man auch die „Meisterstücke"der Lehrlinge im Bauhandwerk bezeichnen. Ähnlich zu den architektonischen Präsentationsmodellen wurden mechanisch-technische Modelle unter anderem bei Wettbewerbsentwürfen gefordert oder bei Vorführungen für mögliche Kunden präsentiert, die wissen wollten, wie die Dinge funktionieren und wie sie gebaut wurden. Im Gegensatz zu den meisten Architekturmodellen konnten sie daher meist ausprobiert werden. Oft wurden sie bei Bauverträgen und generell bei der Einreichung von Patenten gefordert.

VITRUV UND DIE ANTIKE

Der römische Architekt und Ingenieur Marcus Vitruvius Pollio (1. Jahrhundert n. Chr.) erläutert in seinen *Zehn Büchern über Architektur*, einer der ältesten erhaltenen Schriften über das Bauwesen, die Bedeutung militärtechnischer Modelle in der Antike. Er thematisiert dabei die Übertragbarkeit der Erkenntnisse aus maßstäblichen Modellversuchen auf die Wirklichkeit, eben jene Frage nach der Skalierung, der sich Baumeister und Forscher auch viele Jahrhunderte danach noch widmen werden.[29] Eingebettet in eine eindrucksvolle Geschichte über die Architekten Diognetos aus Rhodos, Kallias, seinen Widersacher und Epimachos aus Athen, der für seinen König Demetrius ebenfalls Kriegsgerät und Wehrtechnik konstruieren sollte, erläutert er die Vor- und Nachteile von Versuchen mit maßstabsgetreuen Modellen (lat.: *exemplaribus*) und solchen in Originalgröße. Vitruv schildert im Kapitel XVI seines Zehnten Buches, wie ein Baukünstler aus Arados, Kallias genannt, vor den Bürgern von Rhodos einen Vortrag über Festungsbau hielt und dabei ein Modell einer geplanten Anlage vorstellte. So gelang es ihm, die Bürger derart von seinen Ideen zu begeistern, dass der Stadtbaumeister Diognetos seine Stellung verlor und Kallias der Bau der Verteidigungsanlagen und -geräte der Stadt übertragen wurde. Zur gleichen Zeit plante König Demetrius einen Angriff auf Rhodos und hatte dafür den Athener Ingenieur Epimachos unter Vertrag genommen, der seine Kriegsmaschinen mit viel Aufwand in Originalgröße baute und ausprobierte. Weil sich die technischen Modelle des Kallias nicht in wirkungsvolle Verteidigungsanlagen und -geräte umsetzen ließen, hatten die Bürger von Rhodos dem Angriff des Demetrius nichts entgegenzusetzen. Die Entlassung des modellbauenden Kallias und die Rehabilitierung und Wiedereinsetzung des alten Stadtbaumeisters Diognetos stehen am Ende dieser Erzählung, die als Beleg dafür gewertet werden darf, dass technisch-mechanische Modelle bereits in der Antike in Verwendung waren.

INGENIEURMODELLE ZUR ZEIT DER RENAISSANCE

Für das Mittelalter konnte die Verwendung von maßstabsgetreuen Architekturmodellen im Mittelalter (noch) nicht nachgewiesen werden – abgesehen von wenigen Modellen für die Mühlentechnik aus der Spätphase dieser Epoche. Erst um 1400 gibt es in schriftlichen Quellen erste Hinweise auf technisch-mechanische Modelle, die neben

29 Marcus Vitruvius Pollio. *De architectura libri decem.* Lib. 10, Cap. XVI, Paragraph 3–5. Herausgegeben von Jakob Prestel. Baden-Baden: Valentin Koerner, 1987, S. 575.

architektonischen Modellen zum Einsatz kamen.[30] Eines der ältesten Dokumente bezieht sich auf einen Wettbewerb für den Entwurf einer Steinsäge für die Erbauer des Mailänder Doms im Jahre 1402, bei dem ein maßstabsgetreues Modell des Vorschlags des Gewinners in Holz gebaut wurde, um „es ausprobieren zu können"[31].

Eines der ältesten technischen Modelle ist für das Jahr 1418 dokumentiert: Filippo Brunelleschis (1377-1446) Modell der Kuppel von Santa Maria del Fiore in Florenz, für die er eine innovative Maurertechnik (it.: *Spinapesce*) vorstellt, die es erlaubt, die Kuppel ohne Lehrgerüst zu errichten. Er baute dafür ein Modell, dessen Maßstab zwar nicht dokumentiert ist, von dem wir aber wissen, dass Brunnelleschi für den Bau reguläre Ziegelsteine verwendete und dass das Modell von innen untersucht werden konnte – Hinweise auf einen größeren Maßstab (aktuell nachgerechnet wahrscheinlich ca. 1:60).[32]

In der zweiten Hälfte des 16. Jahrhunderts scheint die Verwendung von Modellen in der Architektur und im Bauwesen bereits so fest etabliert zu sein, dass Andrea Palladio (1508–1580) sie in seinem Traktat *Die vier Bücher der Architektur* (1570) überhaupt nicht erwähnt. Handschriftliche Dokumente weisen darauf hin, dass Palladio sehr wohl Modelle nutzte und begutachtete.[33] Sie können als Nachweis für die Verbreitung von Modellen für Konstruktionszwecke in der Baupraxis gewertet werden. Bis zum Ende des 16. Jahrhunderts hatte die Nachfrage nach Modellen für Ingenieur- und Bauwettbewerbe, darunter insbesondere für Hebevorrichtungen, Pumpen, Kräne, Wehre usw., erheblich zugenommen.

Der berühmteste Wettbewerb dieser Art war 1585 vom Papst Sixtus V. für die Verlegung des Vatikanischen Obelisken ausgeschrieben worden.

---

30 Marcus Popplow. „Technisches Modell". In: Friedrich Jaeger (Hg.). *Enzyklopädie der Neuzeit.* Stuttgart: Metzner-Verlag, 2011, Band 13, Spalte 298.

31 Marcus Popplow. *Models of Machines: A ‚Missing Link'. Between Early Modern Engineering and Mechanics?* (Preprint 225). Berlin: Max-Planck-Institut für Wissenschaftsgeschichte, 2002, S. 5.

32 Howard Saalman. *Filippo Brunelleschi: The Cupola of Santa Maria del Fiore.* London: Zwemmer, 1980, S. 62. Cesare Guasti. *La cupola di Santa Maria del Fiore: illustrata con i documenti dell'archivo dell'opera secolare. Saggio di una compiuta illustrazione dell'opera secolare e del tempio di Santa Maria del Fiore.* Florenz: Barbera Bianchi, 1857, passim. Stefan M. Holzer. *Gerüste und Hilfskonstruktionen im historischen Baubetrieb – Geheimnisse der Bautechnikgeschichte.* Berlin: Ernst & Sohn, 2021 S. 186. Andres Lepik. *Das Architekturmodell in Italien 1335–1550.* Worms: Ferdinand Werner, 1994, S. 60/61 und 148.

33 Lionello Puppi. *Andrea Palladio – Das Gesamtwerk.* Stuttgart/München: Deutsche Verlags-Anstalt, 2000, S. 383, 389.

Diese Ankündigung motivierte viele italienische und europäische Architekten und Ingenieure, ihre Projekte und Ideen mit Plänen, Schriften und sogar Modellen in einer spektakulären Sitzung dem Papst in Rom vorzustellen. Der Gewinner des Wettbewerbs war der für den Petersdom verantwortliche Architekt Domenico Fontana (1543–1607). 1590 veröffentlichte er sein Vorgehen und seine Erfahrungen unter dem Titel *Della Trasportatione dell'Obelisco Vaticano* [...].

Auf der ersten Abbildung seines Werkes (Fig. 1) stellt er acht der Wettbewerbsmodelle vor, die jeweils mit einer kurzen Erklärung versehen sind. Von einer Wolke in der rechten oberen Ecke des Bildes aus betrachtet Minerva (Pallas Athene), die Göttin der Weisheit und des Handwerks, die Vorstellung der Modelle. Fontanas eigenes Modell schwebt ihr auf einer Wolke entgegen und wird durch seine größere Darstellung, bedingt durch den kleineren Maßstab, zusätzlich hervorgehoben. Er kommentiert: „A" sei das Siegermodell, das angenommen und ausgeführt wurde und das in diesem Buch erläutert wird. Die übrigen Modelle, die auf dem Platz um den Obelisken aufgestellt sind, haben alle fast den gleichen Maßstab von etwa 1:15 (wenn der Obelisk 25 Meter und die Menschen etwa 1,70 Meter messen). Sie werden von zwei Sachverständigen des vatikanischen Komitees begutachtet und mit der aktuellen Literatur verglichen. Im folgenden Teil beschreibt und begründet Fontana den Ab- und Wiederaufbau des Obelisken auf dem Petersplatz. Seine durchaus als Vermarktung seiner eigenen Leistung zu interpretierende Publikation[34] zeigt die Machbarkeit des Abbaus, des Transports und der Platzierung des Obelisken als Ergebnis dieses Modellwettbewerbs auf, bei dem unterschiedliche Verfahren vorgeschlagen wurden und bei dem die technisch-mechanischen Modelle, die mit eingereicht wurden, eine zentrale Rolle spielten.[35]

34 Stefan M. Holzer. *Gerüste und Hilfskonstruktionen im historischen Baubetrieb – Geheimnisse der Bautechnikgeschichte.* Berlin: Ernst & Sohn. 2021 S. 297–302.

35 Cesare D'Onofrio. *Gli obelischi di Roma*, Roma: Bolzoni, ^{2}1967, S. 72–77. Clemens Voigts, „Constructing a discourse of the art of engineering: Domenico Fontana and the Vatican Obelisk". In: Eike Christian Heine (Hg.). *Under Construction: Building the material and imaged world* (Kultur und Technik, Band 30: Schriftenreihe des Internationalen Zentrums für Kultur- und Technikforschung der Universität Stuttgart). Berlin 2015, S.141–161, insbesondere S. 142–144.

FIG. 1 – Die erste Seite des Werkes von Domenico Fontana über die Umsetzung des Vatikanischen Obelisken. Source: *Della trasportatione dell'obelisco vaticano et delle fabriche di nostro signore papa Sisto V*. Roma: Appresso Domenico Basa, 1590. Abrufbar unter: https://doi.org/10.3931/e-rara-117 [konsultiert am 31.03.2021].

TECHNISCH-MECHANISCHE MODELLE AUS DER ZEIT DER AUFKLÄRUNG

Mechanische Modelle, die nicht nur durch archivalische Quellen belegt, sondern als Objekt überliefert sind, finden sich in den Modellkammern, die im Zuge der Aufklärung von Herrschern oder reichen Städten als Zeugnis der bautechnischen Leistungsfähigkeit des eigenen Hoheitsgebiets installiert wurden. Einen Bestandteil der Modellkammer der Stadt Augsburg bildet die Sammlung hydrotechnischer Modelle, die der Brunnenmeister Caspar Walter (1701–1769) in der Mitte des 18. Jahrhunderts in den Wassertürmen eingerichtet hatte.[36]

Seit der Errichtung des ersten Wasserwerks hatte Augsburg neue Standards für die städtische Wasserversorgung gesetzt. So richtete die Stadt in den neuen Wassertürmen eine Sammlung mechanischer Modelle ein, die, begleitet von Erläuterungstafeln, für interessierte Reisende offenstand. In der 1754 erschienenen *Hydraulica Augustana*[37] beschreibt Caspar Walter, Zimmermann und seit 1741 „Brunnenmeister"[38] in Augsburg, die drei zentralen Wassertürme, die Brunnenhäuser des Wasserwerks mit all ihren technischen Einrichtungen und auch die im Hauptturm ausgestellte Modellsammlung. Diese wurde vor allem zu Präsentations- und Lehrzwecken in seiner Werkstatt hergestellt, viele davon als Meisterstücke seiner Lehrlinge, sie dürften aber durchaus auch als Nachweis der Funktionsweise und -fähigkeit seiner Entwürfe und Bauten gedient haben.[39]

---

36 Dirk Bühler. „Historical Models of Civil Engineering in Collections in Augsburg and Munich". In: Brian Bowen, Donald Friedman, Thomas Leslie, John Ochsendorf (Hg.). *Proceedings of the fifth International Congress on Construction History* – Chicago (Ill), June 2015 Vol. 1, S. 275–282; Raimund Mair, Christiane Weber. „Hydrotechnical models of the ‚Modellkammer' (chamber of models) in Augsburg, Germany". In: Ine Wouters u.a. (Hg.). *Building Knowledge, Constructing Histories: Proceedings of the 6th International Congress on Construction History*. Brussels Balkema: CRC Press, 2018, Bd. 2, S. 871–877. Raimund Mair. *Die Hydrotechnischen Exponate… op. cit.*, ab S. 6.

37 Caspar Walter. *Hydraulica Augustana*. Augsburg, 1754. S. 22. Transkription Raimund Mair 2015, in Raimund Mair. *Die Hydrotechnischen Exponate… op. cit.*, Anhang B, S. 240–289.

38 Zur Bezeichnung Brunnenmeister siehe: Raimund Mair, Christiane Weber, „Lechmeister and Brunnenmeister – the men behind the historical water management in Augsburg, Germany". In: *The Construction History Society Cambridge: Water, Doors and Buildings Studies in the History of Construction. The Proceedings of the Sixth Conference of the Construction History Society, Queen's College*. Cambridge 2019, S. 32–44.

39 Aktuell dazu: Raimund Mair. *Die Hydrotechnischen Exponate… op. cit.*; Raimund Mair, Christiane Weber. „Hydrotechnical models of the ‚Modellkammer' (chamber of models) in Augsburg, Germany". In: Ine Wouters; Stephanie van de Voorde (Hg.). Building Knowledge,

In der Schweiz machte auch ein anderer Zeitgenosse Walters von sich reden, der wie Walter Zimmermann war und vor allem Brücken baute, die Schule machen sollten. Hans Ulrich Grubenmann (1709–1783), ein Zimmermann aus Teufen, stellte 1755 dem Schaffhauser Stadtrat ein Modell seines Vorschlags für den Bau einer Brücke über den Rhein mit nur einer einzigen Spannweite von 119 Metern vor: den größten bis dahin gebauten Holzbogen.[40] Zuvor hatte der Stadtrat bei Stadtbaumeistern, Ingenieuren und Wissenschaftlern in Deutschland um Vorschläge angefragt, dann aber Grubenmann zwei Monate vor der Submission eingeladen, seinen Vorschlag zu präsentieren, auch wenn er „nur ein Zimmermann" war: Er war berühmt für seine wohldurchdachten Dachstühle und Brücken. Das Ratsprotokoll der Stadt vom 18. Juli 1755 vermerkt, dass Grubenmann, als die Ratsherren an der Stabilität der Konstruktion zweifelten, sich mit den berühmt gewordenen Worten auf das Modell seines Entwurfes stellte: „Wenn das Modell mein Gewicht aushält, wird die echte Brücke einige Kutschen tragen können."[41] Auch wenn das Modell nicht ausdrücklich für einen empirischen Tragwerksversuch hergestellt wurde, unterwarf er es mit dieser überlieferten Aktion doch einem Praxistest. Grubenmann überzeugte die Ratsherren schließlich, indem er in der Mitte der Spannweite einen zusätzlichen Flusspfeiler einfügte.

Die innovativen Brückenbauten der Familie Grubenmann wurden zeitnah rezipiert: Mathematiker, Architekten und Ingenieure kommentierten

Constructing Histories: Proceedings of the 6th International Congress on Construction History, Brussels 2018. Boca Raton: CRC Press, 2018, Bd. 2, S. 871–877. Seit dem Ende der 1970er Jahre machte der Maschinenbauingenieur Wilhelm Ruckdeschel die Modelle mit seinen Schriften bekannt: Wilhelm Ruckdeschel. „Die Brunnenwerke am Roten Tor zu Augsburg zur Zeit des Stadtbrunnenmeisters Casper Walter (um 1750)". *Technikgeschichte.* Baden-Baden: Verein Deutscher Ingenieure (VDI); Gesellschaft für Technikgeschichte (GTG), 1975, 2, S. 120–147. Wilhelm Ruckdeschel. „Die Brunnenwerke am Roten Tor zu Augsburg". *Zeitschrift des Historischen Vereins für Schwaben*, 1975, 69, S. 61–90. Wilhelm Ruckdeschel. „Das Untere Brunnenwerk zu Augsburg durch vier Jahrhunderte". *Zeitschrift des Historischen Vereins für Schwaben* Augsburg: 1981, 75, S. 86–113. Wilhelm Ruckdeschel. *Technische Denkmale in Augsburg: Eine Führung durch die Stadt.* Augsburg Brigitte Settele Verlag, 1984. S. 21–46. Wilhelm Ruckdeschel. „Modelle künstlicher ‚Wasser-Maschinen'". In: *Zeitschrift des Historischen Vereins für Schwaben Augsburg*, 1988, 81, S. 169–190. Wilhelm Ruckdeschel. *Industriekultur in Augsburg*, Augsburg: Brigitte Settele Verlag, 2004, S. 13–36.

40 Joseph Killer. *Die Werke der Baumeister Grubenmann.* Zürich: Gebr. Leemann, 1942. S. 24.

41 Joseph Killer. *op. cit.*, S. 23/24 zitiert aus dem: Ratsprotokoll der Stadt Schaffhausen, Bd. 213, Eintrag vom 18.07.1755.

den Bau, kopierten Pläne und veröffentlichten sie in Deutschland, Frankreich und Großbritannien, darunter Sir John Soane (1753–1837), der 1780 Schaffhausen besuchte, und der französische Ingenieur Jean Rodolphe Perronet (1708–1794), der Zeichnungen (und wahrscheinlich sogar ein Modell) der Grubenmann-Brücken sammelte und bei Vorführungen einsetzte.[42] Die von der Familie Grubenmann angefertigten Modelle dienten zunächst der Unterweisung der eigenen Arbeiter, fanden aber auf diese Weise in ganz Europa Verbreitung.[43]

Der Augsburger Brunnenmeister Walter war nicht nur gefragter Wasserbautechniker, sondern als Zimmermann auch als Brückenbauer tätig. In seiner 1766 veröffentlichten Abhandlung über den Brückenbau erläutert er bereits in der Einleitung, dann im Text und auf zwei der illustrierenden Tafeln, wie er durch einen Belastungsversuch an zwei Holzmodellen im Maßstab 1:20 die Größenverhältnisse und die Tragfähigkeit einer Brücke in tatsächlicher Größe ermittelte.[44] Er übertrug seine Messungen am Modell jedoch linear auf das Bauwerk und blieb dabei hinter den Erkenntnissen von Leonhard Christoph Sturm (1669–1719), der schon zuvor eine nicht lineare Aufrechnung vorschlug, zurück.[45] Wie bereits im Absatz zur Frage nach der Skalierung dargelegt, erkannte der Schweizer Mathematiker, Physiker, Astronom, Geograph und Ingenieur Leonhard Euler – nach dem die Eulersche Konstante und die Eulersche Zahl benannt wurden

42 Angelo Maggi, Nicola Navone (Hg.). *John Soane and the wooden bridges of Switzerland. Architecture and the culture of technology from Palladio to the Grubenmanns*. Mendrisio: Archivio del Moderno, Accademia di architettura, Università della Svizzera italiana / London: Sir John Soane's Museum, 2003, S. 36. Jasmin Schäfer. *Dachkonstruktionen: Die Entwicklung frühneuzeitlicher Holztragwerke zwischen 1650 und 1850 im reformierten Kirchenbau der Deutschschweiz*. Dissertation ETH Nr. 27417 Zürich 2021, S. 210 [konsultiert am 31.03.2021]. Abrufbar unter: https://www.research-collection.ethz.ch/handle/20.500.11850/476032). Schäfer erwähnt diese Modelle in einer Fußnote und auf S. 243 auch die etwas später entstandenen Brückenmodelle von Altherr. Jasmin Schäfer; Stefan M. Holzer. „Vision und Wirklichkeit: Modelle Schweizer Holzbrücken des 18. Jahrhunderts". *In: Kunst + Architektur in der Schweiz*, 2018, 4, S. 32–39.

43 Angelo Maggi, Nicola Navone (Hg.). *op. cit.*, S. 11 und 31 ff.

44 Caspar Walter. *Brückenbau oder Anweisung wie allerley Arten von Brücken, sowohl von Holz als Steinen nach den besten Regeln der Zimmerkunst dauerhaft anzulegen sind*. Augsburg: Gebrüder Veith, 1766, S. 2, 26–27 und Tafeln XVII und XVIII.

45 Leonhard Christoph Sturm. *Gründlicher Unterricht, Von der Allen, Sowohl denen, welche in Bau-Sachen dem Aerario vostehen, als auch Baumeistern, Oeconomis und curieusen Reisenden zuwissen sehr nöthigen Wissenschaft, Von Heng- oder Sprengwercken. Andere Auflage*. Stockholm und Leipzig: Johann Heinrich Rußworm, 1726. S. 45–50.

Mängel in Walters Veröffentlichung und berichtigte den Fehler in dessen Berechnung.[46]

Kurz nach Walters Veröffentlichung und Grubenmanns Vorführung begann Ivan Petrovic Kulibin, der 1769 von Katharina der Großen zum leitenden Mechaniker an der Akademie der Wissenschaften in St. Petersburg ernannt worden war, eine Brücke mit einem einzigen Bogen von 300 Metern Spannweite über die Newa als Holzkonstruktion zu planen. Zwischen 1772 und 1776 widmete sich Kulibin zunächst verschiedenen Versuchen zur Formfindung, bei denen er die Lastverteilung anhand von Schnüren untersuchte, die er mit Gewichten belastete. Auf diese Weise folgte die Form des Bogens schließlich einer umgekehrten Kettenlinie: eine Neuerung in der Ingenieurkunst. So prüfte er auch seine Holzkonstruktion aus Fachwerkbindern zwischen zwei massiven, aus Balken zusammengesetzten Bögen und konnte dabei das Eigengewicht der Brücke verringern und die Lastverteilung dergestalt optimieren, dass sie einem – erst sehr viel später so genannten – Dreigelenkbogen sehr nahekam. Dabei entwickelte er eine eigene Methode zur Lösung der Frage, wie die Ergebnisse aus der Statik bei maßstäblichen Modellen auf die Originalmaße umgerechnet werden können. Sie beruhte auf einer Kombination aus der einfachen Balken- und Bogentheorie sowie einer linearen Hochrechnung der Ergebnisse aus den Modellversuchen auf das Original.[47]

Nachdem Leonhard Euler und wahrscheinlich auch Daniel Bernoulli (1700–1782), beide damals Mitglieder der Akademie der Wissenschaften in St. Petersburg, 1775 Kulibins Entwurf geprüft und für durchführbar befunden hatten, entstand das letzte von mehreren Versuchsmodellen aus Holz im Maßstab 1:10, das Kulibin im Oktober 1776 mit 30 Meter Länge fertiggestellte. An der Akademie wurde das bestimmt eindrucksvolle Modell verschiedenen Belastungsversuchen unterzogen.[48] Allerdings nahm Kulibin fälschlicherweise an, dass er die Messergebnisse aus den Versuchen am Modell linear auf das Originalbauwerk hochrechnen und übertragen konnte. Leonhard Euler erkannte auch hier diesen Fehler

46 Ausführlich bei: Stefan M. Holzer. „Hölzerne Bogenbrücken und Modellstatik von Perrault bis Euler". *Bautechnik* 2010, S., Heft 3. 158–170, hier: S. 165–166.

47 Rainer Graefe. "Zur Formgebung von Bögen und Gewölben". *Architectura - Zeitschrift für Geschichte der Baukunst*, 1986, 16, S. 50–67.

48 Andreas Kahlow. „Leonhard Euler and the model tests of a 300-meter timber arch bridge in St. Petersburg". In: Bill Addis, 2021, *op. cit.*,S. 137-145.

und veröffentlichte im Jahre 1776 die erste mathematische Abhandlung über die Auswirkungen und der Beurteilung der Maßstäblichkeit bei Modellversuchen.[49] Weil die Brücke schließlich nicht gebaut wurde, endete das Modell als Attraktion im Taurischen Park in St. Petersburg und stand dort noch Jahrzehnte, ist jedoch heute leider nicht mehr erhalten.

Baumeister und Ingenieure aus der Zeit vor der industriellen Revolution zeigten, wie sie ihre Ideen mit noch geringen theoretischen und technischen Grundlagen an gut durchdachten mechanischen Modellen prüfen, ihre Entwurfskonzepte entwickeln und bestätigten konnten. Die Modelle waren darüber hinaus dazu gedacht, Bauprozesse und physikalische Zusammenhänge zu verdeutlichen, verständliche Arbeitsanleitungen und Lehrmaterial für Handwerker zu bieten oder dienten als Anschauungsmaterial für technisch interessierte Reisende. Ob bei Wettbewerben für begehrte Bauprojekte, bei Anträgen für Patente oder bei der Suche nach neuen Kunden – sie dienten immer dazu, Auftraggeber von der Leistungsfähigkeit und Zuverlässigkeit der Baumeister zu überzeugen. Es wäre daher aus Sicht der Autor*innen ein wichtiges Anliegen, bei zukünftigen Studien zu Modellen von Brücken und Dachstühlen auf den Einsatz der Modelle in Versuchen und Experimenten ein besonderes Augenmerk zu legen. Es ist zu hoffen, dass dadurch der Beitrag mechanischer Versuchsmodelle zur Geschichte der Bautechnik immer besser dokumentiert wird.

FORMFINDUNGSMODELLE

Versuchsmodelle mit reduziertem Maßstab können auf zwei verschiedene Arten verwendet werden, um eine Form für eine architektonische oder ingenieurtechnische Struktur zu definieren. Im ersten Fall verhält sich das Modell als Struktur genauso wie die Struktur in Originalgröße. Zum Beispiel nimmt eine aufgehängte Kette, die der Schwerkraft ausgesetzt ist, die Form einer Hängelinie an, die geometrisch dem Tragseil einer Hängebrücke in Originalgröße ähnelt. Dem von

49 Leonhard Euler 1776, *op. cit.*, S. 271–285.

Robert Hooke (1635–1703) im Jahre 1670 aufgestellten Gesetz folgend, ergibt die Form einer hängenden Kette, wenn sie umgedreht wird, die richtige Form für einen stabilen Bogen. So kann ein Modell, das mit reinem Zug arbeitet – wie beispielsweise eine Reihe geeigneter Gewichte, die an Schnüren hängen –, verwendet werden, um die Form eines rein auf Druck basierten Gewölbes zu bestimmen. Ähnliches gilt für die Form von Seifenblasen, die als verkleinerte Modelle für Membran- oder Seilnetzstrukturen verwendet werden. Die Form wird jeweils durch die Randstützen und die in der Ebene der Oberfläche wirkende gleichmäßige Zugspannung bestimmt. In jedem Fall kann das Modell dazu verwendet werden, die genaue geometrische Form der tatsächlichen Konstruktion zu finden. Da sie auf denselben strukturellen Prinzipien beruhen, können die Modelle außerdem zur qualitativen Abschätzung bestimmter Kräfte eingesetzt werden, die auf das Tragwerk in Originalgröße hochskaliert werden können – so etwa Lasten auf Stützen, Querkräfte oder Spannungen und Verformungen. Man kann diese Modelle als „Strukturmodelle" bezeichnen und sie fallen im Allgemeinen in zwei Kategorien – Schwerkraft- (oder Hänge-)Modelle und auf Zug belastete Modelle. Es ist zu beachten, dass Hänge- und auf Zug belastete Modelle – wie auch andere Arten von maßstabsreduzierten Modellen, die im Ingenieurbau verwendet werden – nur eine erste Annäherung an die endgültige Form darstellen. Sie werden dann einer detaillierten theoretischen Analyse und den Einflüssen praktischer Herstellungs- und Konstruktionsfragen unterzogen, bevor das endgültige Design erreicht wird.

Bei der zweiten Art von Formfindungsmodellen kann eine mit beliebigen Mitteln erzeugte Form allein aus ästhetischen Gründen als Grundlage für einen Tragwerksentwurf dienen. Die so entstandene Form hängt nur davon ab, wie sie erzeugt wird. Sie muss in einem nächsten Schritt genau vermessen werden und wird in digitaler Form zur Grundlage für eine statische Berechnung nach der Finite-Elemente-Methode. Das statische (oder andere) Formfindungsprinzip, für das das Modell erstellt wird, hat keine Ähnlichkeit mit den Prinzipien, nach denen das Bauwerk in Originalgröße funktioniert. Ein Beispiel hierfür sind wiederum die Stahlbetonschalendächer von Heinz Isler. Er erzeugte die Formen für diese Konstruktionen mit Hilfe einer durch Luft aufgeblasenen Membran oder durch die Ausdehnung eines in eine

Form gefüllten Schaums, ähnlich wie Brot oder Kuchen beim Backen in einer Backform aufgehen.[50] Diese „geometrischen Modelle", wie sie hier bezeichnet werden sollen, lassen sich jedoch nicht in technische Konstruktionsmethoden umsetzen und sollen daher in diesem Beitrag nicht weiter betrachtet werden.

SCHWERKRAFT- ODER HÄNGEMODELLE

Ungefähr zehn Jahre nachdem Hooke sein Gesetz formuliert hatte, dass eine umgekehrte Kettenlinie die richtige Form für einen stabilen Bogen ergibt, wandte er es zur Überprüfung der Form an, die bei einem frühen Entwurf für die Kuppel der neuen St. Pauls-Kathedrale in London in Betracht gezogen wurde.[51] Bei diesem Vorgang handelt sich wahrscheinlich nicht um den ersten Fall für die Verwendung eines Modells zur Optimierung eines technischen Entwurfs: Es gibt viele Beispiele für gemauerte Bögen und Gewölbe[52], bei denen die Verwendung von Modellen kaum auszuschließen, aber nicht archivalisch nachweisbar ist.[53] Nach Hooke wurden diese Art von zweidimensionalen Hängemodellen von vielen Ingenieuren und Architekten bis zum Niedergang des Mauerwerksbaus im späten 19. Jahrhundert verwendet, um gemauerte Bögen, Gewölbe und Kuppeln für Gebäude und auch für Brücken zu konstruieren.[54]

Im 19. Jahrhundert waren schmiedeeiserne Hängebrücken für den Schienen- und Straßenverkehr ein neuer Bauwerkstyp, für den eine Reihe von Ingenieuren Modelle zur Bestimmung der Form nutzte, insbesondere die Abweichung von einer reinen Kettenlinie. Damit testeten sie verschiedene Möglichkeiten der Einleitung von Lasten vom Brückendeck mittels vertikaler oder geneigter Hänger. Thomas Telford (1757–1834) fertigte nachweislich Modelle für seine geplante Hängebrücke

---

50 John Chilton. *Heinz Isler: The Engineer's Contribution to Contemporary Architecture.* London: Thomas Telford, 2000, S. 35. John Chilton. „Heinz Isler and his use of physical models". In: Bill Addis 2021, *op. cit.*, S. 614, 618.

51 Die Kuppel wurde im schließlich ausgeführten Entwurf von Sir Christopher Wren (1632–1723) erheblich verändert.

52 Santiago Huerta. „Block models of the masonry arch and vault". In: Bill Addis 2021, *op. cit.*, S. 31–77, hier 32–38.

53 Rainer Graefe. „The catenary and the line of thrust as a means for shaping arches and vaults". In: Bill Addis 2021, *op. cit.*, S. 79–126, hier 84–86.

54 S. Huerta, R. Graefe, *op. cit.*

in Runcorn bei Liverpool (1814, nicht gebaut) und die Menai-Brücke (1823) an, um die genaue Länge der vertikalen Hänger zu bestimmen. George Buchanan (1790–1852) testete ein Modell für seine geplante Brücke bei Montrose in Schottland (1824, nicht gebaut) und in den 1830er Jahren führte James Dredge (1794–1863) Versuche an mehreren Modellen durch, um seine Vorschläge für eine Schrägseilbrücke mit zur Brückenmitte hin verjüngenden Hauptketten zu prüfen.[55]

Mehr als über 100 Jahre später verwendete Heinz Isler in den 1950er und 1960er Jahren Hängemodelle, um die Form von weitgespannten Stahlbetonschalen zu bestimmen. Im Gegensatz zu den Hängemodellen, die für Mauerwerksbauten verwendet wurden, handelte es sich dabei um dreidimensionale Modelle aus Netzen, Stoff oder Gummiplatten.[56] Die gleiche Technik verwendete Frei Otto in den 1970er Jahren zur Formfindung der Holzgitterschale der Multihalle für die Bundesgartenschau in Mannheim im Jahre 1975, deren größte Spannweite rund 75 Meter betrug.[57]

AUF ZUG BELASTETE MODELLE

Konstruktionen wie Membran- und Seilnetzdächer lassen sich gut mit maßstabsreduzierten Modellen untersuchen, die als reine Zugstrukturen funktionieren. Viele Materialien können verwendet werden, darunter Polyestergewebe – verwendet wurden von Frei Otto am IL in Stuttgart unter anderem Damenstrümpfe –, Netze, Gummiplatten und pneumatische Strukturen wie Seifenhäute. So lässt sich ein Seilnetz mit Hilfe eines maßstabsgetreuen Modells aus Drähten modellieren, wobei ein Draht im Modell jedes vierte Kabel darstellt.[58] Die Drähte im Modell

55 Denis Smith. „Models in British Suspension Bridge Design". *History of Technology*, 1977, 2, S. 169–214.

56 John Chilton. *Heinz Isler: The Engineer's Contribution to Contemporary Architecture*. London: Thomas Telford, 2000. John Chilton. „Heinz Isler and his use of physical models". In: Bill Addis 2021, *op. cit.*, S. 614, 618.

57 E. Happold; W.I. Liddell. „Timber lattice roof for the Mannheim Bundesgartenschau". *The Structural Engineer*, 1975, 53, S. 99–135.

58 Wie im Falle des Modells für die die Dächer des Olympiastadions in München: Benjamin Schmid, Christiane Weber. „The experiments on measurement models for the Munich Olympic site". In: João Mascarenhas-Mateus; Ana Paula Pires; Manuel Marques Caiado; Ivo Veiga (Hg.). *History of Construction Cultures*. Proceedings of the seventh International Congress on Construction History (7ICCH). Lissabon, 12.–16. Juli 2021, Bd. 1. Boca Raton: CRC Press, S. 625–631.

sind in der Regel aus Stahl gefertigt, also dem gleichen Material, wie es beim Tragwerk in Originalgröße zur Anwendung kam.

In all diesen Fällen werden die Schwerkraftlasten im Modell ignoriert, da sie im Vergleich zu den Zugspannungen oder Kräften in der Ebene winzig sind und einen vernachlässigbaren Einfluss auf die vom Modell erzeugte Form haben. Die Form hängt jedoch von den elastischen Eigenschaften des Modellmaterials ab. Eine Seifenhaut hat keinerlei Elastizität und kann sich unbegrenzt ausdehnen; die Spannung wird nur durch die Oberflächenspannung der Seifenflüssigkeit erzeugt, die über die gesamte Fläche des Films gleichmäßig ist. Eine Gummiplatte hingegen dehnt sich proportional zur inneren Oberflächenspannung aus und nimmt damit eine Form an, die von der ursprünglichen, ungedehnten Form der Platte (und der Randstützen) abhängt. Ein Netz verformt sich durch die Drehung seiner Maschen an ihren Verbindungsknoten, nicht durch die Ausdehnung der einzelnen Seile. Andere Materialien wie beispielsweise Damenstrümpfe und Polyestergewebe finden ihre Form durch eine Kombination aus der Rotation und der Dehnung der einzelnen Fäden. Die Form der Oberfläche, die mit einem kleinteiligen Drahtnetz erzeugt wird, ist abhängig von der Spannung in den Drähten, der Geometrie der Randstützen und der Steifigkeit der Rand- und Hauptstützen. Normalerweise wird die ungefähre Form der Drahtnetzoberfläche zuerst mit einem Netzmodell bestimmt, das flexibler ist und seine eigene Form finden kann.

So wie man aus der Kettenlinie (reine Zugspannung) durch Umkehrung eine ideale Form für einen Bogen (reiner Druck) erzeugen kann, so kann man auch aus einem Zugmodell in Form eines Seifenfilms (reine Zugspannung) die Form für die ideale Druckbelastung erzeugen. Dieses Verfahren wurde von Sergio Musmeci (1926–1981) für den Entwurf seiner Basento-Brücke in Süditalien verwendet. Obwohl ein eleganter Ansatz, stellte er eine große Herausforderung dar: Es mussten die Randauflagerbedingungen des Seifenhautmodells in Stahlbeton nachgebildet werden, um die Stützlinie vom Brückendeck durch den Beton zu den Fundamenten in diese Form zu bringen.[59]

Der Zweck vieler auf Zug belasteter Modelle besteht darin, die Geometrie einer komplexen dreidimensionalen Fläche zu bestimmen,

59 Lukas Ingold. „The model as a concept: the origins of the design methods of Sergio Musmeci". In: Bill Addis 2021, *op. cit.*, S. 577–611. Sergio Musmeci. „Ponte sul Basento a Potenza". *L'industria italiana del cemento*, 1977, 2, S. 77-98.

für die es keine geeignete rechnerische Gleichung gibt, die sie definiert. Sobald eine auf Zug belastete Form gefunden ist, kann ihre Geometrie digitalisiert werden und damit als Grundlage für eine theoretisch-mathematische Analyse der inneren Kräfte und Spannungen eingesetzt werden. Auf diese Weise können Flächenspannungen und Kräfte in Rand- und Hauptstützen ermittelt werden. Diese können dann unter Berücksichtigung der Materialeigenschaften des Modells und der realen Zugmembranen oder -netze sowie der Rand- und Hauptstützen auf die volle Größe hochskaliert werden.

MESSMODELLE

Im Bereich der Baustatik wurde die Modellierung mit Hilfe von Versuchsmodellen in den frühen Jahren der Schmiedeeisenkonstruktion (1830er bis 1840er Jahre) eingesetzt, erübrigte sich aber durch die rasche Weiterentwicklung der Baustatik[60], zunächst für statisch bestimmte Strukturen und ab den 1870er Jahren für statisch unbestimmte Strukturen. Die Modellstatik gewann jedoch erneut an Bedeutung, als neue Materialien (Stahlbeton und dann Spannbeton) sowie neue Bauformen (dünne Schalen und Gitterstrukturen) ab den 1920er und bis in die 1970er Jahre hinein zum Einsatz kamen. Heute werden kaum noch Messmodelle zur Überprüfung der Statik von Ingenieurbauwerken eingesetzt, da die theoretischen und computerbasierten Modelle so leistungsfähig und zuverlässig und vor allem kostengünstiger sind. Dies gilt jedoch nicht für die Windtechnik und die dynamische Reaktion von Tragwerken auf seismische Belastung, für die Versuchsmodelle (parallel zu Computermodellen) immer noch bei vielen Projekte benötigt werden.

Die vielleicht wichtigste Beobachtung zum Einsatz von Messmodellen im Ingenieurwesen ist, dass sie immer neben Berechnungen mit theoretischen oder mathematischen Modellen verwendet wurden und werden – seit den 1960er Jahren gehören dazu auch computergenerierte Modelle. Oft wurden und werden die aus theoretischen oder digitalen Modellen

60 Karl-Eugen Kurrer. *Geschichte der Baustatik. Auf der Suche nach dem Gleichgewicht.* Berlin: Ernst & Sohn, 2016, S. 194–196.

gewonnenen Ergebnisse verwendet, um den Entwurf und die Versuche mit Messmodellen zu präzisieren und zu verifizieren sowie umgekehrt.

BEGINN DER ANWENDUNG VON MESSMODELLEN

Es verwundert nicht, dass die früheste Verwendung von Messmodellen aus dem Zeitalter der Aufklärung stammt – also zu einem Zeitpunkt, als das Interesse an der Durchführung von realen Experimenten schließlich die klassisch griechische Vorstellung ersetzte, dass Fragen über die Funktionsweise der natürlichen Welt allein durch logisches Denken beantwortet werden können. Die produktiven Ergebnisse solcher wissenschaftlichen Untersuchungen wurden bald von praktizierenden Handwerkern, Baumeistern und Ingenieuren wahrgenommen; es waren aber auch viele Fachleute aus anderen Wissensgebieten aktiv.

John Smeaton (1724–1792) war der erste Ingenieur, der die Ergebnisse seiner Versuche an verkleinerten Modellen veröffentlichte. Damit wollte er feststellen, ob ein oberschlächtiges oder unterschlächtiges Wasserrad effizienter ist, oder das effektivste Design für die Segel einer Windmühle sowie die Kraft zu bestimmen, die von Winden unterschiedlicher Geschwindigkeit ausgeübt wird. Die Ergebnisse der Modellversuche nutzte er, um seine Entwürfe von Wasserrädern und Windmühlen zu verbessern.[61]

Im Bereich der Brücken ermöglichte die Verwendung von Schmiedeeisen Konstruktionen mit nie dagewesenen Spannweiten für Eisenbahnen, die um ein Vielfaches schwerer waren als pferdegezogene Fahrzeuge. Einige Modelle, die zur Bestimmung der Form von Hängebrücken verwendet wurden, dienten auch zur Dimensionierung der Kräfte in Hängeketten und zur Vorhersage von Verformungen durch Lasten. Der vielleicht bemerkenswerteste Einsatz von Modellen vor den 1890er Jahren war der Entwurf der röhrenförmigen schmiedeeisernen Eisenbahnbrücken über die Conway-Mündung und die Menai Strait in Nordwales in den späten 1840er Jahren, an der Robert Stephenson (1803–1859) und William Fairbairn (1789–1874) beteiligt waren. Sowohl die Spannweiten – bis zu 140 Meter – als auch die Belastungen waren beispiellos und gingen weit über alles bisher Gebaute hinaus. Über

61 John Smeaton. „An experimental Enquiry concerning the natural Powers of Water and Wind to turn Mills, and other Machines, depending on a circular Motion“. *Philosophical Transactions of the Royal Society*, 1759, 51, S. 100–174.

40 Versuche an verkleinerten Modellen im Maßstab von 1:50 bis 1:6 wurden durchgeführt, um die Festigkeit der Nietverbindungen und die Festigkeit und Steifigkeit gegen Verformungen der Träger zu testen und den Widerstand der Flansche und Stege der Träger gegen Versagen durch Knicken zu erhöhen, an den Stellen, an denen das Eisenblech auf Druck belastet wird. Glücklicherweise haben die an diesem Projekt beteiligten Ingenieure eine sehr detaillierte Beschreibung der Arbeiten[62] einschließlich der Modellversuche und deren Einfluss auf den Entwurf und die Konstruktion der Brücken hinterlassen.[63]

MESSMODELLE SEIT DEN 1870ER JAHREN

Messmodelle waren bereits vor den 1870er Jahren, aber nur vereinzelt in einigen wenigen Bereichen des Ingenieurwesens – vor allem bei Eisenbrücken – erstellt worden. Ihre Verwendung steigerte sich im späten 19. Jahrhundert beträchtlich, nachdem Froude und andere in den 1870er Jahren erfolgreich dimensionslose Zahlen im hydraulischen Entwurf eingesetzt hatten (Abschnitt Die Frage der Skalierung). Seit dieser Zeit verwendeten Ingenieure in fast jedem Bereich des Bauwesens und der Gebäudetechnik in den verschiedensten Entwicklungsstadien Messmodelle, denen damit eine wesentliche Rolle bei Innovation in der technischen Planung und Konstruktion zugewiesen werden kann (Fig. 2).

Fachbereiche im Ingenieurwesen	**Erstmalige Verwendung**
Studien zur Wasserströmung bei freien Oberflächen (Meer, Flussmündungen, Flüsse usw.) (Hydraulik)	1870er Jahre
Windkanäle	1890, vor allem ab 1980er Jahren
Erdbebeningenieurwesen (Rütteltische)	1890er Jahre

62 Bill Addis. „Models used during the design of the Conway and Britannia tubular bridges". In: Bill Addis 2021, *op. cit.*, S. 187–203. William Fairbairn. *An Account of the Construction of the Britannia and Conway Tubular Bridges, with a Complete History of their Progress [...]*. London: Weale, 1849. William Fairbairn. *An Account of the Construction of the Britannia and Conway Tubular Bridges, with a Complete History of their Progress [...]*. London: Weale, 1849.

63 Edwin Clark. The Britannia and Conway Tubular Bridges, with General Inquiries on Beams and on the Properties of Materials Used in Construction. London: Day, 1850. Edwin Clark. *The Britannia and Conway Tubular Bridges, with General Inquiries on Beams and on the Properties of Materials Used in Construction*. London: Day, 1850.

Bemessung von gemauerten Dämmen	ca. 1900
Schalltechnik (Akustik)	ca. 1910
Entwurf von Stahlbetonbogenbrücken	1920er Jahre
Bemessung von Stahlbetondämmen	1920er Jahre
Entwurf von Betonschalen	1920er Jahre
Entwurf von Hängebrücken	1930er Jahre
Zentrifugenmodellierung in der Geotechnik	1930er Jahre
Brandschutztechnik	1960er Jahre
Luftbewegung in Gebäuden zur natürlichen Belüftung	1990er Jahre

FIG. 2 – Verwendung von Messmodellen in verschiedenen Fachbereichen des Ingenieurwesens. Source: Bill Addis.

Im Folgenden soll am Beispiel des Entwurfs von Staudämmen[64] ein Bereich des Ingenieurwesens etwas genauer betrachtet werden, um die bautechnischen Entwicklungen bei der Verwendung von Modellversuchen zu veranschaulichen.[65]

Die ersten bekannten Modellstudien zu Staudämmen wurden 1904 durchgeführt, um zu ermitteln, wie die Höhe eines vorhandenen gemauerten Staudamms am Nil optimiert werden könnte, um mehr Wasser für Bewässerungszwecke aufzustauen.[66] Die gängigen Analysemethoden waren nicht in der Lage, den Widerstand einer massiven Mauerwerkskonstruktion gegen innere Scherkräfte in horizontaler und vertikaler Ebene zu bestimmen. Ingenieure am University College in London testeten verschiedene Modelle aus Holzblöcken.

64 Der Bau von großen Staudämmen war im späten 19. und frühen 20. Jahrhundert durch eine Reihe von Aspekten motiviert: dem Wunsch, Überschwemmungen in Flusseinzugsgebieten zu reduzieren und zu kontrollieren, die Aufstauung und regulierte Verteilung von Wasser für die Bewässerungszwecke und als Trinkwasser. Favorisiert wurde die Nachfrage nach Wasserkraft durch die Potenziale des neuen Baumaterials Stahlbeton, das das bisher verwendete Mauerwerk ersetzte.

65 Eine detaillierte Studie über die Verwendung von Versuchsmodellen in diesen Bereichen des Ingenieurwesens siehe*:* Bill Addis*,* 2021, *op. cit.*

66 Bill Addis. „Models used during the design of the Boulder Dam". In: Bill Addis, 2021, *op. cit., S. 233–267.* L.W. Atcherley, K. Pearson. „On some disregarded points in the stability of masonry dams", *Drapers Company Research memoir, Technical series, II*, 1904.

Die Untersuchungen ergaben, wo die größten Scherkräfte auftraten, die zur Rissbildung führen konnten. Durch die Variation des Reibungskoeffizienten zwischen den Blöcken wurde außerdem nachgewiesen, dass dieser Parameter keinen Einfluss auf die Lage der Ausfälle hatte. Die Ergebnisse der Modellversuche halfen, genauere theoretische Berechnungen zu entwickeln. Der für die Erhöhung des Dammes verantwortliche Ingenieur Benjamin Baker (1840–1907, Konstrukteur der berühmten Eisenbahnbrücke über den Firth of Forth) führte seine eigenen Experimente mit Modellen aus Gelatine durch. Damit untersuchte er die inneren Dehnungen unter der Annahme, dass der Damm aus einem homogenen Material besteht. Auf diese Weise war er in der Lage, die Spannungen an den am meisten gefährdeten Punkten des Dammes zu quantifizieren – nämlich an der Ober- und Unterwasserkante der Sohle des dreieckigen Querschnitts des Dammes, wo er auf das Fundament trifft. Ein anderes Forscherteam führte ähnliche Experimente mit dem Modelliermaterial Plastilin durch. In einer späteren Versuchsreihe mit Modellen aus Kautschuk wurden horizontale Lasten zur Darstellung des Wasserdrucks mit Hilfe von Gewichten aufgebracht, die an Drähten über Umlenkrollen hingen. Auch vertikale Lasten wie das Eigengewicht des Dammes, konnten mit Hilfe von Gewichten simuliert werden, die an Drähten hingen. Diese Arbeit von John Wilson (1875–1955) und William Gore (Lebensdaten unbekannt) floss in Bemessungsmethoden für Gewichtsstaumauern aus Mauerwerk und Stampfbeton ein, die in den folgenden vier Jahrzehnten in Gebrauch blieben.[67] Einige der von Wilson und Gore verwendeten Modelle sind erhalten geblieben und werden im Science Museum in London aufbewahrt (Fig. 3).

67 Mike Chrimes. „The use of models to inform the structural design of dams". In: Bill Addis, 2021, *op. cit.*, S. 205–232. Benjamin Baker. „Discussion on Coolgardie water supply". *Min. Procs. ICE.* 1904, 162, S. 120–126.

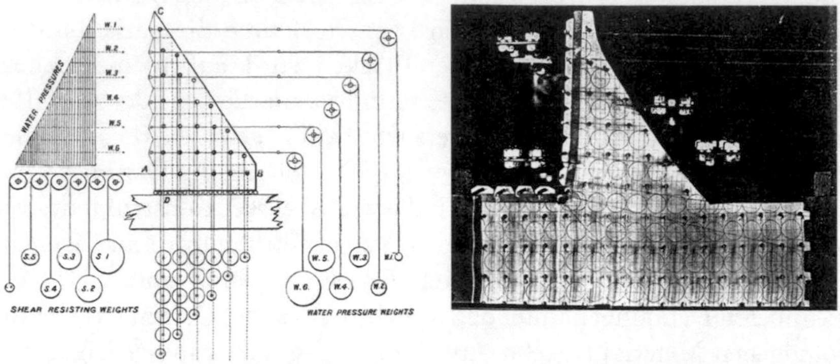

FIG. 3 – Links: Zeichnung der ersten Modell-Testapparatur von Wilson und Gore. Source: *Engineering*. 1905, 80, S. 134–135. Rechts: Gummimodell eines Staudamms von Wilson und Gore, das im Science Museum in London aufbewahrt wird. Source: The Central. 1909, 6, S. 1–18.

Die ersten Modellversuche an einem bewehrten Betonschalendamm wurden 1926 von Camillo Guidi (1853–1941) an der Universität Turin durchgeführt. Das Modell, ebenfalls aus Stahlbeton, bestand aus einer generischen zylindrischen Schale mit einer Höhe von 4,4 Meter, einer Dicke von 16 Zentimetern und einem Krümmungsradius von 2,5 Metern. Der Maßstab war etwa 1:9. Die Temperatur des Modells sowie zusätzlich des die Last auf den Damm ausübenden Wassers wurde sorgfältig kontrolliert, um Verformungen aufgrund thermischer Veränderung zu vermeiden. Die Verformung der Oberfläche des Dammes wurde an sieben radialen Streben in drei Höhen über der Basis gemessen. Dabei wurde ein Mechanismus verwendet, der die tatsächlichen Verformungen um das 150-fache vergrößerte. Die radialen Deformationen der Schale variierten zwischen 0,06 und 0,26 Millimeter und waren damit sechsmal geringer als die theoretisch errechneten Vorhersagen.[68] Diese Ergebnisse ermöglichten eine erhebliche Modifikation der Bemessungsverfahren für Schalendämme, was zu einer enormen Reduzierung der benötigten Betonmenge in den Schalendämmen führte.

68 Mario Chiorino, Gabriele Neri. „Model testing of structures in pre-war Italy: the School of Arturo Danusso“. In: Bill Addis 2021, *op. cit.*, S. 299–319. Camillo Guidi. „Etudes expérimentales sur des constructions en béton armé“. *Bulletin technique de la Suisse romande*. 1927, 15, S. 181-187; 17, S. 201-206; 18, S. 213-215.

Eine weitere Bemessungsmethode stellt die spannungsoptische Analyse dar, die in den späten 1920er Jahren eine rasante Entwicklung erfuhr. Bei dieser Methode werden Modelle aus transparentem Kunststoff verwendet, durch die polarisiertes Licht geleitet wird. Sie ermöglicht es, die Fließmuster der inneren Spannungen in einem Querschnitt eines Dammes aufzudecken (Fig. 4) und auch die Spannungen in den Oberflächen des Dammes zu bestimmen.[69] Diese spannungsoptischen Analysen wurden für die Bemessung von Dämmen und vielen anderen Arten von Bauwerken bis in die frühen 1970er Jahre[70] verwendet – solange, bis die Software für die computerbasierte Analyse und die Rechenleistung ein Niveau erreicht hatten, das sowohl zuverlässig als auch schnell genug und damit günstiger für diese Art der Bemessung war.

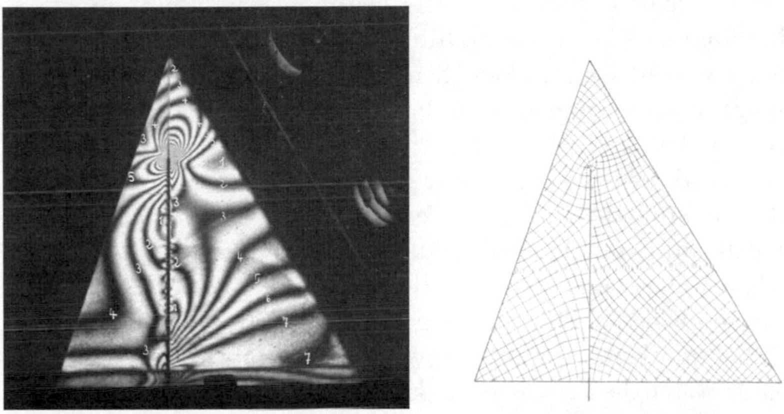

FIG. 4 – Links: Spannungsoptisches Modell eines Staudamms unter Belastung (belastet von rechts nach links). Rechts: Linien der Hauptspannung, abgeleitet aus der fotoelastischen Studie. Source: Universitätsarchiv Stuttgart, 33-1-1968.

Der mit Abstand größte Staudamm, der in der Zwischenkriegszeit gebaut wurde, war der Boulder-Damm in Arizona. Er wurde in den frühen 1920er Jahren konzipiert und gilt als Projekt von noch nie dagewesenem Ausmaß. Das Vorhaben ging sowohl praktisch als auch

69 Robert Müller. *Handbuch der Modellstatik*. Berlin/Heidelberg: Springer, 1971, S. 8.

70 Bill Addis. „Photoelastic stress analysis". In: Bill Addis 2021, *op. cit.*, S. 343–366. E. Mönch. „A historical survey of the development of photoelasticity in Germany, especially in Munich". In: *Proceedings of the International Symposium on Photoelasticity, Tokyo* (Hg M. Nisida), 1986, Tokyo: Springer. S. 1–8.

theoretisch so weit über den damaligen Stand der Technik hinaus, dass ein eigenes Entwicklungsprogramm geplant wurde – ähnlich dem für die verschiedenen Raketen der NASA. Tatsächlich lief das gesamte Staudammprogramm, das mit dem Boulder-Damm seinen Höhepunkt fand, länger als das Programm der bemannten Raumfahrtmissionen, das in der Mondlandung gipfelte. Um mit dem Boulder-Damm in diese bisher unerreichten ingenieurtechnischen Dimensionen vordringen zu können, wurden umfangreiche Modellversuche durchgeführt – wahrscheinlich das größte derartige Unterfangen in der Geschichte des Ingenieurbaus. In der ersten Phase, im Jahr 1926, wurde ein kleiner, maßstabsgetreuer experimenteller Schalendamm gebaut, 18,3 Meter hoch und 25 Meter lang. Eine große Anzahl von Messungen diente dazu, das Verhalten des mit Wasser gefüllten Staudamms auf thermische Einflüsse (Sonneneinstrahlung) zu untersuchen. Die inneren Spannungen wurden mit elektrischen Carbon-Pile-Telemetern (eine Art Dehnungsmessstreifen) gemessen. Parallel dazu wurde ein Modell des Damms im Maßstab 1:12 (1,5 Meter hoch, 3,6 Meter breit), ebenfalls aus Stahlbeton (Mikrobeton), gebaut und getestet. Um die Größe des Modells zu reduzieren und die Größe der Verformungen zu überhöhen, wurde der Modelldamm mit Quecksilber statt mit Wasser belastet. Die an der Versuchsstaumauer und dem Modell im Maßstab 1:12 durchgeführten Messungen glichen die Ingenieure gegenseitig und mit Methoden der theoretisch-mathematischen Tragwerksanalyse ab. Die wichtigsten Ergebnisse waren die Verbesserung der Tragwerksanalysemethoden und die Bestätigung, dass die Modelltests eine gute Darstellung des Verhaltens der tatsächlichen Struktur lieferten. Dies gab dem Planungsteam die Zuversicht, Modellversuche bei der Konzeption eines echten Staudamms einzusetzen.

Der erste große Staudamm, der in der Folge unter Verwendung eines Modells zur Ergänzung der theoretischen Berechnungen entworfen wurde, war der etwa 60 Meter hohe Gibson-Bogenstaudamm in Montana. Das 1929 aus Mikrobeton im Maßstab 1:68 hergestellte Modell wurde mit Quecksilber belastet. Neben den Verformungen der stromabwärts gelegenen Fläche und der Dammkrone wurde auch die Bewegung des Damms aufgrund von Temperaturschwankungen gemessen, indem man zuerst heißes und dann eisiges Wasser über die Flächen des Modelldamms laufen ließ. Nachdem an diesem Projekt der Nutzen von Modellversuchen für große Dämme bewiesen war, begannen im Dezember 1930 die Modellstudien für den Boulder-Damm.[71] Das erste Modell war ein 3-D-Modell im Maßstab 1:240 aus Gips-Celit (eine Art Gestein in Pulverform). Als nächstes wurde ein 2-D-Vertikalschnitt des Damms, ebenfalls im Maßstab 1:240, getestet, und dann ein Gips-Celit-Modell eines horizontalen Abschnitts des Damms im Maßstab 1:120. Große Dehnungen wurden mit Messuhren gemessen, kleine Dehnungen mit optisch-mechanischen Dehnungsmessern – der elektrische Widerstands-Dehnungsmesser wurde erst in den späten 1930er Jahren und damit nach Fertigstellung des Damms entwickelt. Schließlich wurde ein Modell im Maßstab 1:180 aus Gummilitharge (ein Bleioxid) unter der Belastung von Wasser getestet. Die geringe Steifigkeit des Modellmaterials ermöglichte eine einfachere Messung der Oberflächendehnungen sowohl auf der freiliegenden stromabwärts gelegenen Seite als auch mit speziell angefertigten mechanischen Dehnungsmessstreifen auf der stromaufwärts gelegenen Seite unter Wasser. Dazu mussten die Messgeräte mit einem Teleskop abgelesen werden. (Fig. 5)

71 Bureau of Reclamation (Hg.). *Model tests of Boulder Dam. Boulder Canyon Project, Final reports. Part V (Technical Investigations)*, Bulletin 3, Denver 1939. Bill Addis. „Models used during the design of the Boulder Dam", in: Bill Addis, 2021, *op. cit.*, S. 233–267.

FIG. 5 – Mechanische Dehnungsmesser-Rosetten, die an der stromaufwärtigen Seite des Modells aus steifem Gummi (Maßstab 1:180) befestigt sind. Source: *Model tests of Boulder Dam. Boulder Canyon Project, Final reports. Part V (Technical Investigations)*, Bulletin 3, 1939. Denver, fig. 210.

Auch die hydraulische Auslegung des Boulder-Damms hatte ein noch nie dagewesenes Ausmaß. So sind zum Beispiel die beiden Hochwasserentlastungen jeweils 200 Meter hoch, 46 Meter breit und 52 Meter tief und müssen so viel Wasser führen können wie über die Niagarafälle fließt. Dabei beträgt die theoretische Geschwindigkeit des Wassers, das aus dem Überlauftunnel mit 15 Meter Durchmesser fließt, 190 Kilometer pro Stunde. Nachdem im Jahr 1932 der Entwurf weit fortgeschritten war, beschloss man die Durchführung einer Reihe von hydraulischen Modellstudien, um die Berechnungen zu verifizieren oder zu falsifizieren. Modelle im Maßstab 1:100, 1:60 und 1:20 wurden verwendet, um verschiedene Entwürfe für die erwähnten Hochwasserentlastungen zu testen. Außerdem erfolgten Tests an Modellen des Einlaufturms und der Druckrohrleitungen im Maßstab 1:64, um die hydraulischen Verluste zu ermitteln. Der Wasserdurchfluss durch den Einlaufturm wurde zudem mit einem elektrischen Analogiemodell simuliert, bei dem der hydraulische Druck durch Messung des elektrischen Potentials in einem Elektrolyten abgebildet wurde. Schließlich wurden Modelle des Auslasswerks zunächst im Maßstab 1:106 und dann im Maßstab 1:20 geprüft, um die optimale Ausrichtung der sechs Düsen zu ermitteln, die das Wasser bei Geschwindigkeiten von bis zu 190 Kilometer pro Stunde in Originalgröße führen. Die gewählte Anordnung wurde schließlich nochmals anhand eines Modells im Maßstab 1:60 überprüft.

Der Bau von Großstaudämmen fand nach dem Zweiten Weltkrieg seine Fortsetzung auch in Europa. Allein in einem einzigen Testlabor, dem *Istituto Sperimentale Modelli e Strutture* (ISMES) in Bergamo, wurden zwischen 1951 und 1961 74 Modelle von Großstaudämmen für 59 verschiedene Projekte getestet. Dies entsprach 45% aller Modellversuche, die in diesem Zeitraum am ISMES durchgeführt wurden.[72] Einige der Staudammmodelle waren von enormer Größe – eines war 5,5 Meter breit und 7,5 Meter hoch; ein anderes war 8 Meter breit und 3 Meter hoch.

Dieser Überblick über die Entwicklung der Modellversuchstechniken, die für die Bemessung von Dämmen zwischen etwa 1905 und den 1960er Jahren verwendet wurden, zeigt die vielen verschiedenen für die Herstellung von Modellen verwendeten Materialien. Modelle, die für den

72 Mario Chiorino, Gabriele Neri 2021, *op. cit.*, S. S. 299–319. Mario Chiorino, Gabriele Neri. „Model testing of structures in post-war Italy: the activity of ISMES". In: Bill Addis 2021, *op. cit.*, 441–475. G. Bocca. *ISMES, quarant'anni*. Bergamo: ISMES, 1993.

Brücken- und Hochbau und hier insbesondere für weit gespannte Schalen und Netztragwerke in der zweiten Hälfte des 20. Jahrhunderts verwendet wurden, umfassen eine ähnlich große Bandbreite an Materialien und vergleichbaren Methoden der Messung von Kräften, Verformung und Spannungen bei jeweils spezifischen Maßstäben und unterschiedlichen Arten der Modelle.

INSTITUTIONEN UND PRÜFEINRICHTUNGEN

Auch heute noch werden Versuchsmodelle im Ingenieurbau eingesetzt: Realmodelle in Kombination mit Computermodellen werden vor allem da verwendet, wo eine digitale Simulation und Darstellung schwierig oder kaum machbar sind, wie bei den in den 1930er Jahren begonnen Windkanalversuchen, um Belastungen und Turbulenzen durch den Wind zu untersuchen. (Fig. 6)

Weitere Gebiete des Ingenieurwesens, für die immer noch Versuchsmodelle eingesetzt werden müssen, sind Studien von Wasserströmungen mit freien Oberflächen (Meer, Flussmündungen, Flüsse usw.) im Wasserbau. Auch für die Optimierung der Akustik von Gebäuden sowie zur Simulation von Luftbewegungen innerhalb von Gebäuden werden weiterhin Modelle eingesetzt. Spezielle Prüfeinrichtungen haben sich auf seismische Tests spezialisiert, wobei der Widerstand von Strukturen gegen Schäden durch Erdbeben, aber auch durch Explosionen ermittelt werden kann. (Fig. 7)

FIG. 6 – Modell des Empire State Building (Maßstab 1:250)
im Windkanal des US Bureau of Standards, Blick stromabwärts.
Source: US Bureau of Standards (Public Domain).

FIG. 7 – Backsteinmodell der Kirche St. Nikita, Banjani, Mazedonien, Massstab 1:2,75, montiert auf einem Rütteltisch. Source: Institute of Earthquake Engineering and Engineering Seismology (IZIIS), Skopje.

Diese Tests fanden und finden in mittlerweile hochspezialisierten Testlabors statt. Diese Institutionen gehen in ihrer Geschichte meist auf das 19. Jahrhundert zurück, als im Zuge der Verwissenschaftlichung des technischen Bildungswesens an den Technischen Hochschulen Prüfeinrichtungen und Labore auch für die technischen Disziplinen eingerichtet wurden. Für die wissenschaftlichen Untersuchungen zu Modellen im Ingenieurbau ist es unabdingbar, diese Produktionsstätten zu identifizieren. Dabei lassen sich die Institutionen und Organisationen, die in den vergangenen 200 Jahren Modellversuche für Ingenieurbauwerke durchgeführt haben und weiterhin durchführen, in drei Hauptkategorien einteilen: Universitäten, staatliche Forschungseinrichtungen und kommerzielle Prüfeinrichtungen. Aufgrund der erheblichen Überschneidungen zwischen den Aktivitäten der universitären Forschung und dem Einsatz von Modellversuchen im Planungsprozess innovativer Ingenieurprojekte ist es nicht überraschend, dass die meisten Modellversuche in universitären Ingenieurabteilungen durchgeführt wurden. Je nachdem, wann und wo die Modellversuchsaktivitäten der Universitäten begannen, wurden die Studien in einem bereits bestehenden Labor durchgeführt. Wenn sich ein bestimmtes Studiengebiet entwickelte, bauten viele Universitäten aber auch neue Testeinrichtungen, in denen sowohl reine Forschungsstudien als auch kommerzielle Studien für laufende Ingenieurprojekte bearbeitet wurden.[73] Die meisten Universitäten konnten mit der Durchführung von Modellversuchen für private Auftraggeber, die an kommerziellen Projekten arbeiteten, ein erhebliches Einkommen erzielen.[74]

Parallel zu den Universitätslaboratorien richteten viele Regierungen staatliche Forschungseinrichtungen ein, von denen viele auch Modellversuchsanlagen umfassten. Beispiele sind das *Laboratório de Engenharia Civil, Ministério das Obras Públicas* in Lissabon, die *US Army Waterways Experimental Station*, das *US Bureau of Standards* und das *National Physical Laboratory* in England.

In einigen Bereichen des Ingenieurwesens waren Modellversuche so gefragt und weit verbreitet, dass im 20. Jahrhundert unabhängige Einrichtungen gegründet wurden, die genügend Einnahmen aus Modellversuchen erzielten, um über viele Jahrzehnte hinweg kommerziell tätig zu sein. Hier müssen genannt werden das *Instituto técnico de la Construcción y el Cemento* in Madrid, 1949 gegründet von Eduardo Torroja (1899–1961); das *Istituto Sperimentale Modelli e Strutture* (ISMES) in Bergamo, das Arturo Danusso (1880–1968) 1951 installierte; *RWDI Consulting Engineers and Scientists* (Windkanäle) und *HR Wallingford* in Großbritannien, ein privatisiertes Unternehmen, das aus der ehemaligen staatlichen *Hydraulic Research Station* hervorging. Eine vollständige Liste der Universitäten und Institute, die Tests für kommerzielle Projekte durchgeführt haben, würde in die Tausende gehen. Ein erster Überblick über die wichtigsten, auf ihrem jeweiligen Gebiet besonders hervorgetretenen Organisationen findet sich in Fig. 8.

73 Es gibt nur sehr wenige wissenschaftliche Beiträge zur Geschichte von Prüfeinrichtungen, nur zu ausgewählten Institutionen wie z. B.: Christiane Weber. „Werkstatt oder Laboratorium – praktische Ingenieurausbildung im 19. und frühen 20. Jahrhundert am Beispiel der Materialprüfungsanstalt Stuttgart". In: Tobias Möllmer (Hg). *Stil und Charakter. Beiträge zur Architekturgeschichte und Denkmalpflege des 19. Jahrhunderts.* Basel Boston Berlin: Birkhäuser, 2015, S. 141–156.

74 Nachweisbar ist das für die Materialprüfungsanstalt Stuttgart, siehe: Christiane Weber, Volker Ziegler. „Otto Graf (1881–1956) und die Baustoffprüfung an der Technischen Hochschule Stuttgart". *Beton- und Stahlbetonbau*, 2011, 8, S. 594–603.

Fachlicher Schwerpunkt	Laboratorien an Universitäten	an staatlichen Einrichtungen	an unabhängigen / kommerziellen Einrichtungen
Tragwerke	Laboratorio ProveModelli e Costruzioni, Polytechnic of Milan Institute of Lightweight Structures, Stuttgart Institute für Spannungsoptik und Modellmessungen, Stuttgart Laboratorio di Ricerche su Modelli, University of Rome TUM + many more	Cement and Concrete Association, UK Laboratório de Engenharia Civil, Ministério das Obras Públicas, Lisbon	Investigaciones de la Construcción (ICON, Torroja) Instituto Técnico de la Construcción y Edificación (Torroja) ISMES, Bergamo (Danussi, Oberti) Instituto técnico de la Construcción y el Cemento (Madrid, Torroja) Otto Graf Institut Heinz Hossdorf (private lab) Heinz Isler (private lab)
Wasserbau	University of Manchester (Osborne Reynolds) TU Dresden (Hubert Engels) TU Karlsruhe (Theodore Rehbock) State University of Iowa (Floyd Nagler, Hunter Rouse) EPNS Lausanne Laboratório de Engenharia Civil, Ministério das Obras Públicas, Lisbon	Hydraulics Research Lab, Poona, India US Army Waterways Experimental Station US Department of the Interior, Bureau of Reclamation Hydraulics Research Station, Wallingford, UK	Vernon Harcourt (private lab) HR Wallingford, UK
Rütteltische	University of Tokyo Stanford University (Rogers, Lydik Jacobsen) MIT (Arthur Ruge) University of California, Berkeley	Commissariat à l'energie atomique, Paris Laboratório de Engenharia Civil, Ministério das Obras Públicas, Lisbon	ISMES, Bergamo Mitsubishi Industries National Centre for Disaster Prevention, Japan
Spannungsoptik	University College, London Polytechnic of Milan Aerodynamic Institute (Aachen) École Nationale des Ponts et Chaussées, Paris Carnegie Institute of Technology ETH, Zurich Laboratório de Engenharia Civil, Ministério das Obras Públicas, Lisbon	National Physical Laboratory, England US Department of the Interior, Bureau of Reclamation EMPA, Dübendorf, Switzerland	Instituto Técnico de la Construcción y Edificación ISMES, Bergamo Rolls Royce, Derby, England Siemens, Mülheim Laboratory of the Institute of Optics, Paris Engineering Institute of the Crysler Corporation Westinghouse Research Laboratories, Pittsburgh
Windkanäle	Göttingen (Ludwig Prandtl) Hannover (Otto Flachsbart) University of Copenhagen University of Washington (Farqharson) Guggenheim Aeronautical Laboratory (Caltech) (von Kármán) University of Western Ontario, Montreal (Davenport) Polytechnic of Milan	National Physical Laboratory, England National Bureau of Standards, USA	RWDI Consulting Engineers & Scientists Wacker Ingenieure (private lab)
geotechnische Zentrifugen	University of Columbia University of Cambridge, UK University of Manchester, UK University of Western Australia	National Institute of Occupational Safety and Health, Japan	Moscow Institute of Hydraulic Engineering and Hydrology
Akustik	Harvard University ETH, Zurich University of Cambridge, UK	National Physical Laboratory, England	Phillips research lab, Eindhoven Siemens, Berlin Vilhelm Jordan (private lab) British Broadcasting Corporation

FIG. 8 – Eine begrenzte Auswahl von Laboren und Instituten, in denen Modellversuche durchgeführt wurden (1900–2020). Source: Bill Addis 2021, S. 676–678.

SAMMLUNG, ERHALTUNG UND ERFORSCHUNG ÜBERLIEFERTER MODELLE

Hinsichtlich der Überlieferung und Erhaltung dieser im Vorangegangenen beschriebenen Modelle im Ingenieurbau steht die Bautechnikgeschichte vor einer Herausforderung: Im Gegensatz zu

Architekturmodellen, deren Aussagekraft und Sammlungswert spätestens mit der Einrichtung von Architektursammlungen und -museen gewürdigt wurde, erfahren die Ingenieurmodelle bisher viel zu selten und zu wenig Wertschätzung, obwohl einige dieser Sammlungen den Ingenieurbau als Sammlungsschwerpunkt sogar im Namen tragen.[75] Leider sind die vorgestellten Versuchsmodelle aus Sicht der Kuratoren meist weniger als Ausstellungstücke geeignet, da sie als technische Objekte Spuren der nicht immer zerstörungsfreien Versuche aufweisen, wenn sie nicht schon während der Versuche planvoll zerstört wurden oder für die nächste Versuchsanordnung umgebaut wurden. Das erklärt, warum diese Modelle trotz ihrer bautechnikhistorischen Bedeutung nur vereinzelt überliefert und selten der Öffentlichkeit präsentiert wurden. Ihre Bedeutung ist auf einer ästhetischen Ebene nicht unmittelbar erfahrbar, sondern erschließt sich auf einer eher „nicht greifbaren" Ebene, nämlich über den Einsatz der Objekte in den technischen Versuchsanordnungen, die die materiellen und erkenntnistheoretischen Voraussetzungen technischer Entwicklungen sind. Erst darüber lassen sich die Ideenfindungsprozesse im Ingenieurbau in ihrer ganzen Innovationskraft begreifen. Dazu ist eine Neubewertung dieser Objekte hinsichtlich ihres umfassenden Nutzens und ihrer Bedeutung für die Bautechnikgeschichte von größter Notwendigkeit: Sie sind nicht nur bewahrenswerte Wissensspeicher mittlerweile vergessener Entwurfs- und Erkenntnisprozesse, sondern sie helfen uns auch, die Generierung des heutigen Wissenstandes zu verstehen und erkenntnistheoretisch sowie wissenschaftshistorisch zu bewerten. Hinzu kommt, dass diese Modelle, wenn sie denn ausgestellt werden, überaus hilfreich sind, einer breiteren Öffentlichkeit das Wirken der Bauingenieure und ihren Beitrag zu unserem Kulturerbe zu vermitteln.

Versucht man einen Überblick über den Bestand an ingenieurtechnischen Modellen der vergangenen Jahrhunderte zu gewinnen, die in Sammlungen und Museen für die Öffentlichkeit zugänglich sind, so wird man feststellen, dass es im Vergleich zu Architekturmodellen erschreckend wenige sind.

75 Diese Archive haben sich zusammengeschlossen in der Föderation deutschsprachiger Architektursammlungen, siehe: Eva-Maria Barkhofen. „Föderation deutschsprachiger Architektursammlungen". In: Eva-Maria Barkhofen (Hg.). *Architektenarchive bewerten. Kriterien für Sammlungen, Museen und den Kunstmarkt.* Berlin, 2019, S. 51–59. Ingenieurbau als Sammlungsaufgabe führen im Titel: AAI – Archiv für Architektur und Ingenieurbaukunst Schleswig-Holstein; A:AI – Archiv für Architektur und Ingenieurbaukunst NRW; SAAI – Archiv für Architektur und Ingenieurbau Karlsruhe.

Aus den in den vorangegangenen Kapiteln zusammengefassten vielgestaltigen Entstehungs- und Verwendungssituationen der Ingenieurtechnikmodelle ergibt sich eine Bandbreite von Sammlungen und Aufbewahrungsorten, an denen diese Modelle die Zeiten überdauert haben: Das können Architekturmuseen und deren Sammlungen genauso wie technische Museen sein, aber auch regionale und nationale Ausstellungshäuser oder akademische Sammlungen. Berücksichtigt werden müssen auch städtische, staatliche, kirchliche oder universitäre Behörden und deren jeweiligen Archive, in denen Modelle der jeweiligen Bauämter, der Akademien oder Forschungsverbände gesammelt wurden. Leider sind viele dieser Sammlungen nicht mehr öffentlich zugänglich oder waren es nie. Viele ihrer Objekte sind verloren gegangen und nur noch über Inventarlisten und Kataloge oder Fotografien in Publikationen und Archiven erschließbar, weil sich die Hersteller und Sammler nicht ihrer Verantwortung bewusst waren oder sein wollten. Immerhin bedeutet es schließlich einen hohen Aufwand, die oft großen und sperrigen Modelle adäquat aufzubewahren und sie dabei sowohl zu erhalten als auch zu restaurieren, oft ohne eine Perspektive, dass sie je ausgestellt werden können. Eine sachgerechte Aufbewahrung und eventuell auch die Restaurierung dieser Modelle muss selbstverständlich ihrer Präsentation in Ausstellungen, aber in hohem Masse der Wissenschaft als Dokument dienen. So bleibt das Sammeln und Erhalten der Modelle schließlich vor allem wissenschaftlichen Einrichtungen, Museen und deren Sammlungen vorbehalten.

MUSEEN FÜR TECHNIK UND HANDWERK

Eine erste Sondierung offenbart, dass sich die meisten gut erhaltenen Objekte, für die eine langfristige Sicherung gewährleistet ist, in technischen Museen und Architektursammlungen[76] finden lassen. In der Sammlung des *Musée des Arts et Métiers* in Paris finden sich in der Dauerausstellung zur Bautechnik zahlreiche hervorragende ingenieurtechnische, darunter auch als mechanisch zu bezeichnende Modelle. Es handelt sich dabei aber um Präsentations- und Demonstrationsmodelle und nicht Versuchsmodelle, die den erklärten Schwerpunkt der von den

---

76 [konsultiert am 13.07.2022]. Abrufbar unter: Föderation der Deutschen Architekturarchive: https://de.wikipedia.org/wiki/Föderation_deutschsprachiger_Architektursammlungen.

Verfasser*innen vorliegenden Untersuchung darstellen. Dennoch muss die Sammlung ihrer Bedeutung und der Vollständigkeit wegen hier erwähnt werden.[77] Gezeigt werden Modelle von Brücken, Kanälen und Schleusen, Dachwerke und Gerüste, sogar ganze Baustellen werden präsentiert genauso wie technische Hilfsmittel wie Kräne und Rammen. Viele der Objekte stammen aus der *École des ponts et chaussées*, der 1747 gegründeten Ingenieurschule sowie dem *Conservatoire national des arts et métiers*, das 1794 zur Ausbildung von Bauhandwerkern in Paris eingerichtet worden war. Einige Modelle wurden ab 1800 extra für das Museum angefertigt, um die konstruktiven Eigenschaften von Bögen, Gewölben oder Trägern zu visualisieren. Vergleichbar im Sammlungskonzept ist die Präsentation der Bautechnik im Deutschen Museum in München, zu dessen Gründung die Bayerische Akademie der Wissenschaften eine umfangreiche Sammlung an bautechnischen Instrumenten und Exponaten des 19. und 20. Jahrhunderts beisteuerte.[78] In Italien findet man ingenieurtechnische Sammlungen eher in Form von Spezialmuseen, wie etwa in Florenz in der Sammlung des *Museo di storia della scienza*[79], in Padua in der Sammlung des Museo Galileo[80] und sogar in Neapel im Archäologischen Museum[81]. In Vicenza gibt es Modelle zu den Werken von Andrea Palladio.[82] Eine Besonderheit ist das Leonardo da Vinci (1452–1519) gewidmete Technikmuseum in Mailand[83], in dem mechanische Modelle[84] gezeigt werden, die in den 1930er und 1950er Jahren als Interpretation von Leonardos berühmtesten Zeichnungen und Manuskripten gebaut wurde. Diese Modelle sind heute Kulturerbe der Nation.[85]

77 [konsultiert am 19.05.2018]. Abrufbar unter: https://www.arts-et-metiers.net/musee/recherche-sur-les-collections. Weitere umfangreiche Bestände werde in den Depots aufbewahrt.

78 [konsultiert am 19.05.2018]. Abrufbar unter: http://www.deutsches-museum.de/sammlungen.

79 [konsultiert am 10.06.2019]. Abrufbar unter: https://www.museogalileo.it/en/.

80 [konsultiert am 10.06.2019]. Abrufbar unter: https://www.musme.it/en/homepage_musme/.

81 [konsultiert am 10.06.2019]. Abrufbar unter: https://www.museoarcheologiconapoli.it/en/collections/.

82 [konsultiert am 10.06.2019]. Abrufbar unter: https://www.palladiomuseum.org/models/.

83 [konsultiert am 10.06.2019]. Abrufbar unter: https://www.leonardodavincimuseo.com/.

84 Claudio Giorgione. *Leonardo da Vinci. The models collection.* Milan: Museo Nazionale Della Scienza e Della Tecnologia Leonardo da Vinci, 2009 [konsultiert am 29.09. 2018]. Abrufbar unter: http://www.museoscienza.org/.

85 Diese maßstabslosen technischen Modelle visualisieren 104 Beispiele der technischen Ideen Leonardos. Die beim Bau der dreidimensionalen Modelle festgestellten Unstimmigkeiten

STÄDTISCHE UND PRIVATE SAMMLUNGEN

Ähnliche, aber ältere Wurzeln haben die schon erwähnten städtischen Sammlungen in Augsburg[86] und Nürnberg[87], die zu den ältesten überlieferten Modellsammlungen zählen. Die Sammlung des Maximilianmuseums in Augsburg geht auf die Modellkammer der Stadt Augsburg zurück, deren Anfänge auf das 16. Jahrhundert datieren.[88] Zu ihrem Ruf trugen der überregional renommierte Renaissancebaumeister Elias Holl genauso bei wie der Brunnenmeister Caspar Walter. Die von ihm oder unter seiner Anleitung gebauten und vor allem zu Ausbildungszwecken eingesetzten technisch-mechanischen Modelle wurden Teil der Sammlung und waren schon zu seinen Lebzeiten so bekannt, dass Walter mit der *Hydraulica Augustana* einen Führer durch die Sammlung verfasste.[89] Die Modellkammer in Augsburg steht in der Tradition der Wunderkammern der Renaissance[90], in der die freie bürgerliche Reichsstadt Augsburg als Sammlerin ihren Anspruch als Wahrer ihres enzyklopädischen Weltwissens belegen wollten.

Auf dieser Tradition basiert eine frühe Sammlung in Großbritannien, die Sir John Soane in seinem Wohnhaus in London angelegt hatte, das heute als Museum dient. Diese Sammlung umfasst insgesamt 402 Modelle, davon einige mit bautechnischem Bezug wie Dachtragwerke oder ein Modell von einer Ramme oder eines zur Herstellung von Ziegeln sowie einige Modelle, die konstruktive Details des Sammlungsgebäudes zeigen.[91]

---

offenbarten eher die praktischen Probleme als dass sie die These bewiesen, Leonardo selbst habe mit Modellen gearbeitet, um seine Entwürfe zu überprüfen.

86 [konsultiert am 10.06.2019]. Abrufbar unter: http://kunstsammlungen-museen.augsburg.de/maximilianmuseum.

87 [konsultiert am 10.06. 2019]. Abrufbar unter: http://museen.nuernberg.de/museum-industriekultur/dauerausstellung/industrie-im-wandel.

88 Zur Geschichte der Augsburger Modellkammer: Raimund Mair. *Die Hydrotechnischen Exponate… op. cit.*, S. 6–7., Pius Dirr. Das Maximilians-Museum in Augsburg. Amtlicher Führer, 2. verbesserte Auflage (Erstauflage 1909). Augsburg 1916.

89 Caspar Walter: *Hydraulica Augustana, Das ist: Ausführliche Beschreib- und Auslegung all dessen was in des Heil. Röm. Reichs-Stadt Augsburg in den daselbst befindlichen Drey obern Haupt-Wasser-Thürnen […] pflegt gezeigt zu werden*. Augsburg 1754. Transkription Raimund Mair in: Raimund Mair. *Die Hydrotechnischen Exponate… op. cit.*, Anhang B, S. 240–289.

90 Dieser Interpretation widerspricht Mair, der die Sammlung vom Raritätenkabinett abgrenzt und als bautechnische Sammlung definiert. Raimund Mair. *Die Hydrotechnischen Exponate… op. cit.*, S. 6.

91 [konsultiert am 18.05.2018]. Abrufbar unter: https://www.soane.org/collections.

AKADEMISCHE UND UNIVERSITÄRE SAMMLUNGEN

Ein von Beginn an wissenschaftlich ausgerichtetes Konzept liegt der Sammlung an bautechnischen Modellen im *Science Museum* in London zugrunde.[92] Dort befinden sich unter anderem die im Kapitel 5 beschriebenen Kautschukmodelle, Diagramme und Fotografien sowie die wissenschaftlichen Aufsätze zu den Messmodellen, die J. S. Wilson und W. Gore im Jahr 1905 am *City and Guilds College* zu Staudämmen produziert hatten. Auch spannungstechnische Messmodelle für die Westway elevated-road in London, die von der *Cement and Concrete Association* eingesetzt worden waren, sind dort mit weiteren spannungsoptischen Objekten aus dem *Structural Engineering Laboratory* des *Imperial College* in London, und dem *Cement and Concrete Association* ausgestellt.

Ebenfalls akademischen Ursprungs ist die Sammlung der *University of Oxford*, in der sich herausragende Objekte der Ingenieurbaugeschichte erhalten haben. Das originale Museumsgebäude war zwischen 1679 und 1683 für die Sammlung von Elias Ashmole (1617–1692)[93] errichtet worden und entwickelte sich stetig weiter, insbesondere als nach 1714 technische Vorführungen die Vorlesungen ergänzten. Bereits ein Katalog aus dem Jahr 1790 listet das Modell einer Maschine zum Holzspalten und von Kränen, Rammen, Pumpen und Mühlen und sogar „Smeaton's pulley with a three legged stand"auf.[94]

Es bleibt zu hoffen, dass sich in Universitätssammlungen oder Institutsbeständen noch weitere unbekannte Modellbestände finden lassen. In Spanien wurden 2019 für eine Ausstellung der *Fundación Juanelo Turriano* in Madrid 33 ingenieurtechnische Modelle zusammengetragen, die teilweise ins 18. Jahrhundert zu datieren sind. Sie stammen aus 23 verschiedenen Orten, unter anderem von den Technischen Universitäten in Madrid, Barcelona, Valencia und Sevilla.[95]

---

92 [konsultiert am 18.05.2018]. Abrufbar unter: https://collection.sciencemuseum.org.uk/search.

93 Ashmole war ein britischer Wissenschaftler, Rechtsanwalt, Alchemist und Historiker mit engen Verbindungen zur Universität Oxford.

94 Gefunden in: Celina Fox. *The Arts of Industry in the Age of Enlightenment.* New Haven & London: Yale University Press, 2009, S. 154 [konsultiert am 10.06.2019]. Abrufbar unter: http://collections.ashmolean.org/collection/about-the-online-collection.

95 Fundación Juanelo Turriano (Hg.). *Maquetas y modelos históricos – Ingeniería y construcción. Catálogo de la exposición del 7 de junio al 17 de septiembre de 2017 en el Centro Conde Duque en Madrid.* Madrid: Fundación Juanelo Turriano, 2017 [konsultiert am 10.06.2019]. Abrufbar unter:

BAUÄMTER UND HEIMATMUSEEN

Schwieriger wird die Suche nach bautechnischen Modellen in regionalen und überregionalen Sammlungen und Museen mit vordergründig anderen Sammlungsschwerpunkten. Hier ist es oft ein Hinweis in der Literatur, der Aufschluss auf vereinzelt erhaltene Bestände gibt. Von den zahlreichen Experimenten, die Baumeister im 19. Jahrhundert anstellten, um neue Tragsysteme zu testen, sind zum Beispiel einige Modelle des Architekten Georg Ludwig Friedrich Laves (1788–1864) aus Braunschweig erhalten.[96] Einzelne Modelle, des später als Lavesträger (Fig. 9) bezeichneten Holzbinders sind über die Sammlung des ehemaligen Heimatmuseums Hannover ins Niedersächsisches Landesmuseum in Hannover gelangt.

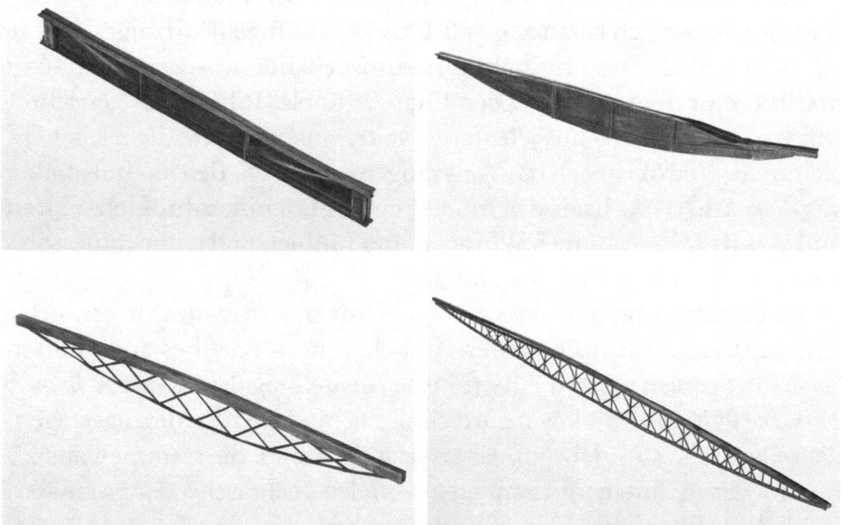

FIG. 9 – Georg Ludwig Friedrich Laves, Modelle des sogenannten Lavesträger aus der Sammlung des Niedersächsischen Landesmuseum in Hannover. Source: Landesmuseum Hannover, VM 052412, VM 052413, VM 052414, VM 052415.

https://www.juaneloturriano.com/en/exhibitions/exhibition/2017/05/29/historic-mock-ups-and-scale-models.-engineering-and-construction, https://www.juaneloturriano.com/en/news/2014/03/17/animaci%C3%B3n-en-3d-del-artificio-de-toledo-de-juanelo-turriano.

96 Helmut Weber. „Georg Ludwig Friedrich Laves als Bauingenieur". In: Georg Hoeltje. *Georg Ludwig Friedrich Laves*. Hannover: Steinbock-Verlag, 1964, S. 201–252, hier S. 207. Unser Dank gilt Sebastian Hoyer, TU Braunschweig.

ORIGINALE UND NACHBAUTEN

Nach ersten Recherchen überrascht eine Vielzahl von Modellen, die keine originalen Versuchsmodelle sind, wie etwa die in Mailand und in der Stadt Vinci selbst ausgestellten Modelle zu den Zeichnungen Leonardo da Vincis. Die meisten dieser Nachbauten von Versuchsmodellen entstanden in zeitlichem Abstand zu den Bauwerken, um deren zukunftsweisende Konstruktionen in Ausstellungen und Sammlungen für ein breites Publikum zu visualisieren. Sie dienten teilweise sogar als Ersatz für die im Entwurfs- und Entstehungsprozess verwendeten Versuchs- und Messmodelle, deren Wert erst Jahre später erkannt wurde. Ein herausragendes Beispiel sind die Modelle von Antonio Gaudí (1852–1926), die dieser zwischen 1898 und 1908 für die Entwicklung des Tragwerks der Kirche in der Colonia Güell verwendet hatte. Da die originalen Modelle verloren sind, ließ das Kunsthaus Zürich 1982 ein Modell nachbauen.[97] Weitere historisch überlieferte Hängemodelle wurden in den folgenden Jahrzehnten unter der Leitung von Rainer Graefe rekonstruiert, unter anderem diejenigen für die Kirche Sagrada familia in Barcelona.

Auch im Schweizerischen Grubenmann-Museum in Teufen, das seit 2012 zahlreiche Nachbauten bekannter Modelle von Brücken und Dachtragwerken des 18. Jahrhunderts präsentiert, ist nur ein bauzeitliches Modell der Brücke in Trogen (um 1745–1755) als Leihgabe der dortigen Kantonsschule zu finden.[98] Das originale Modell der Schaffhauser Grubenmann-Brücke ist im Museum Allerheiligen in Schaffhausen ausgestellt, das der Wettinger Brücke (um 1765) wird im Tiefbauamt in Aarau aufbewahrt. Allein dieses Beispiel zeigt, wie

97 Eine Gruppe von Wissenschaftlern um Frei Otto, Rainer Graefe, Jos Tomlow und Arnold Walz am Institut für Leichte Flächentragwerke (IL) der Technischen Universität Stuttgart und der Gaudí-Group der TH Delft unter Jan Molema machten den Nachbau möglich. Jos Tomlow. *Das Modell. Antoni Gaudís Hängemodell und seine Rekonstruktion. Neue Erkenntnisse zum Entwurf für die Kirche der Colònia Güell.* Stuttgart 1989.

98 [konsultiert am 18. Mai 2018] Abrufbar unter: http://www.zeughausteufen.ch/das-grubenmann-museum/die-ausstellung. Joseph Killer. *Die Werke der Baumeister Grubenmann.* Zürich: Gebr. Leemann & Co. 1942. Abrufbar unter: https://www.research-collection.ethz.ch/handle/20.500.11850/133364) S. 22. Jasmin Schäfer; Stefan M. Holzer. „Vision und Wirklichkeit: Modelle Schweizer Holzbrücken des 18. Jahrhunderts". *Kunst + Architektur in der Schweiz*, 2018, 4, S. 33–35. Angelo Maggi, Nicola Navone (Hgg.). *John Soane and the wooden bridges of Switzerland. Architecture and the culture of technology from Palladio to the Grubenmanns.* Mendrisio: Archivio del Moderno, Accademia di architettura, Università della Svizzera italiana / London: Sir John Soane's Museum, 2003, S. 51 (Kat.-Nr. 2).

aufwendig Forschungen zu ingenieurbautechnischen Modellen sein können und vor welche Herausforderung der Forscher gestellt wird, wenn diese Modelle in derart unterschiedlichen Sammlungs- und Aufbewahrungsorten verborgen sind.

NACHLÄSSE

Im Gegensatz zum Umgang mit Architektennachlässen, die mittlerweile immer öfter geordnet in eine Sammlung übergeben werden, ist das im Falle von Ingenieuren eine äußerst seltene Ausnahme. Ein Beispiel dafür ist Frei Otto – bezeichnenderweise ein Ingenieurarchitekt und von der Ausbildung und vom Selbstverständnis Architekt – dessen Bestand das Südwestdeutsche Archiv für Architektur und Ingenieurbau (saai) am KIT 2011 übernahm.[99] Da das Werk Frei Ottos große Aufmerksamkeit auf sich zieht, wurden diese Modelle 2017 im ZKM Karlsruhe umfangreich gewürdigt.[100] Man muss jedoch festhalten, dass sich im Bestand Frei Otto in der Sammlung des saai, die einen der größten Modellbestände in Deutschland darstellt, unter den über 400 Modellen[101] nur einige Versuchsmodelle finden lassen, die der Formfindung dienten, und leider kein einziges Messmodell. Nach bisherigem Erkenntnisstand ist nur ein kleines Messmodell des Deutschen Pavillons für Montreal[102] (Fig. 10) in eine Sammlung gelangt: Berthold Burkhardt übergab es dem DAM Frankfurt.

99 [konsultiert am 30. Juli 2019]. Abrufbar unter: https://www.saai.kit.edu/?glossary=otto-frei.

100 Joachim Kleinmanns, Georg Vrachlyotis et. al. *Frei Otto. Denken in Modellen*. Leipzig: Spector Books, 2017.

101 KIT Pressemitteilung Nr. 109 vom 29.06.2011, S. 1.

102 Christiane Weber 2012, *op. cit.*, S. 45–50. Christiane Weber. „Der Deutsche Pavillon auf der Weltausstellung 1967 in Montreal“. In: Klaus Jan Philipp (Hg). *Rolf Gutbrod. Bauten in den Boomjahren der 1960er*. Salzburg: Müry-Salzmann, 2011, S. 68–83. Das Modell hat Bertold Burkhardt der Sammlung des Deutschen Architekturmuseums (DAM) anlässlich der Ausstellung *Das Architekturmodell. Werkzeug, Fetisch, Kleine Utopie* übergeben.

FIG. 10 – Frei Otto, Messmodell für den IL Pavillon, zu finden in der Sammlung des DAM Frankfurt. Source: Sammlung des DAM Frankfurt, ehemals Sammlung Berthold Burkhardt, Braunschweig.

Da die großen Messmodelle im Maßstab 1:75, die zur Entwicklung und Dimensionierung des innovativen Seilnetzes für Montreal getestet worden waren, allesamt verloren sind, ist dieses kleine Modell und seine Kopie, die sich noch im IL-Pavillon (heute ILEK) in Stuttgart findet, zusammen mit dem einzigen großen Messmodell für die Olympiadächer in München, das im Olympiainformationszentrum München[103] gefunden werden konnte und einigen Teilmodellen am IL, eines der letzten Zeugen der umfangreichen Modellexperimente, die am IL zur Entwicklung von innovativen Seilnetzkonstruktionen in den 1960er und 1970er durchgeführt wurden.[104] Das Modell ist nun Teil der Sammlung des Deutschen Architekturmuseums (DAM) in Frankfurt, dessen Gründungsdirektor Heinrich Klotz (1935–1999) als einer der ersten Zeichnungen, Pläne, vor allem aber auch Architekturmodelle des 20. Jahrhunderts als sammlungswert erkannt hatte und dem die

103 [konsultiert am 04.07.2019]. Abrufbar unter: https://www.olympiapark.de/de/der-olympiapark/info-center/anfahrt.

104 Fritz Leonhardt, Harald Egger, E. Haug. „Der deutsche Pavillon auf der Expo `67 in Montréal. Eine vorgespannte Seilkonstruktion". *Der Stahlbau*. 1968, 4, S. 97–106; 5, S. 138–145.

Einrichtung eines Ausstellungshauses für Architektur in Deutschland zu verdanken ist. Eine vergleichbare Wertschätzung ist den Zeugnissen des Ingenieurbaus bisher versagt geblieben.

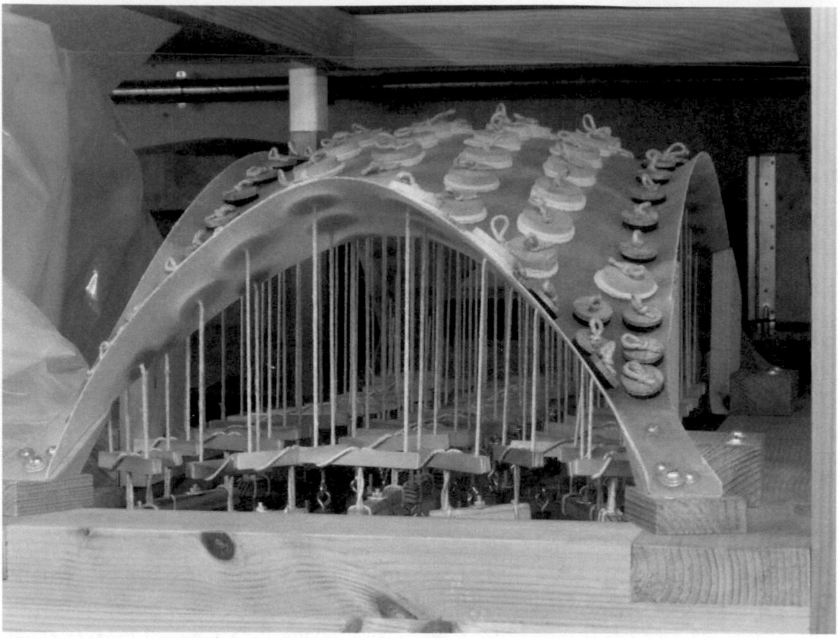

FIG. 11 – Heinz Isler, Hängemodelle mit Messeinrichtung aus der Sammlung des GTA. Source: Foto Bill Addis.

Die Werke von Bauingenieuren finden meist nur in Ausnahmefällen den Weg in Sammlungen. Eine glückliche Ausnahme stellt die Modellsammlung im Nachlass von Heinz Isler dar, die von der Sammlung des Instituts für Geschichte und Theorie der Architektur (GTA) an der ETH Zürich übernommen werden konnte.[105] Erhalten sind mehr als ein halbes Dutzend Messmodelle (Fig. 11), die noch in ihren originalen Messständen montiert sind und die derzeit in einem von SNF finanzierten Projekt wissenschaftlich bearbeitet werden.[106] Im Gegensatz

105 [konsultiert am 30.07.2019]. Abrufbar unter: http://www.schwartz.arch.ethz.ch/Forschung/islerarchiv.php?lan=de.

106 Matthias Beckh et al. (Hg.): *Candela, Isler, Muther. Positions on Shell Construction.* Basel: Birkhäuser 2021. Giulia Boller; P. D'Acunto. „Structural design via form finding:

dazu sind von den umfangreichen modelltechnischen Experimenten von Islers Schweizer Ingenieurkollegen Heinz Hossdorf (1926–2006) keine physischen Zeugnisse überliefert.[107]

MODELLE AUS FORSCHUNGSINSTITUTEN UND VERSUCHSLABOREN

Um die überlieferten ingenieurbautechnischen Modelle aufzufinden, liegt es nahe, die Firmen und Laboratorien zu identifizieren, in denen in der Hochzeit der Modellstatik die umfangreichen Messreihen und modelltechnischen Untersuchungen durchgeführt wurden, wofür die Zusammenstellung im vorangegangenen Kapitel als erster Ansatz dienen soll. Oft ist es privater Initiative zu verdanken, wenn ein ingenieurtechnisches Objekt entsprechende Beachtung findet: so hat sich an der Bauhausuniversität Weimar ein sechs Meter langes Brückenmodell erhalten: Das Modell der Lillebælt Hängebrücke stammt vermutlich aus dem Jahr 1964 und wurde von der Ingenieurfirma COWI (C. Ostenfeld & W. Jønson Consulting Engineers) für statische und dynamische Belastungsversuche hergestellt.[108] Hinsichtlich einer langfristigen Sicherstellung der Objekte sind jedoch einzelne universitäre Einrichtungen außerhalb von Universitätssammlungen nur bedingt geeignet. So finden sich auch heute noch im IL Pavillon in Stuttgart, dem ehemaligen Institut Frei Ottos, einige Messmodelle und die berühmte Seifenhautmaschine (Fig. 12) für die Herstellung und Vermessung von Formfindungsmodellen aus Seifenhäuten. Zwar werden diese Objekte und die dazugehörige Diasammlung, die die umfangreichen Experimente dokumentiert, von ehemaligen Mitarbeitern noch betreut. Nach dem Wechsel in der Institutsleitung wird nun an einem Konzept einer musealen, langfristigen Präsentation *in situ* gearbeitet, damit diese Zeugnisse der Bautechnikgeschichte jenem Schicksal entgehen, das viele Institutssammlungen getroffen hat – sie wurden schlichtweg entsorgt.

Comparing Frei Otto, Heinz Isler and Sergio Musmeci". In: João Mascarenhas-Mateus; Ana Paula Pires; Manuel Marques Caiado; Ivo Veiga (Hg.). *History of Construction Cultures*. Proceedings of the seventh International Congress on Construction History (7ICCH). Lissabon, 12.–16. Juli 2021, Bd. 2. Boca Raton: CRC Press, S. 431-438.

107 Unser Dank gilt Elke Genzel, HfW Berlin, für diesen Hinweis.

108 Gerettet hat das Modell Guido Morgenthal, dem die Sicherung und Restaurierung des außergewöhnlichen Objekts an seinem Institut in Weimar zu verdanken ist. Dirk Bühler, Christiane Weber. „Epilogue: A future for models from the past". In: Bill Addis 2021, *op. cit.*, S. 1025–1046.

FIG. 12a et b – Institut für Leichte Flächentragewerke, Seifenhautmaschine 1987 und 2018 Source: Foto Berthold Burkhardt 1987, Foto Christiane Weber 2018.

In Bezug auf Versuche mit Stahlbeton ist im deutschsprachigen Raum die Firma Dyckerhoff & Widmann zu nennen, in deren Entwicklungsabteilung in den 1920er Jahren Franz Dischinger (1887–1953) zusammen mit Hubert Rüsch (1904–1979) Messmodelle einsetzte, um weitgespannte Schalentragwerke wie das für die Großmarkthalle in Leipzig 1927 zu entwickeln. Im Werk von Franz Dischinger spielte die Verwendung von Modellstatik eine wesentliche Rolle: Eine Versuchsschale in Biebrich auf dem Gelände der ehemaligen Firma ist das bisher einzig bekannte erhaltene Zeugnis seiner umfangreichen Experimente.[109] Diese Versuchsschale hat zwar bei ihrer ersten Translozierung 1974/75 ihre ursprüngliche Unterkonstruktion verloren, doch wurde sie auf private Initiative hin als Zeugnis der Bautechnikgeschichte in Wiesbaden erhalten.

Ein wichtiges Testlabor für Modelle stellt das ISMES in Bergamo dar, an dem die spektakulären Modelle der Konstruktionen von Pier Luigi Nervi (1891–1979) getestet wurden.[110] Überliefert sind nach bisherigem Erkenntnisstand leider nur zwei Windtunnelmodelle im Maßstab 1:100 der Norfolk Scope Arena, Virginia (Arena gebaut 1965–1971) und der St. Mary Cathedral, San Francisco (errichtet 1963–71), die am ISMES gebaut und am *Politecnico di Torino* getestet worden waren. Sie haben sich im *Centro Museo e Documentazione Storica* am *Politecnico di Torino* erhalten.[111] Ein einziges Messmodell, eingesetzt für statische und dynamische Versuche ebenfalls für die St. Mary Cathedral, San Francisco wurde am ISMES 1965 im Maßstab 1:36,89 gebaut und wird heute am *Dipartimento architettura rilievo disegno urbanistica storia* an der *Università Politecnica delle Marche* in Ancona aufbewahrt. Dort findet sich auch noch ein weiteres Modell im Maßstab 1: 50 für das Leverone Field House in Hannover (Entwurf 1960–1962), an dem das ISMES 1971 statische und dynamische Versuche durchgeführt hat.

---

109 Roland May. „The role of models in the early development of Zeiss-Dywidag shells". In: Bill Addis 2021, *op. cit.*, S. 233-267. Roland May, Knut Stegmann, Meinrad von Engelberg. „Das Runde muss in das Eckige. Die Biebricher Dywidag-Versuchsschale von 1931". In: *Ingenieurbaukunst 2018 – Made in Germany*. Hg. von der Bundesingenieurkammer. Berlin: Ernst & Sohn, 2017, S. 152-161.

110 Gabriele Neri. „En miniature: Die Modelle des I.S.M.E.S. in Bergamo". *Bauwelt*. 2010, 19, S. 20–27. Claudio Piga. *Storia dei modelli dal tiempo di Salomone alla realtà virtuale*. Seriate: Istituto Sperimentale Modelli e Strutture 1996.

111 [konsultiert am 30.07.2019] Abrufbar unter: http://www.comune.torino.it/museiscuola/propostemusei/toeprov/centro-museo-e-documentazione-storica---politecnic.shtml, http://www.polito.it/cemed.

In Spanien arbeitet Eduardo Torroja zusammen mit dem *Instituto de la Construcción* (ICON). Von der umfangreichen Modellproduktion dieser Kooperation sind – soweit bekannt – keine Modelle als Dokumentation überliefert.[112] Ein Modell wurde allerdings im Maßstab 1:30 eigens für die Ausstellung *L'art de l'ingénieur. Constructeur, entrepreneur, inventeur* in Paris 1997 angefertigt und befindet sich im Besitz des *Musée Nationale d'Art Moderne, Centre Georges Pompidou* in Paris.

Gleiches gilt für das Stuttgarter Institut für Modellstatik, dessen Bestand nach Auflösung komplett entsorgt wurde.[113] Erhalten hat sich lediglich ein großes Messmodell, das Modell aus Plexiglas der Alsterschwimmhalle in Hamburg (Fig. 13), das im Foyer der Fakultät für Bauingenieur- und Umweltwissenschaften im Campus Vaihingen aufgestellt ist. Die Zerstörung des Modells konnte 2009 gerade noch abgewendet werden, aber das über vier Meter große Modell ist beschädigt und müsste dringend in eine Sammlung überführt werden, in dem sein langfristiger Erhalt gesichert werden kann.

112 Laut Mario A. Chiorino; Gabriele Neri. *Capolavori in miniatura. Pier Luigi Nervi e la modellazione strutturale.* Mendrisio: Mendrisio Academy Press, 2014, S. 167–168 [konsultiert am 01.10. 2019]. Abrufbar unter: https://doc.rero.ch/record/288862/files/Capolavori_in_miniatura.pdf.

113 Unser Dank gilt Stefan M. Holzer, ETH Zürich, und David Wendland, BTU Cottbus, für diese Information. Bestätigt wurde dies durch die Recherchen im Universitätsarchiv Stuttgart. Hier gilt unser Dank dem Leiter Norbert Becker, der mit der Übernahme des privaten Nachlasses von Robert K. Müller immerhin noch die Jahresberichte sichern konnte.

FIG. 13 – Institut für Modellstatik, Universität Stuttgart, Messmodell für die Alsterschwimmhalle in Hamburg 2015. Source: Foto Christiane Weber 2015.

FORSCHUNGS- UND ERHALTUNGSPERSPEKTIVEN FÜR VERSUCHSMODELLE

All diese Modelle, seien sie bereits in Ausstellungen präsentiert, in Sammlungsdepots magaziniert oder auch nur irgendwo in akademischen Einrichtungen gelagert, bedürfen dringend einer Neubewertung hinsichtlich ihrer Bedeutung für die Geschichte des Bauingenieurwesens. Der vorgelegte Beitrag hat zum Ziel, die große Bedeutung von Messmodellen als gleichwertige Zeugnisse des Planungs- und Bauprozesses neben graphischen und rechnerischen Methoden vor Augen zu führen und einer breiten Öffentlichkeit zum Bewusstsein zu bringen – vor allem aber den Ingenieur*innen, die den hohen Wert dieser Zeugnisse für ihre Arbeit erkennen und würdigen sollen.

Zum Vergleich: Der Wert von Architekturmodellen für die Entwurfsplanung und die Notwendigkeit ihrer Konservierung und ihres dauerhaften Nutzens wurde von Architekten und Architekturhistoriker*innen wie schon mehrfach erwähnt bereits seit Jahren erkannt. Denn im Selbstverständnis aller Architekt*innen ist die Erkenntnis tief verankert, dass ein rigoroses Studium und die Kenntnis der gesamten Geschichte des Berufsstandes grundlegend für die Entwicklung neuer Ideen und Entwürfe sind. Wenn wir uns bewusst machen, dass der aktuelle Ingenieurbau das Ergebnis vieler Entwicklungsschritte im Laufe der Geschichte ist, wird offensichtlich, dass diese Geschichte und ihre Kenntnis für den Aufbau einer Zukunft unerlässlich sind. Dieser in der Architektur axiomatische Grundgedanke ist in den Überzeugungen, in der Ausbildung und in der täglichen Praxis der Bauingenieur*innen immer noch nicht wirklich verankert.

In diesem Zusammenhang spielen die Modelle, um die es in diesem Beitrag geht, eine wesentliche Rolle, denn sie lehren uns, die Denkprozesse für die Entwicklung neuer Tragwerksentwürfe zu verstehen und die Überprüfung der Machbarkeit von Theorien in der Baupraxis nachvollziehbar zu machen.

Um diese Modelle als einen wesentlichen Bestandteil der Ingenieurgeschichte zu etablieren, sollte ihre Präsenz in Museen und Ausstellungen gefördert werden. Gleichzeitig müssen aber auch Inventare und Kataloge der identifizierten Sammlungen und der überlieferten Objekte erstellt und veröffentlicht werden. Dafür sollte ein möglichst umfangreiches und erweiterbares digitales Inventar aller bekannten ingenieurwissenschaftlichen Modelle zusammengestellt, kommentiert und mit einer Erklärung und Bewertung ihrer ingenieurhistorischen Bedeutung versehen werden. Wichtig ist, diese Daten in einem der Wissenschaft frei zugänglichen Repositorium für weitere Forschungen zur Verfügung zu stellen.

Erst in jüngster Zeit haben ingenieurwissenschaftliche Modelle eine gewisse Aufmerksamkeit in der Wissenschafts- und Technikgeschichte erhalten.[114] Studierende und Doktorand*innen aus verschiedenen ingenieur- und bautechnikhistorischen Disziplinen arbeiten über unterschiedliche Fragestellungen zu Versuchs-, Formfindungs- und Messmodellen. Eine wichtige aktuelle wissenschaftliche Initiative stellt das von der Deutschen Forschungsgemeinschaft im Rahmen des DFG-Schwerpunktprogramms

---

114 Raimund Mair. *Die Hydrotechnischen Exponate… op. cit.* Eberhard Möller. „Physical and measurement models for structural analysis – an endangered part of historical constructions". In: *Proceedings of the 10th international conference on Structural Analysis of Historical Constructions (SAHC 2016).* Leuven 2016. Eberhard Möller. „Scale models for spatial structures from the 19th to the 21st century". In: K. Kawaguchi, M. Ohsaki, T. Takeuchi (Hg.). *Proceedings of the IASS Annual Symposium 2016, Spatial Structures in the 21st Century.* Tokyo 2016; Eberhard Möller. „Towards an international database about physical models for structural design". In: M. Mazzolani; A. Lamas; L. Calado et al. (Hg.). PROHITECH 2017. Lissabon 2017, S. 89/90. Joaquín Antuña Bernardo. „Ensayos en modelos de estructuras laminares. Los primeros resultados de Eduardo Torroja en el Laboratorio Central". In: *Proceedings of the IX Congreso Nacional de Historia de la Construcción, Soria, 9-12 de octubre de 2019*, S. 61–70. Raimund Mair, Christiane Weber. „Hydrotechnical models of the ‚Modellkammer' (chamber of models) in Augsburg, Germany". In: Ine Wouters; Stephanie van de Voorde (Hg.). *Building Knowledge, Constructing Histories:* Proceedings of the 6th International Congress on Construction History, Brussels 2018. Boca Raton: CRC Press, 2018, Bd. 2, S. 871–877. Benjamin Schmid, Christiane Weber. „The experiments on measurement models for the Munich Olympic site". In: João Mascarenhas-Mateus; Ana Paula Pires; Manuel Marques Caiado; Ivo Veiga (Hg.). *History of Construction Cultures.* Proceedings of the seventh International Congress on Construction History (7ICCH). Lissabon, 12.–16. Juli 2021, Bd. 1. Boca Raton: CRC Press, S. 625–631. Christiane Weber, Maximilian Schöll. „The Gothic Town Hall Model of Augsburg". In: João Mascarenhas-Mateus; Ana Paula Pires; Manuel Marques Caiado; Ivo Veiga (Hg.). *History of Construction Cultures.* Proceedings of the seventh International Congress on Construction History (7ICCH). Lissabon, 12.–16. Juli 2021, Bd. 2. Boca Raton: CRC Press, S. 100–106. Giulia Boller; P. D'Acunto. „Structural design via form finding: Comparing Frei Otto, Heinz Isler and Sergio Musmeci". In: João Mascarenhas-Mateus; Ana Paula Pires; Manuel Marques Caiado; Ivo Veiga (Hg.). *History of Construction Cultures.* Proceedings of the seventh International Congress on Construction History (7ICCH). Lissabon, 12.–16. Juli 2021, Bd. 2. Boca Raton: CRC Press, S. 431-438.

2255 „Kulturerbe Konstruktion“[115] geförderte deutsch-österreichische Projekt: „Last Witnesses – Versuchsmodelle im Bauwesen – wissenschaftliche Bedeutung und Erhaltung“dar.[116] Flankierend zu dieser Öffentlichkeitsarbeit und dem wissenschaftlichen Fortschritt soll durch das Projekt eine sorgfältige und angemessene Restaurierung einiger Modelle nach Museumsstandards konzipiert werden.

Im April 2021 wurde eine Arbeitsgruppe des SPP „Kulturerbe Konstruktion“ initiiert, die auf Museen wie das Deutsche Museum in München oder die kürzlich erneuerten Bauakademie in Berlin zugehen wird. Sie soll diese Institutionen motivieren, das Werk der Bauingenieure zu würdigen – beispielsweise durch Sonderausstellungen oder die Schaffung einer Dauerausstellung zu Versuchsmodellen im Ingenieurbauwesen.

SCHLUSSBEMERKUNGEN

Dieser Beitrag versteht sich als zusammenfassende Wertung der bedeutenden Rolle, die Versuchsmodelle seit vielen Jahrhunderten im Bauingenieurwesen gespielt haben und immer noch spielen. Seit der Renaissance wurden Modelle benutzt, um das Tragverhalten von Bauwerken und die Wirksamkeit von Maschinen zu prüfen und zu bestimmen. Doch erst ab den 1870er Jahren standen wissenschaftliche Methoden zur Verfügung, um die Messergebnisse aus Versuchen an maßstäblichen Modellen auf das Originalmaß des Bauwerks hochrechnen zu können. Im Laufe des 20. Jahrhunderts wurde die Verwendung physischer Messmodelle in allen Fachgebieten des Ingenieurwesens weiterentwickelt. Ihre Verwendung nahm erst in den 1970er Jahren ab, als moderne Rechner mit entsprechender Leistung und Zuverlässigkeit zur Verfügung standen, die weitaus günstiger als die aufwendigen Modellversuche waren.

115 Das DFG Schwerpunktprogramm startet 2021 und wird geleitet von Werner Lorenz und Roland May, BTU Cottbus [konsultiert am 17. September 2021]. Abrufbar unter: https://kulturerbe-konstruktion.de.

116 In diesem Teilprojekt kooperiert die Technische Universität München (Andreas Putz) mit der Hochschule für Technik Karlsruhe (Eberhard Möller) mit der Universität Innsbruck (Christiane Weber) [konsultiert am 13. Juli 2022]. Abrufbar unter: https://kulturerbe-konstruktion.de/spp-2255-teilprojekt/messmodelle-im-ingenieurbauwesen-c2/

Von grundlegender Bedeutung für die bautechnikhistorische Forschung zu Modellen sind dabei Recherchen zu den Netzwerken von Institutionen und Prüfeinrichtungen, an denen die Schlüsselfiguren und Hauptakteure diese Entwicklungen maßgeblich beförderten. Die auf Basis dieser Recherchen ermittelten wenigen überlieferten Objekte legen die Forderung nahe, die Erhaltung dieser „letzten Zeugen"der Modellstatik zu gewährleisten.

Entsprechend ihrer bisherigen geringen Repräsentanz und Bedeutung in Ausstellungen oder Sammlungen waren ingenieurwissenschaftliche Versuchsmodelle kaum Gegenstand wissenschaftlich fundierter Erhaltungsbemühungen. Im Umgang mit den wenigen bisher aufgefundenen Messmodellen stellt sich zudem die Frage, welcher Stellenwert der überlieferten materiellen Substanz eingeräumt werden muss, ohne die Aussagekraft, Verständlichkeit und Integrität der Modelle in ihrem Funktionszusammenhang als Teil eines Versuch- und Testaufbaus zu beeinträchtigen. Geradezu modellhaft steht die Bemühung um die materielle Bewahrung der verbliebenen Objekte somit vor den gleichen Herausforderungen bezüglich denkmalpflegerischer Bewertung und baulicher Erhaltung wie die Ingenieurbauwerke an sich.[117] Die wissenschaftliche Bearbeitung der Versuchsmodelle bereichert somit auch den denkmalpflegerischen und bautechnikgeschichtlichen Diskurs über die Berücksichtigung ingenieurwissenschaftlicher Leistungen und Innovationen als „Kulturerbe Konstruktion".

Bill Addis
Consulting engineer
Independent scholar

Dirk Bühler
Deutsches Museum, Munich

Christiane Weber
University of Innsbruck

117 Andreas Putz. SPP-Antrag „Last Witnesses" 2020, S. 8/9.

VARIA

LA DESCRIPTION DU CHANTIER DE LA COUPOLE EN BOIS DE LA HALLE AU BLÉ

« à la Philibert De l'Orme » par l'architecte Jacques Molinos (1782-1783)

La « Note des opérations successivement faites pour la construction de la calotte de la halle aux grains » est une description chronologique et détaillée du chantier de la coupole en bois de la Halle au blé de Paris, depuis la première semaine, mi juillet 1782, à la vingt-quatrième, au début du mois de janvier 1783, avant la pose de la lanterne métallique. La calotte dont il s'agit est bien connue des historiens de l'architecture et de la construction. Elle vient couvrir l'immense cours de la Halle au blé construite par l'architecte Nicolas Le Camus de Mézières (1721-1789) une vingtaine d'années auparavant[1]. Dès son achèvement, la charpente est regardée comme une œuvre d'une grande « hardiesse » pour ses dimensions extraordinaires, proches de celles des plus grands dômes construits en Europe (120 pieds et 4 pouces, soit environ 39 mètres de diamètre) autant que par son mode de construction en planches « à la Philibert De l'Orme ». Vers 1780, les architectes Jacques Guillaume Legrand (1743-1831) et Jacques Molinos (1753-1807) proposent d'appliquer à la couverture de la cour le procédé décrit par l'architecte de la Renaissance dans ses *Nouvelles inventions pour bien bastir et a petits frais* (1561). Ils font appel pour l'exécution de cette structure au maître menuisier André Jacob Roubo (1739-1791), alors connu pour son traité de menuiserie publié dans la collection de la *Description des arts et métiers*[2].

Le document conservé à la Bibliothèque historique de la ville de Paris se présente sous la forme de huit feuilles pliées en deux, formant huit cahiers numérotés de 1 à 8, soit au total 32 pages de texte, illustré

1 Marc Deming, *La Halle au blé de Paris*, 1762-1813, Bruxelles, AAM, 1984. Dora Wiebenson, « The Two Domes of the Halle au Blé in Paris », *Art Bulletin*, LV, 1973, p. 262-279.

2 André Jacob Roubo, *L'Art du menuisier*, Paris, 4 vol., 1769, 1770, 1771-1774, 1775.

en marge de 47 croquis. Dans les marges sont également consignées les sommes perçues tous les quinze jours par le maître menuisier Roubo.

La « Note » n'est pas signée, mais des indices laissent penser qu'elle est de la main de l'architecte Jacques Molinos. La liasse de papiers dans laquelle elle s'insère comprend plusieurs lettres adressées à l'architecte. L'une d'elle, écrite par le maître charpentier en charge des échafaudages indique que c'est bien Jacques Molinos qui suivait le chantier[3]. Dans la liasse se trouvent en outre divers documents relatifs à la construction de la Halle qui apportent des informations sur la « Note » reproduite ici.

Pour éclairer ce document, nous commencerons par rappeler le contexte du chantier, puis nous examinerons les raisons qui conduisent l'architecte à écrire et nous terminerons en commentant quelques opérations délicates qui ne sont pas décrites par Philibert De l'Orme et sur lesquelles les historiens manquent souvent d'informations : le tracé des épures, le levage (mise en place) des échafaudages et le dressage des engins de levage[4]. Il ressort de la chronologie détaillée des opérations, une division entre conception et exécution moins tranchée que l'on a coutume de penser. Des solutions sont apportées en cours de chantier pour résoudre des problèmes qui n'avaient pas été anticipés. Ces solutions trouvées par les entrepreneurs et parfois les ouvriers font de la structure une œuvre collective qu'il est difficile d'attribuer à un seul concepteur.

UN CHANTIER POLITIQUE ET TECHNIQUE DE PREMIER PLAN

Il est clair que le document ne décrit pas un chantier courant, mais un chantier exceptionnel. Quoi qu'il s'agisse d'un bâtiment utilitaire construit dans le secteur dense des marchés, la Halle au blé (1763-1766) n'était pas un édifice ordinaire. D'abord parce qu'elle avait l'apparence noble d'un amphithéâtre en pierre de taille bordé par des arcades ; ensuite

3 Lettre d'Albouy à Jacques Molinos, 12 aout 1783, Bibliothèque historique de la ville de Paris (désormais BHVP), CP 4823.

4 Voir Jean-Marie Pérouse de Montclos, « La charpente à la Philibert de L'Orme. Réflexion sur la fortune des techniques en architecture », dans Jean Guillaume (dir.), *Les chantiers de la Renaissance*, Paris, Picard, 1991, p. 27-49.

parce que sa structure entièrement voûtée en brique était incombustible. L'édifice était vu en 1771 comme un monument « digne des Romains » et « vraiment patriotique »[5]. Par la construction d'un tel édifice, à la fois monumental, sûr et économique destiné à abriter les denrées essentielles à la survie du peuple de Paris, le roi et le prévôt des marchands avaient montré leur intérêt pour le bien-être des citoyens. La construction de la coupole en 1782-1783 n'était pas non plus une entreprise ordinaire. La structure devait couvrir une cour circulaire d'une surface considérable. Paris ne comptait pas de coupole d'une telle grandeur. Outre ses dimensions extraordinaires, la structure devait s'appuyer sur les murs existants qui n'étaient pas dimensionnés pour recevoir une voûte. Réussir à couvrir un tel espace était pour l'administration municipale et l'administration royale une nouvelle occasion de montrer leur capacité à entreprendre de grands projets pour le bien public. La « Note » relate la visite du Lieutenant général de Police à deux reprises sur le chantier et la présentation au Roi, à Versailles, du modèle en bois.

La nature politique du chantier transparaît dans les arguments développés par les architectes dans les mémoires présentant leur projet. La coupole est décrite comme « un objet absolument nécessaire » pour « mettre à couvert les denrées les plus précieuses » ; conforme à la sûreté et à l'économie « que la sagesse publique exige »[6]. Les architectes font valoir l'« économie » du procédé résultant de la substitution de grandes pièces de bois par des planches de « bord de bateau » de peu de valeur. Pour convaincre de la solidité d'une telle structure le Lieutenant général de police garant de la sûreté publique, le projet est présenté comme l'« application » d'un procédé existant, déjà expérimenté à la Renaissance par un architecte du roi de premier plan, et réemployé à plusieurs reprises (en Touraine à la couverture de granges et dans le lyonnais et le pays Messin à la construction des cintres des voûtes en pierre)[7]. Tout juste si Legrand et Molinos évoquent une « application raisonnée et perfectionnée », sans entrer dans les détails des perfectionnements.

5 George Louis Le Rouge, *Curiosités de Paris […] et des environs*, 1771, vol. I, « La nouvelle Halle au Bled », p. 223 et 226.

6 « Notice sur le procédé de la (nouvelle) charpente de la halle au Bled » s.d., s.n. [Legrand et Molinos], BHVP, CP 4823.

7 Il sont ceux qui vont « faire revivre » le procédé, *ibid.*

LES ACTEURS DU CHANTIER ET LES RAISONS D'ÉCRIRE

De prime abord, le texte ressemble à un journal de chantier. L'architecte décrit la marche des opérations ; il s'arrête probablement sur celles qui ne lui sont pas familières[8] et relate certains évènements : accidents et visites. Mais à y regarder de près, le récit n'est pas écrit à la première personne. Les actions sont exprimées sans sujet réel par des verbes impersonnels employés à la troisième personne ou à l'infinitif (« avoir construit une règle », « tracé l'épure des grandes courbes »). Si le document restitue la manière dont les occupations des hommes de métier se succèdent dans le temps (par ordre d'apparition : menuisiers, serruriers, maçons, gravatiers, mariniers, charpentiers, tailleurs de pierre, carreleurs, couvreurs) il ne rend pas compte des échanges entre les architectes, les maîtres de métier, les compagnons et les ouvriers. Si bien qu'on ne sait qui commande, organise et surveille. La raison de ce choix narratif n'est pas claire. La question renvoie aux intentions de l'auteur. Pourquoi l'architecte relate-t-il ces travaux ? Nourrissait-il le projet de publier ou rendre public son récit ? Plusieurs « Mémoires » de présentation du projet rédigés après le chantier, conservés dans la même liasse, inclinent à le penser.

Si le texte ne rend compte d'aucune interaction entre l'architecte et le maître menuisier Roubo, les annotations portées dans les marges permettent de cerner le rôle de ce dernier. Celui-ci se rend tous les quinze jours « à la police » pour toucher les sommes qu'il redistribue ensuite aux maîtres de métier. L'argent qui lui revient sert aussi à payer ses ouvriers (« payer sa quinzaine ») et de temps à autre à se rémunérer « lui-même ». Mais deux documents complémentaires permettent de comprendre qu'il n'agit pas comme entrepreneur général. Son rôle consiste à « conduire » le chantier. Dans le brouillon d'une lettre destinée au *Journal de Paris*, les architectes hésitent significativement à le qualifier d'« inspecteur » (un terme plutôt employé au XVIIIe siècle pour désigner un architecte

---

8 Les spécialistes de la construction apprécieront les informations données sur les opérations de démolition, de réemploi et d'amélioration de la durabilité des matériaux par l'ajout de substances, telles la suie et le goudron. L'intervention de « marinier » goudronneurs de bateaux est à noter.

surveillant le chantier) ou de « conducteur principal » (maître de métier ou compagnon surveillant les travaux)[9]. Nous reproduisons les ratures révélatrices de l'embarras des architectes et du statut ambigu de l'artisan :

> On doit encore cette justice au Sr Roubo qu'il ~~a refusé d'être entrepreneur de sa menuiserie dans~~ a été lui même au devant des vues d'économie que les architectes ont désiré mettre dans cet ouvrage et qu'il a préféré en être ~~l'inspecteur~~, le conducteur principal moyennant un bénéfice honnête et fixe plutôt que de devenir l'entrepreneur de toute la menuiserie par un marché en bloc[10].

Le passage nous apprend que c'est à la demande du menuisier Roubo que le marché est passé « par économie » (sans entrepreneur, le commanditaire est propriétaire des matériaux). Roubo propose de percevoir une somme fixe, en contrepartie de quoi il est choisi par l'administration sans mise en concurrence. Sans doute cherchait-il par ce biais à être retenu, mais on peut penser qu'il tenait aussi à donner la preuve de son désintéressement financier. Rappelons qu'André Jacob Roubo était dans les années 1780 bien connu des architectes et des savants parisiens[11]. Une dizaine d'années auparavant, l'Académie des sciences avait accepté de publier son traité de menuiserie dans la fameuse *Description des Arts et Métiers*. Les principaux journaux avaient relayé la parution des différents volumes en 1769, 1771 et 1782 et souligné l'habileté et les

---

9 Nous nous appuyons sur les définitions suivantes : « L'Inspecteur est utile pour mettre à exécution les projets, veiller à la construction totale, pour la faire exécuter suivant l'art, en l'absence de l'Architecte, stipuler les intérêts du Propriétaire, en empêchant la fraude des différens Ouvriers, & prendre les attachemens des parties cachées, pour être produites justes lors du toisé. Il est dû à un bon Inspecteur de théorie & pratique la moitié des honoraires dus à Architecte [...] », Julien François Monroy, *Traité d'architecture pratique*, Paris, l'Auteur, 1789, p. 2. « Quant aux autres détails méchaniques de la bâtisse, nous les passons naturellement sous silence : ils n'appartiennent pas directement à l'art que nous traitons ici ; c'est plutôt l'affaire d'un *conducteur* ou d'un artisan que l'étude d'un Architecte », Jacob Friedrich von, Baron de Bielfeld, *Les premiers traits de l'érudition universelle, ou analyse abrégée de toutes les sciences, des beaux-arts et des belles lettres*, Leide, Sam. et J. Luchtmans, 1767, t. 2, chap. XII, « L'architecture », p. 283.

10 « Note pour le journal 22 septembre 1783 », BHVP, CP 4823. L'expression « marché en bloc » désigne un marché convenu pour un certain prix, sans entrer dans le détail de ce que chaque chose doit coûter en particulier.

11 Bruno Belhoste, « A Parisian Craftsman among the Savants : the Joiner André-Jacob Roubo (1739-1791) and his Works », *Annals of Science*, vol. 69, n° 3, 2012, p. 395-411. Nous nous permettons de renvoyer également à notre livre : Valérie Nègre, *L'Art et la matière. Les artisans les architectes et la technique*, 1770-1830, Paris, Classiques Garnier, p. 170-173 ; 178-179 ; 219-221 ; 229-235.

connaissances remarquables de l'artisan qui savait lire, écrire, dessiner et graver. Roubo était présenté comme un artisan désireux de s'instruire ayant suivi des cours d'architecture parallèlement à son apprentissage. C'est par le biais de tels intermédiaires, capables de mettre en contact les savants et les ouvriers que les connaissances des premiers allaient pouvoir s'appliquer aux arts et métiers. Roubo incarnait en quelque sorte, la figure idéale de l'artisan, prêt à collaborer avec les élites. Il n'est donc pas interdit de penser que renoncer à l'entreprise lui permettait d'affermir sa position d'intermédiaire.

Quoi qu'il en soit, sa mission n'était pas celle d'un entrepreneur, mais d'un conducteur de chantier. Il est important de préciser qu'au siècle des Lumières les chantiers importants étaient doublement « conduits » : d'une part, par l'architecte ou son « inspecteur » ; de l'autre par un ou plusieurs « conducteurs » employés par le ou les entrepreneurs. L'« inspecteur » architecte veillait à la construction de l'édifice ; il inspectait la qualité et la quantité des matériaux et en surveillait la mise en œuvre, selon les proportions et les formes déterminées par les plans et les devis. Le « conducteur » artisan, quant à lui, embauchait les ouvriers et contrôlait l'exécution du travail relatif à son métier. Attribuer la « conduite » des travaux à Roubo n'était donc pas exceptionnel. Néanmoins, le chantier se limitant à l'exécution de la coupole en bois, on peut se demander qui de l'architecte ou du menuisier assurait la surveillance de l'ensemble des opérations. Les verbes impersonnels ne donnent aucune indication sur ce point. Le texte permet seulement d'attribuer à l'artisan deux opérations : la confection du modèle au moment du projet[12] et le tracé grandeur d'exécution du plan déterminant la position des courbes sur la plateforme (sablière) posée en haut des murs.

Comme nous l'avons dit, plusieurs mémoires conservés dans la même liasse que la « Note », reprennent en partie son contenu. Ces mémoires adressés à des institutions prestigieuses (Académie royale d'architecture par exemple)[13] ou à des administrations, laissent supposer que c'est dans la perspective de rendre publique sa description, et non uniquement

12 Un autre document permet de comprendre qu'ils se partagent la somme versée pour la réalisation du modèle : les architectes touchent 600 livres et le menuisier Roubo 600 livres.

13 « Abrégé des moyens de construction employés successivement à la construction de la coupole de la halle bâtie sur les dessins et sous la conduittte de J. G. Legrand et J. Molinos, architecte en 1782 », 30 septembre 1783. BHVP, CP 4823.

pour lui-même, que Molinos écrit. Cela expliquerait pourquoi un certain nombre d'opérations quotidiennes essentielles (telle l'enregistrement des matériaux et leur pesée par exemple) ne sont pas décrites. L'architecte pourrait avoir choisit la forme impersonnelle pour éviter la question de la conduite du chantier. Il ne faut pas perdre de vue qu'en proposant André Jacob Roubo, les deux architectes s'étaient adjoint un praticien plus renommé qu'eux. Si Legrand et Molinos occupaient une position hiérarchique clairement supérieure à celle du menuisier, celui-ci, placé sous leur commandement, jouissait d'une visibilité plus grande, qui lui donnait autorité dans son domaine. Quoi qu'il en soit, la « Note » documente un transfert de connaissances entre artisans et architectes, mais un transfert masqué par l'emploi de verbes impersonnels.

ÉPURES, GABARITS, MODÈLE ET DESSINS

L'architecte se montre particulièrement intéressé par les opérations de tracé. Le texte s'ouvre sur la préparation de l'aire destinée à recevoir les « épures nécessaires » et s'achève avec le tracé de la « juste circonférence » de la lanterne. Le verbe « tracer » apparaît trente et une fois et le mot « épure » dix-huit. Les deux termes sont réservés à des dessins « grandeur d'exécution » réalisés sur place. Ces tracés sont effectués à plusieurs endroits : sur l'aire en plâtre et sur le haut des murs pour les épures principales ; sur les échafaudages et sur des tables installées dans l'atelier des menuisiers pour les tracés particuliers. Divers outils sont mentionnés : un cordeau fixé au centre de la cour, des règles de diverses grandeur dont une règle de six pieds fabriquée et « ferrée » exprès pour le chantier, une « grande règle formant compas à verge » et des « cerces » de différentes longueur.

Le texte détaille plusieurs types de tracés. En premier lieu les deux épures générales exécutées au sol : le « plan exact » et l'épure de la « grande courbe » formant un quart de cercle. L'architecte décrit minutieusement comment, à partir de là, sont fabriqués différents objets (calibres, règles graduées) servant à la fabrication en série des planches et des mortaises et au montage des « courbes ». Aux grandes épures s'ajoutent de nombreux tracés ponctuels servant à vérifier les aplombs ou à reporter des points de repère.

Le document révèle l'importance des opérations de report des mesures et de vérifications (cinq occurrences pour le verbe « vérifier » et treize pour le verbe « revérifier »). Le diamètre de la cour est mesuré avec une règle de six pieds, vérifié par le mesurage de la circonférence des arcades et revérifié avec « quelques cordes du cercle ». Des vérifications aléatoires des planches débitées en séries sont faites régulièrement. Mais c'est le montage des courbes qui nécessite des contrôles et des ajustements constants. L'architecte consigne avec précision une opération de vérification basée sur la géométrie pratique et note dans un autre document qu'elle est plus sûre que celle plus pratique utilisant la « cerce ».

Au total, le document fait apparaître l'importance des tracés grandeur d'exécution. Un seul dessin à petite échelle est mentionné. Il s'agit du « plan cotté et figuré » donné au charpentier pour fabriquer la plateforme en bois sur laquelle sont établies les courbes. Ce plan, exécuté à partir du plan grandeur d'exécution tracé au sol se révèle faux ; un deuxième plan grandeur d'exécution doit être directement tracé sur le haut des murs par le menuiser Roubo lui-même.

LE RÔLE CENTRAL DES ÉCHAFAUDAGES

La fabrication des échafaudages occupe près de la moitié du texte (43 % exactement). Trois documents conservés dans le fonds de la Bibliothèque historique de la ville de Paris permettent de comprendre pourquoi l'architecte leur prête autant d'attention. Le premier est le mémoire descriptif des travaux adressé au Lieutenant général de Police avant la construction. Ce document ne mentionne et n'évalue les « échafauts » que très sommairement. Le deuxième document est l'avis de l'architecte de la Ville sur ce mémoire[14]. Dans cet avis, Pierre Louis Moreau s'inquiète du faible coût de l'échafaudage porté au devis.

14 « Observations de Mr Moreau Architecte du Roy et de la ville sur le modèle du projet de couverture pour la halle au bled proposée par Legrand et Molinos architectes » s.d. BHVP, CP 4823.

Le troisième document est la réponse des architectes aux remarques de Moreau[15]. La réponse montre que ceux-ci n'avaient pas anticipé le problème posé par l'échafaudage central nécessaire à la construction des parties hautes des courbes et de la lanterne. Selon eux, le coût des échafaudages était modeste car ces derniers seraient simples et communs : 1) le montage de la calotte n'exigeait pas d'échafauts ; 2) « 6 ou 8 mats de sapin de 80 pieds de haut » suffiraient pour la construction de la lanterne. Ni simples, ni communs les échafaudages se révèlent bien plus difficiles à construire que prévu.

C'est sans doute ce qui explique que leur description occupe tant de place. Contrairement à ce que prévoyaient les architectes, le montage de la calotte nécessite, dès la neuvième semaine, un « échafaut volant » (ne s'appuyant pas sur le sol). Celui-ci est simple, c'est-à-dire construit par des maçons avec des « boulins » et des « écoperches », mais il faut le démonter à trois reprises pour le positionner plus haut. Surtout, l'échafaudage indispensable à la construction de la lanterne décrit comme « on ne peut plus simple » n'est finalement pas posé sur le sol comme prévu, mais appuyé sur la corniche. Sur cette structure est posé un autre « échafaut » à deux étages. Cet échafaudage volant n'est pas construit par les maçons, mais par un charpentier dont le nom - Albouy- ne figure en marge que pour signaler les sommes qui lui sont versées.

Ici deux points méritent d'être soulignés. Premièrement le caractère empirique de cet échafaudage. Pour limiter son coût et l'alléger, les architectes préconisent de le fabriquer (comme la coupole) en « bords de bateaux ». Mais une fois mis en place l'entrait paraît « d'une fragilité effrayante » ; il est nécessaire de le doubler à 40 pieds de hauteur (12,96 m). Il en va de même pour certaines pièces d'appui. Un courrier faisant partie de la même liasse que la « Note », adressé par Albouy à Molinos, faisant valoir des changements apporté par le charpentier confirme le fait que la structure n'était pas entièrement conçue au départ, mais qu'elle était le fruit de tâtonnements[16]. Deuxièmement, le levage de l'échafaudage volant, décrit comme « long et pénible », et qui occupe une grande partie du récit, s'avère tout aussi complexe que la conception

15 « Réponse aux observations de Mr Moreau architecte du Roy et de la ville sur le projet de couvrir la halle aux grains… », s.d. BHVP, CP 4823.

16 Lettre d'Albouy à Jacques Molinos, 12 aout 1783, BHVP, CP 4823.

même de la structure. Du fait de sa grandeur exceptionnelle, de son poids et de sa position élevée, l'échafaudage nécessite d'être découpé en parties. Il doit être équipé de « ponts » permettant aux ouvriers de l'assembler en hauteur. La « Note » révèle ainsi ce qui est rarement documenté : les savoirs pratiques liés au levage des pièces de charpente. Dans son courrier, le charpentier pointe une autre opération difficile à saisir par l'historien, le démontage de l'échafaudage. Il souligne à sa façon, avec son écriture phonétique - comparant le conducteur à un berger - la nécessité d'y mettre « un Maitre En tete, qui connesse Bien son Etat, Et quil sache Bien commandé son monde », sans quoi les « moutons », tels « un troupeau sans Bergé », « se jetterons a la guele du loup » et les hommes « dans le presipice, Et se tueront Et ils casseront tout… »[17].

TRAVAIL ET PERFORMANCES CORPORELLES

Un autre intérêt du document est de décrire des actes qui ne sont pas directement liés à la fabrication de la coupole. L'architecte s'arrête sur des défis corporels que les artisans se lancent entre membres d'un même métier ou entre charpentiers et menuisiers. L'opération de dressage des engins de levage est particulièrement délicate. Quatre « chèvres » sont employées à l'élévation de l'échafaudage central, dont deux rallongées par des mats de sapin pour former des engins de 80 pieds (26 mètres). À l'issue du dressage des deux grandes chèvres un charpentier se hisse au sommet de l'une d'elle pour y déposer un « bouquet ». Ce rituel marquant habituellement la fin de la construction de la charpente témoigne de la difficulté de l'opération. L'architecte note que la « hardiesse » du charpentier étonne « une partie du public » et suscite l'« émulation » d'un menuisier qui, voulant à son tour montrer son audace, met sa vie en danger en se laissant glisser du haut en bas de la corde reliant le haut de la « chèvre » à l'une des lucarnes. Molinos ne précise pas de quel public il s'agit, mais on se doute qu'il comprend au moins l'architecte (qui prend la peine de rapporter la scène) et les différents hommes de métier à l'œuvre sur le chantier. Une autre source atteste la présence de

17 *Ibid.*

spectateurs. Les *Mémoires secrets* de février 1783 nous apprennent que l'« ingénieux » « appareil pour les travaux » faisait « l'admiration de la foule qu'il attirait : c'était devenu un spectacle public »[18].

Ainsi, la prouesse technique de l'ouvrier charpentier nécessaire au montage de l'engin de levage, en grande partie basée sur l'agilité corporelle, suscite la prouesse physique gratuite d'un ouvrier menuisier, une « imprudence », pour l'architecte, arrêtée par « de sévères réprimandes ». L'incident témoigne de la « liberté » physique liée à la configuration changeante du lieu où l'on bâti évoquée par certains ouvriers[19]. Il montre en outre que le chantier n'est pas seulement un lieu de travail, il est aussi un lieu de représentation du travail des hommes et des communautés de métier.

Au total, la confrontation du texte de Philibert De L'Orme - « inventeur » du procédé - et le récit de chantier fait apparaître le rôle majeur des menuisiers habituellement occupés (comme leur nom l'indique) à la réalisation de « menus » ouvrages. Mais si la charpente en planche est l'affaire de menuisiers, l'échafaudage du fait de sa dimension exceptionnelle reste un élément déterminant du ressort des charpentiers. De manière générale, le texte fait état de multiples problèmes liés à la dimension des lieux, aux risques encourus par les ouvriers, aux aléas climatiques ou autres, résolus au fur et à mesure par la mise au point d'instruments, de machines et de procédés. De multiples micro-inventions, si l'on peut dire, qui faute de sources restent la plupart du temps méconnues. Se faisant, le texte invite à réfléchir aux formes collectives d'invention et aux transferts de connaissances et de pratiques qui ont lieu sur le chantier.

Valérie Nègre
Université Paris 1
Panthéon-Sorbonne

18 Louis Petit de Bachaumont, *Mémoires secrets pour servir à l'Histoire de la République des Lettres*, « 4 février [1783] », t. XII, p. 68.

19 Sur ce point, nous nous permettons de renvoyer à notre article « Production and Circulation of Technical Knowledge on Building Sites at the End of 18th century », *Journal of the History of Science and Technology*, numéro special 'Building Sites for Making Knowledge', 2021 (sous presse).

« NOTE DES OPÉRATIONS successivement faites pour la construction de la calotte de la halle aux grains suivant la méthode de Philibert de Lorme commencée le 17 juillet 1782 par Legrand et Molinos architectes » [ms, BHVP, 32p]

NOTE LIMINAIRE SUR LA TRANSCRIPTION DU MANUSCRIT[20]

L'orthographe du texte a été respectée, néanmoins pour faciliter sa compréhension. La ponctuation, les majuscules et les accents ont été rétablis. Les ratures ont été reportées en note pour ne pas entraver la lecture, à l'exception de deux passages qu'il paraissait important de souligner. Les mots ajoutés en marge sont signalés par des parenthèses, la mention « [en marge] » étant uniquement utilisée pour de petits paragraphes. Les crochets carrés signalent les mots ou notes ajoutés. Des appels de figures ont été placé là où ils semblaient s'insérer le mieux dans le texte.
L'auteur utilise les abréviations suivantes :
Pieds : ds
Pouce : °
Lignes : ls
Livre : l
Marchand M^{d}

[Cah. 1, f°[1], *recto*]

1ere semaine [17-23 Juillet]

Nous avons fait établir un enduit de plâtre de 3 pieds de large sur une circonférence de plus de 60 pieds sur le pavé de la cour afin d'y tracer les épures nécessaires. Fait ensuitte fermer les arcades à 4^{ds} de hauteur afin[21] d'intercepter le passage au public et prévenir les accidents qui[22] auraient pu arriver sans cette précaution. Fait clore une enceinte dans les greniers du monument avec des planches à la légère pour former aux menuisiers un atelier couvert et fermé. La seule porte faite dans la

20 Je remercie Robert Carvais pour sa relecture attentive du manuscrit.

21 ~~d'empêcher.~~

22 ~~pour.~~

voûte pour aller (dans une gallerie qui circule dans les reins de la voûte et delà) sur l'entablement fut comprise dans cette enceinte et pour y arriver on fit un escalier avec deux planches de bords de bateaux formant le rampant et dans lesquelles trois[23] marches assemblées à tenon (et cheville) empêchaient l'écartement et formaient leur liaison. Les autres marches (étant) seulement portées sur des tasseaux (cloués). Le service par ce moyen est plus prompt (et plus sûr) que par une échelle ce qui compense les frais et bien au delà.
Fait une brêche pour[24] (passer) de la dite gallerie[25] derrière le socle[26] intérieur. Levé les[27] ardoises au devant du socle et déposées dans les galleries[28] sur les reins (des voûtes) le plomb qui recouvrait le bord de la cimaise aussi levé mesuré et roulé et porté au bureau.

2e semaine [24-30 juillet]
[En marge] Roubo a été recevoir à la police 1 200^l^ sur lesquelles il en a gardé 600^l^ a compter sur ces frais de modèles et nous a remis 600^l^ pour payer les autres frais du même modèle.
Furent établies une chèvre et une moufle (sur la corniche) pour descendre les pierres provenants de la démolition du socle principalement celles des tablettes (en pierre dure). Les autres d'un plus petit volume et moins intéressantes d'ailleurs pour leur valeur furent jettées (à bras) de dessus la corniche en bas sur des gravas sans se casser ce qui abrégeat de beaucoup l'opération. On fut même obligé d'abandonner la chèvre qui devenait trop longue et on se servit seulement de la mouffle après l'avoir transportée à un autre endroit de la corniche [f^o^[1] *verso*] afin d'avoir moins loin à transporter les pierres du socle qu'elle devait descendre.

Fait enlever et placer aussi dans les mêmes galleries les tuilles placées au dessus du socle jusqu'au bas des lucarnes.

23 Mot illisible barré.
24 ~~communiquer.~~
25 ~~sur.~~
26 ~~du.~~
27 ~~des.~~
28 ~~sous.~~

Avoir construit une règle d'environ 6^{ds} avec des liernes (doublées) déjà sciées et dressées par les menuisiers étant blanchies d'un côté seulement. Avoir avec la dite règle pris le diamètre de la cour trouvé de 120^{ds} 4°. Avoir mesuré de nouveau (par le bas) la circonférence par arcades et trumeaux et formé un plan exact à ce moyen y joignant encore quelques cordes du cercle pour plus de sûreté. Avoir au moyen d'une règle et d'une planche d'un pied de sailli[29] ajoutée d'équerre au bout de la ditte règle ainsi qu'on le voit cy à côté [fig. 1] revérifié par les croisées du grenier l'aplomb du mur pour en connaître le fruit ou le surplomb et avoir trouvé le même diamètre par tout à quelques lignes près ce qui n'est pas sensible dans l'exécution.

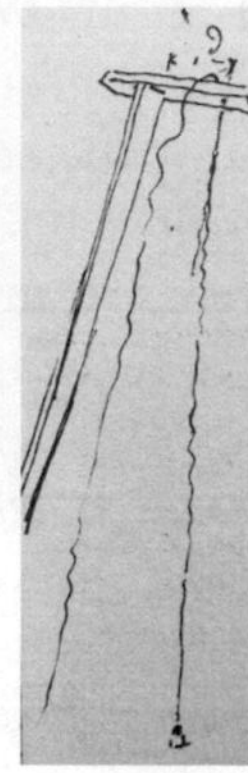

FIG. 1.

Continué[30] la démolition du socle et fait un entoisé des pierres le long des bornes dans la rue circulaire lesquelles y furent transportées au moyen d'un diable conduit à bras d'homme. Les dites platte bandes du socle démontées en se servant des mêmes pierres et d'une planche pour les caler et soutenir pendant que les claveaux s'enlevaient à la pince et à bras d'homme. Pris la hauteur du sol à la cimaise de la corniche au moyen[31] de la règle ci dessus décrite laquelle fut dressée avec des cordes que tiraient des hommes placés sur la corniche. La[32] hauteur fut trouvée de 40^{ds} justes [12,96 m].

Détachés les chevrons placés au dessus du socle jusqu'aux lucarnes [f°[2] *recto*] et rangés en pile dans la cour pour être donnés en compte au charpentier.

Commencé à balayer le tas (et faire) mettre de niveau l'assise (du socle à 14°) au dessus de la corniche par les tailleurs de pierre[33] afin que la platte forme de charpente commandée aussi d'égale épaisseur fut bien assise et portat bien dans tous ses points sur la circonférence.

(Toutes) les liernes étant finies (en 4° de large et 10^{ls} d'épais.), les menuisiers commencèrent les coins de 2° ½ sur 1° ½ et 12 et 15 pouces de

29 ~~y.~~
30 ~~Les.~~
31 ~~d'une.~~
32 ~~quelle.~~
33 ~~de.~~

long sur 10^{ls} d'épaisseur, formèrent aussi une table avec des voliges bien unies pour y tracer l'épure du menuisier
[En marge] Roubo a été recevoir à la police 400^{l} pour payer sa quinzaine.

3e semaine [31 juillet-6 aout]
Augmenté le nombre des tailleurs de pierre pour dresser l'assise qui doit recevoir la platteforme.
Tracé l'épure des grandes courbes sur l'enduit au moyen d'un cordeau attaché à une broche scellée au centre. Le dit quart de cercle revérifié avec un rayon pris à la règle et porté vers le milieu de[34] la courbe. Fais la division des planches trouvée juste à 21 et fixée à 3^{ds} 8° chaque. Levé sur cette épure différents panneaux, ajustés et mis à bout 3 ou quatre pour voir s'ils donnent bien exactement la même courbe et sans jarret. Envoyé l'un d'eux au serrurier pour être ferré aux deux extrémités avec de la taule et servir ensuitte à tracer tous les autres [fig. 2 : calibre des courbes]. Découpée une planche de 11^{ds} suivant la même courbe bien exactement afin de la présenter lors de la pose le long des courbes élevées à mesure et voir par là si la courbe de la calotte se construit bien régulièrement.

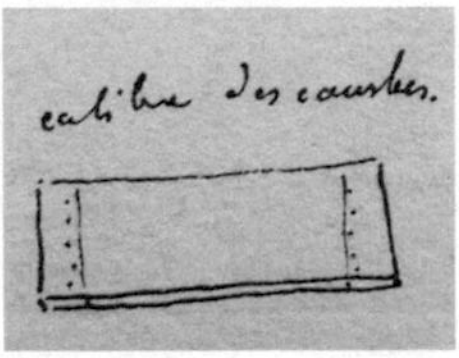

FIG. 2.

Continué à faire transporter, au diable les pierres de démolition et entoiser ainsi que les autres.
Donné au charpentier un plan cotté et figuré pour construire sa platte forme et éviter que les joints ne se rencontrent à la place des mortaises devant recevoir le tenon du pied des courbes.
Les menuisiers continué leurs coins avec les liernes de rebut. Construire[35] 2 établis avec les bords de bateau de 12^{ds} de long pour scier les planches des courbes dans la cour.
[f°[2] *verso*] Agrandi l'enduit de l'épure afin d'y tracer par le bas les coyaux et les chevrons. Continué à déraser le socle du niveau et faire les entoisés de pierres et tablettes. Enlevé quelques voitures de gravois pour faire de la place et faciliter l'écoulement des eaux. Débiter des planches

34 ~~règle.~~
35 ~~leur.~~

suivant la longueur du calibre et les y ajuster parfaittement. En avoir vérifié 7 placées au bout l'une de l'autre sur l'épure et avoir reconnu quelles y convenaient très juste et pour la courbe et pour les joints. Fait les calibres pour les mortaises et envoyer ferrer [fig. 3 : calibre des mortaises].

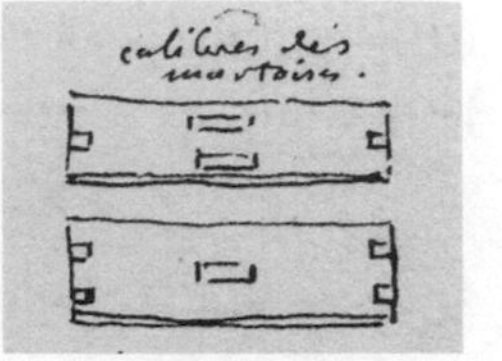

FIG. 3.

4e semaine [7-13 août]

Construit au milieu de la cour un petit mur d'appui pour servir de repaire et diriger à volonté des lignes du centre à la circonférence [fig. 4]. Au moyen de ces lignes tendues avec un cordeau du centre au milieu de chaque arcade et d'un aplomb laché de dessus la corniche jusqu'à ce qu'il fasse tangente avec ce rayon. Repairé sur cette même corniche le milieu de chaque arcade pour être reporté ensuitte sur le socle

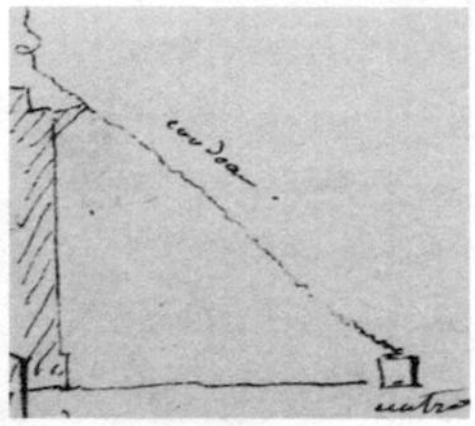

FIG. 4.

et servir à tracer les mortaises dans la platte forme. Mis de niveau avec des briques et des tuileaux les endroits de l'assise arrasée pour recevoir la platte forme lesquels se trouvaient plus bas d'environ deux pouces. Les assisses de ce socle n'ayant point été posées de niveau dans la construction. Reporté l'axe des arcades sur l'assise dérasée[36] au moyen d'un cordeau attaché au centre du bas de la cour et dont le prolongement donnait les points demandés en le faisant passer par ceux déjà marqués sur la corniche.

Tracé (avec une cerce et une règle coupée de longueur depuis la cimaise comme en A) [fig. 5] un cercle a dix huit pouces en arrière du nud du mur pour guider les maçons dans le[37] renformis du[38] mur servant de butée aux petites voûtes pratiquées contre les reins des grandes augives. Lequel remplissage se fit avec des petits moilons de démolition maçonnés avec du plâtre mêlé de suye de cheminée pour les rendre plus dur.

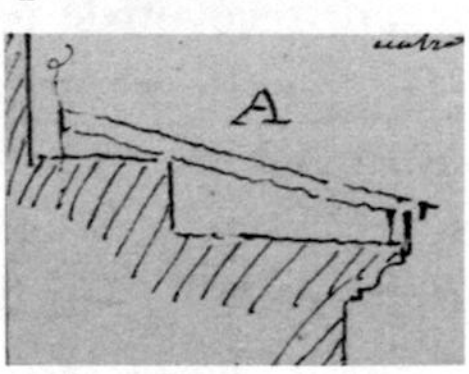

FIG. 5.

36 ~~et tracé un cercle.~~

37 ~~remplissage.~~

38 ~~petit.~~

Fabriqué pour monter les moilons plus promptement un [Cah. 2, f^{o}[3] *recto*] bourriquet avec des chevrons de démolition, que l'on montait au moyen de la chèvre toujours placée sur la corniche. Ce qui devint plus prompt qu'à la hotte par des manœuvres.

Les menuisiers continuant de débiter et scier les planches suivant les longueurs justes, empilées séparément toutes suivant leurs différentes épaisseurs dans l'atelier du grenier. Il devint trop petit et on l'aggrandit de deux croisées en reportant la cloison d'un des bouts. On fit aussi une porte à l'autre bout le plus près de l'escalier pour le service des maçons et autres ouvriers.

Le premier compagnon avait soin de prendre au hazard chaque jour 7 à 8 planches sur la première pile venue des planches sciées de longueur et de les présenter sur l'épure pour vérifier si l'on ne s'éloignait point de la coupe du calibre par défaut du traceur ou des ouvriers.

Le sciage des bois s'avançant on commença à tracer les mortaises au moyen des calibres ferrés à cet effet et d'un ciseau frappé à coups de maillet suivant leur contour. Cette opération était susceptible d'être simplifiée et un ouvrier de l'atelier nommé Oudry proposa un moyen qui était de faire un moule de la grandeur des mortaises, de ferrer son extrémité en biseau comme on peut voir en A [fig. 6] et de tracer ainsi chaque mortaise ou demi mortaise d'un seul coup de maillet. Son moyen fut trouvé bon, accepté, et son zèle récompensé afin d'exciter l'émulation parmi ses confrères ~~nous publions, ici son nom comme celui d'un homme intelligent qui mérite des louanges et des égards.~~

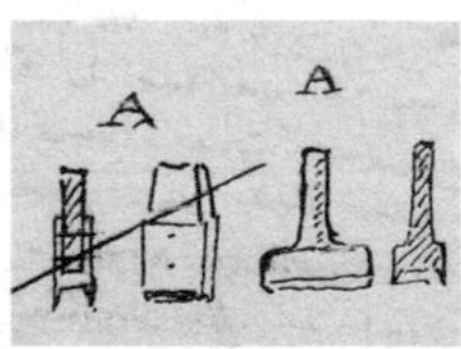

FIG. 6.

[En marge] Du 17 Roubo a été toucher à la police 1 200^{l} dont il a gardé 600^{l} pour payer sa quinzaine et donné 600^{l} à compte au maçon sur ses ouvrages.

Cinquième semaine [14 août-20 août]

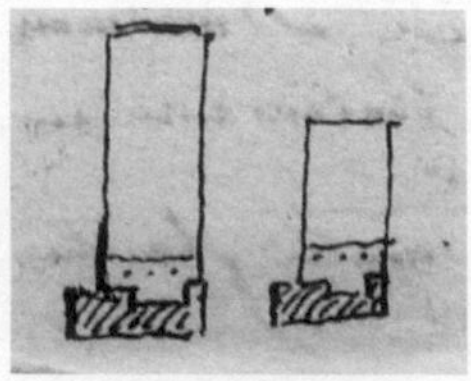

FIG. 7.

FIG. 8.

Les menuisiers continuèrent à faire leurs mortaises suivant les deux calibres aussi les tenons du bas des courbes [fig. 7] dont furent faits[39] deux calibres et ferrés l'une pour les planches longues, l'autre pour les courtes.

Furent toujours revérifiées les planches dernières faites sur l'épure recouverte en mortier ce qui ne donna que 3^{ls} de moins sur la totalité composé de 21 planches. Les maçons finirent leur renformis du socle et son crépi avec plâtre mélé de suye qui acquit en séchant une très grande dureté. Ils commencèrent ensuitte sur le rampant du même socle un [f°[3] *verso*] petit mur de 6° d'épaisseur et environ 15 pouces de hauteur pour soutenir un chenau provisionnel A [fig. 8] destiné à recevoir les eaux du toit qui devaient tomber pendant la construction. Les pentes de ce chenau établies à 1 pouce par toise furent réparties en 6 points (dans toute la circonférence) où doivent être les tuyaux de descente en attendant qu'il y soient. Furent établies des goutières en bois pour jetter l'eau dehors sans mouiller la platteforme. Ce petit mur monté en moelon et plâtre fut lié sur la pierre du socle en la hachant mouillant et lardant de distance à autre de gros clous ou rapointés. Le dedans du chenau fut aussi enduit avec du plâtre melé de suye dont la graine résiste fort longtems à l'eau. Le dehors du petit mur et les joints du socle furent aussi enduits de pareil plâtre. (On observera que ce double chenau qui est un surcroit de précaution tendant toujours a la perfection de la chose n'est point énoncé dans notre devis et sa dépense doit être en plus de celle qui y est spécifiée. Il en est de même de la dépense du goudronnage). Les platte formes de charpente de 5° sur 15° (assemblées à queue d'hironde) se rassemblèrent dans la cour pour y être goudronnées par dessous et du côté de la maçonnerie. Elles furent débitées et façonnées dans le chantier[40] (près) le port à la réserve des mortaises qui durent se faire en place pour être plus justes et mieux disposées par rapport aux

39 ~~aussi.~~
40 ~~sur.~~

joints de la[41] (plateforme). Les gravatiers enlevèrent des tombereaux de gravois (de pierre) après en avoir fait extraire ceux qui pouvaient servir à la construction des petits murs du chenau et celle du socle intérieur. Fait (et constaté) avec Mr Egresset et Desperieres[42] l'état actuel du monument comme crevasses dans les voûtes, disjonctions des claveaux, ruptures des pierres dans les greniers et dans les galeries du bas pour en être donné par lui un état qui étant signé d'eux et du magistrat nous mette à l'abri des accusations que pourraient[43] faire (contre nous) ceux qui n'auraient pas vu ces accidents avant la pose de notre couverture (et dire) qu'elles sont un effet occasionné par sa poussée ou par son poids.

6e semaine [21 août-27 août]

Les platteformes furent goudronnées par dessous et sur le champ qui doit être près de la maçonnerie par deux mariniers dont l'état est de goudronner tous les batteaux sur le port. Ils s'acquittèrent plus promptement et plus sûrement de cette opération que n'auraient fait des ouvriers non au fait de cette opération. Ils acquirent en outre le goudron à meilleur compte que n'auraient aussi faits des ouvriers de bâtiment.

Les menuisiers continuaient toujours à faire des mortaises dans les planches et tenons et autre. De nouveaux bois étant arrivés pour completter ceux des courbes ils les débitèrent dans la cour pour être achevés dans l'atelier du haut à l'ordinaire. Le M^d^ de bois envoya toutes les voliges de l'extérieur en peuplier lesquelles furent empilées dans la cour.

Les menuisiers montèrent aussi une courbe à quatre planches [f°[4] *recto*] en entier afin de voir si elle convenait parfaittement sur l'épure, se mettre au fait de l'opération, et concevoir l'employ du bois qu'ils avaient travaillés en aveugles jusqu'alors. Les maçons continuèrent les pentes du chenau et les enduits du petit mur relevant les gouttières provisionnelles et refirent un léger enduit sur les voûtes avec du plâtre et de la suye pour[44] (boucher) les crevasses et les préserver des filtrations pendant la construction. Commençèrent le socle intérieur à deux pieds et demi du bord de la corniche ce qui lui laisse 6° d'épaisseur.

41 ~~corniche.~~
42 ~~le procès.~~
43 ~~nous.~~
44 ~~rétablir un.~~

[En marge] Du 31 Roubo a été toucher 3 000[l] pour payer sa troisième quinzaine sur lesquelles 3 000[l] il en a remis 800[l] à Silvain acompte sur ses ouvrages de maçonnerie.

7e semaine [1er septembre- 7 septembre]

Ils arrettèrent le socle à la hauteur de l'assise dérasée pour recevoir la platteforme afin de laisser aux charpentiers la jouissance de la pose. [45](Ceux cy) commencèrent donc à les monter au moyen des chèvres et présenter en place suivant l'ordre de leur numéros afin que les joints ne se rencontrent point sur les mortaises. Un maçon se mit aussi à élever les deux tuyaux de cheminée du bureau en brique, et jusqu'au dessus du toit de la gallerie circulaire parce qu'elles se seraient trouvées enfermées entre ce toit et[46] la calotte[47].

Les maçons continuèrent à monter leur cheminée en brique avec du plâtre mêlé de suye. Ils y placèrent des fantons de distance à autre suivant l'usage. Lesquels furent pesés en arrivant. (Il ne se trouva que 64 livres au lieu de 68 que le serrurier accusait). Fut aussi tenu note a part de toute[48] la dépense faitte pour ces cheminées comme objet séparé de la couverture et non compris dans le devis.

On mit aussi deux ouvriers à rétablir des[49] cabannes, (elles furent finies le 18 de 7bre [septembre]), pour les facteurs par ordre de Mr Serneau [?]. Ce travail fut aussi porté en compte pour être payé a part.

Les menuisiers continuaient toujours à débiter des planches, faire des mortaises et des coins.

Mr le lieutenant de police vint visiter les travaux [qui] était tout préparé pour la pose des bois.

Les charpentiers continuaient à placer leurs platteformes. Ils ne se trouvèrent point pour leurs joints assemblés à queue d'hironde suivant les cottes qu'on leur avait donné. Leur épure ayant été mal faitte aparemment puisqu'ils[50] (avaient) deux platteformes de trop. On traça donc sur le socle toutes les places des mortaises afin qu'ils fissent marcher leurs courbes jusqu'à ce que tous leur joints se trouvassent entre deux mortaises. Après

45 ~~Il.~~

46 ~~celui.~~

47 Mot barré illisible.

48 ~~cette.~~

49 ~~d.~~

50 ~~n'en trouvèrent.~~

en avoir fait convenir ainsi la plus grande partie celles qui s'y trouvèrent[51] (encore) furent recoupées pour y placer un morceau court assemblé de même sans égard si pour leurs représentations mal fondées.
On les obligea encore avant de tracer leurs mortaises à [f°[4] *verso*] mettre le dessus de leur platteforme parfaittement de niveau dans toute son étendue. Mr Roubo traça ensuitte les mortaises (après avoir) au moyen d'une cerce de vingt pieds [6,48m] ajusté sur l'épure, tracé[52] la courbe intérieure du bord de la platteforme. Il marqua les différents points de cette courbe au moyen d'une double équerre figurée cy à côté [fig. 9] laquelle avait une branche de 3^{ds} de longueur au bout de laquelle il rajoutait[53] (avec) son pied le supplément de la cottte qui était calculée pour tenir compte des petites inégalités observées dans la saillie de la corniche au moyen des aplombs qu'on avait eu soin de prendre à chaque pilier pour voir si le diamètre était exact par tout.

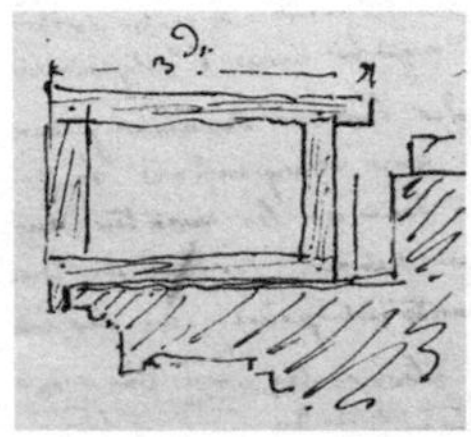

Fig. 9.

8e semaine [8 septembre – 14 septembre]

Les charpentiers commencèrent leurs mortaises au ciseau à la hache et les finirent avec la biegue[54] de 3 et quatre pouces de large, 4° pour les courbes à 4 planches et 3° pour celles à trois de remplissage, toutes de 2° ½ de profondeur et 8° de larg. au moyen de deux cercles tracés sur la platteforme avec des points pris du centre avec un cordeau et une cerce de 20 pieds. (On fit aussi un gardefou avec des boulins posés d'aplomb sur l'extrémité de la corniche scelés avec du plâtre au pied et d'autres boulins en travers arrêtés avec des cordes pour que les menuisiers puissent marcher et travailler sur cette corniche avec plus de hardiesse).
Les mortaises étant finies et la platteforme scellée derrière de distance à autre en attendant, les menuisiers s'emparèrent du chantier, apportèrent tout le premier rang de planches à tenon sur le tas chacune vis a vis la place qu'elles devaient occuper et les ayant ensuitte présentées dans leur mortaises on reconnu qu'il y avait encore des défauts dans le niveau de la platteforme en conséquence on remit toutes les places qui devaient

51 ~~ainsi.~~
52 ~~tracé.~~
53 ~~avait.~~
54 Il s'agit probablement de la bisaiguë ou besaiguë qui sert à dresser le bois.

recevoir la portée des courbes devant et derrière dans un parfait niveau soit en calant dans quelques endroits le dessous de la platteforme, soit en rabotant le dessus au devant des mortaises ou ajoutant une petite cale sous la courbe au derrière. Enfin on ajustat le premier rang de manière à ce que le [Cah. 3, f°[5], *recto*] dessus des planches fut dans un parfait niveau et qu'un aplomb laché du haut donna en bas une distance uniforme de l'aplomb au pied de la planche.

[En marge] Du 12 le M[d] de bois fut toucher à la police un acompte de 6000[l] sur sa fourniture.

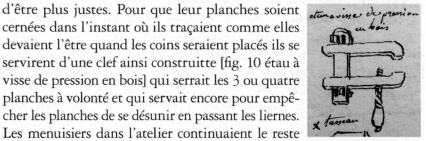

Cette opération bien vérifiée on fit revenir les goudronneurs pour enduire le reste de la platteforme (et) toutes les mortaises et on trempa même dans la chaudière touts les tenons. Les menuisiers les replacèrent et ajustèrent touts chauds dans leurs mortaises afin que l'humidité ne puisse les pénétrer ny pendant la construction ny dans aucun tems. Ils calèrent ensuitte les petits vuides qui restaient dans quelques mortaises à coté du tenon. Revérifièrent bien l'aplomb des planches sur les deux sens et les fixèrent avec deux clous de chaque côté sur la largeur des planches après avoir posé le premier rang de liernes dont ils avaient tracés les mortaises sur place afin d'être plus justes. Pour que leur planches soient cernées dans l'instant où ils traçaient comme elles devaient l'être quand les coins seraient placés ils se servirent d'une clef ainsi construitte [fig. 10 étau à visse de pression en bois] qui serrait les 3 ou quatre planches à volonté et qui servait encore pour empêcher les planches de se désunir en passant les liernes. Les menuisiers dans l'atelier continuaient le reste des planches à mortaises, faisaient des coins, et à mesure les mortaises des liernes qu'on traçait et des tasseaux en chêne [fig. 11 tasseaux] pour placer derrière les courbes et clouer sur la platteforme afin que les courbes ne puisse point perdre leur direction tendante parfaittement au centre et soulager le tenon en cas d'un petit reculement.

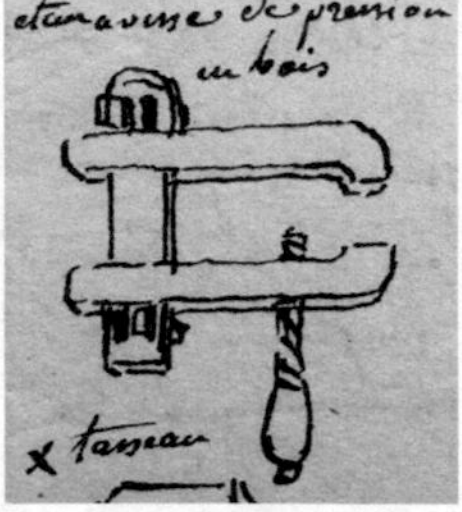

FIG. 10.

FIG. 11.

[En marge] Du 15 Roubo a été toucher 1 200^{l} pour payer sa 4e quinzaine.

[f°[5] *verso*] **9e semaine [14 septembre-20 septembre]**
On plaça jusqu'à jeudi de cette semaine 4 cours de liernes dans le dernier desquelles se trouva placé le linteau de la porte qui donne entrée sur la corniche, laquelle porte se trouva formée par la suppression d'une courbe et le linteau fut fait par deux planches sur champ d'un pied de large et 18^{ls} d'épaisseur assemblées à tenon dans les deux courbes voisines et fermées avec des coins ainsi que les liernes. La courbe supprimée prit naissance et s'appuya sur ce double linteau et fut comprise dans le rang de lierne au dessus qui ferma alors le cercle sans interruption.

On redressait ou abaissait les planches qui s'en écartaient tant soi peu. Il n'y avait jamais de différence de niveau au moyen de ce que toutes les planches avaient (été) sciées parfaittement juste sur un même calibre et parfaitement revérifiées chaque jour exactement sur l'épure. Malgré ces précautions le soleil ayant paru avec assez de force deux jours de suitte les coins se relachèrent par la sécheresse et les courbes baissèrent de deux[55] pouces hors de leur aplomb. On les fit aubanner promptement avec des cordages (attachés aux fers des lucarnes) et le lengdemain le tems ayant changé de fréquentes pluies renflèrent les bois et il s'en fallait d'un pouce au contraire que les courbes ne tombassent à leur point étant trop relevées.

On ammena plusieurs voitures d'échafauts composés de simples boulins et de planches ordinaires. On en plaça successivement le premier rang appuyé sur le 3e rang de doubles liernes et attachés simplement avec des cordes. On se contenta de former un plancher extérieur pour ce premier rang de dessus lequel on continua à poser jusqu'au rang double placé en bas des croisées. A chaque planche que l'on ajoutait à une rangée de courbes, on avait soin de revérifier l'aplomb au moyen de la distance levée sur l'épure et tracée sur[56] (une) règle [fig. 12].

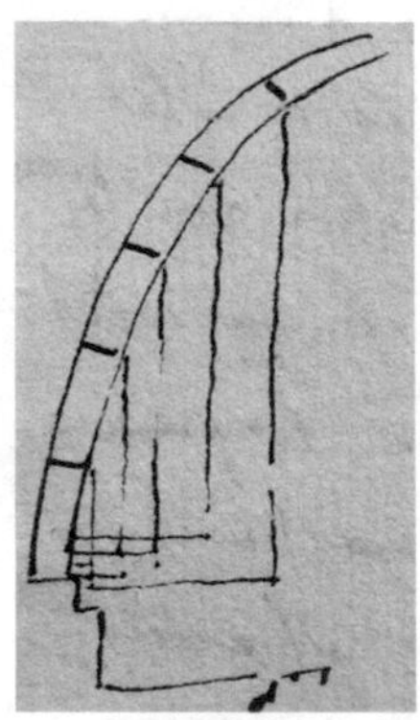

FIG. 12.

55 ~~plus.~~
56 ~~l'.~~

10e semaine [21 -27 septembre]

On avait grand soin que les coupures des liernes trouvassent toujours bien en liaison. On fit même déplacer partie d'un rang parce que les ouvriers ayant négligé cette observation importante ils avaient mis trois coupures des doubles [?] rangs de liernes sur la même ligne ce qui [f°[6] *recto*] faisait qu'à ces endroits les liernes simples faisaient la seule liaison des courbes. Cette légère inattention fut promptement réparée et le double rang de lierne changé servait sans aucune perte pour celui de dessus.

Le 4e rang de doubles liernes étant entamé à poser on commença le second cours d'échafaudages composé aussi d'écoperches d'environ 30 à 35 pieds et de boulins ordinaires avec des planches. On fit à ce second rang d'échafaut un plancher de 3 planches au devant des courbes ainsi qu'en arrière afin de rassurer la vue des ouvriers.

Les scieurs de long débitèrent les madriers de 11 pieds sur 1 pied et 2° d'épaisseur en les refendant en deux sur la largeur pour former les coyaux. On en traça l'épure au bas_de celle de la courbe déjà tracée dans la cour.

On y marqua un empattement en pierre portant sur les arcs qui formèrent les petites voûtes de décharge et composé de deux assises afin d'employer les pierres (de claveaux) provenant de la démolition du socle et parce que ces pierres ayant près de deux pieds de hauteur auraient été placées en délit si l'on avait voulu n'en mettre qu'une pour toute la hauteur on fit creuser (une entaille de) deux pouces dans ces arcs par un tailleur de pierre pour y loger solidement cette base des coyaux qui devait porter tout leur poids et leur effort afin de ne rien poser sur les voûtes de briques à plat qui forment le remplissage de ces arcs [fig. 13].

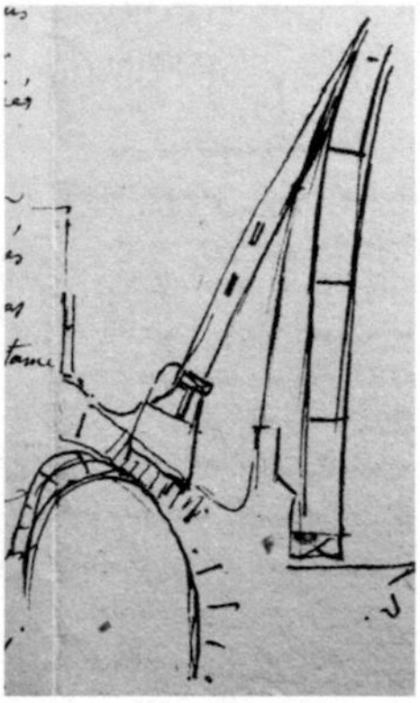

FIG. 13.

On ammena aussi des plats bords de 48 à 50 pieds de long (et d'autres de 72ds) sur 2ds de largeur en bas et 2 (Note rature illisible) pouces d'épaisseur pour former un échafaut de planches sur champ dont on traça l'épure dans la cour du même centre et en partant de la même courbe déjà tracée pour l'épure de la voûte.

Cet échaffaut fut composé comme la figure cy a coté. [fig. 14 élévation d'une ferme et fig. 15 plan de l'échafaudage] [f°[6] *verso*]

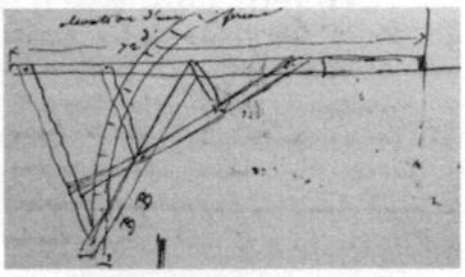

FIG. 14.

Les menuisiers continuèrent les coyaux dans l'atelier[57], scièrent de longueur et posèrent à mesure les petites planches qui arrivent aux bas des croisées. Ils posèrent aussi le rang de celles qui reçoivent les entailles des planches obliques et placèrent des étrésillons sous le dernier rang de lierne afin de fermer le cercle parfaittement avant de commencer les croisées [fig. 16]. D'autres calèrent la platteforme avec des coins en travers derrière toutes les courbes et les joints en sorte qu'il n'y restait aucun vuide. Ils formèrent aussi de longues cales minces dessous aux endroits où il y avait du vuide et placèrent les tasseaux entaillés qui prenaient le derrière du pied de la courbe pour soulager le tenon et empêcher la courbe de se déjetter en aucune manière. D'autres revérifiaient toujours les aplombs au moyen de la règle où toutes les distances étaient marquées et relevaient ou baissaient en serrant ou deserrant les coins. Il y avait aussi des aubans qui embrassaient toutes les courbes et allaient s'attacher aux chevrons près du faitage. Ils étaient composés d'une corde double tendue juste et qu'un levier passé entre les deux serrait ou desserait en la tordant plus ou moins. [fig. 17]

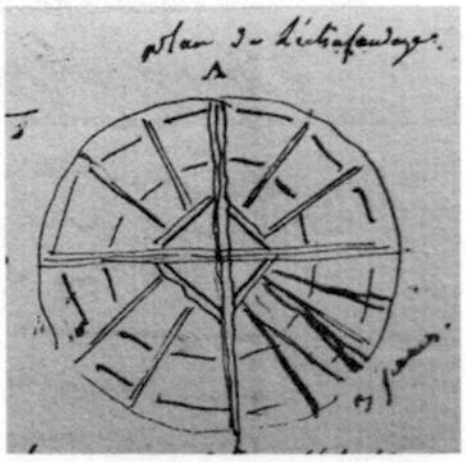

FIG. 15.

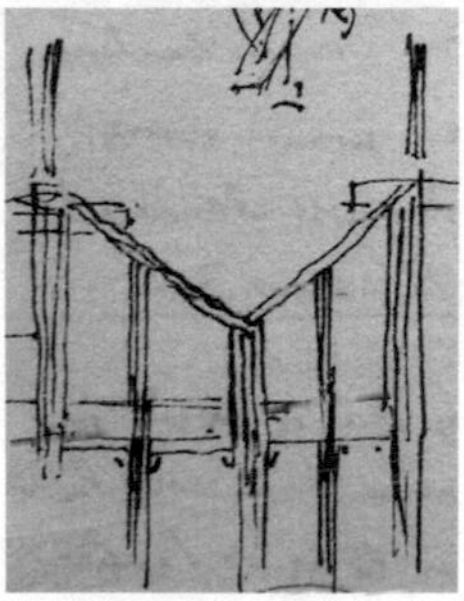

FIG. 16.

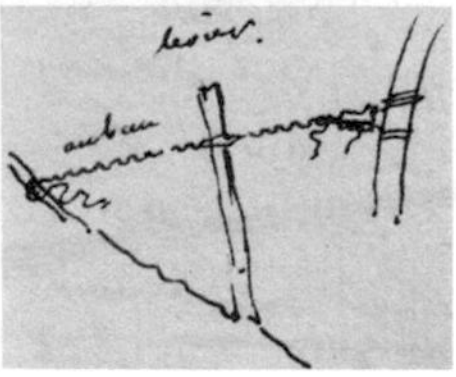

FIG. 17.

Les tailleurs de pierre continuèrent leurs entailles et leurs pierres de coyaux et les maçons les montèrent par la chèvre. Elles furent ensuitte scellées avec du plâtre dans leurs entailles et on y fit sur place de nouvelles entailles sur le côté afin d'y loger la planche de champ qui devait

57 ~~et.~~

soutenir la platteforme composée d'un madrier de bois de batteau lequel porte à plat d'une pierre sur l'autre et nic[h]ait le pied des coyaux.
[En marge] Du 30 roubo a été toucher sa cinquième quinzaine de 2000^{l} dont il a donné 900^{l} à Silvain

11e semaine [30 septembre – 6 octobre]
[En marge] Le M^{d} de bois a touché 3 000^{l} acompte sur la fourniture
Les charpentiers taillèrent et assemblèrent toutes leurs fermes suivant l'épure faite. Deux furent composées avec des bords entiers sur la longueur et même doublées pour former le grand entrait diamétral AA [fig. 15 plan de l'échafaudage] et la jambe de force B [fig. 14]. L'espace compris [Cah. 4, f^{o}[7] *recto*] entre les deux bords fut encore rempli avec des morceaux de même épaisseur et traversés par des boulons de fer à tête carrée et à visse et serait espacés d'environ cinq pieds.
Les deux autres fermes venant à angle droit sur celle cy furent assemblées dedans à tenon et mortaise à 4 pouces hors d'alignement comme on le voit en A [fig. 18] et composées avec du bois de même force et en même quantité. Le roulement ou fouet [?] de ces quatre grandes fermes fut entretenu avec quatre enrayures (de bois de charpente) dans lesquelles venaient s'assembler les 2 petites fermes composées du même nombre de pièces que les grandes, mais dont touts les bois étaient refendus sur la largeur.

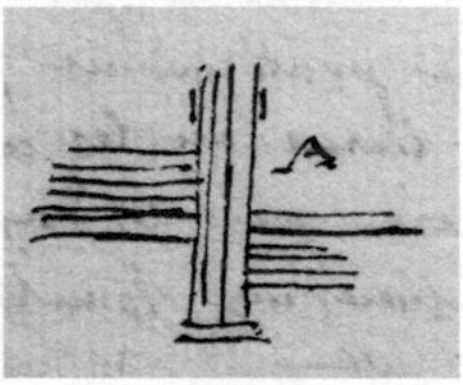

FIG. 18.

Les mesures générales et particulières des fermes et de chacune des pièces qui les composent seront rapportées et cottés sur un dessin cy joint afin de donner une idée précise de cette manière d'échafaudage aussi légère que solide et que l'économie du projet semblait exiger.
Les menuisiers continuèrent à poser par assises égales en revérifiant toujours leurs aplombs et arrivèrent à la fermeture du bas des croisées qu'ils ajustèrent en place après avoir relevé des aplombs pour le milieu de chacune d'elles et fixé leurs largeurs. Bien exécutés ces madriers dont toutes les entailles et mortaises se trouvaient biaises leur prirent un tems assez considérable. D'ailleurs[58] le mauvais tems s'opposa aussi fréquemment au progrès de l'ouvrage. On employa celui qui ne permettait pas de travailler au dehors à faire des liernes et blanchir au rabot les voliges de sapin destinées pour l'intérieur.

58 Mot illisible barré.

12e semaine [7 octobre-13 octobre]

On fit aussi une décharge au dessus du linteau de la porte d'entrée pour le soulager du poids entier de la courbe qu'il portait ainsi qu'on le voit en A [fig. 19]. Le bas des croisées étant achevé tout au tour on montat l'espace entre les côtés et les liernes furent d'une seule pièce dans toutes ces parties. Cette opération fut très prompte et le second échafaut devint insuffisant. On en commença un troisième cours toujours par le même procédé indiqué cy-dessus en se servant des mêmes bois de celui qu'on détruisait à mesure. Mr le lieutenant de police vint voir les travaux le 6 [octobre 1782] avec Mr le curé de St Eustache, Mr Moreau &c.

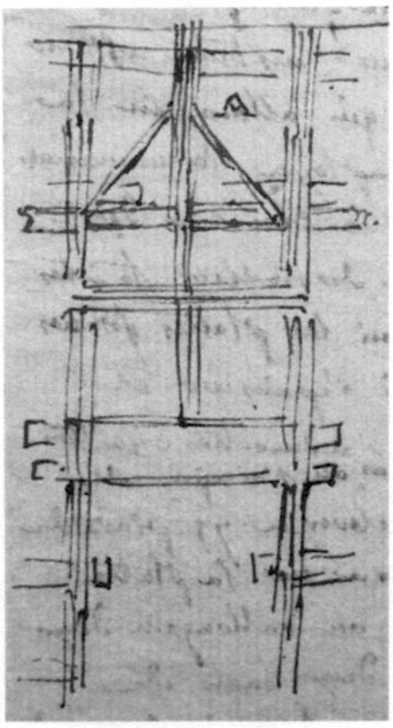

FIG. 19.

On détacha aussi les premiers aubans pour les placer plus haut (après les courbes) et les attacher aussi plus haut sur le toit. Le troisième cours d'échafaut était à peine achevé que les côtés étaient au point d'en exiger un 4e cours qui fut [f° 7] *verso*] aussitôt commencé. Comme on y travaillait un ouvrier (menuisier) qui travaillait sur celui du dessous ayant voulu monter sur les liernes pour atteindre au haut de l'ouvrage ainsi que les autres le pratiquaient posa imprudemment un pied sur le bout d'une lierne où les coins n'étaient pas encore placés. La lierne affamée par les deux mortaises rompit sous ses pieds et le malheureux tomba de la hauteur de soixante et dix pieds. Il attrapa dans sa chûte quelques planches (placées sur la corniche) qui rompirent un peu le coup et fut tomber sur d'autres planches dressées et inclinées le long du pilier 15. Il devait sans doute attendre la mort, il y échappa. L'os de sa cuisse se trouva seulement cassé net. Il fut transporté à l'hôtel Dieu recommandé très particulièrement et rétabli aussi promptement que la simple fracture qu'il éprouva le permit. Cet accident causé seulement par l'inattention de l'ouvrier lui-même ne découragea point les autres.
[En marge] Du 14 Roubo a été toucher 3 000l à la police pour sa 6e quinzaine dont il a donné 800l au Md de bois de bateau, pris 1 000l pour lui, donné un léger acompte au maçon et employé le reste à payer sa quinzaine.

13e semaine [14 octobre-20 octobre]

Ils continuèrent la même besogne et placèrent avec un serrurier le premier rang de liernes de fer dans la baye des croisées. Elles entrèrent de leur épaisseur dans les courbes à 4 planches entaillées à cet effet,

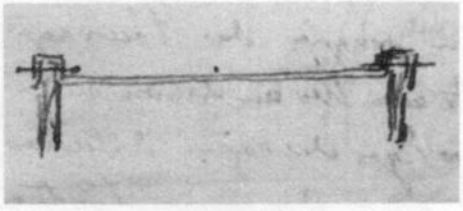

FIG. 20.

Ce premier cercle affermit et lia la construction. Les planches étaient déjà placées lorsqu'il fut fini assez haut pour placer le second à 7 pieds de distance de ce premier lorsqu'on arrêta l'échafaudage qui devait servir à cet effet parce qu'il poussait la charpente en dedans et qu'il fallait à chaque instant resserrer les aubans qui la maintenaient par derrière ce qui allongeait la besogne en multipliant les opérations. On employa les menuisiers à achever les coyaux, commencer les poses, et blanchir des planches pour l'intérieur. Les maçons finirent de sceller toutes les pierres et les menuisiers disposèrent aussi les plattes formes de bord de batteau en chêne d'un pouce et demi d'épaisseur et 1 pied de largeur.

Toutes les fermes pour l'échafaudage étant assemblées (et démontées ensuite), on s'occupa des moyens de les mettre en place. Il fallait les élever à 75 pieds de hauteur et placer le pied de la jambe de force sur la platte fome des courbes. Voici comme on y procéda. On rallongea deux fortes chèvres de 42 pieds de hauteur avec deux mats de sapin d'environ 10 pouces de diamètre par en bas et 45 pieds [fo[8] *recto*] de hauteur (traversées de chevilles jusqu'en haut). On les attacha fortement à la chèvre avec des cordes et on les doubla d'un autre mat moins fort jusqu'environ moitié de leur hauteur. Le pied de ce second mat descendait fort en contrebas dans les barres de la chèvre et y était attaché et garotté ainsi qu'au grand mat avec beaucoup de cordages fortement serrés avec des coins de bois.

(Nous eumes à notre disposition touts les cordages des menus plaisirs que Mr le Noir nous fit prester par Mr de la Freté complaisance à laquelle Mr Houdon voulut bien aussi se prêter).

14e semaine [21 octobre – 27 octobre]

Cette opération faitte, les poulies placées et[59] assujetties avec des bandes de fer boulonnées, les pieds des jambages armés d'un lien de fer on mit sur pied ces deux chèvres portant 80 pieds de hauteurs avec deux autres chèvres moins hautes et sans prolongement. Chacune fut entretenue par 4 aubans attachés dans les[60] (trumeaux) des greniers et les charpentiers y posèrent le bouquet. Cette hardiesse qui étonna une partie du public mit émulation parmi les ouvriers et un jeune menuisier téméraire montant jusqu'au sommet d'une des chèvres de 42 pieds se laissa glisser au risque de sa vie le long de l'auban qu'il avait entre les jambes jusqu'à la croisée où il était attaché (et) par où il entra. Ces imprudences furent arrêtées par de sévères réprimandes. On assembla toute entière et on boulonna la première ferme dont le pied devait être placé[61] (à l'aplomb du) pilier en face de celui 15. On l'attacha vers le milieu par l'entrait et (note ~~partie de~~) la jambe de force afin de la mettre de bout et dresser au bas de la chèvre. Il fallut pour y parvenir soutenir l'entrait qui flambait a plat, avec une solive. On la détacha quand la ferme fut droite et on attacha avec une petite chèvre le bas de la jambe de force qui devait poser sur la corniche. On fit travailler alternativement les deux chèvres suivant que différents cas l'exigeaient comme pour échapper la queue de l'entrait de la saillie de la corniche, la détourner ensuitte de la charpente posée et la faire enfin passer par la baye d'une croisée en la biaisant de dessus les échafaurs avec des cordages attachés à la queue. Ces difficultés vaincues[62], des aubans rajoutés au milieu du mat et à différents points de la chèvre suivant que le poids la faisait fléchir d'un côté ou d'autre on la plaça sur la corniche et après en place. [f°[8] *verso*]

59 ~~portant.~~
60 ~~croisées.~~
61 ~~sur la.~~
62 ~~différents.~~

Avant de poser cette ferme en place on avait eu soin d'attacher à l'entrait, (de chaque côté), des madriers d'environ 4^{ds} de longueur qui descendant en contrebas et traversés par un chevron sur lequel[63] on posait des planches on avait de chaque côté un pont pour marcher le long de l'entrait [fig. 21 pont par devant / fig. 22 pont de profil / fig. 23 pont mobile sur l'entait]. Sans ce moyen il eut été impossible d'arriver au bout[64] et d'y faire aucune manœuvre. On mit même à l'extrémité deux de ces ponts qui au lieu d'être fixés avec des (boulons et) écrous étaient suspendus par une pareille traverse en haut afin de les faire glisser dans le milieu des deux grandes fermes lorsqu'elles seraient jointes ensemble. On commença ensuitte le levage de la seconde ferme, la première étant parfaittement bien en place et toujours attachée à sa chèvre. La nuit vint avant de pouvoir la monter sur la corniche et on fut obligé de l'attacher à la chèvre pour soulager le cable et l'y laisser passer la nuit. Le lengdemain matin on fut encore chercher des cordages aux menus plaisirs parce qu'il fallait un grand nombre d'aubans tant aux fermes qu'aux chèvres et l'on montat enfin le pied de la ferme sur la corniche. Le plus difficile était de faire entrer le bout de l'entrait de cette ferme dans la doublure de l'autre et de les boulonner ensemble. Un charpentier se glissa le long de l'esselier de la ferme pour écarter les deux doublures de l'autre sur laquelle un autre ouvrier avec une pince et un maillet facilitat l'entrée des tenons de l'une dans les mortaises ce qui se fit avec beaucoup de tems et de difficulté. Cependant les mesures ayant été parfaittement justes il n'y avait que la très grande élévation de l'échafaut et la grandeur des fermes qui causait l'embarras de ce posage on y parvint[65]. Ces trois madriers furent boulonnés et revêtus d'embrassures de fer auprès des mortaises qui devaient recevoir le bout de

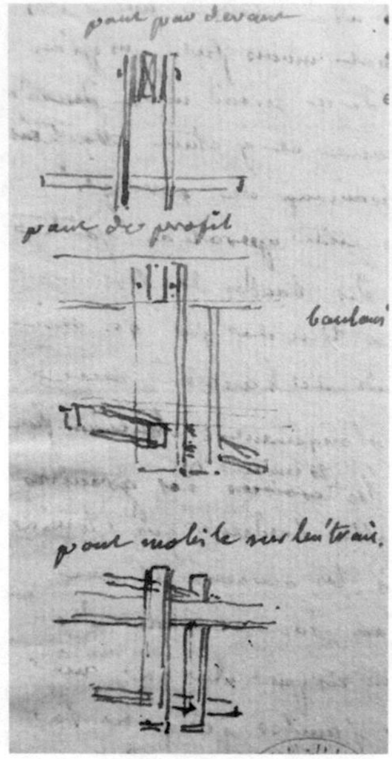

FIG. 21, 22, 23.

63 ~~étaient posés.~~
64 ~~de l'entrait.~~
65 [En marge] ~~du 29 octobre.~~

deux fermes croisant celle cy à angles droits ce qui aurait été impraticable sans les ponts volants décrits cy dessus. Cet entrait de plus de cent trente cinq pieds de longueur fut entretenu de chaque côté par des aubans et une chèvre restant toujours y attachée pour le soutenir. On mit une des grandes chèvres en place pour lever la troisième ferme. Les aubans à changer et à lâcher ou serrer à volonté demandaient un tems considérable[66]. On commença le levage de la 3e grande ferme après l'avoir garnie de ses ponts comme les autres. J'ai omis de dire que la plupart de ces ponts portaient en haut une entaille pour recevoir les enrayures qui devaient [Cah. 5, f°[9] *recto*] entretenir les fermes dans leur aplomb et empêcher le roulement. Comme la ferme était à échaper la corniche et qu'on voulait la faire avancer, on fit marcher (la grande) chèvre qui la tenait du milieu en faisant faire ensuitte au cable. Comme il tirait obliquement, il sortit de la poulie et fut pris entre elle et le bois. Un ouvrier monté tout en haut et appuyé sur les chevilles du mat était trop gêné pour la débarrasser. Il fallut faire marcher la chèvre et l'approcher de l'entrait des grandes fermes afin de pouvoir y travailler de dessus le pont. Ce ne fut encore que très difficilement qu'on parvint à dégager le cable. Lorsqu'il le fut et la chèvre remise en place un autre accident reculat encore l'assemblage de cet échafaut. Le pied en était en place et le bout de la ferme au contraire était encore presque à terre méthode de levage qu'on avait point employée pour les autres. Les aubans qui entretenaient la ferme étaient tenus des croisées du grenier et tiraient par conséquent en contrebas et sans (avoir) beaucoup de force lorsqu'un ouvrier lacha l'auban qui tenait la ferme en respect, croyant qu'on le lui avait commandé parce qu'on avait dit à son voisin de lâcher. Cette imprudence fit renverser la ferme elle se coucha heureusement assez doucement sur quelques cordages qu'elle rencontra, mais le bout de l'entrait attrapa la grande chèvre qui soutenait le grand entrait et cette résistance fit casser celui de la ferme tombante. Il fallut de très grandes précautions pour la redescendre à terre parce qu'en y tombant, elle aurait pu s'y fracasser entièrement et causer même d'autres accidents. Lorsqu'elle fut à terre on changea seulement l'entrait cassé. Tout le reste servit et il fallut abandonner ce côté et faire marcher l'autre chèvre après avoir soutenu le grand entrait avec celle qui venait de travailler pour lever l'autre ferme.

[En marge] Du 25 le M^d de bois vint demander une lettre pour aller toucher 5 000l à la police, lesquels lui furent délivrés.

---

66 ~~19eme semaine.~~

[En marge] Du 28 Mr Roubo fut aussi toucher 4 000l pour sa 7e 15^{aine} dont il a donné a Mr Grignon 800l Mr Contou 1 200, Alboui 500, Silvain 300l et le reste pour sa quinzaine.
Elle se leva sans aucun accident avec les mêmes précautions et par les mêmes moyens que les précédentes. Comme on ne put l'ajuster le même jour dans sa mortaise on la joignit au grand entrait avec des cordages en attendant qu'elle fut en place. Elle passa ainsi la nuit et le lendemain après avoir mis des aubans au grand entrait pour le tirer du côté opposé à la ferme on ajusta cette troisième ferme dans sa mortaise et l'on plaça son étrier de fer pour augmenter sa portée et une platte bande en dessus pour l'empêcher de ressortir. On changea les aubans du grand entrait de côté pour empêcher le poids de cette ferme de le pousser en [f^{o}[9] *verso*] dehors. On rapprocha ensuitte la chèvre dans l'angle de cette croisure, (on détacha l'autre), et on (la) mit[67] en place pour lever la dernière des grandes fermes et en se servant toujours d'une des petites pour soulever le pied de la jambe de force.

15e semaine [28 octobre-3 novembre]
Lorsqu'il fut sur la corniche, on leva le nez de la[68] ferme avec la grande[69] (chèvre) qu'on avait un peu rapprochée du centre et lorsqu'il fut à sa hauteur, comme il se trouvait d'environ 2 pieds trop long on entailla dans le mur derrière la platteforme au pied de cette jambe de force et de celle déjà placée vis à vis. On fit reculer un peu les deux fermes et l'on échappa ainsi la longueur du tenon et très peu de longueur de plus sur le diamètre. On rapprocha ensuitte les fermes. On cala leurs pieds et rétablit le mur derrière.

On mit aussi des embrassures au pied de ces mêmes jambes de force pour les empêcher de reculer et elles furent scellées par devant dans le petit mur [fig. 24]. On leva ensuitte les quatre enrayures pour entretenir les grandes fermes et l'on assembla les petites[70]. On les boulonna, y plaça des ponts ainsi qu'aux autres et on en leva une avec beaucoup de facilité au moyen de la grande chèvre.

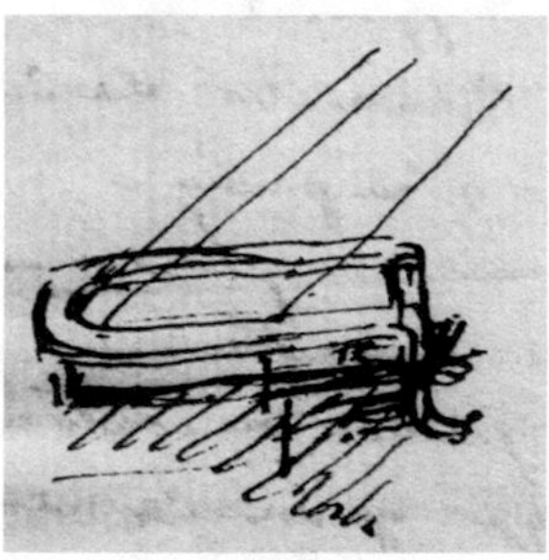

FIG. 24.

67 ~~l'autre~~)
68 ~~chèvre.~~
69 ~~ferme.~~
70 ~~fermes.~~

Pendant que les charpentiers faisaient ce levage long et pénible les menuisiers posaient à mesure les coyaux, la platteforme en chêne et la planche de champ qui la soulageait. Il y avait non seulement des ces coyaux à toutes les courbes mais encore entre chacune d'elles. Ils étaient assemblés par en bas à tenon dans la platteforme retenu dans le milieu par un double cours de liernes dont les coupures étaient disposées en échiquier comme celles des courbes et fixées aussi par des coins. Le haut des coyaux s'appuyait sur la courbe où était pratiquée une légère entaille. Les coyaux intermédiaires s'appuyaient sur une lierne particulière appuyée d'une courbe à l'autre et prise (aussi) dans une entaille y pratiquée.

Le haut de ces coyaux sur les courbes fut raccordé au ciseau pour la facilité de clouer les voliges et on y ajouta (en bas un petit triangle pour ammener au chenau). On tailla aussi les pierres restantes des tablettes de démolitions en caniveaux [fig. 25 coupe des caniveaux et fig. 26 autre coupe] pour l'écoulement des eaux par dessus la voûte des galleries.

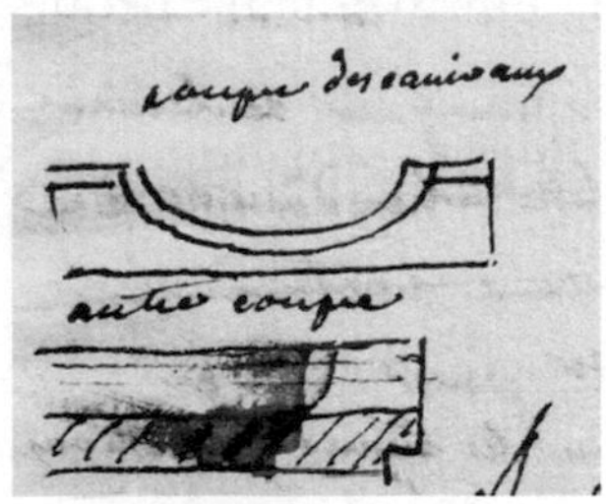

FIG. 25, 26.

On les y monta au moyen de la petite chèvre dont le nez passait par une fenêtre. On commença aussi le chenau en mettant sous chaque coyau un petit tasseau (T) appuyé sur la planche de champ et entaillé du bas dans la voûte [fig. 27]. On latta jointif sur ces tasseaux et on y mit l'aire de plâtre.
Les menuisiers commencèrent aussi les embrasures des croisées et continuèrent à blanchir leurs voliges pour l'intérieur.

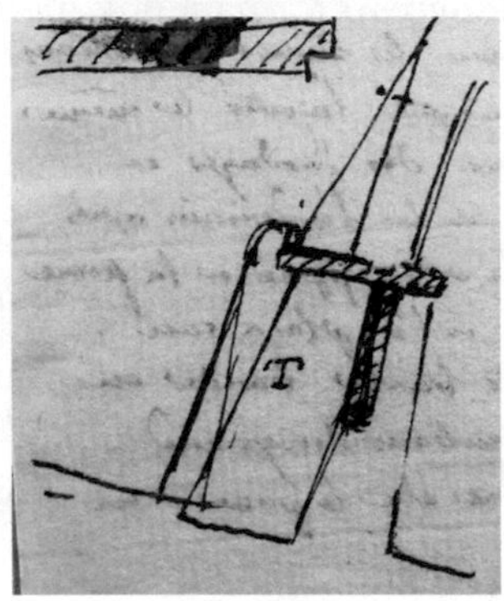

FIG. 27.

Revenant à l'échafaut une petite ferme étant montée et appuyée sur le gousset l'entrait refendu et point doublé paraissait d'en bas à l'œil d'une fragilité effrayante. On le doubla en place avec un pareil morceau de bois y joint avec des boulons. On plaça toutes les enrayures, [f°[10], *recto*] avant d'abandonner la ferme en elle même et on la retint toujours par des cordages. On reportat ensuitte la chèvre pour placer la seconde petite ferme après avoir[71] doublé l'entrait et placé tous les ponts nécessaires.

On retint l'about de ces fermes sur les goussets avec un étrier et les enrayures furent aussi arrêtés pour la pluspart aux entraits avec des harpons de fer plat talonnés et percés de deux trous pour y passer des clous. Le poids des deux fermes ayant fait un peu fléchir le gousset on le doubla d'une pareille pièce entaillée aux entraits des fermes et on le lia avec le gousset du dessous au moyen d'un étrier placé au milieu et fermé par un lien à écrou (et de deux boulons à écrous aux extrémités) [fig. 28].

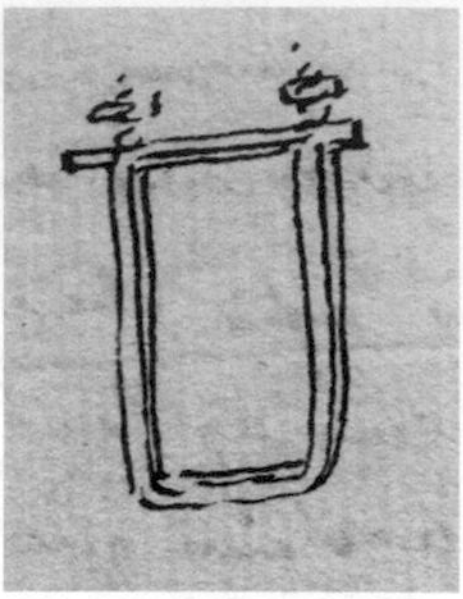

FIG. 28.

On plaça ensuitte toutes les enrayures. On doubla en place les deux moises de derrière les petites fermes qui flambaient un peu à cause de leur grande longueur et comme toutes les fermes isolées avaient peine à se tenir droite à cause de la grande longueur du pied de leur jambe de force on prit le parti de les assurer aux deux morceaux de charpente de 18 pieds de longueur formant eux mêmes de petites jambes A [fig. 29]. Pour ne point faire d'entaille aux fermes ce qui aurait été incommode et difficile à cet endroit et qui d'ailleurs les eut affammé, on retint l'about de ses pièces par un fer en forme d'étrier B [fig. 30] et on les fixa par le bas avec des couchis posés

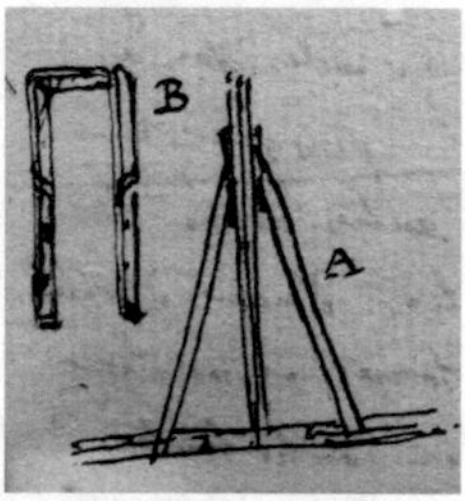

FIG. 29 (A), 30 (B).

d'angle pour ne point entailler le dessus de la corniche et avoir un point d'appuy sûr. La barre de l'échafaut étant ainsi consolidée, les menuisiers commencèrent à monter les planches au moyen d'une poulie ajustée dans une potence fixée à l'entrait d'une ferme [fig. 31], observant de charger d'abord sur le derrière. Ils attendirent même pour plancheyer le quart en entier que le quart opposé fut contrebuté par les petites fermes. On se servit pour les lever[72] de la grande chèvre

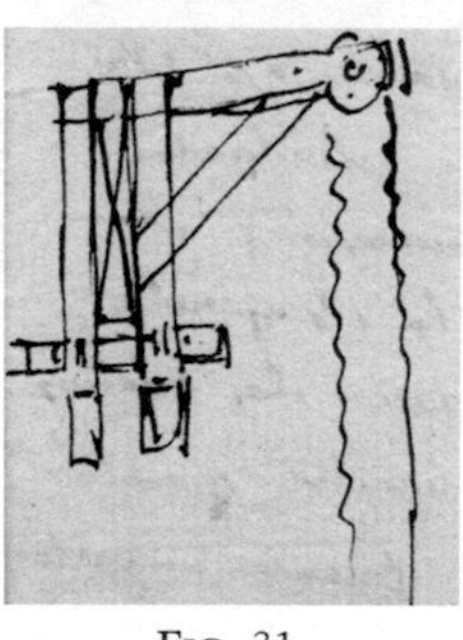

FIG. 31.

71 ~~l'.~~
72 ~~d'une.~~

qui était restée au centre et que l'on en détachat après avoir attaché l'autre à l'about du gousset dans le quart qu'elle avait levée. Il fallut déposer le gousset opposé pour faire sortir la chèvre et l'on eut de la peine à le déplacer et replacer parce que la charge de l'autre angle serrait les fermes. On replaça les étriers des goussets et lorsque les deux fermes de ce second quart furent levées et leurs enrayures en place on vint rattacher la[73] (chèvre) à l'about des goussets pour soutenir le grand entrait. On essaya néanmoins. Il avait absolument besoin de ces deux points d'appuy et l'on trouva en laissant les cordes laches qu'il ne baissait nullement.

16e semaine [4 novembre-10 novembre]

Les deux chèvres étant ainsi employées et fixées à demeure on en équipa une troisième pour lever le troisième quart. Un grand [f°[10], *verso*] mat de 45 pieds doublé avec un autre moindre et bien lié avec des cordages servit pour cette opération au lieu de percer le mat par en haut pour y placer une poulie, on y attacha une écharpe et la chèvre étant bien aubanetée à la tête et vers le milieu on leva assez facilement les deux fermes destinées à remplir le troisième quart. On doubla et posa le gousset comme les deux précédents et l'on passa la chèvre toute montée en l'inclinant un peu dans le dernier quart à lever. À mesure qu'une ferme était placée on l'assujétissait par ses enrayures à l'entrait au nombre de cinq et deux aux esseliers, afin de conserver toujours les bois bien dans leur force par leur aplomb. Cette précaution était si nécessaire que malgré tout le soin que l'on avait pris de retenir par des cordages les deux grandes fermes qui étaient restées sans appuy d'un côté seulement puisque le dernier quart n'était point rempli. La charge des autres côtés les poussait fortement et fit même tourmenter l'esselier d'une d'elle. On la retint avec des cordages et formant des torses et on se hâta de lever ce dernier quart qui devait lier et contrebuter le tout. Pendant qu'on y travaillait les menuisiers garnissaient de planches la partie de l'échafaut qui était montée. Ils ne purent travailler aux courbes de dessus cet échafaut qui était 6 pieds plus élevé qu'elles qu'au moyen d'un échafaut volant placé à l'intérieur[74], suspendu aux enrayures de l'échafaut d'un côté et appuyé de l'autre sur la charpente des courbes. Il était construit par les maçons

73 ~~ferme.~~
74 ~~et.~~

et avec des boulins comme les précédents. Ils eurent avec ce secours bientôt monté jusqu'à la hauteur de l'échafaut. Quand ils y furent en partie, il fallut avant de continuer redresser et soutenir toutes les courbes que le poids des échafauts volants et le mauvais tems auxquelles elles avaient été[75] exposées avaient un peu tourmenté et dérangé. On plaça néanmoins le second rang de liernes de fer et l'on se mit à redresser les courbes et les relever avec des aubans par derrière et des[76] tasseaux en devant appuyés sur l'échafaut.
[En marge] Du [blanc] Mr Roubo fut toucher [blanc] pour payer sa 8e quinzaine dont il donna à Me Grignon [blanc] à Silvain

17e semaine [11 novembre-17 novembre]
Les carreleurs commencèrent aussi à coucher le chenau après [Cah. 6, f°[11] *recto*] en avoir vérifié et corrigé bien exactement les pentes. Ils employèrent le carreau brique propre à recevoir le ciment de Mr d'Etienne. Le posèrent bien en liaison et donnèrent au chenau A [fig. 32 cheneau] une courbe avantageuse pour l'écoulement des eaux. Sa profondeur fut d'un pied dans les points les plus hauts et la pente réglée à 1 pouce et demi par toise. Sa largueur était de plus d'un pied vis à vis les lucarnes et près de trois entre elles. On taillait aussi les pierres qui devaient former le commencement et la fin des canivaux. Les unes[77] étaient taillées ainsi qu'on fait le plan et la coupe en B [fig. 33 plan [et] coupe], les autres se terminaient en goulottes comme en C [fig. 34 coupe]

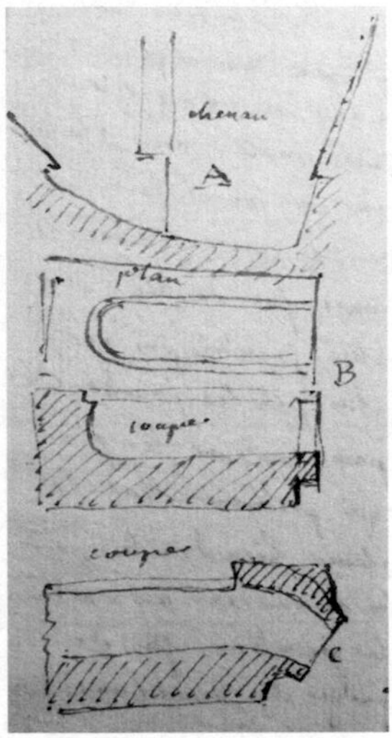

FIG. 32, 33, 34.

pour démmencher dans des hottes de fonte et, de là, dans les tuyaux de descente. Les charpentiers continuaient à lever le dernier quart avec la dernière petite chèvre armée et ils avaient besoin d'user de ménagements et de l'aubaneler en beaucoup de points pour la soutenir, lorsqu'on crut devoir en équiper une quatrième pour former un point d'appuy à chacun des grands entraits qui portaient entre eux tout le poids de l'échafaut. La

75 ~~resté.~~
76 ~~aubans.~~
77 Mot illisible barré.

grande ferme qui avait [sic] tombée et dont le grand entrait substitué était un peu moins fort que les autres ayant un peu baissé, on la doubla à l'endroit faible d'une pièce de charpente attachée d'abord avec des cordes et ensuite avec des embrassures à bride comme celles des goussets.Les charpentiers construisirent[78] un[79] escalier pour monter de dessus le chenau sur l'échafaut [fig. 35]. Il était aussi composé de bords sur champ sur lesquels étaient cloués deux crémaillères pour recevoir les marches. L'extrémité du pallier portait (sur des poteaux faits aussi de bords et appuyés) sur deux pièces de bois plates en travers dans le chenau. Ces deux pièces prolongées et soutenues jusque sur la corniche portaient aussi la seconde rampe pour soulager l'échafaut de son poids.

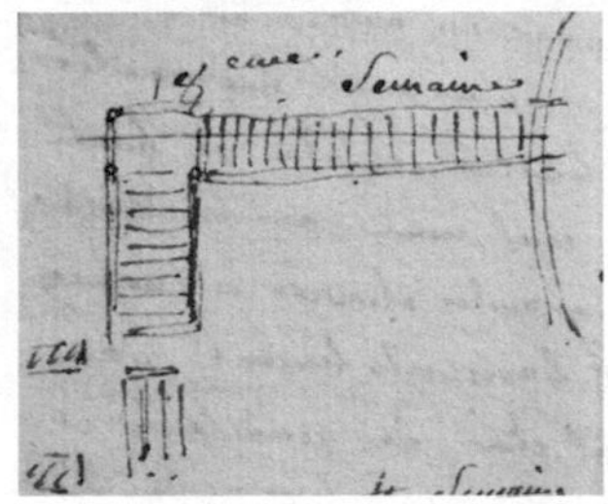

FIG. 35.

18e semaine [18 novembre-24 novembre]

[En marge] Sur la fin de la semaine le Roy ayant demandé à voir le modèle on le transporta à Versailles et nous lui présentames le dimanche matin. Il en fut très satisfait, le garda sans ses appartements jusqu'à la fin du mois de 9bre.

Il fut promptement achevé et garni de rampes ce qui facilita singulièrement le service de l'échafaut. Il restait encore une ferme à monter dans le dernier quart pour l'achever car il y en avait trois dans cette partie à cause du nombre impair des arcades et des piliers qui n'avait [f°[11] *verso*] pas permis de les distribuer en parties égales, voulant mettre les fermes sur l'axe d'un trumeau. Enfin après beaucoup de soins pour entretenir toutes les fermes déjà placées dans leur aplomb er redresser celles qui s'en étaient écartées, on plaça la dernière sur la corniche. Elle acheva de consolider l'échafaut et d'y maintenir l'équilibre lorsque toutes ses enrayures y furent posées et que le gousset fut doublé et armé de ses embrassures comme les autres.

[En marge] Du [blanc] Mr Roubo fut toucher à la police 300l [3 000l] pour la 9e 15aine dont il donna au charpentier 1 000l, au maçon 400, prit pour lui

78 ~~aussi.~~
79 ~~échafaut.~~

19e semaine [25 novembre-1er décembre]

Je n'ai pas cru devoir observer qu'on plaçat de pareilles petites jambes de forces à celles déjà citées plus haut pour contenir le pied des grandes jambes de toutes les fermes qui portaient tout le poids et qu'il était essentiel de maintenir bien droites.

Pendant qu'on achevait l'échafaut, les menuisiers arasaient les courbes à sa hauteur dans tout le pourtour afin de les redresser toutes uniformément, prendre de nouveaux points de repaire et continuer à monter ainsi régulièrement jusqu'à la lanterne en plaçant à mesures les liernes et même les cercles de fer destinés à lier la construction. On travaillait toujours à l'atelier à blanchir les voliges et les bois nécessaires[80] pour les chassis à verre.

La dernière ferme de l'échafaut était en place. Il ne manquait plus pour lui donner le dernier degré de solidité qui lui était nécessaire, surtout devant en porter encore un autre au dessus, que de dresser la quatrième chèvre qu'on avait empruntée à cet effet et qui à cause de sa hauteur et de sa bonté n'eut besoin d'être prolongée que d'un seul mat. On la leva et mit en place au moyen de deux grandes chèvres attachées à l'entrait et d'une petite placée horizontalement dans une arcade et dont l'office du treuil était de maintenir et amener à elle le pied de la chèvre à lever tandis que les deux autres la levaient par le[81] milieu avec leurs cables qui tiraient également. On la dressa de cette manière avec la plus grande promptitude et facilité et on la plaça à l'about de l'esselier de la grande ferme qui avait fléchi afin d'arrêter son effet dans le cas où il voudrait [sic]. [f°[12] *recto*] à faire baisser cette partie. On approcha ensuitte la chèvre légère qui avait servit à lever le dernier quart de l'about du gousset dans cette partie et l'on eut par ce moyen quatre points d'appui égaux pour soutenir le centre de l'échafaut[82]. De simples cordages arrêtaient les chèvres aux entraits malgré qu'ils ne prissent point charge. On soulagea les grandes fermes d'une manière plus solide en mettant à chaque chèvre un pointail en prolongement du mat de doublure et qui portait aplomb sous l'entrait en point d'appui direct qui alla se porter sur le sol sans interruption au moyen d'une pièce de bois que l'on plaça sous le même mat jusqu'au terme et qui compensait le dommage que les cordes avaient pu

80 ~~à la.~~

81 ~~moyen.~~

82 Mot illisible barré.

essuyer. On plaça deux moises à chaque esselier des fermes pour les unir toutes ensembles des contrefiches sous la seconde enrayure et l'échafaut se trouva garni de toutes ses planches. On commença à relever dessus tous les points nécessaires à la continuation de la coupolle en commençant par le centre. On l'eut parfaittement juste par l'opération suivante et cy jointe. On abaissa du haut les deux points A et B (à volonté) par un aplomb. On les repaira sur le pavé. On tira de ces points au centre. On les prolongea jusqu'en C. D. également distants du centre [fig. 36]. On releva ces deux points sur les petits goussets aussi au moyen d'un aplomb et ayant reporté cette opération en haut on croisa les lignes qui donnèrent le centre dont on eut la preuve en y attachant un plomb qui vint toucher juste sur le centre du bas.

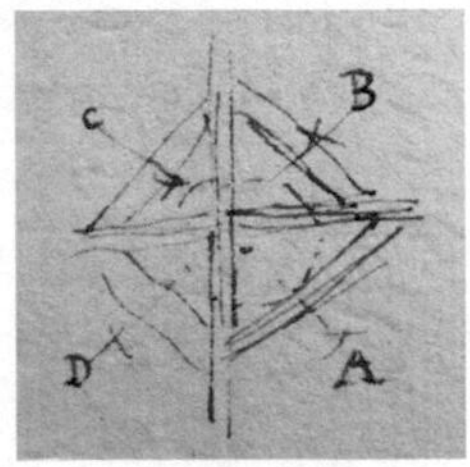

FIG. 36.

20e semaine [2 décembre 8 décembre]

De ce point, on traça avec la grande règle des cercles à tous les points de retombée de chaque joint et des tasseaux pour marquer les lignes du centre à chaque milieu de croisée. Les charpentier taillèrent ensuitte les fermes qui composaient le second échafaut [fig. 37].

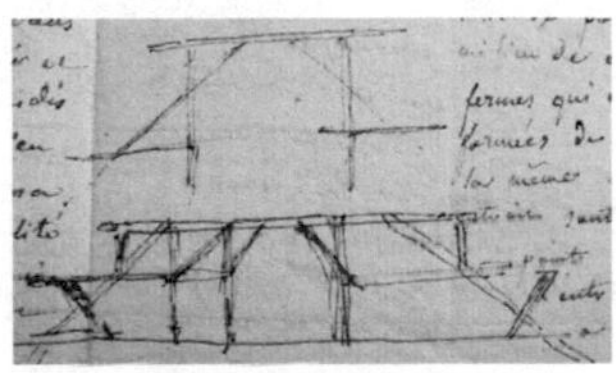
FIG. 37.

Elles étaient formées de deux jambes de force en prolongement et dans la même direction que celles des fermes du dessous, d'un entrait soutenu par des poinçons qui répondaient aux deux points des chèvres et d'un esselier de ce poinçon à l'entrait. Comme la distance du bas de l'échafaud à cet entrait était de 19 pieds on mit un
[f°[12] *verso*] faux entrait à la moitié de la hauteur pour former un premier étage à cet échafaut dans la circonférence seulement. Quand au plan, il était absolument le même que celui du dessous. Deux entraits principaux se croisaient à angle droits unis par 4 goussets de charpente pour recevoir les petites fermes en même nombre que celles de dessous, mais infiniment légères[83].

83 ~~les.~~

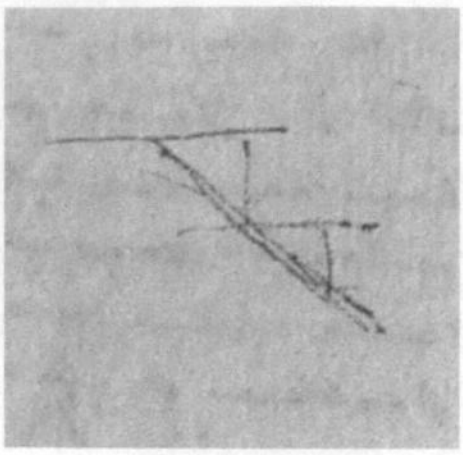

FIG. 38.

[fig. 38] (Toutes) ces fermes furent assemblées dans la cour, démontées et montées par pièce sur l'échafaut du haut au moyen de la poulie portative et fixée aux entraits des fermes, remontées ensuite et reboulonnées sur l'échafaut. Le poids de ces deux fermes inégalement distribuées sur une partie del'échafaut lui fit faire un mouvement et rouler sur lui-même d'environ 6 pouces ce dont on s'aperçut par les tasseaux cloués dans l'axe des croisées et qui ne se retrouvaient plus répondre au milieu des deux liernes de fer. Ayant descendu dans la cour pour reconnaître d'où pouvait venir cet effet on reconnut qu'une des grandes fermes qui n'avait jamais été placée bien perpendiculairement avait pris de la charge et avait fléchi dans sa jambe de force et son esselier. Elle avait entrainé avec elle les deux petites fermes qui la suivaient et poussé au contraire celles qui étaient devant. Pour arrêter cet effet et le prévenir dans les autres grandes fermes on plaça à toutes, deux grandes jambes de force faites avec des sapines de quarante pieds, réduite à 35 et placées à 10 pieds de distance (du haut) de l'entrait dans la jambe de force (arrêtées) avec des étriers pareils à ceux des premières posées. **[En marge]** Du [blanc] Mr Roubo fut toucher [blanc] pour payer sa 10e quinzaine, il donna à [blanc]

21e semaine [9 décembre-15 décembre]

On posa ces sapines au moyen des poulies portatives qui enlevèrent leur tête jusqu'en place et le pied fut tiré à bras sur la corniche où il fut fixé sur les couches des premières. Ces jambes de force[84] assurèrent parfaittement la solidité des grande fermes qui devaient partager avec les quatre chèvres [Cah. 7, f°[13] *recto*] tout le poids de l'échafaut supérieur.

84 Mot illisible barré.

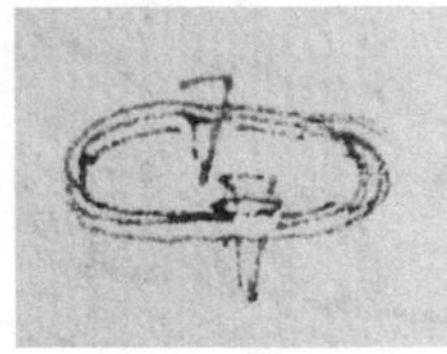

FIG. 39.

On attacha les pointails aux mats des chèvres avec des embrassures de fer à deux clavettes [fig. 39] et l'on en plaça deux dans la hauteur afin de n'être pas obligé de s'en rapporter aux cordages sujets à varier par l'humidité et à casser par la gelée. On détacha aussi les cables des entraits et on les enleva des chèvres pour les mettre à couvert. Les pointails les rendaient superflus en soutenant eux mêmes les entraits. Avant de continuer à remonter les courbes, les menuisiers furent obligés de les redresser depuis la première lierne de fer jusqu'en haut parce que le poids des échafauts volants extérieurs[85] les avaient poussés inégalement et avait dérangé leur aplomb. Il y avait dans quelque unes jusqu'à 8 pouces de surplomb et les croisées ne suivaient plus leur direction. Il fallut recommencer de la grande courbe du numéro 15 replomber toutes les autres avec des lignes tirées du centre, déposer la plus grande partie des liernes de fer pour les replacer dans l'axe des croisées et reporter les courbes à droite ou à gauche en élargissant les mortaises et y mettant de grands coins et en formant de nouvelles sur place à l'opposé pour relever les courbes entières et les éloigner à volonté du centre.

85 ~~et.~~

On se servait de la machine figurée cy à coté [fig. 40] composée d'un treuil qui faisait mouvoir avec des poulies de Newton [?] un arc monté sur une tringle mobile dans une coulisse. Cette machine peut être considérée comme un cabestan qui au moyen des poulies pousse devant lui au lieu de tirer après. Cette opération du redressement de chaque courbe et de chacun de ses rangs de planches prit beaucoup de temps parce qu'on y put employer que deux bandes d'ouvriers parties l'une à droitte, l'autre à gauche de la grande courbe n° 15 et qui se rejoignirent à l'opposé. Lorsqu'ils y furent arrivés [f°[13] *verso*] l'arrasement fut parfait autour de l'échafaut mais il fallut ensuitte les relever dans un autre sens c'est-à-dire sur les retombées parce que les courbes s'étaient applaties en dehors par leur propre poids.

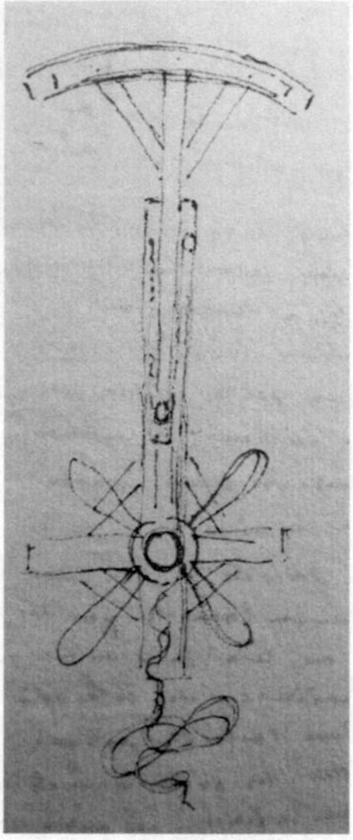

FIG. 40.

[22e semaine [16 décembre-22 décembre]

Pour les maintenir après les avoir remises on bonda tous les espaces vuides avec des étrésillons vis à vis chaque lierne de fer et l'on mit une lierne de bois un peu au dessous de la place que devait occuper le 1er cercle de fer afin de soutenir[86] l'ouvrage en attendant qu'il fut posé. On détacha tous les échafauts volants. On en descendit les boulins et les planches et les deux chenaux, savoir le chenau de construction premièrement [?] et le chenau carrelé à demeure se trouvèrent débarassés et prêts à recevoir toutes les eaux. Les charpentiers montèrent alors deux petites chèvres sur l'échafaut pour lever les fermes du deuxième. Ils aubanelèrent ces chèvres aux enrayures ou à l'about des fermes du grand échafaut et les ayant disposées de manière à ce qu'elles partagent également entre elles le poids de la 1re ferme ils la dressèrent très promptement. On l'assujétit par des aubans et ayant changé les chèvres on leva la seconde. Après avoir un peu remonté la première sur des cales afin de pouvoir la faire redescendre dans l'entaille pratiquée dans la seconde. On posa ensuite les quatre goussets de charpente comme dans

86 ~~seul ou tout.~~

l'échafaut inférieur et après avoir monté par un treuil placé au centre de l'échafaut les morceaux des petites fermes toutes taillées, on les assembla et boullonna sur l'échafaut et on les dressa et posa sur les goussets ayant grande attention de les placer a plomb de celles du dessous et la jambe de force bien dans le prolongement des autres. On eut aussi soin de lever toujours de suitte en diagonale le quart opposé à celui qui venait d'être rempli afin de maintenir l'équilibre. On plaça les enrayures entre les fermes (au premier plancher).

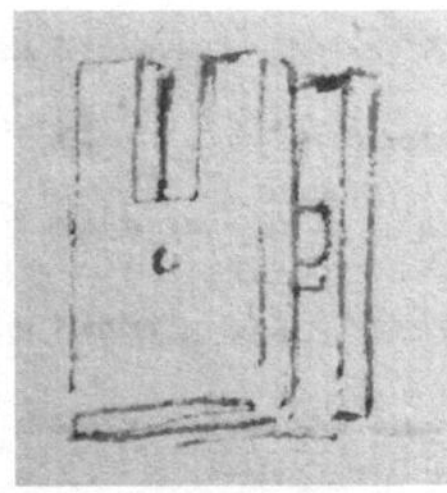

FIG. 41.

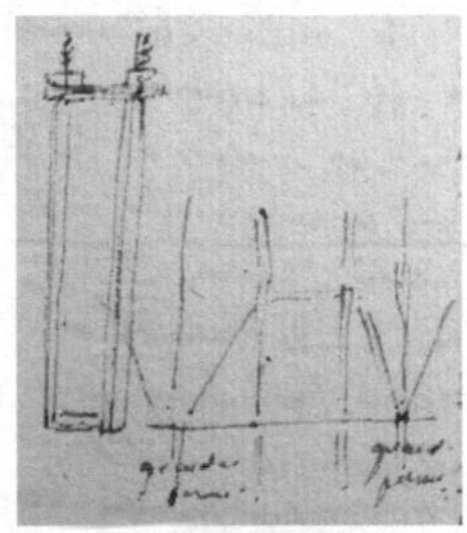

FIG. 42.

Lorsque deux quart furent remplis pendant qu'on [f°[14] *recto*] continuait à lever les autres. Ces enrayures furent placées au moyen de tassaux mobiles pareils à la partie supérieure des ponts dans l'autre échafaut [fig. 41]. Elles furent aussi retenues à l'entrait par des harpons de fer plus légers, mais de la même forme que ceux d'en bas. Les deux (grands) entraits des maitresses fermes furent réunis à leur jonction avec des étriers à bride et à écrous pour éviter que le poids ne les fendit [fig. 42]. Les quatre quarts se trouvèrent levés et garnis de leurs enrayures au premier plancher, mais avant de le couvrir de planches on voulut poser des contrefiches à chacune des petites fermes pour soulager celles de dessous de leur poids et le répartir sur les quatre grandes. Ces contrefiches furent faites avec des petits gouvernaux dont le pied portait de dessus les grandes fermes et le haut allait gagner le milieu des jambes de force des petites fermes de l'échafaut du dessus arrêtés seulement avec des chevillettes.

23e semaine [23 décembre-29 décembre]

On plaça encore des petites contrefiches faites avec des bords sous la 1ere enrayure de cet échafaut lesquelles portaient aussi sur le pied de la ferme du dessous et allaient en montant gagner environ le quart de cette enrayure pour la consolider. On n'eut ensuitte qu'à planchayer ce premier étage du second échafaut. Pour ne point ajouter de poids inutile on releva toutes les planches du 1er échafaut y faisant seulement une gallerie à la circonférence. Le centre couvert entre les quatre enrayures et un passage pour y arriver. Les bords du trou furent garantis avec des boulins attachés aux enrayures. On forma un pareil appui autour du centre et du passage qui y conduisait. Auprès de cet entrait fut pratiqué la rampe d'escalier qui montait au premier plancher. Une planche découpée en crémaillère clouée sur deux bords formait toute sa construction.

Pendant que les charpentiers avaient fait ce levage [f°[14], *verso*]. Les menuisiers étaient arrivés à hauteur de ce plancher au moyen de forts trétaux placés sur le 1er échafaut et fabriqués par des charpentiers. Ils montaient toujours à deux bandes qui partaient du même point et terminaient en sens contraire. Un ouvrier les précédait et traçait les liernes qui se mortaisaient sur l'échafaut même. Deux autres ouvriers suivaient les bandes qui montaient et plombaient à mesure les courbes. Ils les relevaient à leurs points, mettaient des étrésillons entre les courbes à la hauteur des liernes de fer et des barres dans le vuide des croisées. Ils placèrent aussi des étais ou petites jambes de force sous les courbes afin de les empêcher de tomber en dedans. Ce que leur poids occasionnait. Ensuitte avec des lignes tirées du centre à la circonférence et passant par le milieu des croisées et d'autres qui joignaient les courbes de la baye ils les redressèrent suivant la perpendiculaire en serrant ou relâchant les coins ou même en agrandissant au besoin les mortaises des liernes d'un côté[87].

24e semaine [30 décembre-5 janvier]

Toutes ces courbes étant bien dressées et suivant leur courbure les serruriers arrêtèrent et boulonnèrent à demeure le second rang des liernes de fer [fig. 43 ajustement du cercle de fer]. Ensuitte les menuisiers firent les entailles aux deux courbes du milieu de chaque plein pour loger la barre du 1er cercle.

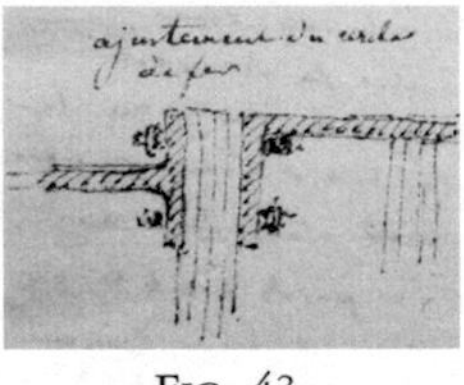

FIG. 43.

On plaça aussitôt toutes celles des pleins. La longueur des liernes de fer était donnée au serrurier par le calcul et celles des barres à placer dans les pleins se prenait sur place lorsque tous les étrésillons étaient placés et que la baye de la croisée se trouvait conforme à sa mesure et arrêtée par une barre de bois. Avant de placer les liernes qui devaient former

87 ~~et.~~

le cercle on revérifia encore par le calcul la circonférence qu'il[88] devait avoir. On les plaça ensuitte en entaillant légèrement les planches lorsque le cas l'exigeait. Après avoir auparavant percé avec la mêche les deux trous qui devaient recevoir dans les courbes les boulons à vices tarrodées [taraudées] au lieu d'écrous à même les barres de fer et dont les têtes étaient opposées [Cah. 8, f°[15] *recto*] les unes aux autres. Par surcroit de précaution on commanda encore des contre écrous pour ajouter à la force des tarods des barres.

Pour s'assurer de la solidité de l'échafaut on fit à plusieurs endroits un trait de scie. On y lâcha un aplomb dont on repaira les points sur le pavé dans la cour et tous les jours on avait soin de revérifier cet aplomb qui ne se trouva point dérangé non plus que celui du centre qui ne changea nullement dès le premier instant où il fut reporté du bas sur l'échafaut. [89] Les carreleurs surent finir leur chenau. On plaça les couvreurs pour refaire l'égout du toit et les réparations nécessaires aux tuiles cassées et déplacées sur ces mêmes toits qui couvraient les voûtes. Ils rétablirent aussi les bords des lucarnes.

Il ne restait plus aux charpentiers qu'à poser les enrayures du dernier échafaut. La seconde rampe de l'escalier qui devait y conduire était déjà posée et construite de la même manière que la précédente. Ils placèrent de même ces enrayures au moyen des tasseaux mobiles pareils au plancher du dessous et attachés de même avec des harpons de fer. Sous les 1res enrayures furent pareillement posées des contrefiches en bords dont le pied s'appuyait sur le rampant de la jambe de force, ce qui non seulement empêchait cette enrayure de fléchir, mais retenait encore le roulement de tout l'échafaut. Cette opération faitte ils placèrent le bouquet au sommet élevé du sol de 95 pieds. Ils détachèrent tous les haubans inutiles et retirèrent aussi toutes les planches restées sur les ponts volants dont on avait eu besoin pour la pose. Ces mêmes planches et celles qu'on relevait de dessous l'échafaut d'en bas servaient aux menuisiers pour former le plancher du dernier échafaut. Toutes les planches qui devaient servir à ce [f°[15] *verso*] revêtissement intérieur étaient blanchies ainsi que tous les montants des châssis corroyés. Les cercles des retombées étaient aussi tracés sur le second échafaut au moyen de la grande règle de bois qu'on avait fixée sur un centre élevé

88 ~~elle.~~

89 ~~quelques tems après que.~~

à la hauteur de cet échafaut par deux entraits qui joignaient les quatre fermes principales. On avait pratiqué un passage planchéyé pour arriver au centre autour duquel était aussi un espace garni de planches afin de pouvoir aller comme de mieux tendre des lignes et fixer la grande règle formant compas à verge.

Toutes ces précautions étant prises on recontinua à monter les planches comme à l'ordinaire en vérifiant à chaque assise les retombées sur le cercle tracé. Bientôt les[90] tréteaux qui avaient déjà servis devinrent nécessaires pour regagner le dernier échafaut. On traçait à mesure les liernes du rang suivant et on les mortaisait sur l'échafaut même où étaient placés deux établis. Arrivé à la hauteur des liernes de fer on les plaça à mesure après avoir fait les entailles nécessaires et revérifié deux fois les longueurs. Il restait à placer le 2e cercle de fer qui était resté en arrière. On en donna les mesures et il fut posé suivant la même méthode du 1er. Beaucoup avant on était arrivé à la hauteur du dernier échafaut lequel était entièrement fini de plancheyer et sur lequel étaient tracées les dernières retombées. Jusqu'à la lanterne on suivit à monter en recourant toujours au centre et tendant des lignes pour avoir le milieu des bayes et l'on faisait à mesure les petits redressements que ces vérifications demandaient une fois. Pour les aplombs et la direction les étais et les étrésillons arrêtaient et fixaient invariablement l'ouvrage et l'on recommençait à monter de nouveau. Comme on approchait beaucoup de la fermeture des croisées on fit préparer dans l'atelier les[91] (madriers) biais qui devaient y servir et les planches de (chaque) côté [f°[16] *recto*] des bayes furent entaillées pour recevoir ces madriers.

On y fit les mortaises nécessaires pour s'appuyer par en bas sur la lierne simple et recevoir de l'autre et dans le rang qui traversait toute la largeur de la baye et se[92] (coupait) au milieu des [mot illisible][93] réunies presque à ce point [fig. 44]. Comme les coins ordinaires auraient portés d'angle sur ces madriers où on l'entaillait ou [?] on abattait l'angle du coin

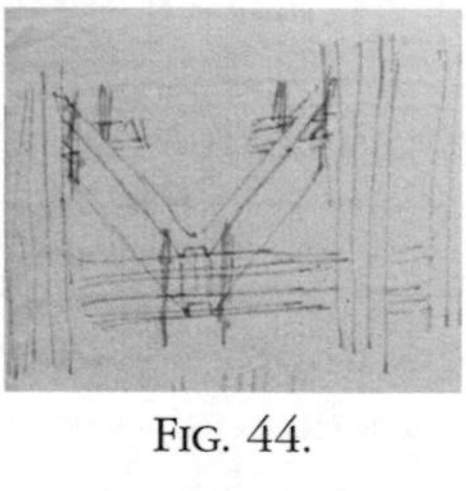

FIG. 44.

90 ~~assises.~~

91 ~~planchers~~.

92 ~~comparant.~~

93 ~~s'emploie.~~

afin qu'il portat partout et serrat parfaittement ces fermetures ne furent point arrêtés que le milieu des croisées n'eut été[94] tracé et qu'elles n'y convinssent pour diminuer le poids de cette portée d'en haut sans altérer sa force. Nous primes le parti de réunir les deux côtés du milieu des courbes en une seule et cette réunion se fit comme je l'ai dit vers le même point de la fermeture des côtés. Les six planches des deux côtés se réduisirent à 4 au moyen de la suppression de deux planches du milieu qu'on avait amincies pour que cette suppression fut insensible à la vue comme pour la force et que la pesanteur de la lanterne ne portat bien également sur toutes les courbes qui composent les côtés. Lorsque les deux mortaises du milieu se rapprochèrent beaucoup, on n'en fit plus qu'une et un seul coin servait pour les deux comme en A. B. [fig. 45]

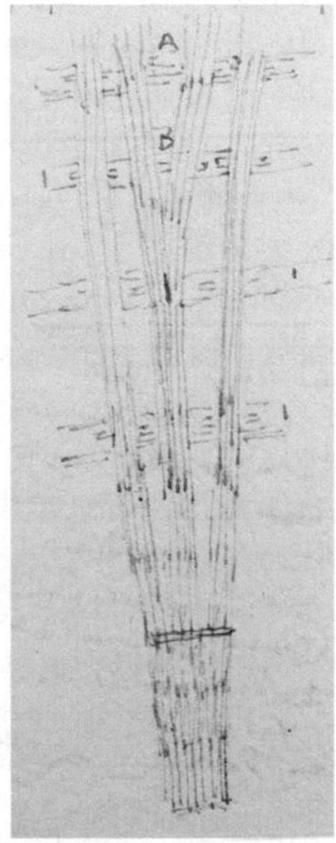

FIG. 45.

On reprit aussi une courbe à trois planches sur le sommet des deux madriers inclinés en commençant par une demie planche pour avoir de la liaison, comme on avait fait en bas sur la plateforme [fig. 46 planche d'ambout]. Les liernes furent placées en liaison et comme on les employa les plus grandes possibles on fut obligé de cintrer celles qui étaient entaillées dans le sommet des madriers inclinés. On les glissait toujours de côté dans les mortaises par deux bandes à droite et à gauche et la dernière se revêtissait ensemble.

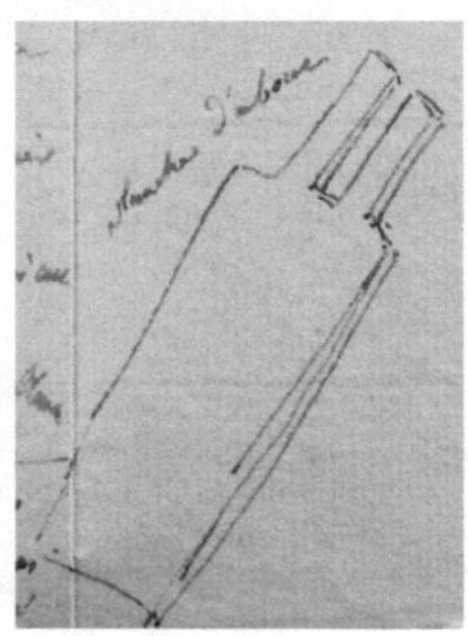

FIG. 46.

On travaillait dans l'atelier à faire des coins et à corroyer les bois pour les croisées, les revêtissements [f°[16] *verso*] &c. On fit l'épure d'un quart du rouage de la lanterne de grandeur d'exécution afin d'en pouvoir tailler les bois et on les mortaisat de manière à recevoir dans tout le pourtour et en liaison un double rand de liernes. Ces liernes ainsi que les coins de ce rouage se firent en bois de chêne afin que les épaulements offrissent

94 ~~parfaitement.~~

plus de solidité et les planches des abouts furent entaillées pour recevoir celles du rouage à deux épaisseurs pour chaque entaille. On fit aussi des demies planches à pareilles entailles pour terminer les courbes et après avoir étayé à mesure et étresillonné fréquemment on arriva fort juste, c'est-à-dire à 5 à 6 lignes près à la circonférence de la lanterne. On éleva alors le centre sur des tréteaux pour y placer le compas et après avoir tracé la juste circonférence du dehors de la lanterne on arasa à la scie toutes les extrémités des courbes.

On plaça ensuite dans chaque entaille les deux planches en joint et toutes uniformes et on les retint par leurs liernes et coins de chêne [fig. 47]. Lorsqu'il arriva en quelques endroits que la place d'une lierne se trouva vis-à-vis de l'about d'une courbe, il fut scié en lui laissant seulement deux pouces de portée derrière et à l'échapée de la lierne. Le reste des planches arrivait jusqu'au devant.

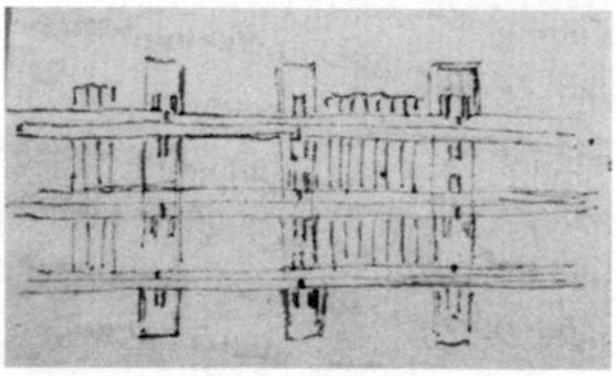

FIG. 47.

On traça aussi sur place [la note s'arrête là]

COMPTES RENDUS

Cédric MOULIS (éd.), *Archéologie de la construction en Grand Est. Actes du colloque de Nancy – 26 et 27 septembre 2019*, Nancy, Presses Universitaires de Nancy – Éditions Universitaires de Lorraine, 2021 (*Collection Archéologie, Espaces, Patrimoines*), 294 p.

L'ouvrage réunit 15 contributions réparties également en trois thématiques : un volet portant sur les pratiques de l'archéologie du bâti (cadre administratif, enjeux, méthodes), et deux volets dont l'entrée choisie est centrée sur le matériau : bois puis pierre.

Comme le souligne Cédric Moulis dans l'introduction des contributions (p. 7-10 *Cursus Rerum)*, le colloque qui s'est tenu à Nancy en 2019 s'inscrit dans un contexte d'essor de rencontres et de publications autour du thème de l'archéologie du bâti. En effet, en 2019 s'est également tenu un autre colloque international sur ce thème[1] ; en 2020, les actes du colloque de Guédelon ont paru[2] et, en 2021, une nouvelle manifestation était consacrée à l'archéologie du bâti mené en contexte préventif[3], pour ne citer que quelques exemples de cette actualité.

L'objectif affiché de la tenue du colloque de Nancy était de rassembler autour d'un moment de discussions et d'échanges, les différents acteurs concernés par le bâti ancien afin d'en améliorer ou favoriser la « synergie » sur les différences d'approches. Pour cette raison sans doute, l'expression « archéologie de la construction » qui se veut être un concept plus englobant des processus de production de l'œuvre, a été préférée à celle d'archéologie du bâti ou sur le bâti. Si le titre n'en fait pas état, les études présentées se concentrent sur les périodes médiévales et modernes.

---

1 Christian Sapin, Sébastien Bully, Mélinda Bizri et Fabrice Henrion (dir.), *Archéologie du bâti Aujourd'hui et Demain*, Nouvelle édition [en ligne]. Dijon : ARTEHIS Éditions, 2022 (généré le 08 juillet 2022). Disponible sur Internet : <http://books.openedition.org/artehis/25779>. ISBN : 9782958072643. DOI : https://doi.org/10.4000/books.artehis.25779.

2 Anne Baud et Gérard Charpentier (dir.), *Chantiers et matériaux de construction : De l'Antiquité à la Révolution industrielle en Orient et en Occident*, Lyon, MOM Éditions, 2020. Disponible sur Internet : <http://books.openedition.org/momeditions/9752>. ISBN : 9782356681751. DOI : https://doi.org/10.4000/books.momeditions.9752.

3 *Archéologie préventive sur le bâti : 5ᵉ séminaire scientifique et technique de l'Inrap*, 28 et 29 octobre 2021.

Le cadre géographique est large puisqu'il inclut des cas d'études d'Alsace, Lorraine, Champagne-Ardenne et Bourgogne-Franche-Comté. Cet espace n'est pas homogène. Les trajectoires historiques de ces territoires sont très différentes et par conséquent les corpus et cadres d'intervention nécessairement différenciés, car héritiers des caractères propres à la construction institutionnelle de chacun de ces espaces. Cet aspect est un peu discuté (notamment en partie I) mais peu rappelé dans le reste de l'ouvrage. Il transparaît surtout à la lecture des contextes décrits de manière détaillée dans les dossiers documentaires (sources et ressources) des études de cas (notamment partie II et III).

La partie I, intitulée *Enjeux, méthodes et techniques de l'archéologie de la construction*, rassemble des contributions diverses.

Deux mettent en évidence les cadres d'interventions dans lequel les opérations d'archéologie sur le bâti ancien ont eu cours. La première contribution (Sitâ André, « Les opérations sur le bâti en Lorraine. Synthèse et évolution des pratiques », p. 13-29) concerne plus particulièrement la Lorraine et les opérations sont replacées derrière l'histoire des cadres législatifs et institutionnels qui ont évolués entre 1991 et 2016. Sans grande surprise, un effet de loupe est dû soit à l'investissement de la recherche universitaire qui privilégie des secteurs ou des thématiques données (telles que les châteaux en Alsace par exemple), soit au dynamisme des centres urbains (moindre pour la Lorraine comparativement à l'Alsace) et notamment de prescriptions de diagnostics sur les maisons. Cet article s'appuie sur un remarquable bilan chiffré (quasi exhaustif) et traité de manière statistique. Il retrace aussi pertinemment les grandes réformes institutionnelles et leurs conséquences dans l'opérationnel archéologique.

Une seconde communication concerne une autre échelle, la Région Grand Est, plus particulièrement sur l'articulation de ces opérations d'archéologie avec les Monuments Historiques (Noémie Guérin, « Monuments historiques et archéologie de la construction : une orchestration complexe au service du patrimoine », p. 31-46). Des études de cas représentent la diversité des possibilités d'articulation des intervenants (nombreux face à la maîtrise d'ouvrage) dans le montage administratifs (variété des réglementations et aides financières…), techniques (complexité des calendriers…) et scientifique des dossiers (prise en charge de l'archéologie par exemple). Plus particulièrement l'impact de la réforme de 2009 sur la maîtrise d'œuvre (mise en concurrence des ACMH) y est remis en perspective avec pour conséquence des ajustements dans la pratique du CST (contrôle technique et scientifique) et la mise en avant de nouveaux outils plus efficaces dans les dossiers (par exemple rédaction du cahier des charges, demande volontaire de diagnostic-DVD).

Ces deux retours d'expériences d'agents de l'État en fonction à la CRMH (Conservation Régionale des Monuments Historiques, DRAC -Grand Est) dressent un panel de cadres d'interventions très diversifiés, complexes, non normatifs et hétérogènes, de l'intervention d'archéologie sur les constructions anciennes et concluent sur la nécessité d'un dialogue entre les acteurs, à poursuivre.

L'intervention de Vincent Cousquer amène une réflexion sur les pratiques de la restauration de la statuaire de la Cathédrale Notre-Dame (Vincent Cousquer, « Les artisans de l'œuvre Notre-Dame de Strasbourg, recherches et pratiques ; l'exemple de la sculpture et l'évolution des principes de restauration », p. 47-67). Il témoigne d'une démarche originale de recherche expérimentale en histoire de l'art où sa pratique de la restauration de la sculpture est bien restituée. Les grands courants de restaurations de la sculpture depuis le XIXe siècle à nos jours sont décrits à partir des statues restaurées de la cathédrale (médiévales et du XIXe siècle notamment). L'auteur s'interroge sur ce que ces pratiques révèlent de notre rapport au patrimoine artistique. En effet, selon les moments, le choix esthétique a parfois prévalu sur la valeur historique de l'œuvre sculpté restitué ou réparé et inversement. Aujourd'hui, face à une vision « mécaniste » (qui s'appuie sur la géométrie, la mesure) pour réaliser des copies conformes ou des empiècements, l'auteur plaide pour retrouver l'intention, restituer l'intangible, dans une démarche davantage « vitaliste », par la recherche du geste créateur. Il nous oblige à nous réinterroger sur ce qui rend œuvre d'art et en cela, bouscule certaines considérations toujours actuelles sur ce qui est digne de valeur historique ou ne l'est pas.

Avec la contribution sur la cathédrale de Metz, le propos poursuit une réflexion autour du matériau et du chantier, où sont également interrogés les pratiques de restaurations du XIXe siècle (Alexandre Dissier, Maxime L'Héritier, Philippe Dillmann, Marc Leroy, « Approvisionnement du chantier et usage des métaux dans la construction gothique », p. 69-90).

Le sujet traite du métal dans l'étude du beffroi de la cathédrale, menée à l'occasion d'une restauration. Les objets (crampons, scellements) sont analysés à partir de critères morphométriques et spatiaux. Les auteurs ont fait appel à des descriptions archéologiques (mise en œuvre des scellements, archéologie du bâti pour détecter les réemplois), techniques (réalisation des attaches), métallographiques (chimie des matériaux), et des datations ^{14}C afin d'en approcher la chronologie. Les procédés de productions sidérurgiques (direct et indirect) sont clairement présentés. Ils questionnent de manière plus élargie la chronologie de l'émergence de ces procédés et de l'économie du métal pour l'époque médiévale dans ce secteur (croisement des sources textuelles et archéologiques des zones d'extractions et de production du métal). Cette contribution pluridisciplinaire éclaire le chantier de construction du beffroi pour les périodes médiévales (XIIIe-XVe s.) à industrielles (charnière XIXe-XXe s.).

La partie I s'achève avec la présentation d'une base de données intitulée IMAGE : Itinéraire médiéval des sites archéologiques du Grand Est (Isabelle Mangeot, Cédric Moulis, « La base de données "IMAGE" : un archivage en ligne du bâti archéologique du Nord-Est de la France », p. 91-98). La base est pensée comme « bibliothèque numérique » et décrite dans son architecture numérique. Elle recense 205 sites concernant le bâti médiéval répartis sur un large secteur Grand Est de la France, pour 4234 documents issus de fouilles ou de travaux universitaires (documentation produites tels que plans, coupes, photographies *etc.*).

Les usages du bois sont décrits à travers 3 études de cas et 2 synthèses dans la deuxième partie.

Patrick Bouvard dresse une première expertise sur la charpente d'une église de la Marne (Patrick Bouvart, « La nef de l'église de Largery : une première piste explorée pour la constitution d'un corpus de toitures en lauze dans la Marne », p. 101-109). Il met en évidence le lien plus que déterminant dans ce cas d'étude entre type de charpente et type de couverture. L'analyse de la charpente (type d'assemblage, critique d'authenticité) mais aussi des murs porteurs, lui permet de supposer l'existence jusqu'ici insoupçonnable d'une toiture en lauze (calcaire) sur la nef, peut-être du XVIe siècle et de plaider pour des compléments d'investigation sur ce site, ainsi que pour un inventaire et une reconnaissance plus large de ce type de réalisation.

Dans le diocèse de Toul (Meurthe-et-Moselle), la quête du bois médiéval est aride pour Cédric Moulis (Cédric Moulis, « La bois dans la construction au XIIe siècle dans le diocèse de Toul », p. 111-134) qui tente malgré tout une première synthèse. En effet, le secteur a pâti des destructions de la Guerre de Trente ans (milieu XVIIe siècle) et des transformations d'églises qui en ont suivi au XVIIIe siècle. Sans charpente médiévale complète et à partir d'un corpus fragmenté, l'approche est thématique (types d'usages du bois) et principalement comparatiste (analyses menées par analogies aux études de corpus voisins mieux connus notamment pour les charpentes ou la question soulevée de l'approvisionnement et du transport). Tous les éléments en bois sont recensés dans la construction : du bois formant armature ou cintrage à l'échafaudage (constitué d'essence de hêtre), contribution notamment à souligner pour ce type d'ouvrage de chantier, rarement mis en avant.

À Colmar (Haut-Rhin), l'analyse porte sur des ensembles conventuels des ordres mendiants (Lucie Jeanneret, en collaboration avec Willy Tegel, « Les charpentes médiévales du couvent des Dominicaines d'Unterlinden de Colmar (Haut-Rhin) : bilan des études (1999-2018) et comparaisons », p. 135-152). À parti des données collectées dans un cadre préventif, des charpentes anciennes (dispositifs médiévaux et modernes) sont mis en évidence là où l'état des édifices ne le laissait pas augurer.

La question des typo-chronologies de charpentes est cœur du projet *Corpus Tectorum*, (Patrick Hoffsummer et Sylvain Aumard, « Le projet de *Corpus Tectorum* des régions Grand-Est et Bourgogne-Franche-Comté de la France », p. 153-167), coordonné par la Médiathèque de l'architecture et du patrimoine (MAP). La publication du corpus Grand Est et Bourgogne-Franche-Comté est en cours d'élaboration, recensant déjà 400 exemples regroupés dans 48 groupes typologiques médiévaux et modernes (majoritaire) ; mis en évidence à partir d'études archéologiques des édifices et de datations dendrochronologiques. Les charpentes sont classées à partir de leur forme, leur structure et de leur matériau, fiches comprenant des illustrations normalisées (relevé 1/20e, coupe transversale, coupe longitudinale des deux fermes) sur le modèle de publications déjà existantes pour le Nord et l'Ouest de la France. Quelques tendances ressortent déjà de ce corpus. Un changement dans la technique de construction est perceptible à la fin du XIIe siècle. Sur les évolutions morphologiques des couvertures à tuiles, l'analyse de ces éléments montrent plutôt une adaptation des productions des ateliers au chantier. Le type de charpente est également corrélé aux types de couvertures et à la disponibilité de la ressource avec les problèmes d'approvisionnement en bois, connus pour la fin du Moyen Âge, entraînant des adaptations.

Une maison urbaine de construction mixte fait l'objet de la dernière présentation de cette partie (Maxime Werlé, « De briques et de bois. Une singulière maison médiévale (XIIIe-XIVe s.), quai Saint-Nicolas à Strasbourg », p. 169-185). Cette maison strasbourgeoise conserve un pignon à redents en façade principale. La prise en compte de la maison dans son environnement urbain (îlot, parcelle, statut social des propriétaires) l'a révélé dans une autre dimension : avec un premier niveau sur rue en brique probablement du XIII[e] siècle (par analogie aux mises en œuvre du type de brique observé dans la ville) et un pan de bois construit à l'arrière (1376[d]) et possédé par un artisan au XVI[e] s. qui dénote avec le quartier voisin plutôt caractérisé par des maisons à cour aristocratique.

La partie III sur *La pierre et le chantier* s'ouvre avec une contribution sur un ouvrage en pierre sèche granitique, à la chronologie et la fonction imprécise, situé aux abords d'un site médiéval dont l'expansion est connue entre le Ve et le XVe siècle (Charles Kraemer et Axelle Grzesznik, « Le granite, un matériau de construction pérenne dans le massif vosgien cristallin : l'exemple du Saint-Mont (Vosges, V[e]-XVe s.) », p. 189-205). La méconnaissance des élévations limite la possibilité d'interprétation de l'ouvrage dont plusieurs hypothèses de restitutions sont proposées (couronnement par clavage, palissage ou terre et végétaux). L'analyse des fondations des autres édifices du site est précise et met en évidence différentes techniques de mis en œuvre de cette roche (par exemple, la limousinerie ou limousinage de moellons presque bruts irréguliers sans liants, portant pour certaines parties des libages, sortes d'armatures de gros blocs).

Dans la Meuthe-et-Moselle, Marc Fellier s'empare de l'étude d'une église romane, avec une lecture classique d'archéologie des élévations (Marc Fellier, « L'étude du bâti de l'église romane de Mont-Saint-Martin (54). Premières observations, premiers résultats et premières hypothèses », p. 207-229). Avec l'analyse des supports, il propose de lire un changement du voûtement de la nef et du plan initial, aujourd'hui marqué par un chevet à trois absides. Si quelques relevés et une orthophotographie sont présents, il manque à cette démonstration la présentation d'autres relevés et du plan de l'édifice.

Le contexte favorable donné par le Département de l'Aube, propriétaire des lieux, a permis la réalisation d'une étude archéologique d'un corps de logis de la commanderie templière et hospitalière d'Avalleur (Vincent Marchaisseau, Cédric Roms et Pierre Testard, « Le corps de logis de la commanderie templière et hospitalière d'Avalleur », p. 231-257). Six états marquent l'évolution du bâtiment entre la fin du XIIe-XIIIe siècle et le milieu du XIXe siècle avec des étapes marquantes comme la réduction de la hauteur de l'édifice et le changement de circulation au XVe siècle qui en a complexifié la lecture globale. L'étude d'archéologie sur le bâti est croisée avec les données textuelles, stylistiques et des datations dendrochronologiques. Une fouille programmée poursuit les questionnements de la fonctionnalité des espaces en parallèle d'un projet de centre d'interprétation proposé comme affectation pour le bâtiment.

Sept états compris entre la fin du IXe siècle (première crypte et avant-corps) et le XVIIIe siècle sont avancés pour la collégiale Saint-Vivent dans les Ardennes (Cédric Roms et Patrice Bertrand, « La collégiale Saint-Vivent de Braux (08) à partir de ses fondations (IXe-XVIIIe s.). Premiers résultats de la fouille de son pourtour », p. 259-275). La particularité de l'étude archéologique est qu'elle n'a pu concerner que les fondations bien que les autres sources aient été mis à profit afin d'avancer les hypothèses de chronologie (matériaux, forme du plan, sources textuelles), dans l'attente d'une possibilité de poursuite de l'enquête sur les parties hautes.

Enfin, le dernier cas d'étude proposé autour de la thématique de la pierre et du chantier concerne l'enceinte urbaine de Metz (Mylène Parisot-Didiot avec la collaboration de Julien Trapp, « Étudier l'enceinte urbaine médiévale de Metz : méthode, résultats et enjeux », p. 277-288). Il fait état de la redécouverte et mise en valeur de cette enceinte à travers un programme portée par une association, *Historia Metensis*, créée en 2008 et de travaux menés dans le cadre d'une thèse pour l'étude d'un moineau (ouvrage défensif de fossé) du XVIe siècle.

François Fichet de Clairfontaine souligne en conclusion l'intérêt des contributions de cet ouvrage (François Fichet de Clairfontaine, « Un instantané qui invite à poursuivre, approfondir et confronter les approches », p. 289-291). Il regrette aussi l'absence de représentation de plusieurs acteurs de l'archéologie sur le bâti, souligné à plusieurs reprises dans l'ouvrage (introduction et première partie) et appelle à « l'exigence » d'une collégialité d'actions.

Au terme de trois parties portant sur autant sur de cas d'études ou de synthèse réalisés en contexte préventifs ou de recherches universitaires (principalement sur le bâti civil ou religieux), valorisées par les communautés territoriales ou non, en concertation DRAC ou non, menées principalement sur deux régions (Grand Est et Champagne-Ardenne, Bourgogne-Franche-Comté dans une moindre mesure), ce panorama fait d'abord état de l'actualité de l'archéologie de la construction sur les périodes médiévales (milieu et bas Moyen Âge principalement), modernes, et à la marge, industrielle (XIXe-début XXe siècle). Cette actualité est dynamique pour le Grand Est où déjà des rencontres régulières consacrées à l'économie des matériaux sont organisées (3e éditions en 2021 à Charleville-Mézières- *Pierre à Pierre III*). Le retour d'expérience du domaine de la restauration – ici l'Oeuvre Notre-Dame – montre, comme lors du colloque de Guédelon, l'intérêt d'ouvrir la réflexion à tous les praticiens du bâti. Comme pour d'autres rencontres scientifiques sur le sujet, l'appel à inclure une plus grande diversité d'acteurs de la construction et du patrimoine dans le débat autour des pratiques d'études et de conservation est lancé.

Mélinda Bizri
Université de Bourgogne / UMR
6298 ARTEHIS
melinda.bizri@u-bourgogne.fr

* *
*

Jacobo Vidal Franquet, *Gènesi i agonies de la catedral de Tortosa – Genesis and Agonies of Tortosa Cathedral*, Barcelone-Tarragone, edicions de la Universitat de Barcelona-Publicacions de la Universitat Rovira e Virgili, 2020 (*Lliçons, 12*), 189 p.

L'Institut de Recerca en Cultures Medievals (IRCUM) de l'université de Barcelone a pris l'initiative de publier dans une collection dédiée (*Lliçons*) une série de conférences données en son sein. Le douzième volume de cette collection nous propose ainsi, en édition bilingue (catalan et anglais), le texte de la contribution inaugurale des 15e journées de l'IRCUM qui se sont tenues en 2016. Sous le titre évocateur de *Genèse et agonies de la cathédrale de Tortose*, Jacobo Vidal Franquet, enseignant en Histoire de l'art à l'Université de Barcelone et auteur de plusieurs ouvrages sur l'histoire médiévale de Tortose[1], brosse l'histoire mouvementée d'un lieu de culte qui, de la conquête chrétienne de 1148 à nos jours, a connu de multiples transformations. Fidèle à l'argument de la collection, l'ouvrage demeure dans sa forme proche de l'exposé oral, adoptant un style très direct et réduisant l'apparat critique à une soixantaine de notes infrapaginales. Les illustrations sont également en nombre limité (six au total, en noir et blanc), tout comme les divisions internes ; le propos étant divisé en quatre parties inégales, sans sous-parties, dont on peut regretter qu'elles n'apparaissent pas dans une table des matières plus que succincte. La première partie de l'ouvrage, intitulée « Ciutat i territori », s'applique à brosser à grands traits le contexte médiéval d'érection de cette cathédrale, rappelant l'importance majeure, aujourd'hui quelque peu oubliée, de cette cité dont le pont sur l'Ebre était un passage obligé entre Barcelone et Valence et qui contrôlait le commerce de la laine, du blé et du bois descendant par le

1 Jacobo Vidal Franquet, *La construcció de l'assut i sèquies de Xerta-Tivenys (Tortosa) a la Baixa Edat Mitjana. De la promoció municipal a l'episcopal*, Benicarló, Onada Edicions, 2006 ; *Idem*, *Les muralles medievals de Tortosa*, Tortosa, Museu de l'Ebre, 2007 ; *Idem*, *Les obres de la ciutat. L'activitat constructiva i urbanística de la Universitat de Tortosa a la Baixa Edat Mitjana*, Barcelone, Publicacions de l'Abadia de Montserrat, 2008.

fleuve. L'histoire de la construction rejoint ici celle de la cité, évêché et cathédrale puisant leur richesse dans le dynamisme d'un vaste territoire. Les débuts de la cathédrale sont aussi ceux du pouvoir de l'Église dans cette région conquise en 1148. Du siège épiscopal roman, bâti à partir de 1158 et consacré en 1178, bien peu de souvenirs demeurent et son emplacement même a longtemps été sujet à controverses. Son souvenir sera emporté par les travaux engagés au XIVe siècle et qui affectent, tout d'abord le palais épiscopal dont la construction, impulsée par l'évêque Berenguer Desprats, s'inscrit dans la lignée des travaux contemporains d'Avignon ou de Narbonne. La cathédrale gothique, elle, devra encore attendre la fin des années 1330 pour voir sa construction engagée. La partie intitulée « Dues catedrals gòtiques, si més no » revient sur le déroulement de ce chantier, bien documenté par les travaux, notamment de Victòria Almuni Balada[2]. L'auteur y met en lumière et en valeur la richesse d'une documentation qui nous renseigne sur les voyages faits par le maître d'œuvre à la recherche de modèles comme sur les questions de métrologie, de traçage ou de plan. Si la première pierre du monument est posée en 1347, la Peste Noire va très vite arrêter les travaux qui ne reprennent que dans les années 1370-1380. L'impact du fléau ne se limite pas ici à un ralentissement des travaux, à une désorganisation du chantier et de son approvisionnement et à une augmentation des coûts. Il débouche sur un changement de plan qui mène à l'adoption d'une solution peu catalane à double déambulatoire. Plus que sur la forme adoptée, Jacobo Vidal Franquet insiste sur le processus de prise de décision, sur le caractère collectif de la création architecturale, la réflexion menée et les échanges suscités, bien loin de la vision encore trop souvent proposée de l'architecte tout à la fois génial et solitaire. La durée même du chantier va à l'encontre d'une trop forte personnalisation de l'œuvre. Les travaux, ici comme ailleurs, s'étirent dans le temps l'édifice gothique ne se substituant que lentement à celui d'époque romane, se combinant plus avec lui que s'y substituant vraiment. Il faut attendre 1441 pour que sorte de terre le premier pilier de la nef et que près d'un siècle après le début des travaux, l'autel majeur soit consacré. Cela ne marque pas pour autant la fin de la construction. Au-delà de l'intervention de Pere Compte en 1490, l'auteur enjambe

2 Victòria Almuni Balada, *L'obra de la Seu de Tortosa (1345-1441)*, Tortosa, Dertosa, 1991 ; *Idem*, *La catedral de Tortosa als segles del gòtic*, Benicarló, Onada Edicions, 2007.

la césure académique du XVIe siècle pour insister, sans nier l'existence de certains changements, sur la continuité de l'œuvre qui fait de la cathédrale de Tortose « un bon exemple de gothique moderne » (p. 70).

Le déroulé chronologique de l'exposé nous conduit ainsi jusqu'au XVIIIe siècle. C'est alors que le propos de la « leçon » change de ton pour prendre celui d'une critique sans concession d'une série de « restaurations » qui, des changements affectant le cloître à l'élimination de la façade fluviale de la cité, ont profondément modifié l'image du monument à partir des années 1990. Le lecteur jugera à la lecture de l'argumentation présentée si les restaurateurs ont usé là de pratiques peu licites, agissant plus par « caprice » que dans le respect du monument. Cette dernière partie de l'ouvrage peut paraître déroutante tant elle bouscule le confort d'une approche passive du lecteur pour l'impliquer dans ce que l'on pourrait désigner comme un débat de société. Elle inscrit, ce faisant, la démarche savante dans la cité en lui redonnant une parole que les décideurs lui dénient trop souvent. Elle semble en cela tout à fait stimulante.

Philippe BERNARDI

* *
*

Stefan M. HOLZER, *Gerüste und Hilfskonstruktionen im historischen Baubetrieb. Geheimnisse der Bautechnikgeschichte*, Berlin, Ernst & Sohn, 2021, 470 p. ill.

The third volume in the "Edition Bautechnikgeschichte" series, published by Karl-Eugen Kurrer and Werner Lorenz at Ernst & Sohn since 2018, is like the previous two a substantial volume in both senses of the word: with 470 pages and 459 illustrations, the 21 x 28 cm volume weighs in at 2.2 kilos. In many years of research, its author, Stefan Holzer, has pursued a much sought-after but hitherto scientifically little dealt with mystery of construction history and presents his results in an intriguingly written and richly illustrated work: „Scaffolds and auxiliary constructions in historic building operations".

His research opens up an academic field of construction history that deals with ephemeral building structures, the study and knowledge of which provides essential information about historical building methods even beyond the historical-theoretical contribution to building technology. These temporary constructions could only be made accessible through the intense study of written and pictorially-based sources over many years. They could become not only visible but above all comprehensible through traces still perceptible on the building itself. Both, the study of sources and the search for traces on buildings, are of course particularly time-consuming in the case of non-permanent auxiliary constructions, but represent – as now displayed – an extraordinarily rewarding work that can only be achieved through profound study and meticulous detailed labor. The author's approach to the research topic passes far beyond the previously published literature.

The historical and cultural scope of the book covers construction sites from antiquity to the beginning of the First World War, taking into account mainly sources and preserved traces from Western Europe, including above all Italy, France, Germany but also the Alpine countries, Great Britain, Belgium as well as a few from Spain. Similar studies for Eastern Europe, the Ottoman and Arabic-influenced Mediterranean region or even the Americas or Asia would certainly also yield surprising discoveries.

The content of the volume is arranged according to the type of construction and the use of the scaffolding and auxiliary constructions on the building site. A detailed introduction (chapter 1) provides an overview and thoroughly explains the thematic layout of the following five chapters, the selection of objects dealt with, as well as the sources available and those used. In doing so, Holzer outlines the specific and epistemic framework set not only for this study, but also for potential future researches. The title of this first chapter is programmatic, as the history of scaffolding is identified with the history of the building site. It is inherent to the nature of this broadly designed task that it is not possible to strive for completeness. Therefore, in his introduction (p. 13), the author refers to the equally important building auxiliaries that are not dealt with: such as pile drivers, cofferdams and their drainage, excavators, and vertical formwork.

Within the particular chapters, the chronology serves as a general guideline, but the focus is on specific techniques, their development, significance, modification and use in the building process. In the first place the text contains an astonishingly comprehensive knowledge, evaluation and detailed presentation of the research based on historical printed sources. The author collected and handled these theoretical and practical construction treatises himself for decades and exhibited them for the first time in 2006 in a fascinating exhibition at the Bundeswehr University in Munich. In addition, the text offers clear descriptions of still perceptible traces of scaffolding and auxiliary constructions on built structures. Again and again, the reader is guided with great sensitivity to the remaining distinguishing marks on the building, their documentation and interpretation: in this way, the readership is made aware of how to identify and read these traces. Where necessary, drawings illustrate the individual elements, their assembly, the technical terms and, above all, the way in which the scaffolding and auxiliary constructions worked. It is evident that the author owes his knowledge not only to the study of written and pictorial references, but especially to his practical knowledge of historical buildings; it is very helpful that, as a civil engineer, he is also familiar with modern calculation and construction methods as well as the work and conditions on a building site.

At the beginning (chapter 2), the focus lies on the analysis of representations of painted, drawn and written sources of scaffolds and a closer look at their still visible traces on the building. The presentation starts with the simple but timeless trestle scaffolds for bricklayers, plasterers and painters. The following section on historical cantilever scaffolding is particularly exciting because it reflects the procedures and decision-making processes on the building site. Pole scaffolding and its variant, the so called "Lantenengerüst", constitute the largest section. Here, for the first time, the famous model of the scaffolding for the Perlach Tower by the Augsburg city architect Elias Holl is discussed and analyzed in detail. Finally, historical scaffolding for renovation work is also included.

The two following chapters are devoted to an exciting display on centerings for vaults (chapter 3) and domes (chapter 4) and, in keeping with their importance, make up the main part of the book: an important contribution to the understanding and reconstruction of historical building processes, but also helpful for assessing and preserving historical buildings. First of all, types of centerings in vault construction made of ashlar and stone, bricks as well as for formwork in the Roman "*opus caementitium*" up to the first modern concrete applications are dealt with. It is noteworthy that methods such as the use of earth for formwork (p. 99 ff.) have also found their way into the book. The examination of a model of the centering for St. Anna in the Augsburg Model Chamber deserves special attention and shows the value of historical models for the history of construction. Centering for domes require even more art-skills from the master builders: in the following chapter, the construction of the Florentine cathedral dome occupies rightfully a central section before its successors, above all in Italy but also in France, are treated in detail. A critique of sources on historical documents of dome construction in the section "False friends" is methodologically and thematically significant, especially for future studies.

The subject of the fifth chapter on cranes, lifting and transport devices, has rarely been dealt with in a scientific manner. In this chapter, types of historical cranes and their respective development are described, classified and evaluated with scientific accuracy in a construction-site-specific representation. Thanks to good documentation, lifting gears of antiquity and the Middle Ages as well as their operating techniques are described thoroughly and precisely in this chapter on the basis of treatises from antiquity and illustrative representations from the Middle Ages. The same applies to the innovations in lifting technology at the beginning of the Early Modern Age. A large part of this chapter is devoted to the lifting techniques used during the Italian Renaissance, which are described based on treatises, drawings and traces on buildings, together with the almost timeless so-called lifting claws – this refers to the devices used to bracket the stones to be lifted attached to a rope. Scaffolding for the horizontal transport of elements or even entire buildings is also dealt with in detail. The relocation of the Vatican obelisk is analyzed as an example. Historical models, here from the *Conservatoire des Arts et Métiers* in Paris, again play an important role in this chapter. Finally, the reader learns about the beginnings of modern cranes powered by steam and electricity.

Scaffolding and centering in the engineering's most prestigious discipline, bridge construction, is dealt with in detail and systematically in the concluding chapter (Chapter 6). This chapter is even preceded by a short overview on the history of bridge engineering. The discourse in this chapter initiates in Renaissance Italy and then moves on to the scaffolding for arch bridges in all their various designs produced outside of Italy. The surviving 17th century centering of the bridge at Grins/Tyrol is given prominent attention and its construction is explained by a graphically detailed analysis. After an excursus on British bridge construction, the bridge scaffoldings and centering in France after the foundation of the *Corps de Ponts et Chaussées* in 1716 and their dissemination over the continent are documented and analyzed, all of them illustrated by drawings. The concluding four sections are devoted to the origins of modern building materials and construction methods in bridge construction, scaffolding and centering techniques, already supported by the emerging engineering sciences.

In common over all chapters and particularly praiseworthy is the consistent mentioning of the dates of life of the master builders and their full first names, which are not abbreviated as it is usually the case. Unfortunately, this is still a common practice in engineering: both dates were not considered worth mentioning until the 20th century, which certainly sheds light on their self-assessment and the perception of the engineering profession and means time-consuming additional research for today's historians of construction. The indexes of sources used, keywords, persons and image references in the appendix are helpful tools for reading. The consistent naming of primary sources is exhaustive. However, the strict limitation to mention just the secondary literature used in the text makes further work on the topic difficult.

After a cursory reading, a critic might just as well conclude that the selection of examples was arbitrary and along the best possible illustrations, but this criticism is not legitimate: the availability of sources simply does not allow any other approach and all illustrations clearly underline the written discourse. The easily understandable, often even entertaining style of writing and the exceptional, rarely published illustrations give Stefan Holzer's book the ultimate touch. From these historical, geographical and thematic points of view, the book itself not only promises to become a work of reference and a classic in construction history, but also offers sufficient impulses for new, further research by encouraging the reader to continue looking for traces in documents and on the built structures themselves and by bringing about a new way of reading the physical constructions.

Dirk BÜHLER
Deutsches Museum, Munich

Christiane WEBER
University of Innsbruck

COMPENDIA

The *corde à treize nœuds* and the *quine des bâtisseurs*. The origins of two mythical tools

The *quine des bâtisseurs* is a measurement tool presenting five units, widely accepted by the general public as a genuine medieval tool, especially in France. However, it is a creation of Jean Bétous in the 1985 publication *Les cahiers de Boscodon*. Bétous, a golden ratio enthusiast searching for mystical proportions in religious architecture, suggested that most medieval religious buildings were built using five basic units based on the golden ratio. This idea is supported by no evidence, and is actually adapted from Le Corbusier's Modulor developed in the 1950s. Even the names of the units are problematical: three of the five units in the *quine* (*paume*, *palme*, *empan*) are just derivations or equivalents of the same name (*palma*). However, Bétous's idea had a quick success in the 1990s and is now referenced as a fact in many publications.

Another supposedly medieval tool is the *corde à treize nœuds* (13 knot rope). It is a rope divided in 12 spaces, for measuring out right angles by tracing the right triangle based on the Pythagorean triplet 3-4-5. There is no mention to be found in period sources, indeed the tool appears for the first time in 1900, in the book *Vorlesungen über Geschichte der Mathematik*, in which the German science historian Moritz Cantor theorised that the *harpedonaptai* (rope-stretchers in ancient Egypt) used a rope divided into 12 to construct right angles; however, many scholars have since invalidated his idea. Then, in 1933, the freemason symbolist Wladimir Nagrodski suggested that the *houppe dentelée*, a symbolic rope of heraldic origin, was actually a 12-knot rope in disguise – a medieval tool of Egyptian heritage, secretly transmitted to the freemasons through the ages. He provided no justification, especially since the link between freemasons and medieval builders is now debunked.

However, the theory was accepted, and in 1963, the architect Jean-Pierre Paquet suggested that medieval builders used a knotted rope, supposedly only based on observation; but the similarities with Cantor's rope are too many to be coincidental. Later the *corde à treize nœuds*, promoted by architectural occultists and fiction writers, made its way among the public and today even some scholars still believe in its existence.

The enduring success of those two fictitious tools despite all the evidence can be explained by the appealing concepts they endorse and the lack of any publications debunking their existence. It is our hope that in the future, scholars will be more careful when dealing with the history of those pseudo-medieval tools.

Nicolas GASSEAU
ENSA Nantes

* *
*

Pressure and privilege. An economic approach to the remuneration of ironworkers and their relations with building yards through the study of accounting records (mid-14th – early 16th century)

The great construction sites of the late Middle Ages provide a view of the work of some of the urban metalworkers. Accounting series such as those from Troyes, Rouen and Metz allow us to evaluate and characterise the workers' presence and activities over long periods, by examining the work and socio-economic situation of these craftsmen through their relationship with the building yard. The stability of the actors, the prices they charged and their evolution, the occasional or regular recourse to other professionals are all indicators of the relations between these powerful institutions (city, cathedral, etc.), and these men, who usually belong to the urban middle classes.

Because of the diversity of production, from the small lock to the imposing hundred-pound iron framework, these great building yards are ideal observatories to address the skills and infrastructure available to these craftsmen, depending on their location: small workshops within the city or larger forges in more rural areas. The morphological and metallographic study of iron framing complements the written sources by giving access to information on the technical processes used by the blacksmiths, and the supplies according to the nature of the items.

In the absence of preserved sources, contracting terms are not known. Yet the long accounting series enable us to examine the practices with their continuities and interruptions. The permanence of metalworkers, often dealing with the same construction site, sometimes across several generations, is remarkable and all the more so as, in a given city, different commissioners seem to engage the services of different craftsmen. In the building industry, where much flexibility is observed, these privileged links between artisans and building sites revealing quasi-monopoly situations are complex, but each party nevertheless seems to have benefited from them.

From the point of view of the contracting authority, this permanence reveals that bonds of trust often seem to prevail, perhaps favoured by geographical proximity, facilitating exchanges, transport, and even control over the work of the blacksmith, and ultimately aiming to reduce the risk taken by the building site. However, by showing interruptions in pricing or collaboration, market capture is examined, as well as the economic pressure that the institution was likely to exert on these workers. The craftsmen's subordination to the yard is materialised through certain recurrent price changes or reductions imposed by the operator.

The value of obtaining orders from these construction sites was nevertheless obvious for these craftsmen, who gained a sometimes modest – but not negligible – complement to their other activities, likely to become long-term by giving them access to regular markets and, above all, the prospect of considerable remuneration, albeit more intermittent. Without really modifying the conditions of employment in the field of iron metallurgy, these construction sites thus constituted a valuable source of income for blacksmiths' workshops.

Maxime L'Héritier
Université Paris 8
ArScAn CNRS UMR 7041

* *
*

Metal framing for windows and glazing in the building envelope in Britain, c.1700–1950

The construction of metal windows of wrought iron, cast iron, brass, pewter and bronze alloys such as Eldorado metal, involved craft skills until the early 1800s. The use of machinery to create glazing bars of constant cross-section by rolling or drawing began in Britain in the 1780s and these processes competed with cast metal frames. The rolling of iron and steel sections became a fully industrial process in Britain only in the 1840s. The first great designer of glass houses, from around 1816, was the Scottish botanist and garden designer John Claudius Loudon who worked with ironmasters W. & D. Bailey to create many remarkable structures such as the Palm House at Bicton Park Gardens in south-west England in around 1816. From that time, throughout the 19th century, there were two main parallel strands of development – one was the development of windows for domestic, industrial and commercial buildings; the second was the construction of hothouses, glasshouses, greenhouses and conservatories, which became increasingly fashionable from the 1820s. Together these developing technologies facilitated the architectural use of large glazed roofs for covered passages and courtyards or atria, railway stations, museums and exhibition buildings.

The development of metal framing for windows and glazing from the early 1700s to the 1950s shows a transition from craft-based skills to industrialised production that is similar to that which occurred with other building elements, especially the load-bearing structure of buildings made of cast iron, wrought iron and, from the 1870s, steel.

During the last quarter of the 19th century hundreds of firms in Britain manufactured metal framing for windows and glazing using rolled-steel bars which were connected by brazing or using mechanical joints. By the early 20th century the number of firms had reduced considerably and soon only a few, highly industrialised producers were active. In the first decade of the 20th century, Crittall led the way in industrialising the manufacture of window frames by rationalising the amount of steel profiles, introducing oxy-acetylene welding and using the Fenestra joint to create a much stronger product suitable for curtain walls. These processes maximised the benefits of standardisation while still offering architects and builders great choice in the shape, size and style of windows and glazing. Other firms soon followed Crittall's lead, notably Henry Hope & Sons, and by the end of the 1920s these two firms dominated the British window market; they finally merged in 1965.

Bill Addis
Consulting engineer
Independent scholar

* *
*

Administration or *asiento* in building works in Spanish Louisiana. A controversy between the Commander of Engineers and the Intendant (1800-1801)

Between 1763 and 1803, Spain governed Louisiana, and as in its other American possessions, tried to push ahead an ambitious programme of colonisation and fortification works. In this context, close to the final years of this period, in relation to military building repair and extensions in New Orleans, there arose a fascinating controversy that can now be analysed from the copious correspondence between the Commander of Engineers (Joaquín de la Torre) and the Intendant (Ramón López y Angulo), in 1800 and 1801. For 13 months, in 32 letters written on 86 pages, several topics were discussed, such as better mechanisms for executing the fortification works -by direct administration or contract-, with many references to treatises, experiences and technical details, all amid power struggles; but without reaching an agreement. This article offers a brief but substantial evaluation of good and bad practices in building works, mechanisms and customs in contracting, methods of price estimation, and criteria for defining the *asientos* -even as a kind of service for the King, with defined time limit-, in Florida and places along the Gulf of Mexico and the Mississippi river (Natchez, San Marcos de Apalache, Pensacola, Placaminas, San Fernando de Barrancas, Baliza, Nueva Madrid, San Luis de los Illinueses), as part of the history of construction that has received little attention: repair, extension and maintenance works. The controversy between the engineer Joaquín de la Torre and the Intendant Ramón López y Angulo, exemplifies how the rules of art -defended by the Military Engineers' Corps- faced the pragmatism and strength of the commercial networks of the British in Florida, the French already established and recruited by Spaniards, and North Americans expanding along the Mississippi river. In the framework of discussion about the Fiscal-Military State and the Contractor State, selected trajectories of these and other individuals still reveal the value of researching the activities of builders, on the territorial margins of Imperial and National States. And, in particular, they allow us to delve further into the explanatory power of the history of construction.

Alejandro GONZÁLEZ MILEA
Universidad Autónoma
de Ciudad Juárez, México

* *
*

Public works, central state and local authorities. A programme for port construction sites in the early years of Italian unity

With unification and despite the financial cost of a wartime economy, the new Italian state embarked on an expeditious policy of port works. Via the study of the various levels of authority, from the nationwide policy to the woes of the Neapolitan public market, this paper aims to question the underlying elements and efficiency of such a programme.

In the first years of unity, government investment was more substantial in the ports of Genoa and Livorno than in the south, which tended to deepen already noteworthy inequalities. Moreover, the application of Piedmont-Sardinian tariffs to the entire kingdom, as well as the proactive state attitude regarding developments also worsened social inequalities, as the costs of construction were borne by general tax revenues or loans, i.e. by private speculation on the public debt.

While the government first tried to legislate on a case-by-case basis regarding the funding arrangements for each construction site, it soon considered extending to the whole country the method of classification of ports that was applied in the Kingdom of Piedmont-Sardinia. This determined the level of state investment by the degree of importance of the ports. However, at any level, the central authorities had a say, which is not necessarily evidence of efficiency in the execution of the programme. Unreasoned ambition and hastiness do not go well together, especially since they can attract public works contractors who are more willing to renegotiate the conditions of public contracts to the detriment of compliance with official regulations.

The centralised state expressed itself through the development of projects and the control of the technostructure, and it was not exempt from certain controversies with local dignitaries. The Neapolitan case is an emblematic example. To what had once been a capital city, the State promised a prosperous economic future with port works that had not been carried out under the Bourbons, and that would happen in an attempt to legitimise effort. However, representatives of the southern left, such as De Sanctis and Settembrini, were outraged at the lack of consultation, which might lead to a poorly developed project and a waste of public funds. Yet articles published in their newspaper *L'Italia* were perhaps too devoted to political arguments. Indeed, in the same year, despite the early investments, site problems arose during the preparatory works and led to the failure of initial promises.

Nathan BRENU
Centre de Recherche Nantais
Architectures Urbanités
Laboratoire AAU

* *
*

Experimental models in civil engineering. History, significance, perspectives

Reduced-scale models have been used for centuries by engineers when they are faced by new, unprecedented construction challenges that are beyond contemporary experience and for which there is often no adequate engineering theory available. Given the impracticality of carrying out full-scale tests on large works of engineering, experiments on small models often provided engineers with the only means by which they could develop their understanding of the engineering behaviours involved. Together with current experience, design rules and engineering science, the results of tests on reduced-scale models could be used to raise the engineers' confidence in a proposed design to a level that would allow construction to start. In particular, models have often been used to support the process of innovation in construction engineering.

This paper begins with a historical review of the use of models as design tools in civil and building engineering from ancient times to the 20th century and presents a categorisation of such models according to their function.

The authors then argue that the use of models in engineering design is of similar importance to the use of theory in engineering design and, therefore, that the historical development of models should be studied alongside the history of engineering theory. In particular, research should be undertaken to discover and record the use of models throughout history, and to identify engineering models that have survived to the present day. Such a study will provide the necessary knowledge to inform the conservation of the models and, if possible, ensure they can be put on display to advertise and celebrate their importance in construction and engineering history.

The paper concludes with a discussion of how the role played by models in engineering design can be studied, and how the part they have played in engineering progress can be better understood and more fully recognised. This would include archival researches in the various types of institution where model testing was undertaken, as well as searching museums and elsewhere for more examples of engineers' models that have survived.

A current research programme is studying some surviving measurement models, both to understand better their role in engineering design and to investigate and evaluate ways in which they may be conserved and their importance conveyed to future generations of engineers and historians, both by scholarship and their display in appropriate museums.

Bill ADDIS
Consulting engineer
Independent scholar

Dirk BÜHLER
Deutsches Museum, Munich

Christiane WEBER
University of Innsbruck

* *
*

The description of the construction site of the wooden dome of the Halle au Blé "à la Philibert De l'Orme" by the architect Jacques Molinos (1782-1783)

The Bibliothèque Historique de la Ville de Paris possesses an exceptional document: the detailed chronological description of the construction of the wooden dome of the Halle au Blé in Paris, built according to the method of Philibert de L'Orme, from July 1782 to January 1783. The dome is well known to architectural and construction historians. It covered the huge courtyard of the Halle au Blé built some twenty years earlier by the architect Nicolas Le Camus de Mézières (1721-1789). As soon as it was completed, the structure was considered to be a work of great "boldness" for its extraordinary dimensions, close to those of the largest domes built in Europe (120 *pieds* and 4 *pouces*, i.e. about 39 metres diameter) as well as for its construction method using planks "à la Philibert De l'Orme". Around 1780, the architects Jacques Guillaume Legrand (1743-1831) and Jacques Molinos (1753-1807) had proposed to apply to the roofing of the courtyard the process described by the Renaissance architect in his *Nouvelles inventions pour bien bastir et a petits frais* (1561). For the execution of this structure, they called upon the master joiner André Jacob Roubo (1739-1791) known at this time for his treatise on joinery published in the *Description des arts et métiers* collection.

The "Note" written by the architect Molinos is not exactly a construction site journal. To shed light on this document, the present paper recalls the political context of the construction. It examines the reasons that led the architect to write the text and the nature of the knowledge transfer between artisans and architects documented by this narrative. It ends by commenting on some tricky operations that are not described by Philibert de L'Orme and about which historians often lack information: the drawing of the *épures* (full-scale drawings traced on the spot), the lifting of the scaffolding and the erection of the lifting machines. The detailed chronology of the operations reveals a division between design and execution that is less clear-cut than is usually thought. Solutions were found during the construction phase to solve problems that had not been anticipated. These solutions found by the contractors and sometimes the workers make the structure a collective work that it is difficult to attribute to a single designer.

Valérie NÈGRE
Université Paris 1
Panthéon-Sorbonne

PRÉSENTATION DES AUTEURS ET RÉSUMÉS

Edoardo PICCOLI, « Editoriale. Una storia applicata per l'architettura civile »

Edoardo Piccoli est architecte, professeur associé au Politecnico di Torino. Membre du conseil scientifique du doctorat en « Architecture, Histoire et projet. » Ses recherches portent sur l'histoire de l'architecture et de la ville à l'époque moderne, et sur l'histoire de la construction. Il a contribué à la fondation, en 2020, du Construction History Group Polito / DAD.

La fondation d'un groupe de recherche sur l'histoire de la construction dans une université italienne a mis en lumière des questions déjà évoquées dans *Ædificare* : la définition d'un statut pour l'histoire de la construction, son caractère pluridisciplinaire, les manières de l'enseigner. Mais l'évolution des études en Italie est également marquée par des enjeux et besoins actuels du territoire.

Mots-clés : histoire de la construction, statut, Italie, architecture civile, histoire appliquée, pluridisciplinarité, enseignement, accidents, catastrophes, conservation.

Edoardo PICCOLI, "*Editorial. An operational history of civil architecture*"

Edoardo Piccoli is an architect as well as associate professor at the Politecnico di Torino and member of the academic council for the doctorate in "Architecture, History and Design." His research focuses on the history of architecture and the city in the modern era, and on the history of construction. He helped found the Construction History Group at the Politecnico di Torino in 2020.

The founding of a research group on the history of construction in an Italian university has brought to light issues previously broached in Ædificare*: how to define a position on the history of construction, its multidisciplinary character, and ways of teaching it. But the evolution of education and research in Italy has also been marked by the current challenges for and needs of the territory.*

Keywords: history of construction, status, Italy, civil architecture, applied history, multidisciplinarity, teaching, accidents, disasters, conservation.

Robert Carvais, « Présentation du numéro »

Robert Carvais est directeur de recherche au CNRS, Centre de théorie et analyse du droit. Il oriente ses recherches autour de la confrontation de l'histoire du droit avec l'histoire des sciences et des techniques et vise à retracer la constitution des savoirs juridiques théoriques et pratiques dans le champ constructif. Il dirige un projet ANR sur l'expertise parisienne du bâtiment à l'époque moderne.

Ce numéro d'*Ædificare* s'articule autour de trois axes d'histoire de la construction : celui matériel des objets, outils et matériaux (ici corde à treize nœuds, quine, maquettes de conception, vitrages à ossature métallique), celui humain centré sur le travail (hommes de fer au Moyen Age tardif ainsi que le récit d'un chantier parisien révolutionnaire) et celui politique (*asientos* coloniaux espagnols en Louisiane au XIXe siècle et programmations des ports italiens à l'aube de l'Unité italienne).

Mots-clés : histoire matérielle, histoire humaine et sociale, histoire politique, outils, dispositif, salaire, chantier, contrat, travaux publics.

Robert Carvais, "*Issue content*"

Robert Carvais is director of research at France's National Center for Scientific Research, Center for Legal Theory and Analysis (CNRS, Centre de théorie et analyse du droit). His research focuses on the comparative study of the history of law and the history of science and technology and aims to trace the constitution of theoretical and practical legal knowledge in the field of construction. He leads a National Research Agency (ANR) project on Parisian building expertise in the modern period.

This issue of Ædificare *is organized around three dimensions of construction history: the material one of objects, tools, and materials (in this case the thirteen-knot rope, quine, design models, metal-framed windows), the human one centered on work (iron workers in the late Middle Ages as well as the tale of a revolutionary Parisian building site) and a political one (Spanish colonial* asientos *in Louisiana in the nineteenth century and the planning of Italian ports at the dawn of Italian Unity).*

Keywords: material history, human and social history, political history, tools, apparatus, wage, construction site, contract, public works.

Nicolas Gasseau, « La corde à treize nœuds et la quine des bâtisseurs. Aux origines de deux instruments mythiques »

Nicolas Gasseau est spécialisé dans la restitution 3D de monuments anciens. Membre fondateur de l'association *Historia Metensis* basée à Metz, il a participé aux relevés archéologiques des fortifications la ville. Il a notamment collaboré à la rédaction et à l'illustration de l'*Atlas historique de Metz* et de la monographie *Défendre Metz à la fin du Moyen Âge*.

Deux instruments de mesure médiévaux considérés comme réels par le grand public, parfois par certains spécialistes, sont pourtant des inventions du XXe siècle : la « quine des bâtisseurs » et ses cinq unités fictives, inventés en 1985 par l'abbé Jean Bétous ; et la « corde à treize nœuds », adaptation de théories contestées d'égyptologie et de symbolisme franc-maçon. L'article propose d'explorer les origines de ces outils fictifs et de comprendre les raisons de leur succès.

Mots-clés : historiographie, instruments de mesure, histoire de la construction, Moyen Âge, XXe siècle.

Nicolas Gasseau, "*The* corde à treize nœuds *and the* quine des bâtisseurs. *The origins of two mythical tools*"

Nicolas Gasseau specializes in the 3D rendering of old monuments. A founding member of the Historia Metensis association based in Metz, he has helped with the archaeological survey of the city's fortifications. His work includes contributions of writing and illustrations to the Atlas historique de Metz *and the monograph* Défendre Metz à la fin du Moyen Âge.

Two medieval measuring instruments treated as real by the general public—and sometimes by certain specialists—are nonetheless twentieth-century inventions: the quine des bâtisseurs *("builders' stick") and its five fictitious units, invented in 1985 by Abbé Jean Bétous; and the "thirteen-knot rope," an adaptation of disputed theories from Egyptology and Masonic symbolism. This article proposes an exploration of the origins of these fictional tools and to understand the reasons they caught on.*

Keywords: historiography, measuring instruments, construction history, Middle Ages, twentieth century.

Maxime L'Héritier, « Entre pression et privilèges. Approche économique des rémunérations des hommes du fer et de leurs relations avec les chantiers de construction par l'étude des comptabilités (milieu du XIVe – début du XVIe siècle) »

Maxime L'Héritier est maître de conférences en histoire médiévale à l'Université Paris 8 (ArScAn UMR 7041). Il travaille à une approche économique et matérielle des chantiers de construction et sur la production et la circulation des métaux. Il coordonne depuis 2019 le groupe Métal du chantier scientifique Notre-Dame. Il a coédité Sarta Tecta. *De l'entretien à la conservation des édifices* (2019).

Les grands chantiers de construction de la fin du Moyen Âge et leurs comptabilités ouvrent une fenêtre sur le travail de certains forgerons urbains et permettent de questionner les liens unissant ces artisans et ces chantiers selon une approche économique. La stabilité des acteurs, mais aussi quelques ruptures, révèlent des situations de quasi-monopole semblant privilégiées et dans le même temps la possible ascendance de ces commanditaires sur les artisans se traduisant dans les rémunérations.

Mots-clés : comptabilités, Moyen Âge, forgerons, travail, salaire, prix.

Maxime L'Héritier, "*Pressure and privilege. An economic approach to the remuneration of ironworkers and their relations with building yards through the study of accounting records (mid-14th – early 16th century)*"

Maxime L'Héritier is a lecturer in medieval history at the University of Paris 8 and researcher in the ArScAn CNRS laboratory (UMR 7041). He is currently working on an economic and material approach to construction sites and on the production and circulation of metals. Since 2019, he has coordinated the Metal working group at the Notre Dame scientific site. He co-edited Sarta Tecta. De l'entretien à la conservation des édifices *(2019).*

The great construction sites of the late Middle Ages and their accounting open a window on the work of certain urban blacksmiths and allow us to use an economic approach to scrutinize the links between these craftsmen and these sites. The stability of the actors as well as some discontinuities reveal seemingly favored situations of quasi-monopoly and at the same time the possible ascendancy of these clients over the craftsmen, reflected in their remuneration.

Keywords: accounting, Middle Ages, blacksmiths, work, wages, prices.

Bill Addis, "Metal framing for windows and glazing in the building envelope in Britain, c.1700–1950"

Bill Addis is the author of more than a hundred articles and half a dozen books on construction history and more specifically on engineering history. He has served as editor of the *Construction History Journal* and heads the editorial board of *Engineering History and Heritage*. Since his retirement in 2015, he has been a visiting professor at numerous European universities.

This article reconstructs the history of two main domains in the technical development of metal-framed windows and glass: greenhouses for botanical and culinary purposes, and domestic, industrial, commercial, and exhibition buildings. The use of cast iron and rolled metal profiles, brazed and welded mechanical joints, and the transformation of artisanal skills into mass production processes made it possible to meet the needs of architects and owners.

Keywords: windows, greenhouses, metal frames, England, 1700–1950.

Bill Addis, « *Encadrement métallique des fenêtres et des vitrages dans l'enveloppe du bâtiment en Grande-Bretagne entre 1700 et 1950* »

Bill Addis est l'auteur de plus d'une centaine d'article et d'une demi-douzaine de livres en histoire de la construction et précisément sur l'histoire de l'ingénierie. Il a été directeur du Construction History Journal *et dirige le comité éditorial de* Engineering History and Heritage. *Depuis sa retraite en 2015, il a été professeur invité dans de nombreuses universités européennes.*

L'article retrace deux grands axes du développement technique des fenêtres et des vitrages à ossature métallique : serres à des fins botaniques et culinaires, et bâtiments domestiques, industriels, commerciaux et d'exposition. L'utilisation de profils en fonte et métal laminés, d'assemblages mécaniques brasés et soudés, et la transformation des compétences artisanales en processus de production de masse ont permis de répondre aux besoins des architectes et des propriétaires.

Mots-clés : fenêtres, serre, châssis métalliques, Angleterre, 1700-1950.

Alejandro González Milea, "Administración o asiento en obras en la Luisiana española. Una controversia entre el Comandante de Ingenieros y el Intendente (1800-1801)"

Alejandro González Milea obtint son doctorat en 2007 (Université Autonome de la ville de Juarez, Mexico). Il a publié diverses études sur la frontière nord, relatives aux utopies urbaines, à la colonisation, à l'industrie minière du charbon et du plomb et aux techniciens en général. Son dernier livre, *El Silencio de las Aldeas*, a reçu un prix en 2014 dû à sa contribution à l'histoire du nord du Mexique.

Durant les dernières années du gouvernement espagnol en Louisiane, il y a eu une correspondance abondante entre l'Ingénieur directeur et l'Intendant entre 1800 et 1801 : parmi les références aux rédacteurs des traités, les détails techniques et des luttes de pouvoir, les modalités d'exécution des travaux par l'administration ou asiento ont été discutés. La polémique illustre la confrontation entre les idéaux de l'art et les réseaux commerciaux des anglais, français et nord-américains.

Mots-clés : Louisiane, *asiento, asentista*, entrepreneur, ingénieur militaire.

Alejandro GONZÁLEZ MILEA, "*Administration or* asiento *in building works in Spanish Louisiana. A controversy between the Commander of Engineers and the Intendant (1800–1801)*"

Alejandro González Milea received his doctorate in 2007 (Universidad Autónoma de Ciudad Juárez, Mexico). He has published various studies on the northern Mexican border, related to urban utopias, colonization, the coal and lead mining industry, and skilled workers in general. His latest book, El Silencio de las Aldeas, *received an award in 2014 for its contribution to the history of northern Mexico.*

During the final years of Spanish rule in Louisiana, there was an extensive correspondence between the director-engineer and the intendant from 1800 to 1801: among the references to drafters of treaties, topics of discussion included technical details and power struggles, the modalities of execution of public works by the administration or asiento. *This controversy illustrates the clash between artistic ideals and the commercial networks of the English, French, and North Americans.*

Keywords: Louisiana, asiento, asentista, *contractor, military engineer.*

Nathan BRENU, « Travaux publics, État central et pouvoirs locaux. Un programme de chantiers portuaires à l'aube de l'Unité italienne »

Nathan Brenu est maître de conférences associé à l'ENSA Nantes. Ses recherches portent principalement sur les marchés publics d'aménagements urbains, la construction de l'État « moderne » et les ressorts de la criminalité économique. Il est l'auteur d'une thèse intitulée *Affaires privées et travaux publics. Valeur, profit et intérêt public sur les rives de la Méditerranée (XVIIIe-XIXe siècles).*

Dans l'élan de l'unification, malgré le poids financier de l'économie de guerre, le nouvel État italien se lance dans une impétueuse politique de grands travaux portuaires. Par le biais d'un jeu d'échelles qui va de la politique menée à l'échelle nationale aux déboires du marché public napolitain, cette contribution interroge les sous-jacents économiques, sociaux et administratifs d'un tel volontarisme et en souligne les limites.

Mots-clés : unité italienne, aménagements portuaires, marchés publics, construction étatique, entrepreneurs.

Nathan BRENU, "*Public works, central state and local authorities. A programme for port construction sites in the early years of Italian unity*"

Nathan Brenu is an associate lecturer at the ENSA Nantes. His research focuses on public contracts for urban development, the construction of the "modern" state, and mechanisms of economic crime. He is the author of a thesis entitled Affaires privées et travaux publics. Valeur, profit et intérêt public sur les rives de la Méditerranée (XVIIIe-XIXe siècles).

With the fervor of national unification behind it, despite the financial weight of the war economy, the new Italian state created a brash policy promoting major port works projects. Through an interplay of scales, from the policy carried out on a national scale to setbacks in the Neapolitan public market, this contribution studies the economic, social, and administrative underpinnings of such voluntarism and underlines its limits.

Keywords: Italian unity, port facilities, public procurement, state construction, contractors.

Bill ADDIS, Dirk BÜHLER, Christiane WEBER, "Versuchsmodelle im Ingenieurbau. Geschichte, Bedeutung, Erhaltungsperspektiven"

Bill Addis était professeur à l'université de Reading (Royaume-Uni) et ingénieur-conseil chez Buro Happold, à Londres. Après son doctorat en histoire et philosophie de l'ingénierie, il a écrit plus de 100 articles et plusieurs livres sur le sujet. Pendant cinq ans, il a édité la revue *Construction History.* Il a été professeur invité en histoire de la construction dans plusieurs universités.

Dirk Bülher a fait ses études et un doctorat en architecture à la RWTH Aix la Chapelle (Allemagne), puis a conduit des recherches et enseigné l'histoire de l'architecture latino-américaine au Mexique. Depuis 1993, il est conservateur de la collection des constructions au Deutsches Museum de Munich. Ses recherches portent sur l'histoire de la construction de ponts, du béton et des maquettes.

Christiane Weber est professeure associée d'histoire de l'architecture à l'Université d'Innsbruck. Elle est titulaire d'un diplôme d'architecte et d'une maîtrise en histoire de l'art de l'Université de Karlsruhe. Elle a étudié à l'ENSA de Paris-Belleville et à l'Université de Strasbourg. Elle a obtenu son doctorat à l'Université de Braunschweig, et, en 2019, son Habilitation à l'Université d'Innsbruck.

Cet essai traite des maquettes en tant qu'aide à la conception en génie civil. Il propose une catégorisation en termes de fonction, et les analyse dans une perspective d'histoire de la construction. L'accent est mis sur les maquettes techniques et leur conservation au sein des collections publiques et des archives. Il plaide pour une réévaluation de ces témoins uniques des sciences de l'ingénieur, et ouvre des perspectives nouvelles pour leur conservation et leur investigation scientifique.

Mots-clés : maquettes, conception d'ingénierie, collections de modèles, histoire du génie civil, patrimoine culturel de l'ingénierie.

Bill Addis, Dirk Bühler, Christiane Weber, "*Experimental models in civil engineering. History, significance, perspectives*"

Bill Addis was a professor at the University of Reading (UK) and a consulting engineer at Buro Happold in London. After receiving his PhD in the history and philosophy of engineering, he wrote over a hundred articles and several books on the subject. For five years he edited the journal Construction History. *He has been a visiting professor of construction history at several universities.*

Dirk Bülher studied at and received his doctorate in architecture from RWTH Aachen (Germany), and later conducted research and taught Latin American architectural history in Mexico. Since 1993 he has been curator of the building collection at the Deutsches Museum in Munich. His research focuses on the history of bridge building, concrete, and maquettes.

Christiane Weber is an associate professor of architectural history at the University of Innsbruck. She holds a degree in architecture and a master's degree in art history from the University of Karlsruhe. She studied at the National School of Architecture Paris (ENSA Paris-Belleville) and at the University of Strasbourg. She received her PhD from the University of Braunschweig, and in 2019 her habilitation from the University of Innsbruck.

This essay considers maquettes as design aids in civil engineering. It proposes categorizing them in terms of function and analyzes them from a construction history perspective. The focus is on technical models and their preservation in public collections and archives. It argues for a reevaluation of these unique witnesses of engineering science, and promotes new ways of conserving and scientifically investigating them.
Keywords: Maquettes, engineering design, model collections, history of civil engineering, cultural heritage of engineering.

Valérie Nègre, « La description du chantier de la coupole en bois de la Halle au Blé "à la Philibert De l'Orme" par l'architecte Jacques Molinos (1782-1783) »

Valérie Nègre est professeur d'histoire des techniques à l'université Paris 1 Panthéon-Sorbonne. Ses travaux portent sur la construction (XVIIIe-début XXe). Elle s'intéresse aux savoirs pratiques et aux représentations visuelles de la technique. Elle a co-dirigé dernièrement *Les ingénieurs, des intermédiaires ? (Europe, XVe-XVIIIe siècle)*, 2022 (avec L. Pérez, M. Blond, M. Virol).

L'article présente un document exceptionnel : la description détaillée du chantier de la coupole en bois de la Halle au blé de Paris construite selon la méthode de Philibert De l'Orme (juillet 1782 – janvier 1783). Il questionne le statut de ce document écrit par l'architecte Jacques Molinos ; s'interroge

sur le partage des savoirs entre artisans et architectes et sur l'importance d'opérations rarement décrites : le tracé des épures, le levage des échafaudages et des engins de levage.
Mots-clés : chantier, échafaudages, savoirs pratiques, architecte, artisan.

Valérie NÈGRE, *"The description of the construction site of the wooden dome of the Halle au Blé 'à la Philibert De l'Orme' by the architect Jacques Molinos (1782–1783)"*

Valérie Nègre is professor of technological history at the University of Paris 1 Panthéon-Sorbonne. Her work focuses on construction from the eighteenth to the early twentieth century. She is interested in practical knowledges and visual representations of technology. She recently co-edited Les ingénieurs, des intermédiaires? (Europe, XVᵉ-XVIIIᵉ siècle), *2022 (with L. Pérez, M. Blond, M. Virol).*

This article outlines an extraordinary document: the detailed description of the construction site of the wooden dome of the Halle au Blé in Paris built according to the method of Philibert De l'Orme (July 1782–January 1783). It ponders the status of this document written by the architect Jacques Molino and questions the sharing of knowledge between craftspeople and architects and the importance of rarely described operations: drawing blueprints, raising scaffolding, and lifting equipment.
Keywords: building site, scaffolding, practical knowledge, architect, craftsperson.

IMPRIM'VERT®

Achevé d'imprimer par Corlet,
Condé-en-Normandie (Calvados), en août 2022
N° d'impression : 22080087 - dépôt légal : août 2022
Imprimé en France

CLASSIQUES
GARNIER

Bulletin d'abonnement revue 2022

Ædificare

Revue internationale d'histoire de la construction

2 numéros par an

M., Mme :

Adresse :

Code postal : Ville :

Pays :

Téléphone : Fax :

Courriel :

Prix TTC abonnement France, frais de port inclus		Prix HT abonnement étranger, frais de port inclus	
Particulier	Institution	Particulier	Institution
▪ 49 €	▪ 80 €	▪ 56 €	▪ 87 €

Cet abonnement concerne les parutions papier du 1er janvier 2022 au 31 décembre 2022.

Les numéros parus avant le 1er janvier 2022 sont disponibles à l'unité (hors abonnement) sur notre site web.

Modalités de règlement (en euros) :

- Par carte bancaire sur notre site web : www.classiques-garnier.com
- Par virement bancaire sur le compte :
  Banque : Société Générale – BIC : SOGEFRPP
  IBAN : FR 76 3000 3018 7700 0208 3910 870
  RIB : 30003 01877 00020839108 70
- Par chèque à l'ordre de Classiques Garnier

Classiques Garnier
6, rue de la Sorbonne – 75005 Paris – France
Fax : + 33 1 43 54 00 44
Courriel : revues@classiques-garnier.com

mis à jour le 26/08/2021

Abonnez-vous sur notre site web :
www.classiques-garnier.com